新工科建设·人工智能与智能科学系列

深度学习

在数字图像处理中的应用

马龙华　陆哲明　崔家林　刘　琮　编著

電子工業出版社
Publishing House of Electronics Industry
北京·BEIJING

内容简介

深度学习凭借其在识别应用领域中超高的预测准确率，在图像处理领域获得了极大关注，这势必将提升现有图像处理系统的性能并开创新的应用领域。利用卷积神经网络等深层神经网络的解决方案，可以逐渐取代基于算法可解释的传统图像处理工作。尽管图像预处理、后期处理和信号处理仍在大量采用现有方法，但在图像分类应用中，深度学习变得愈加重要。在该背景下，本书系统介绍了深度学习在数字图像处理各个研究分支的应用，包括图像增强、图像复原、图像检索、图像压缩、图像分割、目标检测、动作识别和图像配准等。每一部分都对传统方法做了概述，并穿插介绍本书作者的研究成果，反映了深度学习在数字图像处理各个研究分支的发展现状。

本书可作为高等院校具有一定计算机基础的人工智能、自动化、信号与信息处理、电子信息工程、计算机科学与技术、通信工程等专业的研究生或高年级本科生的教材或参考书，也可作为科研院所相关专业的科技工作者的参考书。

图书在版编目（CIP）数据

深度学习在数字图像处理中的应用 / 马龙华等编著. —北京：电子工业出版社，2022.7
ISBN 978-7-121-43708-3

Ⅰ. ①深… Ⅱ. ①马… Ⅲ. ①机器学习－应用－数字图像处理 Ⅳ. ①TN911.73

中国版本图书馆 CIP 数据核字（2022）第 097215 号

责任编辑：凌 毅
印　　刷：北京七彩京通数码快印有限公司
装　　订：北京七彩京通数码快印有限公司
出版发行：电子工业出版社
　　　　　北京市海淀区万寿路 173 信箱　　邮编：100036
开　　本：787×1092 1/16 印张：19 字数：510 千字
版　　次：2022 年 7 月第 1 版
印　　次：2023 年 12 月第 5 次印刷
定　　价：89.00 元

凡所购买电子工业出版社图书有缺损问题，请向购买书店调换。若书店售缺，请与本社发行部联系，联系及邮购电话：（010）88254888，88258888。

质量投诉请发邮件至 zlts@phei.com.cn，盗版侵权举报请发邮件至 dbqq@phei.com.cn。

本书咨询联系方式：（010）88254528，lingyi@phei.com.cn。

前　言

深度学习作为人工智能的代表性技术之一，近年来发展迅速，与其紧密相关的数字图像处理技术也取得了革命性进步。人工智能的发展促进了现代化科技和智能化生活的发展，它最大的贡献就是给人们的生活和工作带来了极大的方便。而深度学习作为机器学习领域的一部分，在人工智能发展方面起着至关重要的作用。为此，加大对深度学习的研究，将深度学习与其他领域有机结合起来，为促进人们的生活和社会的发展去研发一些新产品和新技术，显然是很有必要的。用深度学习的神经网络模型模拟人脑工作的原理，在图像处理和识别领域已经取得了一些成果。

基于卷积神经网络的深度学习方法在图像处理方面有其独特的优势。本书旨在介绍近15年来数字图像处理领域涌现的基于深度学习的新方法，共9章，分别是数字图像处理概述、深度学习概述、基于深度学习的图像增强与图像恢复、基于深度学习的图像检索、基于深度学习的图像压缩、基于深度学习的图像分割、基于深度学习的人脸检测与行人检测、基于深度学习的动作识别、基于深度学习的医学图像配准。欲深入学习传统严格意义上的图像处理（输入、输出均为图像）的深度学习方法，建议学习本书第1、2、3、5章，各分配4学时、6学时、8学时、6学时，共24学时。欲深入学习图像分析识别方面的深度学习方法，建议学习本书第1、2、4、6、7、8、9章，各分配4学时、6学时、4学时、4学时、6学时、4学时、4学时，共32学时。本书各章内容简介如下。

第1章介绍数字图像和数字图像处理相关的基本概念与基础知识，包括数字图像的基本概念、数字图像的获取与描述、数字图像处理的研究内容和应用领域。

第2章对深度学习领域进行简明介绍，包括深度学习的概念、国内外研究现状、深度学习典型模型结构和训练算法、深度学习的优点和已有的应用、深度学习存在的问题及未来研究方向。

第3章主要讲述图像增强和图像恢复的深度学习方法。首先介绍图像去噪，包括传统图像去噪方法概述、基于DnCNN的图像去噪和基于CBD-Net的图像去噪。接着介绍图像去雾，包括传统图像去雾方法概述、基于DehazeNet的图像去雾、基于EPDN的图像去雾和基于PMS-Net的图像去雾。然后介绍图像去模糊，包括传统图像去模糊方法概述、基于ResBlocks的图像去模糊和基于DAVANet的图像去模糊。最后介绍图像增强，包括传统图像增强方法概述、基于Deep Bilateral Learning的图像增强、基于Deep Photo Enhancer的图像增强和基于Deep Illumination Estimation的图像增强。

第4章主要讲述图像检索的深度学习方法。首先介绍图像检索的研究背景和研究现状，然后介绍图像特征和相似性度量，接着介绍基于内容的图像检索的5类方法，包括基于颜色特征、纹理特征、形状特征、多特征、视觉词袋的图像检索。其中，基于多特征的方法是本书作者的研究成果。最后介绍两种其他研究者提出的深度学习方法。

第5章主要讲述图像压缩的深度学习方法。首先概述图像压缩，然后介绍基于矢量量化的图像压缩方法，包括基于矢量量化的图像压缩概述和本书作者提出的两种码书设计方法，即基于边缘分类和范数排序的 K-means 算法的码书设计、基于特征分类和分组初始化的改进 K-means 算法的码书设计。最后，介绍基于深度学习的图像压缩方法，包括基于卷积神经网络、循环神经网络和生成对抗网络的图像压缩方法概述，并介绍其他文献提出的结合卷积神经网络和传统方法的图像压缩方法。

第 6 章对基于深度学习的图像分割进行介绍。首先概述图像分割，然后介绍本书作者提出的一种复杂背景下毛坯轮毂图像分割及圆心精确定位方法，接着对基于深度学习的图像分割进行概述，包括研究现状、几种典型实现方案和基于全卷积神经网络的图像分割实验结果。最后介绍本书作者提出的基于深度生成对抗网络的超声图像分割方法。

第 7 章介绍基于深度学习的人脸检测与行人检测，包括基于深度学习的人脸检测、行人检测概述和本书作者提出的基于 ViBe 结合 HOG+SVM 的快速行人检测与跟踪。基于深度学习的人脸检测包括人脸检测概述、基于深度学习的人脸检测算法分类和数据集、本书作者提出的多任务级联卷积网络的加速方法。行人检测概述包括行人检测基本框架、基于传统机器学习的方法、基于深度学习的方法和行人检测评判标准。

第 8 章围绕动作识别技术进行广泛的探讨研究。首先概述人体动作识别技术，并对图卷积网络进行总结，包括其分类、特点、研究方法、推导过程等。然后详细讨论人体姿态估计算法，接着讨论注意力机制和共现特征学习的重要性，介绍适用于空时图卷积网络（ST-GCN）的注意力分支和共现特征分支从而形成动作识别的多任务框架。最后，介绍双流卷积网络的计算速度优化算法。

第 9 章主要探讨基于深度学习的医学图像配准问题。首先对医学图像配准进行概述，然后介绍本书作者提出的 3 种方法，分别是：基于分形沙漏网络由 MV-DR 合成 kV-DRR 的方法、基于公共表征学习和几何约束的多模态医学图像配准、基于信息瓶颈条件生成对抗网络的 MV-DR 和 kV-DRR 配准。

本书可作为高等院校具有一定计算机基础的人工智能、自动化、信号与信息处理、电子信息工程、计算机科学与技术、通信工程等专业的研究生或高年级本科生的教材或参考书，也可作为科研院所相关专业的科技工作者的参考书。

本书的第 1、4 章由马龙华教授执笔，第 3、5、8 章由陆哲明教授执笔，第 2、6、7 章由崔家林老师执笔，第 9 章由上海商学院刘琮老师执笔，最后由马龙华和陆哲明共同审定。本书广泛参考了国内外数字图像处理研究领域的学术论文、学位论文和学术著作，并包含了作者的部分研究成果。在本书撰写过程中，还得到了浙大宁波理工学院智能自动化研究所、浙江大学航天电子工程研究所一些博士生和硕士生的协助，在此表示衷心的感谢。

限于水平，书中难免有错误与不妥之处，恳请读者批评指正。

编著者

2022 年 6 月

目　录

第1章　数字图像处理概述

1.1　数字图像的基本概念

1.1.1　数字图像

“图像”为“事件或事物的一种表示、写真或临摹，或一个生动的或图形化的描述”。“图”是物体透射光或反射光的分布；“像”是人的视觉系统对图的接收在大脑中形成的印象或认识；“图像”是两者的结合，是客观景物通过某种系统的一种映射，从广义上说，是自然界景物的客观反映。图像大致分为模拟图像、数字图像和光电图像三大类。

模拟图像（物理图像）：直接从观测系统（输入系统）获得、未经采样和量化的图像。模拟图像在空间分布和亮度取值上均为连续分布。

数字图像：图像的数字表示或经过采样和量化的图像，像素就是离散单元，量化的灰度就是数字量值。利用计算机图形图像技术能够以数字的方式来记录、处理和保存图像信息。在完成图像信息数字化以后，整个数字图像的输入、处理与输出的过程都可以在计算机中完成，它们具有电子数据文件的所有特性。

光电图像：不同观测（成像）系统下观测得到的包括可见光、红外线、紫外线、X 射线、微波、超声波及 γ 射线等不同波段成像得到的模拟或数字图像。

通常把数字图像分为两大类：位图（bitmap）和矢量（vector）图。

1. 位图

1）概念

位图（在技术上称作栅格图像）使用图片元素的矩形网格（像素）表现图像。每个像素都分配有特定的位置和颜色值。在处理位图时，人们所编辑的是像素。位图是连续色调图像（如照片或数字绘画）最常用的电子媒介，因为位图可以更有效地表现阴影和颜色的细微层次。

2）分辨率

位图与分辨率有关，也就是说位图包含固定数量的像素。因此，如果在屏幕上以高缩放比率对位图进行缩放或以低于创建时的分辨率来打印，则将丢失其中的细节，并会呈现出锯齿，如图 1.1 所示。

3）特点

位图有时需要占用大量的存储空间。对于高分辨率的彩色图像，由于像素之间独立，因此占用的硬盘空间、内存和显存都比矢量图大。位图放大到一定倍数后会产生锯齿。位图的清晰度与像素的多少有关。位图在表现色彩、色调方面的效果比矢量图更加优越，尤其在表现图像的阴影和色彩的细微变化方面效果更佳。位图的格式有 BMP、JPEG、GIF、PSD、TIFF、PNG 等。位图的处理软件包括 Photoshop、ACDSee 等。

2. 矢量图

1）概念

矢量图（又称矢量形状或矢量对象）是由称作矢量的数学对象定义的直线和曲线构成的。

矢量图根据图像的几何特征对图像进行描述。

2）分辨率

矢量图与分辨率无关，即当调整矢量图的大小、将矢量图打印文件传送到 PostScript 打印机、在 PDF 文件中保存矢量图或将矢量图导入基于矢量的图形应用程序中时，矢量图都将保持清晰的边缘。如图 1.2 所示。

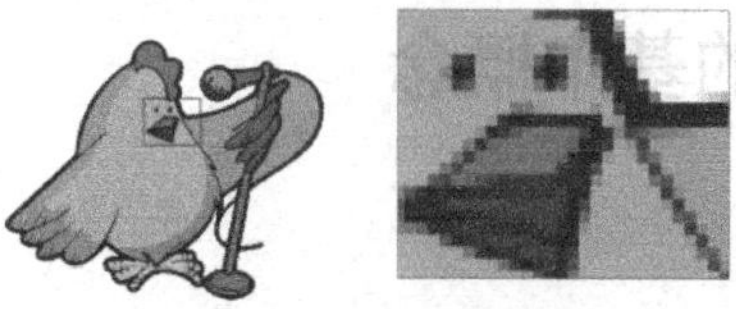

图 1.1　放大后的位图示例

图 1.2　放大后的矢量图示例

3）特点

矢量图可以任意放大和缩小，图形不模糊，不会丢失细节或影响清晰度，不会产生锯齿效果。因此，对于将在各种输出媒体中按照不同大小使用的图稿（如徽标），矢量图是最佳选择，常用于标志设计、VI 设计、字体设计等。矢量图中保存的是线条和图块的信息，所以矢量图文件与分辨率和图像大小无关，只与图像的复杂程度有关，图像文件所占的存储空间较小。矢量图可采取高分辨率印刷，矢量图文件可以在任何输出设备（如打印机）上以打印或印刷的最高分辨率进行打印输出。矢量图可以作为图像元素导入 Photoshop 里使用，它会很好地适应导入图像的分辨率。Photoshop 里的一些矢量工具，如钢笔（路径）、文字、形状等，在图像处理和创意中都发挥着重要的作用。

3．像素

1）像素定义

像素（pixel）是用来计算数字图像的一种单位。数字图像连续性的浓淡阶调是由许多色彩相近的小方点组成的，这些小方点就是构成数字图像的最小单位——像素。用来表示一幅图像的像素越多，图像拥有的色板也就越丰富，越能表达颜色的真实感，结果更接近原始的图像，即图像的精度越高。人们也经常用点来表示像素，因此 ppi（pixel per inch）有时缩写为 dpi（dots per inch）。

2）关于像素的扩展

像素可以用一个数表示，例如，一台“0.3 兆像素”的数码相机，表示它有 30 万像素；也可以用一对数字表示，例如“640×480 显示器”，表示它有横向 640 像素和纵向 480 像素（就像 VGA 显示器那样），因此其总数为 640×480=307200 像素。

简单来说，像素就是图像中的点的数量，点画成线，线画成面，图片的清晰度不仅仅是由像素决定的。如图 1.3 所示。

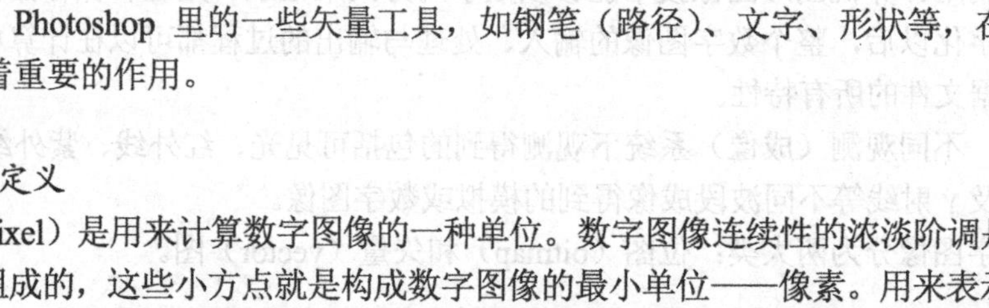

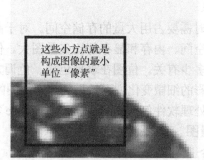

图 1.3　构成图像的最小单位——像素的直观图

3）像素大小（值）

像素是分辨率的单位，数码相机的像素值是数码相机所支持的有效最大分辨率。如下所列是一些常见的像素值：30 万/640×480，50 万/800×600，200 万/ 1600×1200，500 万/2560×1920，1400 万/4536×3024。

4）单位

当图像大小以像素为单位时，1 厘米等于 28 像素，图像大小等于文档大小乘以分辨率，比如 15×15 厘米大小的图像，等于 420×420 像素，如图 1.4 所示。图 1.4（a）是图像的原始大小和分辨率；图 1.4（b）降低分辨率而不改变像素数量（不重定图像像素）；图 1.4（c）降低分辨率而保持相同的文档大小，这将减少像素数量（重定图像像素）。

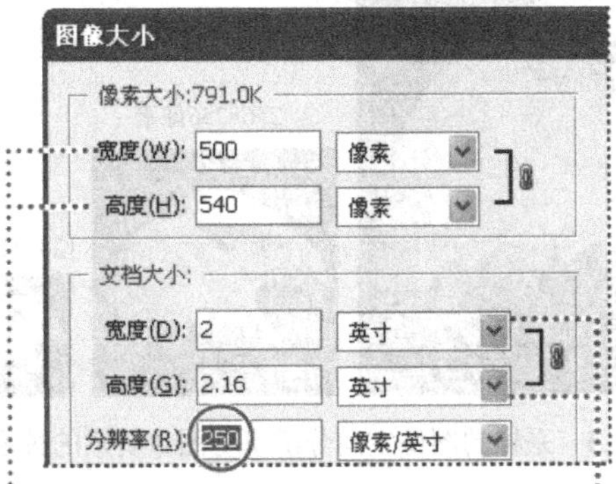

（a）

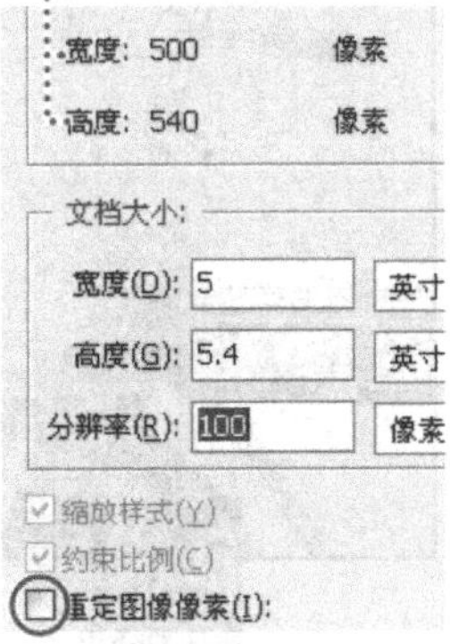

（b）

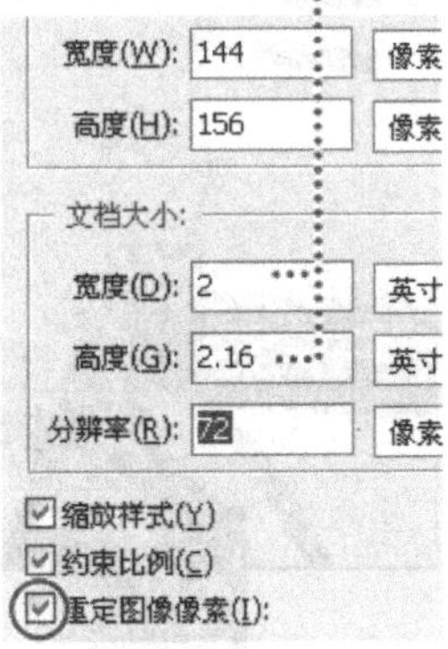

（c）

图 1.4　图像大小等于文档大小乘以分辨率

4．分辨率

分辨率是度量位图数据量多少的一个参数，简单地说，分辨率是指数字图像中单位平方英寸内像素数量的多少。分辨率越高，像素就多，图像包含的数据就越多，文件的体量（size）就越大，越能表现更丰富的细节。

1）空间分辨率

前面已经提到，像素大小测量了沿图像的宽度和高度的总像素数，它与采样操作有关，如图 1.5 所示。空间分辨率是指位图中的细节精细度。这种分辨率有多种衡量方法，典型的是以像素/英寸（ppi）来衡量的，也有以像素/厘米（pixel per centimeter，ppc）来衡量的。每英寸的像素数越多，分辨率越高。一般来说，图像的分辨率越高，得到的印刷图像的质量就越好，如图 1.6 所示。图像分辨率以比例关系影响着文档大小，即文档大小与其图像分辨率的平方成正比。如果保持图像大小不变，将图像分辨率提高一倍，则其文档大小增大为原来的 4 倍。

2）显示器分辨率

显示器分辨率（屏幕分辨率）指屏幕显示图像的精密度，测量单位是像素/英寸（ppi）。屏幕上的点、线和面都是由像素组成的，显示器可显示的像素越多，画面就越精细，同样的屏幕区域内能显示的信息也越多，所以显示器分辨率是一个非常重要的性能指标。可以把整个图像想象成一个大型的棋盘，而分辨率的表示方式就是所有经线和纬线交叉点的数目。在固定显示器分辨率的情况下，显示屏越小，图像越清晰；反之，在显示屏大小固定时，显示器分辨率越高，图像越清晰。

图 1.5　采样的图像空间分辨率与图像质量的关系

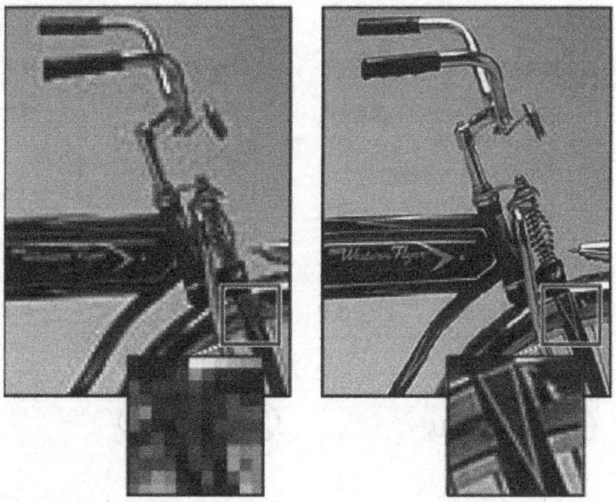

图 1.6　两幅相同的图像，分辨率分别为 72ppi 和 300ppi，套印缩放比率为 200%

3）打印机分辨率

打印机分辨率又称为输出分辨率，是指在打印输出时横向和纵向两个方向上每英寸最多能够打印的点数，通常也以 dpi 表示。打印机分辨率越大，表明图像输出的色点越小，输出的图像效果就越精细。打印机色点的大小只与打印机的硬件工艺有关，与要输出的图像的分辨率无关。

4）网屏频率

网屏频率是在商业印刷领域出现的专业词汇。在传统商业印刷制版过程中，制版时要在原始图像前加一个网屏，该网屏由呈方格状的透明与不透明部分相等的网线构成。这些网线也就是光栅，其作用是切割光线解剖图像。光线通过网线后，形成了反映原始图像影像变化的大小不同的点，这些点就是半色调点。一个半色调点最大不会超过一个网格的面积。

网线越多，表现图像的层次越多，图像质量也就越好。因此在商业印刷行业中，分辨率以每英寸上等距离排列多少条网线，即 lpi（lines per inch）表示。不同网屏频率如图 1.7 所示。

图（a）为 65lpi，粗糙网屏，通常用于印刷快讯和赠券；图（b）为 85lpi，一般网屏，通常用于印刷报纸；图（c）为 133lpi，高品质网屏，通常用于印刷四色杂志；图（d）为 177lpi，超精细网屏，通常用于印刷年度报表和艺术书籍中的图像。

图 1.7　网屏频率示例

5）扫描分辨率

扫描分辨率指在扫描一幅图像之前所设定的分辨率，用 dpi 来表示。扫描分辨率影响所生成的图像文件的质量和使用性能，决定了图像将以何种方式显示或打印。dpi 越大，扫描的效果也就越好。

大多数情况下，扫描图像是为了通过高分辨率的设备输出。如果图像扫描分辨率过低，会导致输出的效果非常粗糙。但如果扫描分辨率过高，数字图像中会产生超过打印所需要的信息，不但减慢了打印速度，而且会在打印输出时丢失图像色调的细微过渡。一般情况下，图像分辨率应是网屏频率的 2 倍，这是目前中国大多数输出中心和印刷厂都采用的标准。然而实际上，图像分辨率应是网屏频率的 1.5 倍。关于这个问题有一定的争议，具体到不同的图像本身，情况会各不相同。

判断扫描仪的分辨率要从三个方面来确定：光学部件、硬件部分和软件部分，即扫描仪的分辨率等于其光学部件的分辨率加上其自身通过硬件及软件进行处理分析所得到的分辨率（扩充分辨率）。

光学分辨率：扫描仪的光学部件在每平方英寸内所能捕捉到的实际光点数，是指扫描仪 CCD（Charge Coupled Device，电荷耦合器件）的物理分辨率，也是扫描仪的真实分辨率，其数值是由 CCD 的像素点除以扫描仪水平最大可扫尺寸得到的。分辨率为 1200dpi 的扫描仪，其光学分辨率只有 400～600dpi。

扩充分辨率：扩充部分的分辨率是通过计算机对图像进行分析，对空白部分进行科学填充所产生的（由硬件和软件所生成，这一过程也叫“插值”处理）。光学扫描与输出是一对一的，扫描到什么，输出的就是什么，但经过计算机软硬件处理之后，输出的图像就会变得更逼真，分辨率会更高。

5．灰度分辨率

灰度分辨率通常用灰度级表示。灰度级也就是表征亮度的级数，一般有 8bit，也就是灰度范围（0～255）或者说亮度被量化了 256 等份，其他灰度分辨率还有 10bit、16bit、24bit 等。图 1.8 给出了量化为不同等级数的图像质量示意图。

6．图像格式

图像格式即图像文件存放的格式，通常有 JPEG、TIFF、RAW、BMP、GIF、PNG 等。常用的图像文件格式有以下几种。

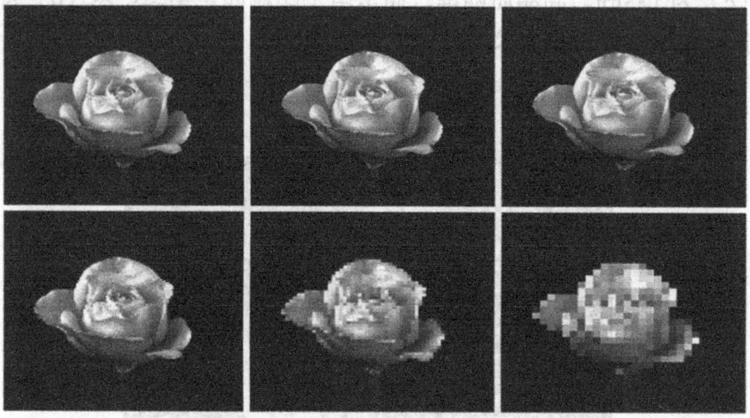

图 1.8　量化为不同等级数的图像质量示意图

1）主流图像格式

JPEG2000 格式：JPEG2000 是 JPEG 的升级版，也被称为 ISO 15444。与 JPEG 相比，它是具备更高压缩率及更多新功能的新一代静态影像压缩技术。JPEG2000 同时支持有损和无损压缩，能实现渐进传输，支持"感兴趣区域"特性，即可以任意指定图像上你感兴趣区域的压缩质量，还可以选择指定的部分先解压缩，与 JPEG 相比优势明显，且向下兼容。JPEG2000 可应用于传统的 JPEG 市场，如扫描仪、数码相机等，亦可应用于新兴领域，如网络传输、无线通信等。

TIFF 格式：TIFF（Tag Image File Format）是 Mac 中广泛使用的图像格式。TIFF 格式存储的图像信息非常多，图像的质量高，有利于原稿的复制。该格式有压缩和非压缩两种形式，结构较为复杂，兼容性较差。TIFF 是印刷时印前使用最广泛的图像文件格式之一。

PSD 格式：PSD 是 Adobe 公司图像处理软件 Photoshop 的专用格式，只能在 Photoshop 软件中打开。在 Photoshop 所支持的各种图像格式中，PSD 的存取速度比其他格式快很多，功能也很强大。

PNG 格式：PNG（Portable Network Graphics）是一种新兴的网络图像格式。PNG 是目前保证最不失真的格式，存储形式丰富，兼有 GIF 和 JPEG 的色彩模式；能把图像文件压缩到极限以利于网络传输，但又能保留所有与图像品质有关的信息；显示速度快；支持透明图像的制作。PNG 的缺点是不支持动画应用效果。

2）非主流图像格式

PCX 格式：PCX 是一种经过压缩的格式，占用磁盘空间较少，并且具有压缩及全彩色的能力。不过现在已经不太流行。

EMF 格式：EMF（Enhanced Metafile）是微软公司为了弥补 WMF 的不足而开发的一种 Windows 32 位扩展图元文件格式，属于矢量文件格式，其目的是使图元文件更加容易被人接受。

FLIC（FLI/FLC）格式：FLIC 格式由 Autodesk 公司研制而成，FLIC 是 FLC 和 FLI 的统称。FLI 最初是基于 320×200 像素分辨率的动画文件格式，而 FLC 则采用了更高的压缩比，其分辨率也有了不小提高。

EPS 格式：EPS（Encapsulated Post Script）是 PC 用户较少见的一种格式，而 Mac 用户则用得较多。它是用 PostScript 语言描述的一种 ASCII 码文件格式，主要用于印前的排版、打印等输出工作。

TGA 格式：TGA（Tagged Graphics）是由美国 Truevision 公司为其显示卡开发的一种图像文

件格式，已被国际上的图形、图像工业所接受。TGA 格式的结构比较简单，属于一种图形、图像数据的通用格式，在多媒体领域有着很大影响，是计算机生成图像向电视转换的一种首选格式。

7. 矢量图和位图运用

位图和矢量图是计算机图形中的两大概念，这两种图形都被广泛应用到出版、印刷、互联网等各个方面，它们各有优缺点。

1）各自的优缺点

位图色彩变化丰富，编辑位图时可以改变任何形状的区域的色彩显示效果。相应地，要实现的效果越复杂，需要的像素数越多，产生的图像文件越大。而矢量图中轮廓的形状更容易修改和控制，但是对于单独的对象，色彩上变化的实现不如位图方便直接。另外，很多矢量图都需要专门设计的程序才能浏览、打开和编辑。

2）结合应用

在文档中组合矢量图和位图时，图片在屏幕上的显示效果并不一定是其在最终媒体中的显示效果。

矢量图可以很容易地转化成位图，而位图转化为矢量图却并不简单，往往需要比较复杂的运算和手工调节。矢量图和位图在应用上是可以相互结合的。

根据位图和矢量图的不同特点，常用的位图绘制软件有 Adobe Photoshop、Corel Painter 等，对应的文件扩展名为.psd、.tif、.rif 等，另外还有.jpg、.gif、.png、.bmp 等。常用的矢量图绘制软件有 Adobe Illustrator、CorelDraw、Freehand、Flash 等，对应的文件扩展名为.ai、.eps、.cdr、.fh、.fla、.swf 等，另外还有.dwg、.wmf、.emf 等。

1.1.2 获取静态数字图像的方式

静态数字图像的获取为进行计算机图像编辑提供了最基本的素材和原料，主要的获取方式分为以下 4 类。

1. 由专业程序创建

如果想要自己绘制一张图片，可以使用一些专业的程序来实现。利用现有的计算机图形图像软件可以绘制出许多图像，以 Photoshop CS5 为例，可以利用其绘制大量的图像，如图 1.9 所示。

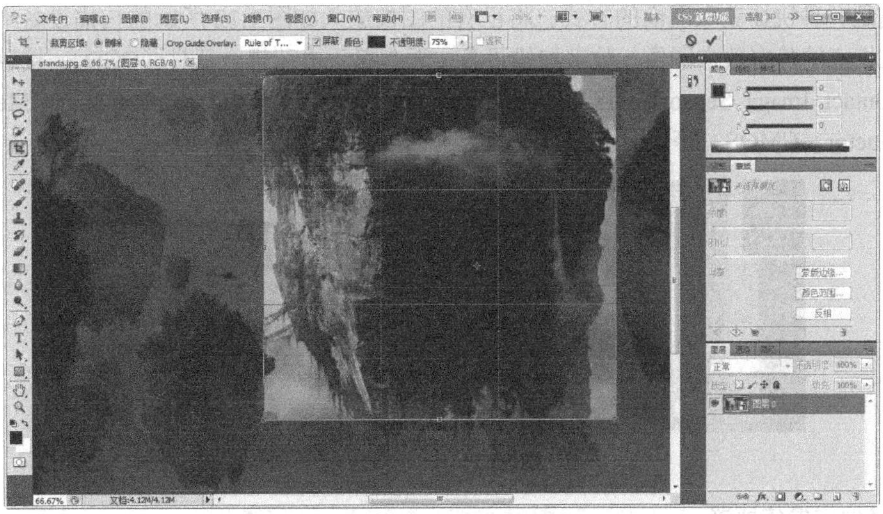

图 1.9 用专业程序 Photoshop CS5 绘制图像示意图

2．数码摄影摄像设备拍摄

利用先进的CCD/CMOS图像传感器，即数码摄影摄像设备（见图1.10）进行拍摄，同样可以为我们提供大量的静态数字图像，如图1.11所示。

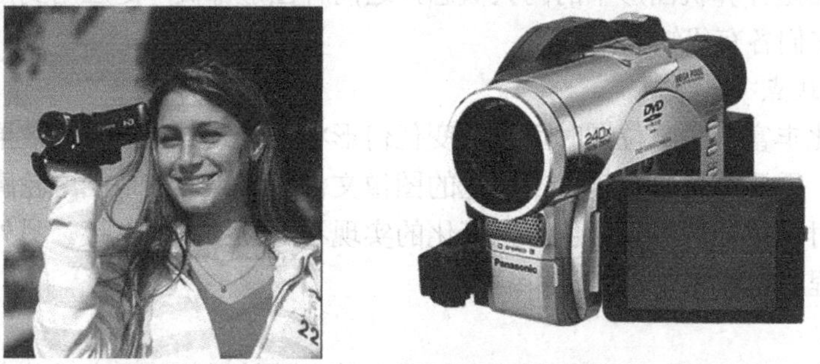

图1.10　数码摄影摄像设备

图1.11　数码相机拍摄创建图像示意图

3．扫描

扫描是一种快捷获取图像的方式。将已有的图像放入如图1.12所示的扫描设备中，很快就可以获取相应的静态数字图像。数字扫描设备主要包括：电荷耦合器件（CCD）、接触式图像传感器（Contact Image Sensor，CIS）和互补金属-氧化物-半导体（Complementary Metal-Oxide-Semiconductor，CMOS）等。

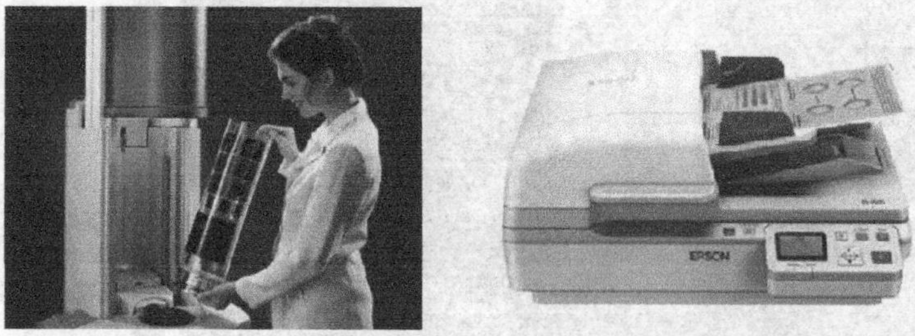

图1.12　扫描设备

4．其他成像传感器

其他成像传感器成像的图像包括电视图像（TV/Visible Image）、红外图像（Infrared Image）、雷达图像（Radar Image）、超声图像（Ultrasonic Image）、核磁共振（Magnetic Resonance Imaging，MRI）图像等。示例如图 1.13 和图 1.14 所示。

（a）电视图像　　（b）红外图像

图 1.13　不同成像传感器图像示例 1

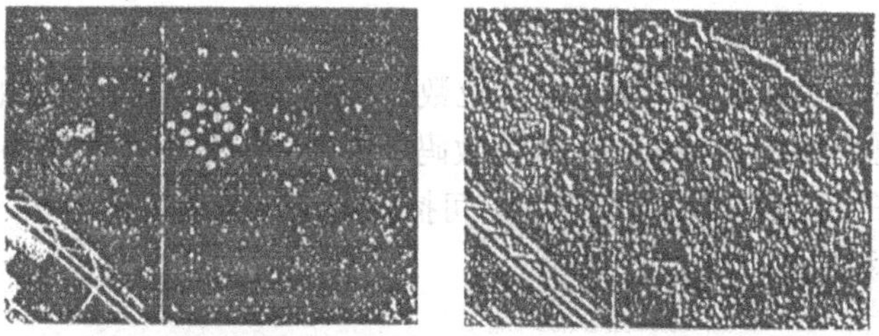

（a）可见光图像　　（b）雷达图像

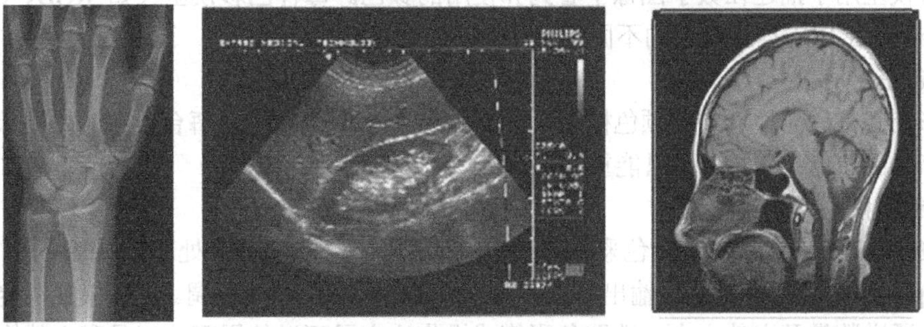

（c）X光片　　（d）超声图像　　（e）MRI图像

图 1.14　不同成像传感器图像示例 2

5．利用网络或现有的数字图像资源

信息时代的到来及其网络发展为我们提供了很多便利，这也是我们快速获取静态数字图像的一种途径。我们可以通过访问互联网上的图库来获取到海量的数字图像资源。比较大的网上数字图库有百度图库等。另外，交际圈的互动能让我们共同分享一些资源，包括图像，这也是获得数字图像资源的一种方式。

1.1.3 色彩及色彩模型

1. 色彩深度

1）定义

色彩深度（Color Depth）用来度量图像中有多少种颜色信息可用于显示或打印像素，其单位是“位（bit）”，所以色彩深度有时也称为位深度。若色彩深度是 *n* 位，即有 2^n 种颜色可以选择，而存储每个像素所用的位数就是 *n*。常见的色彩深度有：1 位（2 种颜色，即黑白二色）、2 位（4 种颜色）、3 位（8 种颜色）、4 位（16 种颜色）、8 位（256 种颜色）、16 位（65536 种颜色）、24 位（16777216 种颜色，真彩色，提供比肉眼能识别得更多的颜色）。

2）显示器的色彩深度

显示器的色彩深度可以看作一个调色板，它决定了屏幕上每个像素能支持多少种颜色。由于显示器中每个像素都用红、绿、蓝 3 种基本颜色组成，像素的亮度也由它们控制，通常色彩深度可以设为 4 位、8 位、16 位、24 位。显示器色彩深度位数越高，颜色就越多，所显示的画面色彩就越逼真。但是色彩深度增加时，也加大了图形加速卡所要处理的数据量。

3）高动态范围影像的色彩深度

高动态范围影像（High Dynamic Range Image）使用超过一般的 256 个色阶来存储影像，通常来说，每个像素会分配到 32+32+32 位来存储颜色信息。也就是说，每个原色都使用一个 32 位的浮点数来存储。

4）数码相机的色彩深度

在数码相机中，色彩深度又称为色彩位数，它是用来表示数码相机的色彩分辨能力的。红、绿、蓝 3 个颜色通道中每种颜色为 *n* 位的数码相机，总的色彩位数为 3*n*，可以分辨的颜色总数为 2^{3n}。数码相机的色彩位数越多，意味着可捕获的细节数量也越多。

2. 色彩模型和模式

1）色彩模型

色彩模型用于描述在数字图像中看到和使用的颜色。每种色彩模型（如 RGB、CMYK 或 HSB）分别表示用于描述颜色的不同方法（通常是数字）。

2）色彩空间

色彩空间是另一种形式的颜色模型，它有特定的色域（范围）。每台设备（如显示器或打印机）都有自己的色彩空间，并只能重新生成其色域内的颜色。

3）色彩模式

在 Photoshop 中，文档的色彩模式决定了用于显示和打印所处理的图像的色彩模型。Photoshop 还包括用于特殊色彩输出的色彩模式，如索引颜色和双色调。色彩模式决定图像的颜色数量、通道数量及文件大小。选取色彩模式操作决定了可以使用哪些工具和文件格式。处理图像中的颜色时，将会调整文件中的数值。可以简单地将一个数字视为一种颜色，但这些数字本身并不是绝对的颜色，而只是在生成颜色的设备的色彩空间内具备一定的颜色含义。

3. 色域

1）色域简介

色域是对一种颜色进行编码的方法，也指一个技术系统能够产生的颜色的总和。在计算机图形处理中，色域是颜色的某个完全的子集。颜色子集最常见的应用是用来精确地代表一种给定的情况，例如一个给定的色彩空间或某个输出装置的呈色范围，如图 1.15 所示。

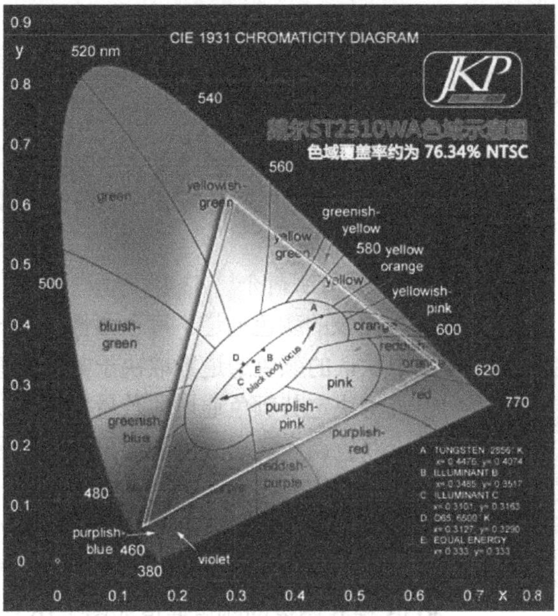

图 1.15　色域示意图

2）色彩表现的局限性

大多数系统的色域都是由于很难生成单色（单波长）的光线所导致的。最好的接近单色光的技术是激光。大多数系统都用大致近似的方法表示高度饱和的颜色，这些光线通常包含所期望的颜色之外的多种颜色。使用加色色彩处理的系统在色域饱和平面上大致是一个凸多边形，多边形的顶点是系统能够产生的最饱和的颜色。在减色色彩系统中，色域经常是不规则区域。

3）各种颜色系统的比较

激光视频投影机：其理论依据为激光是真正的单色光，激光视频投影机使用三束激光产生较宽色域。

底片：底片是最好的检测、重现色彩的系统之一。电影院中的电影与家庭影院之间的色彩质量不同，是因为电影胶片的色域要远大于电视的色域。

激光放映：使用激光产生非常接近单色的光线，这样就可以产生远远超出其他系统的色饱和度。但是，这种方法很难通过色域的合成产生饱和度较低的其他颜色。另外，这样的系统非常复杂、昂贵，不适于通常的视频放映。

CRT（阴极射线管）显示器：CRT 及类似的显示器都有一个大致为三角形的、能够覆盖大部分可见色彩空间的色域。CRT 显示器的色域受限于产生红色、绿色、蓝色光线的荧光物质。除显示器本身外，显示实际的图像时，通常还受限于如数码相机、扫描仪等设备中的色彩传感器的质量。

液晶显示器（LCD）：LCD 的屏幕通过过滤背光进行显示，因此 LCD 的色域完全取决于背光的光谱。通常，LCD 使用荧光灯作为背光，而荧光灯的色域通常比 CRT 显示器要小很多。一些使用发光二极管（LED）的 LCD 则比 CRT 显示器的色域更加宽广。

电视系统：电视系统通常使用 CRT 显示器，但是由于广播系统的限制，电视系统并没有充分利用 CRT 显示器的优点。相对来说，高清电视的显示效果要远远好于普通电视，但是仍然比使用同样显示技术的计算机显示效果差。

印刷系统：印刷过程中通常使用 CMYK 色彩空间（青色 C、洋红 M、黄色 Y 与黑色 K）。在极少数印刷系统中不使用黑色，但是在表现低饱和度、低亮度颜色时效果不好，通过添加基本颜色之外的其他颜色来扩展印刷过程的色域。

单色显示器：单色显示器的色域是色彩空间中的一条一维曲线。

4．颜色通道

1）基本定义

保存图像颜色信息的通道称为颜色通道，它是将构成整体图像的颜色信息整理并表现为单色图像的工具。

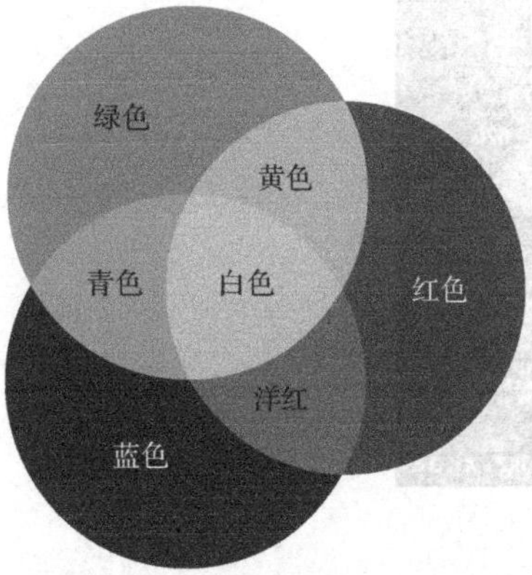

图 1.16　RGB 模式图像的颜色通道

2）用法简介

图像的颜色通道：每个图像都有一个或多个颜色通道，图像中默认的颜色通道数取决于其色彩模式，即一个图像的色彩模式将决定其颜色通道的数量。在默认情况下，位图模式、灰度、双色调和索引颜色图像只有一个通道，RGB 和 Lab 图像有三个通道。

颜色元素：每个颜色通道都存放着图像中颜色元素的信息。所有颜色通道中的颜色叠加混合产生图像中像素的颜色。RGB 模式图像的颜色通道如图 1.16 所示。

5．Photoshop 中的色彩模式

在数字图像中，将图像中各种不同的颜色组织起来的方法，称为色彩模式。色彩模式决定着图像以何种方式显示或打印。色彩模式除决定图像中可以显示的颜色数量外，还会直接决定图像的通道数量和文件的大小。

1）常见色彩模式

RGB 模式：RGB 模式基于自然界中三种基色光的混合原理，将红（R）、绿（G）和蓝（B）三种基色按照从 0（黑）到 255（白色）的亮度值在每个色阶中分配，从而指定其色彩。当不同亮度的基色混合后，便会产生出 256×256×256 种颜色，约为 1670 万种。RGB 模式产生颜色的方法又被称为加色色彩系统。在 Photoshop 中，RGB 模式支持所有的工具和命令，所以也把它称为 Photoshop 的工作模式。

CMYK 模式：CMYK 模式是一种印刷模式，其中 4 个字母分别指青色（Cyan）、洋红色（Magenta）、黄色（Yellow）、黑色（Black），在印刷中代表 4 种颜色的油墨。CMYK 模式所包含的颜色最少。CMYK 模式产生颜色的方法又被称为减色色彩系统。图 1.17 给出了 RGB 模式与 CMYK 模式的区别。

HSB 模式：HSB 模式是基于人眼对色彩的观察来定义的。在此模式中，所有的颜色都用色相或色调、饱和度、对比度三个特性来描述。色相（H）是指与颜色主波长有关的颜色物理和心理特性。非彩色（黑、白、灰色）不存在色相属性；所有色彩（红、橙、黄、绿、青、蓝、紫等）都是表示颜色外貌的属性。饱和度（S）指颜色的强度或纯度，表示色相中灰色成分所占的比例，用 0%～100%（纯色）来表示。对比度（B）是指颜色的相对明暗程度，通常用 0%（黑）～100%（白）来度量。图 1.18 给出了低色调、低饱和度、低对比度的示意图，可扫二维码查看。

Lab 模式：即 CIELab，对色彩的描述不依赖于任何设备，避免了由于不同的显示器和打印设备所造成的颜色差异。同时在 Photoshop 中，它相当于色彩模式间的一个转换平台，可以在不同色彩模式中方便地转换。Lab 模式是以一个亮度分量 L 及两个颜色分量 a 和 b 来表示颜色的。其中，L 的取值范围是 0～100，a 分量代表由绿色到红色的光谱变化，而 b 分量代表由蓝色到黄色的光谱变化，a 和 b 的取值范围均为-120～120。Lab 模式所包含的颜色范围最广，能够包含所有的 RGB 和 CMYK 模式中的颜色。

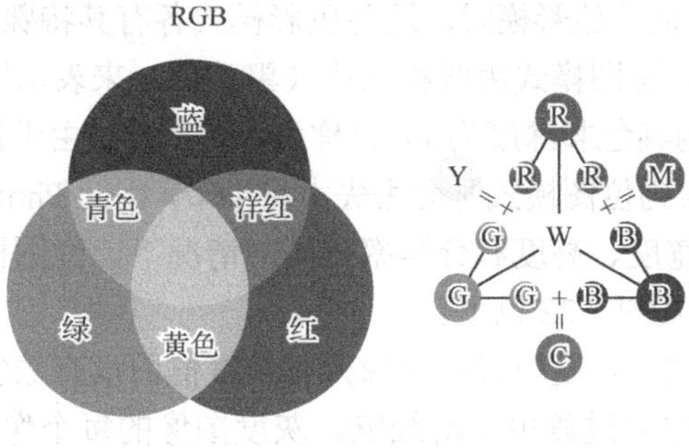

（a）加色处理的三原色的混合

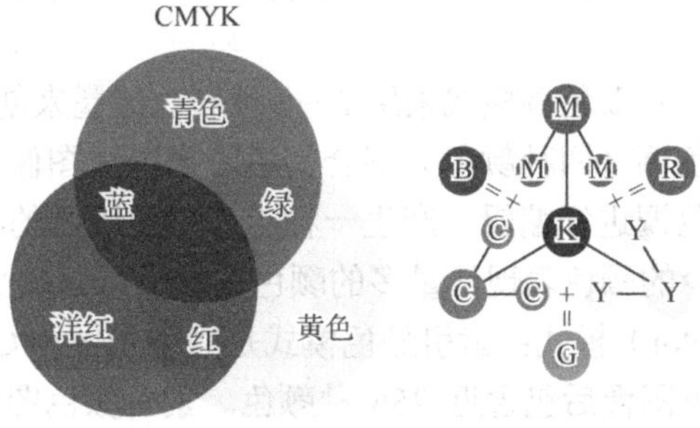

（b）减色处理的三原色的混合

图 1.17　RGB 模式与 CMYK 模式的区别

（a）原图

（b）低色调

（c）低饱和度

（d）低对比度

图 1.18　低色调、低饱和度、低对比度的示意图

2）其他色彩模式

Photoshop 支持一些其他的色彩模式，这些色彩模式各有其特殊的用途。

位图（Bitmap）模式：位图模式用两种颜色（黑和白）来表示图像中的像素。位图模式的图像也称为黑白图像。因为其色彩深度为 1，也称为 1 位图像。由于位图模式只用黑白色来表示图像的像素，在将图像转换为位图模式时会丢失大量细节，因此 Photoshop 提供了几种算法来模拟图像中丢失的细节。在宽度、高度和分辨率相同的情况下，位图模式的文件大小最小，约为灰度模式的 1/7 和 RGB 模式的 1/22 以下。

灰度（Grayscale）模式：灰度模式的图像只有灰度值而没有颜色信息，可以使用多达 256 级灰度来表现图像，使图像的过渡更平滑细腻。灰度图像的每个像素有一个 0（黑色）～255（白色）之间的亮度值。灰度值也可以用黑色油墨覆盖的百分比来表示（0%等于白色，100%等于黑色）。

双色调（Duotone）模式：双色调模式采用 2～4 种彩色油墨来创建，由双色调（两种颜色）、三色调（三种颜色）和四色调（四种颜色）混合其色阶来组成图像。在将灰度图像转换为双色调模式的过程中，可以对色调进行编辑，产生一种类似限色版画的特殊效果。使用双色调模式最主要的用途是使用尽量少的颜色表现尽量多的颜色层次，可以减少印刷成本。

索引颜色（Indexed Color）模式：索引颜色模式是网络图像和 GIF 动画中常用的图像模式，当彩色图像转换为索引颜色图像后包含近 256 种颜色。索引颜色图像包含一个颜色表。如果原图像中颜色不能用 256 种颜色表现，则 Photoshop 会从可使用的颜色中选出最相近颜色来模拟这些颜色，这样可以减小图像文件的大小。颜色表用来存放图像中的颜色，并为这些颜色建立颜色索引，可在转换的过程中定义或在生成索引颜色图像后修改。

多通道（Multichannel）模式：多通道模式对有特殊打印要求的图像非常有用。如果图像中只使用了一两种或两三种颜色，使用多通道模式可以减少印刷成本并保证图像颜色的正确输出。

8 位/16 位通道模式：在灰度 RGB 或 CMYK 模式下，可以使用 16 位通道来代替默认的 8 位通道。根据默认情况，8 位通道中包含 256 个色阶，如果增到 16 位，每个通道的色阶数量为 65536 个，这样能得到更多的色彩细节。Photoshop 可以识别和输入 16 位通道的图像，但对于这种图像限制很多，所有的滤镜都不能使用，另外 16 位通道模式的图像不能被印刷。

3）色彩模式的转换

Photoshop 通过执行“Image/Mode”（图像/模式）子菜单中的命令来转换需要的色彩模式。这种色彩模式的转换有时会永久性地改变图像中的颜色值。

将彩色图像转换为灰度模式：Photoshop 会扔掉原图像中所有的颜色信息，而只保留像素的灰度级。灰度模式可作为位图模式和彩色图像间相互转换的中介模式。

将其他模式转换为位图模式：将图像转换为位图模式会使图像颜色减少到两种，简化了图像中的颜色信息，并减小了文件大小。要将图像转换为位图模式，必须首先将其转换为灰度模式，这会去掉像素的色相和饱和度信息，而只保留对比度信息。在灰度模式中编辑的位图模式图像转换回位图模式后，看起来可能不一样。

将其他模式转换为索引颜色模式：在将彩色图像转换为索引颜色模式时，会删除图像中的很多颜色，而仅保留其中的 256 种颜色。只有灰度模式和 RGB 模式的图像可以转换为索引颜色模式。

将 RGB 模式转换成 CMYK 模式：如果将 RGB 模式的图像转换成 CMYK 模式，图像中的颜色就会产生分色，颜色的色域就会受到限制。

利用 Lab 模式进行模式转换：使用 Lab 模式进行转换时，不会造成任何色彩上的损失。Photoshop 便是以 Lab 模式作为内部转换模式来完成不同色彩模式之间转换的。

将其他模式转换成多通道模式：多通道模式可通过转换色彩模式和删除原图像的颜色通道得到。将 CMYK 图像转换为多通道模式可创建由青、洋红、黄和黑色构成的图像，将 RGB 图像转换成多通道模式可创建青、洋红和黄色构成的图像。从 RGB、CMYK 或 Lab 图像中删除一个通道会自动将图像转换为多通道模式，原来的通道被转换成专色通道。

1.2　数字图像的获取与描述

1.2.1　图像数字化

为了便于计算机处理，图像在空间和取值上必须进行数字化[1]。图像数字化是将一幅画面转化成计算机能处理的形式——数字图像的过程。将一幅图像分割成如图 1.19 所示的一个个小区域（像素或像元），并将各小区域的灰度用整数表示，形成一幅点阵式的数字图像。

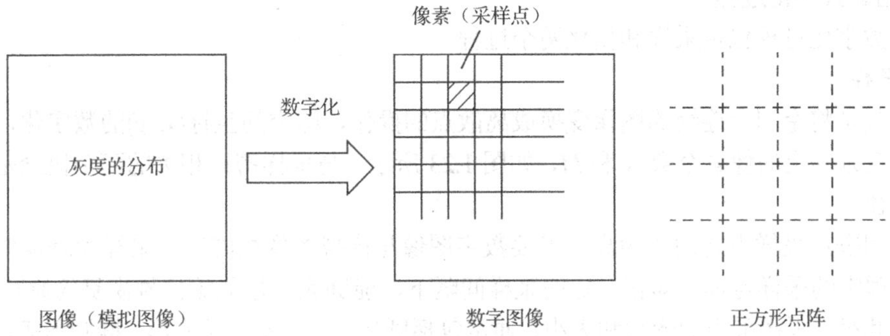

图 1.19　图像数字化示意图

1．数字图像的表示

数字图像通常用矩阵来描述，以一幅数字图像左上角像素中心为坐标原点，$m \times n$ 像素的数字图像用矩阵可表示为

$$\boldsymbol{F}=\begin{bmatrix} f(0,0) & f(0,1) & \cdots & f(0,n-1) \\ f(1,0) & f(1,1) & \cdots & f(1,n-1) \\ \vdots & \vdots & \vdots & \vdots \\ f(m-1,0) & f(m-1,1) & \cdots & f(m-1,n-1) \end{bmatrix} \tag{1-1}$$

其中，像素 $f(x,y)$ 的属性包括位置及灰度或颜色。

数字图像根据灰度级数的差异可分为黑白图像、灰度图像和彩色图像。

1）黑白图像

黑白图像中每个像素只能是黑和白，没有中间的过渡，故又称为二值图像。二值图像的像素值为 0 或 1。图 1.20 是一个示例。

2）灰度图像

灰度图像是指每个像素的信息由一个量化的灰度来描述的图像，没有色彩信息。1 字节（8 位）可表示 256 级灰度[0,255]。图 1.21 是一个示例。

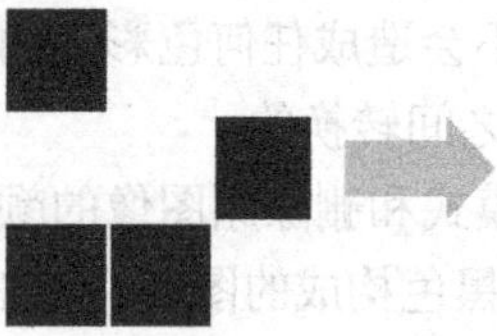

$$I=\begin{bmatrix}1 & 0 & 0\\ 0 & 0 & 1\\ 1 & 1 & 0\end{bmatrix}$$

图 1.20　黑白图像示例

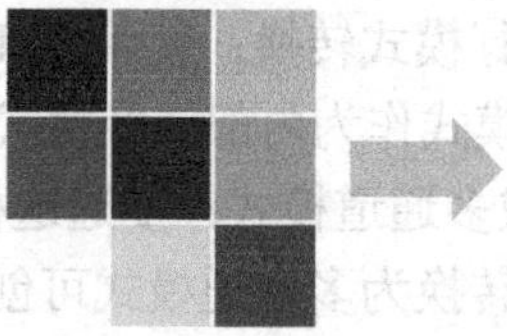

$$I=\begin{bmatrix}0 & 150 & 200\\ 120 & 50 & 180\\ 250 & 220 & 100\end{bmatrix}$$

图 1.21　灰度图像示例

3）彩色图像

彩色图像是指每个像素由 R、G、B 分量构成的图像，其中 R、G、B 是由不同的灰度级来描述的。用 3 字节（24 位）来表示一个像素。图 1.22 是一个示例。

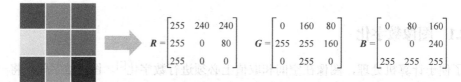

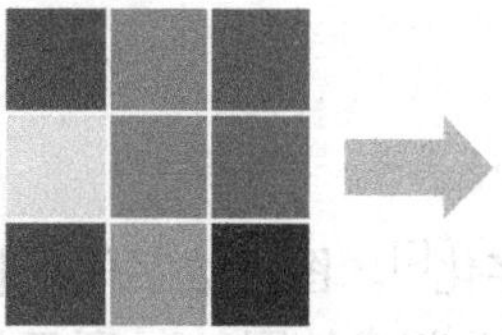

$$\boldsymbol{R}=\begin{bmatrix}255 & 240 & 240\\ 255 & 0 & 80\\ 255 & 0 & 0\end{bmatrix}\quad \boldsymbol{G}=\begin{bmatrix}0 & 160 & 80\\ 255 & 255 & 160\\ 0 & 255 & 0\end{bmatrix}\quad \boldsymbol{B}=\begin{bmatrix}0 & 80 & 160\\ 0 & 0 & 240\\ 255 & 255 & 255\end{bmatrix}$$

图 1.22　彩色图像示例

2．图像数字化过程

图像数字化过程包括采样和量化两个过程。

1）采样

采样就是将空间上连续的图像变换成离散点的操作，即空间坐标(x, y)的数字化，从而确定水平和垂直方向上的像素个数 N 和 M，如图 1.23 所示。与采样密切相关的两个概念是采样间隔与采样孔径。

采样间隔：采样点之间的距离。若要数字图像与模拟图像相媲美，采样间隔需要符合信号与系统处理中的采样定理，即在一定的采样间隔下，能够完全把原始信号恢复的原则。

采样孔径：采样采用的形状和大小，通常包括圆形、正方形、长方形、椭圆形等，如图 1.24 所示。

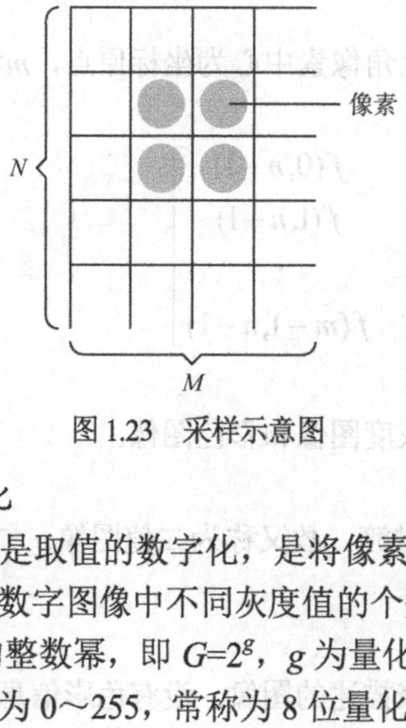

图 1.23　采样示意图

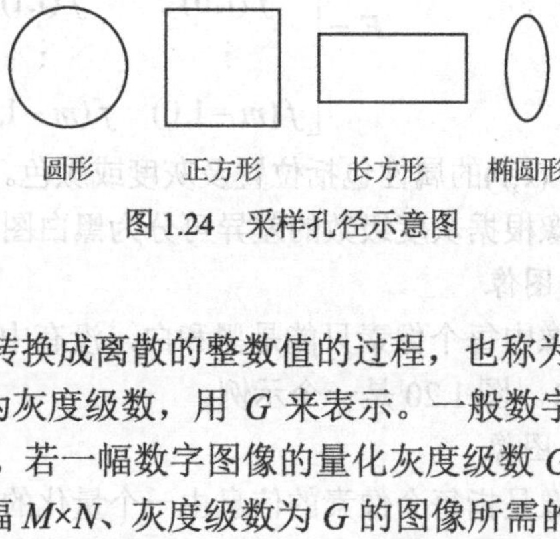

图 1.24　采样孔径示意图

2）量化

量化就是取值的数字化，是将像素灰度转换成离散的整数值的过程，也称为图像灰度级量化。一幅数字图像中不同灰度值的个数称为灰度级数，用 G 来表示。一般数字图像灰度级数 G 为 2 的整数幂，即 $G=2^g$，g 为量化位数。若一幅数字图像的量化灰度级数 $G=256=2^8$ 级，灰度级范围为 0～255，常称为 8 位量化。一幅 $M\times N$、灰度级数为 G 的图像所需的存储空间为 $M\times N\times g$（位）。

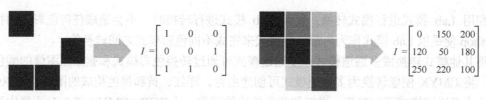

3．采样量化参数与数字图像间的关系

数字化方式可分为均匀采样、量化和非均匀采样、量化。所谓均匀，指的是采样、量化为等间隔方式。图像数字化一般采用均匀采样和非均匀量化方式。非均匀采样根据图像细节的丰富程度改变采样间隔。细节丰富的地方，采样间隔小，否则采样间隔大。非均匀量化对图像层次少的区域采用间隔大量化，而对图像层次丰富的区域采用间隔小量化。采样间隔越大，所得图像像素数越少，空间分辨率低，质量差；采样间隔越小，所得图像像素数越多，空间分辨率高，图像质量好，但数据量大。量化等级越多，所得图像层次越丰富，灰度分辨率越高，质量越好，但数据量大；量化等级越少，层次欠丰富，图像分辨率低，质量变差，会出现假轮廓现象，但数据量小。图 1.25 展示了采样间隔相同时灰度级数从 256 逐次减少为 64、16、8、4、2 的图像质量变化。

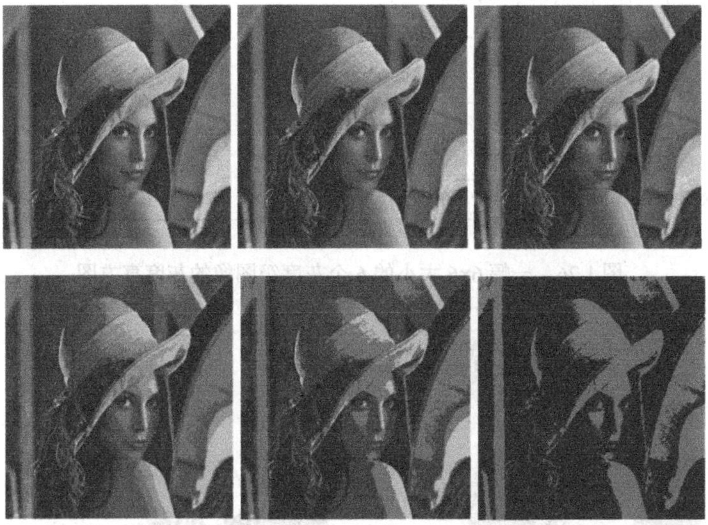

图 1.25　灰度级数与图像质量的关系

1.2.2　图像灰度直方图

1．概念

图像灰度直方图反映一幅图像中各灰度级像素出现的频率与灰度级的关系。以灰度级为横坐标，频率为纵坐标，绘制频率同灰度级的关系图就是一幅灰度图像的直方图。通常会将纵坐标归一化到[0,1]区间内，也就是将灰度级出现的频率（像素个数）除以图像中像素的总数。灰度直方图的计算公式为

$$p(r_k)=\frac{n_k}{M\times N} \tag{1-2}$$

其中，r_k是第 k 个灰度级，n_k是具有灰度级 r_k的像素的个数，$M\times N$是图像中总的像素数。图 1.26 给出了一幅 6×6 大小的 6 个灰度级图像的灰度直方图。图 1.27 给出了一幅实际 256 个灰度级图像的灰度直方图。图 1.28 给出了一幅 24 位真彩色图像的红、绿、蓝三分量灰度直方图。

2．灰度直方图的性质

灰度直方图是一个图像的重要特征，反映了图像灰度分布的状况。暗图像对应的灰度直方图组成成分集中在灰度级较小的左边一侧，明亮图像的灰度直方图则倾向于灰度级较大的右边一侧；对比度较低的图像对应的灰度直方图窄而集中于灰度级的中部，对比度高的图像对应的

灰度直方图分布范围很宽且分布均匀。因此，灰度直方图反映了图像的清晰程度，当灰度直方图分布均匀时，图像最清晰。灰度直方图只能反映图像的灰度分布情况，而不能反映图像像素的位置，即丢失了像素的位置信息。一幅图像对应唯一的灰度直方图，反之不成立。不同的图像可对应相同的灰度直方图，图 1.29 给出了一个两幅不同图像具有相同灰度直方图的例子。一幅图像分成多个区域，多个区域的灰度直方图之和即为原图像的灰度直方图。

1	2	3	4	5	6
6	4	3	2	2	1
1	6	6	4	6	6
3	4	5	6	6	6
1	4	6	6	2	3
1	3	6	4	6	6

统计

r_k	1	2	3	4	5	6
n_k	5	4	5	6	2	14
$p(r_k)$	5/36	1/9	5/36	1/6	1/18	7/18

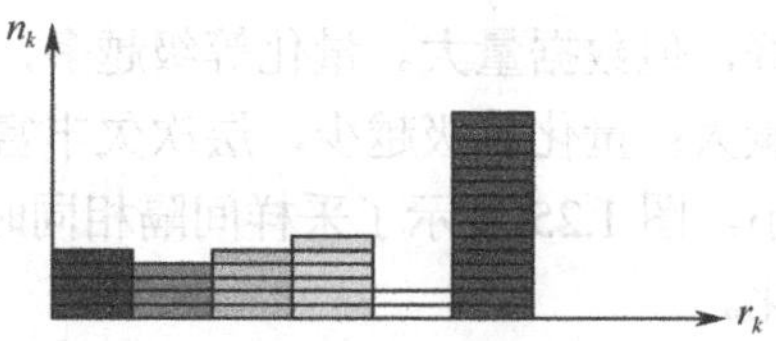

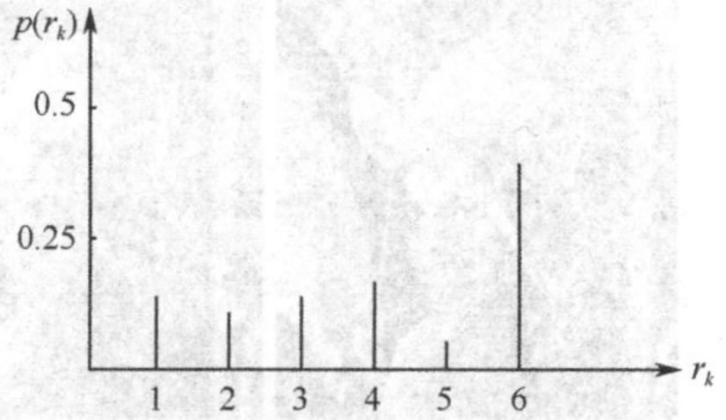

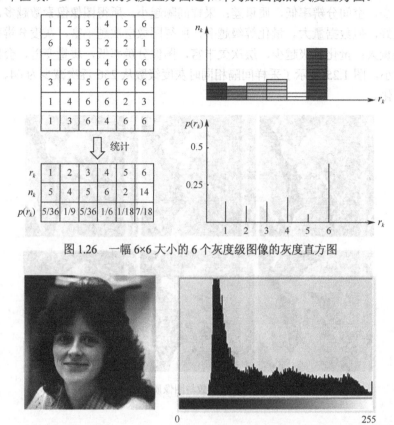

图 1.26　一幅 6×6 大小的 6 个灰度级图像的灰度直方图

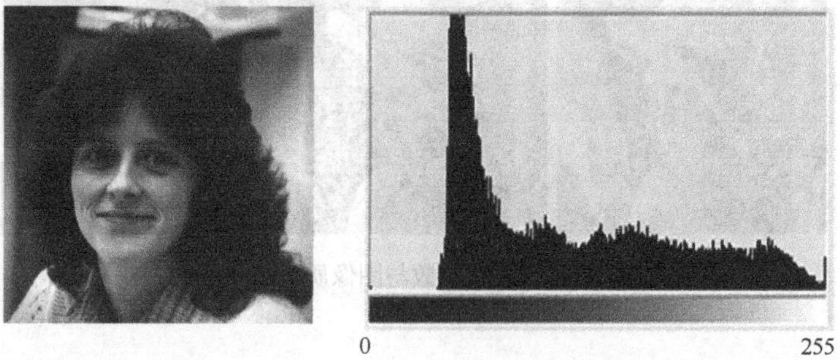

图 1.27　一幅 256 个灰度级图像的灰度直方图

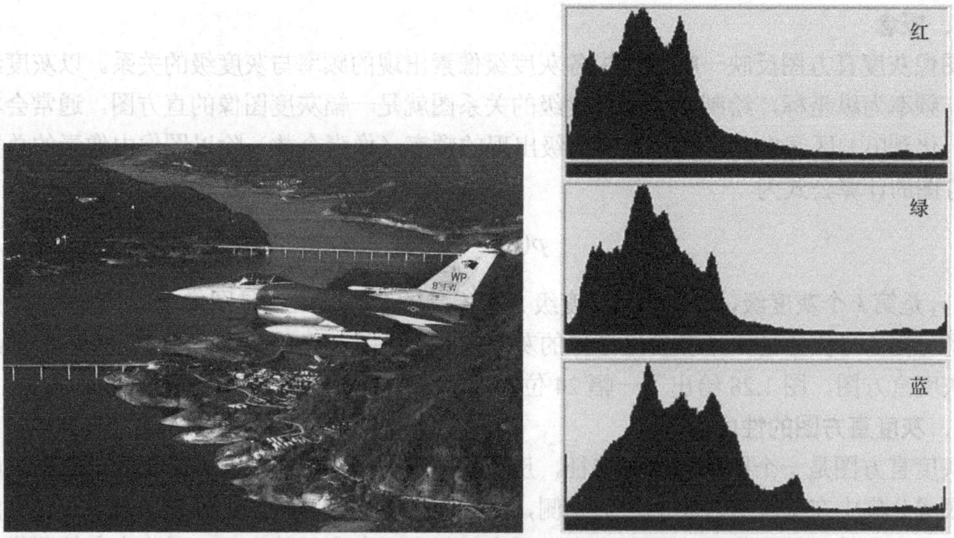

图 1.28　一幅 24 位真彩色图像的红、绿、蓝三分量灰度直方图

图 1.29　两幅不同图像具有相同的灰度直方图

3. 应用

1）用于判断图像量化是否恰当

灰度直方图给出了一个简单可见的指示，用来判断一幅图像是否合理利用了全部被允许的灰度级范围。一般一幅图像应该利用全部或几乎全部可能的灰度级，否则等于增加了量化间隔，丢失的信息将不能恢复。具体例子如图 1.30 所示。

图 1.30　只用了一半灰度级相当于增加了量化间隔

2）用于确定图像的二值化阈值

图像分割是图像处理这门学科中的基础难题，基于阈值的分割则又是图像分割的最基本的难题之一，其难点在于阈值的选取。事实证明，阈值选择得恰当与否对分割的效果起着决定性的作用。一种简单的阈值选取方法称为双峰法，原理极其简单：它认为图像由前景和背景组成，在灰度直方图上，前后二景都形成高峰，在双峰之间的最低谷处就是图像的阈值所在。如果一幅图像 $f(x,y)$ 的灰度直方图为两个峰一个谷，那么这个谷底所对应的像素值即为阈值 T，则二值化操作结果 $g(x,y)$ 如式（1-3）所示，典型例子如图 1.31 所示。

$$g(x,y)=\begin{cases}1 & f(x,y)\geqslant T\\0 & f(x,y)<T\end{cases}\tag{1-3}$$

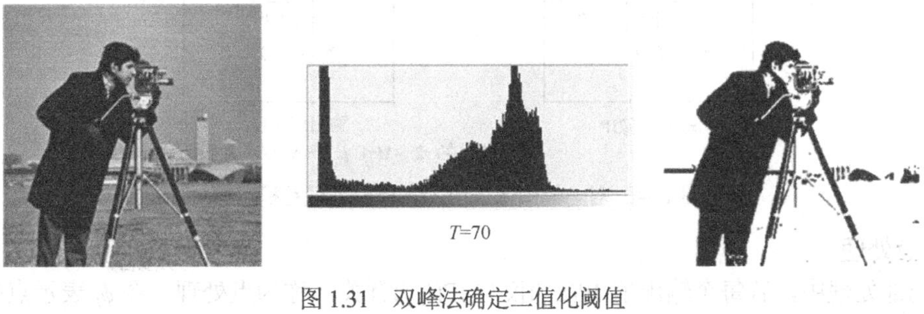

图 1.31　双峰法确定二值化阈值

1.2.3　图像处理算法的形式

图像处理算法的三种基本形式为：①输入单幅图像输出单幅图像，如图像增强；②输入多幅图像输出单幅图像，如图像重建、图像融合；③输入单（多）幅图像输出数字或符号等，如图像分割、图像识别。下面介绍几种典型具体算法。

1．局部处理

局部处理是针对邻域的一种操作。对于任一像素(i, j)，该像素周围的像素构成的集合$\{(i+p, j+p), p$、q 取合适的整数$\}$，称为该像素的邻域，如图 1.32（a）所示。常用的邻域是中心像素的 4-邻域、8-邻域，如图 1.32（b）所示。

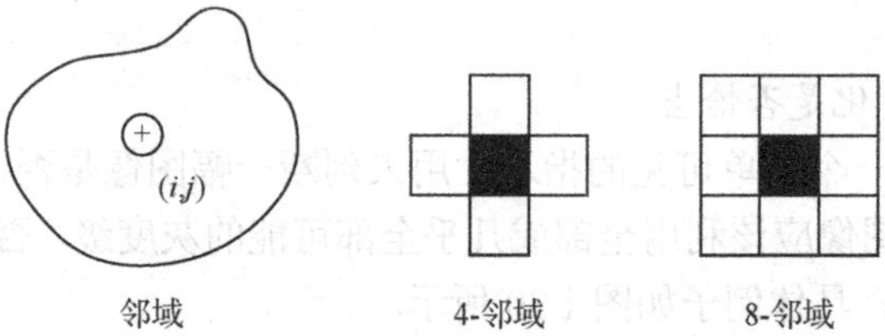

（a）　（b）

图 1.32　邻域

如图 1.33 所示，对输入图像 IP 进行处理时，某一输出图像中的像素 JP(i, j)由输入图像中的像素 IP(i, j)及其邻域 N(IP(i, j))中的像素确定，这种处理称为局部处理。

局部处理的计算表达式为

$$\mathrm{JP}(i, j) = \phi_N(N(\mathrm{IP}(i, j))) \tag{1-4}$$

式中，ϕ_N 表示局部处理操作函数。例如，对一幅图像采用 3×3 模板进行卷积运算，如图 1.34 所示。

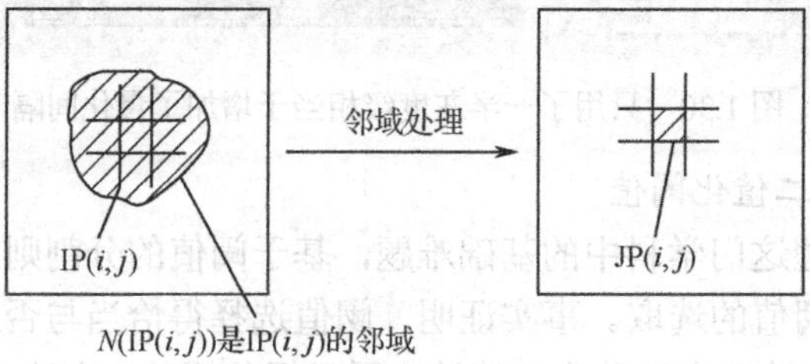

图 1.33　局部处理

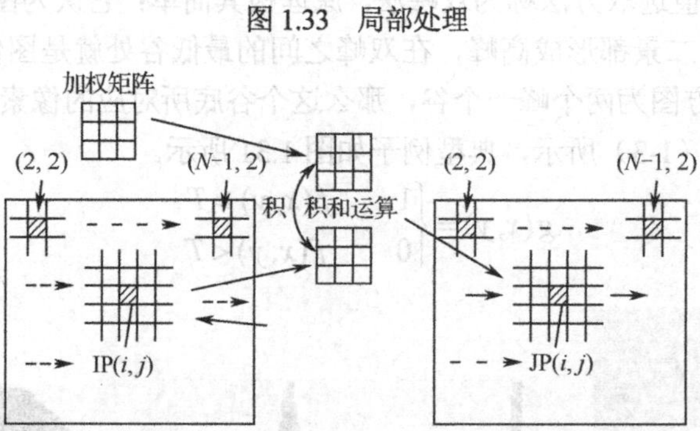

图 1.34　对一幅图像采用 3×3 模板进行卷积运算

2．点处理

在局部处理中，若每个输出值 JP(i, j)仅与 IP(i, j)有关，称为点处理。令 ϕ_P 表示点处理操作函数，则点处理表达式为式（1-5），如图 1.35 所示。

$$\mathrm{JP}(i,j)=\phi_p(\mathrm{IP}(i,j)) \tag{1-5}$$

3．大局处理

在局部处理中，输出图像中的像素 JP(i,j)的值取决于输入图像大部分范围或全部像素的值，这种处理称为大局处理。

大局处理的计算表达式为

$$\mathrm{JP}(i,j)=\phi_A(A(\mathrm{IP}(i,j))) \tag{1-6}$$

式中，ϕ_A 表示大局处理操作函数，邻域 $A(\mathrm{IP}(i,j))$为输入图像大部分范围或全部像素如图 1.36 所示。

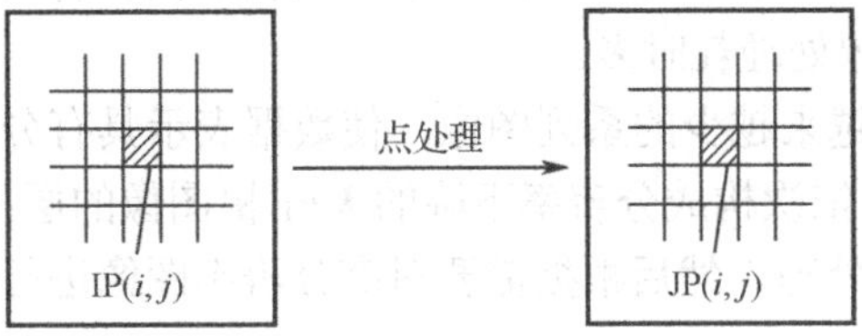

图 1.35　点处理

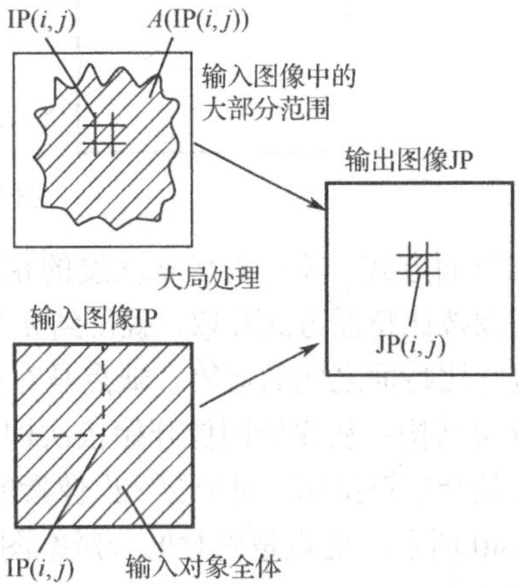

图 1.36　大局处理

4．迭代处理

反复对图像进行某种运算直至满足给定的条件，从而得到输出图像的处理形式称为迭代处理。例如，图像的细化处理过程如图 1.37 所示。

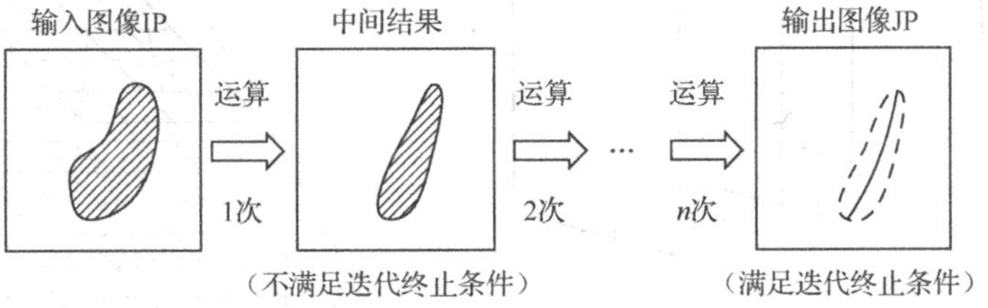

图 1.37　图像的细化处理

5．跟踪处理

选择满足适当条件的像素作为起始像素，检查输入图像和已经得到的输出结果，求出下一步应该处理的像素并进行规定的处理，然后决定是继续处理下面的像素还是终止处理，这种处理形式称为跟踪处理。

1.2.4　图像的数据结构与特征

1．图像的数据结构与文件格式

图像的数据结构与文件格式是指数字图像在计算机中存储的组织方式，是计算机算法应用于图像处理的数据基础。

1）数据结构

图像数据结构是指图像像素灰度级的存储方式，常用方式是将图像各个像素灰度级用一维或二维数组相应的各个元素加以存储。此外，还有其他存储方式，如组合方式、比特面方式、分层结构、树结构、多重图像数据存储。

组合方式：一个字长存放多个像素灰度级，如图 1.38 所示。优点是节省内存，缺点是计算量增加、处理程序复杂。

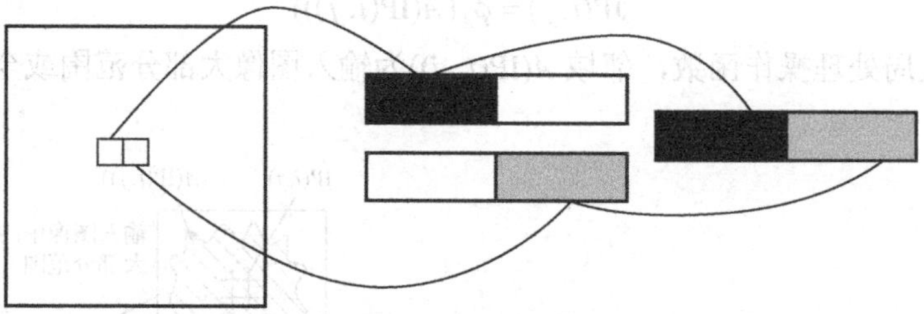

图 1.38　组合方式示意图

比特面方式：将所有像素灰度的相同位用一个二维数组表示，形成比特面。n 个位表示的灰度图像按比特面方式存取，就得到 n 个比特面，如图 1.39 所示。优点是能充分利用内存空间，便于进行比特面之间的运算。缺点是对灰度图像处理耗时多。

分层结构：从原始图像开始依次构成像素越来越少的系列图像，使数据表示具有分层。典型代表是金字塔结构，对于 $2^K \times 2^K$ 像素的图像，依次构成分辨率下降的 $K+1$ 幅图像的层次集合，如图 1.40 所示。优点是先对低分辨率图像进行处理，然后根据需要对高分辨率图像进行处理，可提高效率。

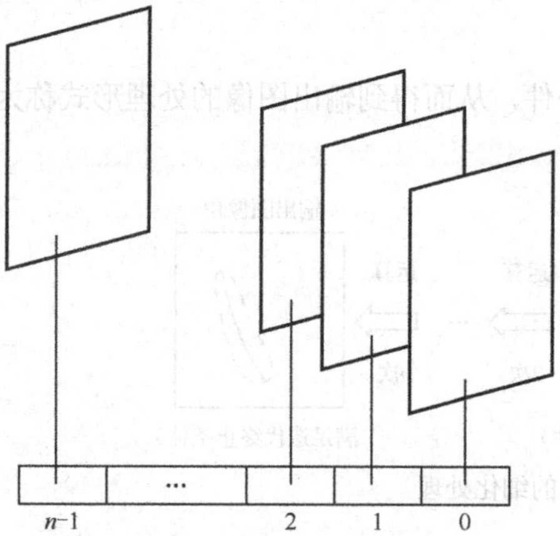

图 1.39　比特面方式示意图

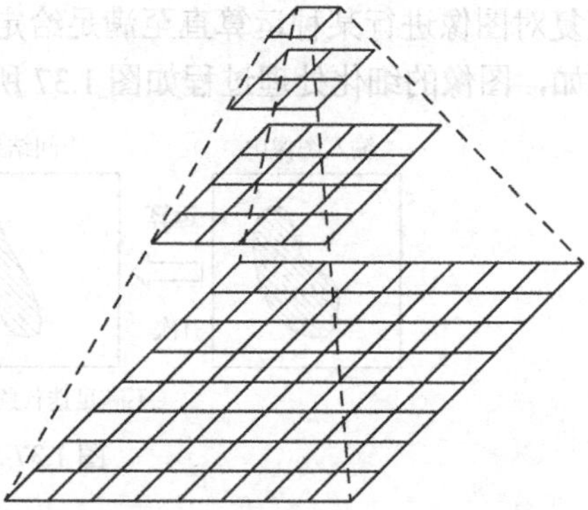

图 1.40　金字塔结构示意图

树结构：对如图 1.41 所示的一幅二值图像的行、列接连不断地进行二等分，如果图像被分割部分中的全体像素都变成具有相同的特征，这部分则不再分割。用这种方法可以把图像用树结构（4 叉树）表示，常用在特征提取和信息压缩等方面。

多重图像数据存储：对于彩色图像或多波段图像而言，每个像素包含多个波段的信息。存储方式有 3 种：①逐波段存储，分波段处理时采用；②逐行存储，逐行扫描记录设备采用；③逐像素存储，用于分类。

2）文件格式

按不同的方式进行组织和存储数字图像像素的灰度级，就得到不同格式的像素文件。图像文件按其格式的不同具有相应的扩展名，常见的图像文件格式可以分为RAW、BMP、TGA、PCX、GIF、TIFF 等。这些图像文件格式大致都包含下列特征：描述图像的高度、宽度及各种物理特征的数据；彩色定义；描述图像的位图数据体。

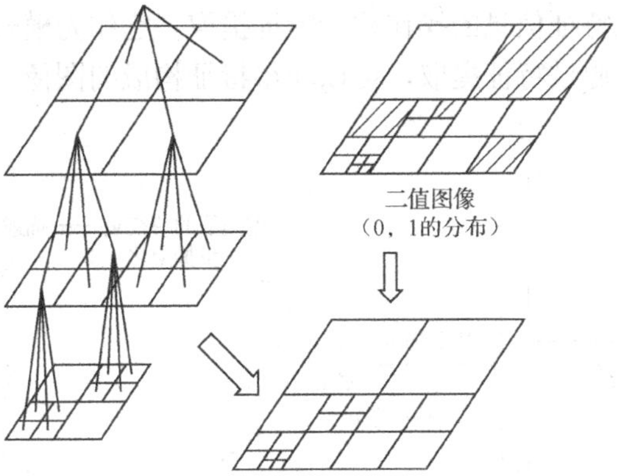

图 1.41　树结构示意图

RAW 格式：它将像素按照行列号顺序存储在文件中。这种文件只含有图像像素数据，不含有信息头，因此，在读图像时需要事先知道图像大小（矩阵大小）。它是最简单的一种图像文件格式，但通常使用 RAW 格式时需要一个额外的信息文件。

BMP 格式：BMP 文件由文件头、位图信息头、颜色信息和图形数据 4 部分组成。文件头主要包含文件的大小、文件类型、图像数据偏离文件头的长度等信息；位图信息头包含图像的尺寸信息、图像用几位表示一个像素、图像是否压缩、图像所用的颜色数等信息。

GIF 格式：GIF 图像是基于颜色列表的，最多支持 8 位。GIF 格式支持在一个 GIF 文件中存放多幅彩色图像，并且可以按照一定的顺序和时间间隔将多幅图像依次读出并显示在屏幕上，这样就可以形成一种简单的动画效果。GIF 文件一般由 7 个数据区组成：头文件、通用调色板、位图数据区及 4 个扩充区。GIF 图像广泛应用于网络中的动态图像表示。

TIFF 格式：TIFF 文件主要由文件头、标识信息区、图像数据区组成。TIFF 格式有其特有的标识信息，并能进行自定义，是一种开放且易于扩展的数据格式，能支持较大数据量和不同定义方式的影像数据，广泛用于遥感、地理信息领域。

2. 图像的特征和噪声

图像的特征是对图像内容的一种数学统计描述，是数字图像信息提取的一种重要描述方法；图像噪声是数字图像在数字化中产生的一种干扰信息，通常要对图像噪声进行抑制，以提取我们需要的信息。

1）图像的特征类别

图像的特征主要有两大类。

自然特征：如光谱特征、几何特征、时相特征。

人工特征：如直方图特征，灰度边缘特征，线、点、纹理特征。

按提取特征的范围大小，图像特征又分为如下几类。

点特征：仅由各个像素就能决定的特征。如单色图像中的灰度级，彩色图像中的红、绿、蓝分量的值。

局部特征：在小邻域内所具有的特征，如线和边缘的强度、方向、密度和统计量（均值、方差等）。

区域特征：在图像的对象（一般是指与该区域外部有区别的、具有一定性质的区域）内的点或者局部的特征分布，以及区域的几何特征（面积、形状等）。

整体特征：整个图像作为一个区域看待时的统计性质和结构特征。

2）特征提取与特征空间

特征提取：获取图像特征信息的操作称为特征提取。它作为模式识别、图像理解或信息量压缩的基础是很重要的。通过特征提取，可以获得特征构成的图像（称为压缩图像）和特征参数，如图 1.42 所示。

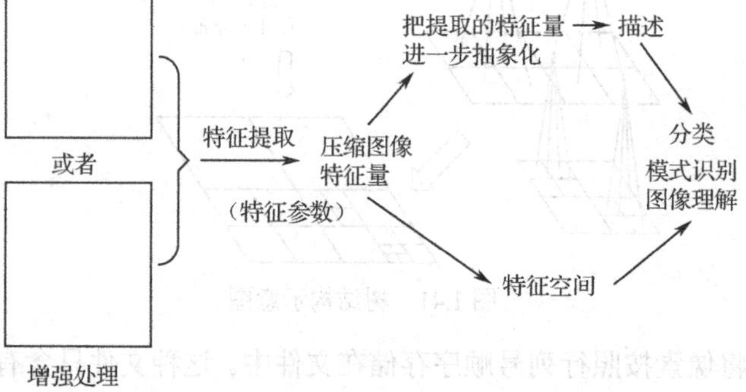

图 1.42　特征提取示意图

特征空间：把从图像提取的 m 个特征量 $y_1, y_2, \cdots, y_m$ 用 m 维的向量 $y=(y_1, y_2, \cdots, y_m)^T$ 表示，称为特征向量。另外，对应于各特征量的 m 维空间称为特征空间。如图 1.43 所示，图（a）中的 $P_1, P_2, \cdots, P_5$ 表示一幅图像中的 5 个像素，假设从每幅图像中提取 2 个特征量 η 和 ξ，则每幅图像的特征向量均为 2 维，如图（b）中 $Q_1, Q_2, \cdots, Q_5$ 均为 2 维特征向量。特征空间的优点是可能把不同种类的图像映射到不同的特征子空间，以便于图像分类，如图（b）代表三类图像，即以 Q_1 为中心的特征子空间（第一类图像）、含有 Q_4、Q_5 的特征子空间（第二类图像）和含有 Q_2、Q_3 的特征子空间（第三类图像）。

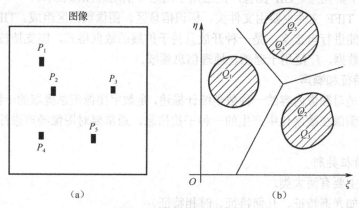

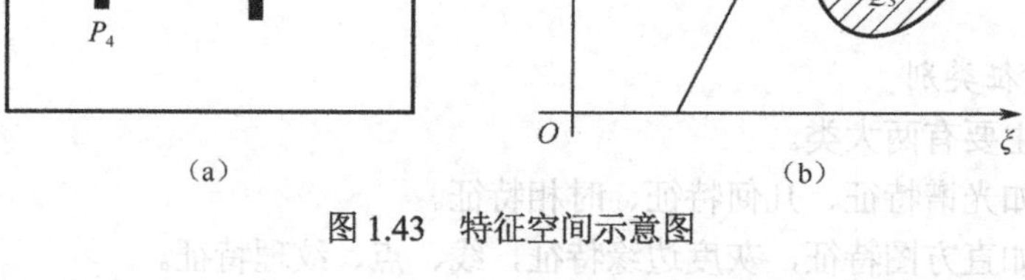

图 1.43　特征空间示意图

3）图像噪声

噪声的种类主要分为：①外部噪声，如天体放电干扰、电磁波从电源线窜入系统等产生的噪声；②内部噪声，由系统内部产生，主要包括 4 种，即由光和电的基本性质引起的噪声、机械运动产生的噪声、元器件噪声、系统内部电路噪声。

图像中的主要噪声包括光电管噪声、摄像管噪声、前置放大器噪声、光学噪声。灰度图像 $f(x, y)$ 可以看作二维亮度分布，则噪声可看作对亮度的干扰，用 $n(x, y)$ 表示。常用统计特征来描述噪声，如均值、方差（交流功率）、总功率等。按噪声对图像的影响可分为加性噪声和乘性噪声。设$f(x, y)$为理想图像，$n(x, y)$为噪声，实际输出图像为$g(x, y)$。则加性噪声与图像亮度大小无关，如下式所示

$$g(x, y)=f(x, y)+n(x, y) \tag{1-7}$$

乘性噪声与图像亮度大小相关，随亮度大小变化而变化，如下式所示

$$g(x, y)=f(x, y)[1+n(x, y)] \tag{1-8}$$

1.3 数字图像处理的研究内容和应用领域

图像作为人类感知世界的视觉基础，是人类获取信息、表达信息和传递信息的重要手段。根据前面描述可知，数字图像是指用数码相机、摄像机、扫描仪等设备经过拍摄得到的一个大的二维数组，该数组中的元素称为像素，其值称为灰度级。数字图像处理即用计算机对图像进行处理，以达到所需结果，其依赖于计算机和其他相关技术（如数据存储、显示和传输）的发展。

一般来讲，对图像进行处理（或加工、分析）的主要目的可以分为 3 个方面。

① 提高图像的视感质量，如进行图像的亮度、彩色变换，增强、抑制某些成分，对图像进行几何变换等，以改善图像的质量。

② 提取图像中所包含的某些特征或特殊信息，这些被提取的特征或特殊信息往往能够为计算机分析图像提供便利。提取特征或信息的过程是模式识别或计算机视觉的预处理过程。提取的特征可以包括很多方面，如频域特征、灰度或颜色特征、边界特征、区域特征、纹理特征、形状特征、拓扑特征和关系结构等。

③ 图像数据的变换、编码和压缩，以便于图像的存储和传输。

1.3.1 数字图像处理的基本流程

数字图像处理的基本流程示意图如图 1.44 所示，包括图像获取（输入）、预处理、图像分割、特征提取、图像识别、图像分析与理解。

图 1.44 数字图像处理的基本流程示意图

在实际应用中，数字图像处理的基本流程可以归纳如下。

① 图像获取：这个阶段通常还包括图像的其他预处理，比如图像的缩放。

② 图像增强：对图像进行某种操作，使得其结果在特定应用中比原来的图像更合适。注意，增强技术是建立在面向特定问题的基础上的。不同类型的图像，使用的增强方法不同，比如用于增强X射线得到的图像的方法就不适用于增强红外线获取到的卫星图像。图像增强是一个主观的任务，观察者就是特殊方法工作好坏的最终裁判者。

③ 图像复原：图像复原属于改善图像外观的处理领域。与图像增强不同，图像增强是主观的，而图像复原是客观的，复原的技术倾向于以图像退化的数学或概率模型为基础。

④ 图像分割：将一幅图像划分为它的组成部分。自动分割是数字图像处理中最困难的任务之一。很弱且不稳定的图像分割算法几乎总导致最终失败。通常，分割越准确，识别越成功。

⑤ 图像表示和描述：这个阶段几乎总是在图像分割阶段的输出之后，通常分割的输出是未加工的像素数据，这些数据要么是构成一个区域的边界，要么是构成该区域的所有的点。首先，必须确定数据是应表示成一条边界还是表示成一个区域。如果关注的是外部形状特征，比如角点和拐点，那么表示为边界是合适的。如果关注的是内部特征，比如纹理和骨架，那么表示为区域是比较合适的。这些表示均把原始数据转化成适合计算机进行后续处理形式的一部分。描述提取特征，可得到某些感兴趣的定量信息，是区分一组目标与另一组目标的基础。

⑥ 目标识别：基于目标的描述，给目标赋予特定的标识的过程。

1.3.2 数字图像处理的研究分支

数字图像处理技术主要包括图像压缩，图像增强和图像复原，图像重建和图像融合，图像分割、匹配、识别和理解等方面，下面分别进行概述。

1. 图像压缩

图像压缩是指以较少的位数有损或无损地表示原来的像素矩阵的技术，也称图像编码。图像数据之所以能被压缩，就是因为数据中存在着冗余。图像数据的冗余主要表现为：图像中相邻像素间的相关性引起的空间冗余；图像序列中不同帧之间存在相关性引起的时间冗余；不同彩色平面或频谱带的相关性引起的频谱冗余。数据压缩的目的就是通过去除这些数据冗余来减少表示数据所需的位数。由于图像数据量的庞大，在存储、传输、处理时非常困难，因此图像数据的压缩就显得非常重要。信息时代带来了“信息爆炸”，使数据量大增，因此，无论传输或存储都需要对数据进行有效的压缩。在遥感技术中，各种航天探测器采用压缩编码技术，将获取的巨大信息送回地面。图像压缩是数据压缩技术在数字图像上的应用，其目的是减少图像数据中的冗余信息从而用更加高效的格式存储和传输数据。

图像压缩可以是有损数据压缩，也可以是无损数据压缩。对于绘制的技术图表或者漫画，优先使用无损压缩，这是因为有损压缩在低比特率条件下将会带来压缩失真。医疗图像或用于存档的扫描图像等这些有价值的内容的压缩也尽量选择无损压缩。有损压缩非常适合于自然的图像，例如一些应用中图像的微小损失是可以接受的（有时是无法感知的），这样就可以大幅度减小比特率。

2. 图像增强

图像增强是数字图像处理的一个重要分支。很多时候由于场景条件的影响，拍摄的图像视觉效果不佳，这就需要图像增强技术来改善视觉效果，比如突出图像中目标物体的某些特点、从数字图像中提取目标物的特征参数等，这些都有利于对图像中目标的识别、跟踪和理解。图像增强的主要内容是突出图像中感兴趣的部分，减弱或去除不需要的信息。这样使有用信息得到加强，从而得到更加实用的图像或者转换成更适合人或机器进行分析处理的图像。图像增强的应用领域十分广阔，涉及各种类型的图像。例如，在军事应用中，增强红外图像提取我方感兴趣的敌军目标；在医学应用中，增强X射线所拍摄的患者脑部、胸部图像以确定病症的准确位置；在空间应用中，对用太空照相机传来的月球图片进行增强以改善图像的质量；在农业应用中，增强遥感图像以了解农作物的分布；在交通应用中，对大雾天气图像进行增强，加强对车牌、路标等重要信息进行识别；在数码相机中，增强彩色图像可以减少光线不均、颜色失真等造成的图像退化现象。

图像增强技术根据增强处理过程所在的空间不同，可分为基于空域的算法和基于频域的算法两大类。基于空域的算法处理时直接对图像灰度级做运算，基于频域的算法在图像的某种变换域内对图像的变换系数值进行某种修正，是一种间接增强的算法。

基于空域的算法分为点运算算法和邻域去噪算法。点运算算法即灰度级校正、灰度变换和灰度直方图修正等，目的是或使图像成像均匀，或扩大图像动态范围，扩展对比度。邻域去噪算法分为图像平滑和锐化两种。平滑一般用于消除图像噪声，但是也容易引起边缘的模糊，常用算法有均值滤波、中值滤波。锐化的目的在于突出物体的边缘轮廓，便于目标识别，常用算法有梯度法、高通滤波、掩模匹配法、统计差值法等。

3. 图像复原

图像复原指消除成像过程中因摄像机与物体相对运动、系统误差、畸变、噪声等因素造成的失真等。在该过程中，需要先建立造成图像质量下降的退化模型，再应用模型反推真实图像，同时运用特定的算法或标准来判定图像恢复的效果。在遥感图像处理中，为消除遥感图像的失真、畸变，恢复目标的反射波谱特性和正确的几何位置，通常需要对图像进行恢复处理，包括辐射校正、大气校正、条带噪声消除、几何校正等。

在图像的获取、传输及保存过程中，由于各种因素，如大气的湍流效应、摄像设备中光学系统的衍射、传感器特性的非线性、成像设备与物体之间的相对运动、感光胶卷的非线性与物体之间的相对运动等所引起的几何失真，都难免会造成图像的畸变和失真。通常，称由于这些因素引起的质量下降为图像退化。

图像退化的典型表现是图像出现模糊、失真，并出现附加噪声等。由于图像的退化，在图像接收端显示的图像已不再是传输的原始图像，图像效果明显变差。为此，必须对退化的图像进行处理，才能恢复出真实的原始图像，这一过程就称为图像复原。

图像复原技术是图像处理领域中一类非常重要的处理技术，与图像增强等其他图像处理技术类似，也是以获取视觉质量某种程度的改善为目的的，所不同的是图像复原过程实际上是一个估计过程，需要根据某些特定的图像退化模型，对退化图像进行复原。简言之，图像复原的处理过程就是对退化图像品质的提升，并通过图像品质的提升来达到图像在视觉上的改善。

由于引起图像退化的因素众多，且性质各不相同，目前没有统一的复原方法，众多研究人员根据不同的物理环境，采用了不同的退化模型、处理技巧和估计准则，从而得到了不同的复原方法。早期的复原方法有非邻域滤波法、最近邻域滤波法及效果好的维纳滤波和最小二乘滤波等。随着数字信号处理和图像处理的发展，新的复原算法不断出现，在实际应用中可以根据具体情况加以选择。

图像复原算法是整个技术的核心部分。目前，国内在这方面的研究才刚刚起步，而国外却已经取得了较好的成果。

目前国内外图像复原技术的研究和应用主要集中于诸如空间探索、天文观测、物质研究、遥感遥测、军事科学、生物科学、医学影像、交通监控、刑事侦查等领域。例如，生物方面，主要用于生物活体细胞内部组织的三维再现和重构，通过复原荧光显微镜所采集的细胞内部逐层切片图来重现细胞内部构成；医学方面，对肿瘤周围组织进行显微镜观察，以获取肿瘤安全切缘与原发部位之间的定量数据；天文方面，采用迭代盲反卷进行气动光学图像复现研究等。

4．图像重建

图像重建技术是指通过物体外部测量的数据，经数字处理获得三维物体的形状信息的技术。图像重建技术开始时应用在放射医疗设备中，用于显示人体各部分的图像，即计算机断层摄影技术，简称 CT 技术，后来逐渐在许多领域获得应用。

图像重建是图像处理中的一个重要分支，广泛应用于物体内部结构图像的检测和观察中，它是一种无损检测技术，应用领域广泛。图像重建的 3 种常用检测模型为投射模型、发射模型、反射模型（参照对照表）。图像重建的算法有代数法、迭代法、傅里叶反投影法、卷积反投影法（运用最广泛，具有运算量小、速度快等优点）。

5．图像融合

图像融合是指将多源信道所采集到的关于同一目标的图像数据经过图像处理和计算机技术等，最大限度地提取各自信道中的有用信息，最后综合成高质量的图像，以提高图像信息的利用率。图像融合算法常结合图像的平均值、熵值、标准偏差、平均梯度等，平均梯度反映了图像中的微小细节反差与纹理变化特征，同时也反映了图像的清晰度。

一般情况下，图像融合由低到高分为 3 个层次：数据级融合、特征级融合、决策级融合。数据级融合也称像素级融合，是指直接对传感器采集来的数据进行处理而获得融合图像的过程，它是高层次图像融合的基础，也是目前图像融合研究的重点之一。这种融合的优点是保持尽可能多的现场原始数据，提供其他融合层次所不能提供的细微信息。

像素级融合算法有空域算法和变换域算法，空域算法又有多种融合方法，如逻辑滤波法、灰度加权平均法、对比调制法等；变换域算法又有金字塔分解融合法、小波变换法，其中小波变换法是当前最重要、最常用的方法。

在特征级融合中，保证不同图像包含信息的特征，如红外光对于对象热量的表征、可见光对于对象亮度的表征等。

决策级融合主要在于主观的要求，同样也有一些方法，如贝叶斯法、D-S 证据法和表决法等。

6．图像分割

图像分割就是把图像分成若干个特定的、具有独特性质的区域并提取出感兴趣目标的技术和过程。它是由图像处理到图像分析的关键步骤。现有的图像分割方法主要有基于阈值的分割方法、基于区域的分割方法、基于边缘的分割方法及基于特定理论的分割方法等。从数学角度来看，图像分割是将数字图像划分成互不相交的区域的过程。图像分割的过程也是一个标记过程，即把属于同一区域的像素赋予相同的编号。

图像分割是图像识别和计算机视觉至关重要的预处理。没有正确的分割，就不可能有正确的识别。但是，进行分割仅有的依据是图像中像素的亮度及颜色，由计算机自动分割时，将会遇到各种困难。例如，光照不均匀、噪声的影响、图像中存在不清晰的部分、阴影等，常常发生分割错误，因此图像分割是需要进一步研究的技术。

7．图像检索

20 世纪 70 年代，有关图像检索的研究就已开始，当时主要是基于文本的图像检索技术（Text-Based Image Retrieval，TBIR），利用文本描述的方式描述图像的特征，如绘画作品的作者、年代、流派、尺寸等。20 世纪 90 年代以后，出现了对图像的内容语义如图像的颜色、纹理、布局等进行分析和检索的图像检索技术，即基于内容的图像检索（Content-Based Image Retrieval，CBIR）技术。CBIR 属于基于内容检索（Content-Based Retrieval，CBR）的一种，CBR 中还包括对动态视频、音频等其他形式多媒体信息的检索技术。

在检索原理上，无论是基于文本的图像检索还是基于内容的图像检索，主要包括 3 个方面：①对用户需求的分析和转化，形成可以检索索引数据库的提问；②收集和加工图像资源，提取特征，分析并进行标引，建立图像的索引数据库；③根据相似性算法，计算用户提问与索引数据库中记录的相似性大小，提取出满足阈值的记录作为结果，按照相似性降序的方式输出。

为了进一步提高检索的准确性，许多系统结合相关反馈技术来收集用户对检索结果的反馈信息，这在 CBIR 中显得更为突出，因为 CBIR 实现的是逐步求精的图像检索过程，在同一次检索过程中需要不断地与用户进行交互。

8. 图像匹配

图像匹配是指通过一定的匹配算法在两幅或多幅图像之间识别同名点，如二维图像匹配中通过比较目标区和搜索区中相同大小的窗口的相关系数，取搜索区中相关系数最大所对应的窗口中心点作为同名点。其实质是在基元相似性的条件下，运用匹配准则的最佳搜索问题。同一场景在不同条件下投影所得到的二维图像会有很大的差异，这主要是由如下原因引起的：传感器噪声、成像过程中视角改变引起的图像变化、目标移动和变形、光照或环境的改变带来的图像变化、多种传感器的使用等。为解决上述图像畸变带来的匹配困难，人们提出了许多匹配算法，而它们都由如下 4 个要素组合而成。

（1）特征空间

特征空间是由参与匹配的图像特征构成的，选择好的特征可以提高匹配性能、降低搜索空间、减小噪声等不确定性因素对匹配算法的影响。匹配过程可以使用全局特征或局部特征及两者的结合。

（2）相似性度量

相似性度量指用什么度量来确定待匹配特征之间的相似性，它通常定义为某种损失函数或距离函数的形式。经典的相似性度量包括相关函数和 Minkowski 距离，近年来人们提出了互信息、Hausdorff 距离。Hausdorff 距离对于噪声非常敏感，分数 Hausdorff 距离能处理当目标存在遮挡和出格点的情况，但计算费时；基于互信息的方法因其对于照明的改变不敏感已在医学等图像匹配中得到了广泛应用，但也存在计算量大的问题，而且要求图像之间有较大的重叠区域。

（3）图像匹配变换类型

图像几何变换用来解决两幅图像之间的几何位置差别，包括刚体变换、仿射变换、投影变换、多项式变换等。

（4）变换参数的搜索

搜索策略是指用合适的搜索方法在搜索空间中找出平移、旋转等变换参数的最优估计，使得图像之间经过变换后的相似性最大。搜索策略有穷尽搜索算法、分层搜索算法、模拟退火算法、Powell 方向加速算法、动态规划算法、遗传算法和神经网络算法等。遗传算法采用非遍历寻优搜索策略，可以保证寻优搜索的结果具有全局最优性，所需的计算量较之穷尽搜索算法小得多；神经网络算法具有分布式存储和并行处理方式、自组织和自学习的功能及很强的容错性和鲁棒性，因此这两种方法在图像匹配中得到了更为广泛的使用。

9. 图像识别

图像识别是指利用计算机对图像进行处理、分析和理解，以识别各种不同模式的目标和对象的技术，是应用深度学习算法的一种实践应用。现阶段图像识别技术一般分为人脸识别与商品识别，人脸识别主要运用在安全检查、身份核验与移动支付中；商品识别主要运用在商品流通过程中，特别是无人货架、智能零售柜等无人零售领域。图像的传统识别流程分为 4 个步骤：图像采集→图像预处理→特征提取→图像识别。

10. 图像跟踪

图像跟踪是指通过某种方式（如图像识别、红外、超声波等）将摄像头中拍摄到的物体进行定位，并指挥摄像头对该物体进行跟踪，让该物体一直被保持在摄像头视野范围内。狭义的图像跟踪技术，通过图像识别的方式来进行跟踪和拍摄。图像跟踪系统被广泛应用在教育、会议、医疗、庭审及安防监控等行业中。其中，应用于教育及会议方面的全自动跟踪拍摄方案，更是引领了国内外全自动跟踪拍摄的技术潮流，为精品课程、视频会议的全自动摄制打下了坚实的技术基础。

11. 图像理解

图像理解就是对图像的语义理解。它是以图像为对象，以知识为核心，研究图像中有什么目标、目标之间的相互关系、图像是什么场景及如何应用场景的一门学科。图像理解属于数字图像处理的研究内容之一，属于高层操作。其重点是在图像分析的基础上进一步研究图像中各目标的性质及其相互关系，并得出对图像内容含义的理解及对原来客观场景的解释，进而指导和规划行为。图像理解所操作的对象是从描述中抽象出来的符号，其处理过程和方法与人类的思维推理有许多相似之处。

1.3.3 传统数字图像处理常用的理论工具

传统数字图像处理的理论工具可分为三大类。

① 各种正交变换和图像滤波等方法，其共同点是将图像变换到其他域（如频域）中进行处理（如滤波）后，再变换到原来的空间（域）中。

② 直接在空域中处理图像，包括各种统计方法、微分方法及其他数学方法。

③ 数学形态学运算，它不同于常用的频域和空域的方法，是建立在积分几何和随机集合论基础上的运算。

由于被处理图像的数据量非常大且许多运算在本质上是并行的，因此图像并行处理结构和图像并行处理算法也是数字图像处理的主要研究方向。

1.3.4 数字图像处理的应用领域

图像是人类获取和交换信息的主要来源，因此，图像处理的应用领域必然涉及人类生活和工作的方方面面。随着人类活动范围的不断扩大，图像处理的应用领域也将随之不断扩大。

1. 航天和航空方面

数字图像处理技术在航天和航空技术方面的应用，除 JPL 对月球、火星照片的处理外，就是应用在飞机遥感和卫星遥感技术中。许多国家每天派出很多侦察飞机对地球上有兴趣的地区进行大量的空中摄影，对由此得来的照片进行处理分析，这项工作以前需要几千人，而改用配备有高级计算机的图像处理系统来判读分析，既节省人力，又加快了速度，还可以从照片中提取人工所不能发现的大量有用情报。现在很多国家都在利用陆地卫星所获取的图像进行资源调查（如森林调查、海洋泥沙和渔业调查、水资源调查等）、灾害检测（如病虫害检测、水火检测、环境污染检测等）、资源勘察（如石油勘查、矿产量探测、大型工程地理位置勘探分析等）、农业规划（如土壤营养、水分和农作物生长、产量的估算等）、城市规划（如地质结构、水源及环境分析等）。我国也陆续开展了以上方面的一些实际应用，并获得了良好的效果。在气象预报和对太空其他星球研究方面，数字图像处理技术也发挥了相当大的作用。

2. 生物医学工程方面

数字图像处理技术在生物医学工程方面的应用十分广泛，而且很有成效。除前面介绍的CT技术外，还有一类是对医用显微图像的处理分析，如红细胞、白细胞分类，染色体分析，癌细胞识别等。此外，数字图像处理技术还广泛应用在X射线肺部图像增晰、超声波图像处理、心电图分析、立体定向放射治疗等医学诊断方面。

3. 通信工程方面

当前通信的主要发展方向是声音、文字、图像和数据结合的多媒体通信。具体地讲，是将电话、电视和计算机以三网合一的方式在数字通信网上传输。其中以图像通信最为复杂和困难，因图像的数据量十分巨大，如传送彩色电视信号的速率达100Mbit/s以上。要将这样高速率的数据实时传送出去，必须采用编码技术来进行信息的压缩。在一定意义上讲，编码压缩是这些技术成败的关键。除已应用较广泛的熵编码、DPCM 编码、变换编码外，国内外正在大力开发研究新的编码方法，如分行编码、自适应网络编码、小波变换图像压缩编码等。

4. 工业和工程方面

在工业和工程领域中，数字图像处理技术有着广泛的应用，如自动装配线中检测零件的质量并对零件进行分类，印制电路板疵病检查，弹性力学照片的应力分析，流体力学图片的阻力和升力分析，邮政信件的自动分拣，在一些有毒、放射性环境内识别工件及物体的形状和排列状态，先进的设计和制造技术中采用工业视觉等。值得一提的是，研制具备视觉、听觉和触觉功能的智能机器人，将会给工农业生产带来新的激励，目前它已在工业生产中的喷漆、焊接、装配中得到有效的利用。

5. 军事、公安方面

在军事、公安方面，图像处理和识别主要用于：导弹的精确制导，各种侦察照片的判读，以及具有图像传输、存储和显示功能的军事自动化指挥系统，飞机、坦克和军舰模拟训练系统等；公安业务图片的判读分析，指纹识别，人脸鉴别，不完整图片的复原，交通监控、事故分析等。目前已投入运行的高速公路不停车自动收费系统中的车辆和车牌的自动识别就是数字图像处理技术成功应用的例子。

6. 文化艺术方面

目前这类应用有电视画面的数字编辑、动画制作、电子图像游戏开发、纺织工艺品设计、服装设计与制作、发型设计、文物资料照片的复制和修复、运动员动作分析和评分等，现在已逐渐形成一门新的艺术——计算机美术。

7. 机器视觉

机器视觉作为智能机器人的重要感觉器官，主要进行三维景物理解和识别，是目前处于研究之中的开放课题。机器视觉主要用于军事侦察、危险环境的自主机器人，邮政、医院和家庭服务的智能机器人，以及装配线上工件识别、定位，太空机器人的自动操作等。

8. 视频和多媒体系统

目前，这类应用包括电视制作系统广泛使用的图像处理、变换、合成技术，多媒体系统中静止图像和动态图像的采集、压缩、处理、存储和传输技术等。

9. 科学可视化

科学可视化是科学之中的一个跨学科研究与应用领域，主要关注的是三维现象的可视化，如建筑学、气象学、医学或生物学方面的各种系统。重点在于对体、面及光源等的逼真渲染，甚至还包括某种动态成分。图像处理和图形学紧密结合，形成了科学研究各个领域新型的研究工具。

10. 电子商务

在当前的电子商务中，数字图像处理技术也大有可为，如身份认证、产品防伪、水印技术等。

总之，数字图像处理技术的应用领域相当广泛，已在国家安全、经济发展、日常生活中充当着越来越重要的角色，对国计民生的作用不可低估。

参考文献

[1] Rafael C. Gonzalez, Richard E. Woods. 数字图像处理（第三版）（英文版）. 北京：电子工业出版社, 2010.

第 2 章　深度学习概述

近年来，人工智能领域又活跃起来，除传统的学术圈外，Google（谷歌）、Microsoft（微软）等公司也纷纷成立相关研究团队，并取得了很多令人瞩目的成果。这要归功于社交网络用户产生的大量数据，这些数据大都是原始数据，通过分析处理可以产生许多潜在应用价值；还要归功于廉价而又强大的计算资源的出现，比如 GPU（Graphics Processing Unit）的快速发展。除去这些因素，2006 年开始，机器学习领域出现的一股深度学习潮流[1]很大程度上推动了人工智能复兴。本章对深度学习进行概述，包括深度学习的概念、研究现状、模型结构、训练算法、优点、已有应用、存在的问题和未来研究方向。

2.1　深度学习的概念

2.1.1　深度学习的历史背景

传统的人工神经网络随机初始化网络中的权值，导致网络很容易收敛到局部最小值。为解决这一问题，2006 年，机器学习大师、多伦多大学教授 Geoffrey Hinton 及其学生 Ruslan 在世界顶级学术期刊《科学》上发表了一篇论文[2]，引发了深度学习在研究领域和应用领域的发展热潮。这篇论文提出了两个主要观点：①多层人工神经网络模型有很强的特征学习能力，深度学习模型学习得到的特征数据对原数据有更本质的代表性，这将大大便于分类和可视化问题；②对于深度神经网络很难训练达到最优的问题，可以采用逐层训练方法解决，将上层训练好的结果作为下层训练过程中的初始化参数。在该论文中，深度学习模型训练过程中的逐层初始化采用无监督学习方式，也就是使用无监督预训练方法优化网络权值的初值，再进行权值微调。深度学习是基于样本数据通过一定的训练方法得到包含多个层级的深度网络结构的机器学习过程，开辟了机器学习的新领域，使机器学习更接近于最初的目标——人工智能。

2010 年，深度学习项目首次获得来自美国国防部 DARPA 计划的资助，参与方有美国 NEC 研究院、纽约大学和斯坦福大学。自 2011 年起，谷歌和微软研究院的语音识别方向研究专家先后采用深度神经网络技术将语音识别的错误率降低了 20%～30%[3~5]，这是长期以来语音识别研究领域取得的重大突破。2012 年，深度神经网络在图像识别应用方面也取得了重大进展，在 ImageNet 评测问题中将原来的错误率降低了 9%[6]。同年，Merck 公司举办了药物活性预测大赛，将深度神经网络应用于药物活性预测，取得了世界范围内的最好结果，超过了 Merck 公司内部的基线模型。2012 年 6 月，Andrew NG 带领的科学家们在谷歌神秘的 X 实验室创建了一个有 16000 个处理器的大规模神经网络，包含数十亿个网络节点，让这个神经网络处理大量随机选择的视频片段。经过充分的训练后，机器系统开始学会自动识别猫的图像。这是深度学习领域最著名的案例之一，引起各界极大的关注。从此以后，深度学习进入了蓬勃发展期。

2.1.2　深度学习的基本思想

深度学习的概念起源于人工神经网络的研究，有多个隐层的多层感知器是深度学习模型的一个很好的范例。对神经网络而言，深度指的是网络学习得到的函数中非线性运算组合水平的数量。当前神经网络的学习算法多针对较低水平的网络结构，将这种网络称为浅结构神经网络，如一个输入层、一个隐层和一个输出层的神经网络；与此相反，将非线性运算组合水平较高的网络称为深度神经网络，如一个输入层、三个隐层和一个输出层的神经网络。

如图 2.1 所示，假设系统 S，它有 n 层（S_1，S_2，…，S_n），输入为 I，输出为 O，可形象地表示为

$$I \Rightarrow S_1 \Rightarrow S_2 \Rightarrow \cdots \Rightarrow S_n \Rightarrow O \tag{2-1}$$

为了使输出 O 尽可能地接近输入 I，通过调整系统中的参数，就可以得到输入 I 的一系列层次特征 S_1，S_2，…，S_n。对于堆叠的多个层，其中一层的输出作为其下一层的输入，以实现对输入数据的分级表达，这就是深度学习的基本思想。

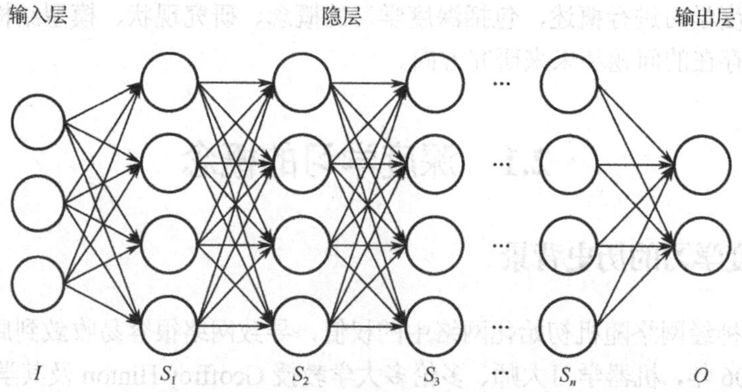

图 2.1　全连接的深度神经网络示意图

深度学习是机器学习领域一个新的研究方向，其动机在于建立模型模拟人类大脑的神经连接结构，在处理图像、声音和文本这些信号时，通过多个变换阶段分层对数据特征进行描述，进而给出数据的解释。以图像数据为例，灵长类的视觉系统中对这类信号的处理依次为：首先检测边缘、初始形状，然后逐步形成更复杂的视觉形状。同样地，深度学习通过组合低层特征形成更加抽象的高层表示、属性类别或特征，给出数据的分层特征表示。

深度学习是学习样本数据的内在规律和表示层次，这些学习过程中获得的信息对诸如文字、图像和声音等数据的解释有很大的帮助。深度学习是一种复杂的机器学习算法，近年来在语音识别、计算机视觉等应用中取得了突破性的进展，在语音和图像识别方面取得的成果已远远超过先前相关技术。它的最终目标是让机器能够像人一样具有分析学习能力，能够识别文字、图像和声音等数据。深度学习使机器模仿视听和思考等人类的活动，解决了很多复杂的模式识别难题，使人工智能相关技术取得了很大进步。

2.1.3　深度学习的本质和优势

深度学习本质上是构建含有多隐层的机器学习模型，通过大规模数据进行训练，得到大量更具代表性的特征信息，从而对样本进行分类和预测，提高分类和预测的精度。这个过程是通过深度学习模型达到特征学习目的的。深度学习模型和传统浅层学习模型的区别在于：①深度学习模型结构含有更多的层次，包含隐层节点的层数通常在 5 层以上，有时甚至多达 10 层以上；②明确强调了特征学习对于深度学习模型的重要性，即通过逐层特征提取，将数据样本在原空间的特征变换到一个新的特征空间来表示初始数据，这使得分类或预测问题更加容易实现。和

人工设计的特征提取方法相比，利用深度学习模型学习得到的数据特征对大数据的丰富内在信息更有代表性。深度学习所得到的深度网络结构包含大量的单一元素（神经元），每个神经元与大量其他神经元相连接，神经元间的连接强度（权值）在学习过程中修改并决定网络的功能。通过深度学习得到的深度网络结构符合神经网络的特征，因此深度网络就是深层次的神经网络，即深度神经网络。

在统计机器学习领域，值得关注的问题是如何对输入样本进行特征空间的选择。例如对行人检测问题，需要寻找表现人体不同特点的特征向量。一般来说，当输入空间中的原始数据不能被直接分开时，则将其映射到一个线性可分的间接特征空间。可定义核函数映射到高维线性可分空间，通常由 3 种方式获得：支持向量机、手工编码或自动学习。前两种方式对专业知识要求很高，且耗费大量的计算资源，不适合高维输入空间。而第 3 种方式利用带多层非线性处理能力的深度学习结构进行自动学习，经实际验证被普遍认为具有重要意义与价值。深度学习结构相对于浅层学习结构如支持向量机（Support Vector Machine，SVM）、人工神经网络（Artificial Neural Network，ANN），能够用更少的参数逼近高度非线性函数。

深度学习之所以被称为“深度”，是相对 SVM、提升方法、最大熵方法等浅层学习方法而言的，深度学习所学得的模型中，非线性操作的层级数更多。浅层学习依靠人工经验抽取样本特征，网络模型学习后获得的是没有层次结构的单层特征；而深度学习通过对原始信号进行逐层特征变换，将样本在原空间的特征表示变换到新的特征空间，自动学习得到层次化的特征表示，从而更有利于分类或特征的可视化。深度学习理论的另一个理论动机是：如果一个函数可用 k 层结构以简洁的形式表达，那么用 k−1 层的结构表达则可能需要指数级数量的参数（相对于输入信号），且泛化能力不足。

深度学习打破了传统神经网络对层数的限制，可根据设计者需要选择网络层数。它的训练方法与传统的神经网络相比有很大区别，传统神经网络随机设定参数初始值，采用 BP 算法[7]利用梯度下降法训练网络，直至收敛。但深度学习结构训练很困难，传统对浅层学习有效的方法对深度学习结构并无太大作用，随机初始化权值极易使目标函数收敛到局部极小值，且由于层数较多，残差向前传播会丢失严重，导致梯度消失，因此深度学习过程中采用贪心无监督逐层训练方法。即在一个深度学习设计中，每层被分开对待并以一种贪心方式进行训练，当前一层训练完后，新的一层将前一层的输出作为输入并编码以用于训练；最后每层参数训练完后，在整个网络中利用有监督学习进行参数微调。

2.2 国内外研究现状

深度学习极大地促进了机器学习的发展，受到世界各国相关领域研究人员和高科技公司的重视，语音识别、图像识别和自然语言处理是深度学习应用最广泛的 3 个主要研究领域。下面分别针对 3 个主要应用领域阐述研究现状。

2.2.1 深度学习在语音识别领域的研究现状

长期以来，语音识别系统大多采用混合高斯模型（Gaussian Mixture Model，GMM）来描述每个建模单元的统计概率模型。由于这种模型估计简单，方便使用大规模数据对其训练，有较好的区分度训练算法，保证了该模型能够被很好地训练，在很长时间内占据了语音识别领域主导性地位。但是这种混合高斯模型实质上是一种浅层学习网络建模，特征的状态空间分布不能够被充分描述。而且，使用混合高斯模型建模方式数据的特征维数通常只有几十维，这使得特征之间的相关性不能被充分描述。另外，混合高斯模型建模实质上是一种似然概率建模方式，即使一些模式分类之间的区分性能够通过区分度训练模拟得到，但是效果有限。

2006 年，由于深度学习理论在机器学习中初步的成功应用，开始引起人们的关注。在接下来的几年里，机器学习领域的研究热点开始逐步转向深度学习。深度学习使用多层的非线性结构将低层特征变换成更加抽象的高层特征，以有监督或无监督的方式对输入特征进行变换，从而提升分类或预测的准确性。深度学习模型一般是指更深层的结构模型，它比传统的浅层学习模型拥有更多层的非线性变换，在表达和建模能力上更加强大，在复杂信号的处理上更具优势。相比于传统的高斯混合模型——隐马尔科夫模型，语音识别系统获得了超过 20%的相对性能提升。此后，基于深度神经网络的声学模型逐渐替代了混合高斯模型成为语音识别声学建模的主流模型，并极大地促进了语音识别技术的发展，突破了某些实际应用场景下对语音识别性能要求的瓶颈，使语音识别技术走向真正实用化。

从 2009 年开始，微软亚洲研究院的语音识别专家们和深度学习领军人物 Hinton 开始合作。2011 年，微软公司推出了基于深度神经网络的语音识别系统，这一成果将语音识别领域已有的技术框架完全改变。采用深度神经网络后，样本数据特征间相关性信息得以充分表示，将连续的特征信息结合构成高维特征，通过高维特征样本对深度神经网络模型进行训练。由于深度神经网络采用了模拟人脑神经架构，通过逐层地进行数据特征提取，最终得到适合进行模式分类处理的理想特征。在实际线上应用时，深度神经网络建模技术能够很好地和传统语音识别技术结合，语音识别系统识别率大幅提升。

国际上，谷歌也使用深度神经网络对声音进行建模，是最早在深度神经网络的工业化应用领域取得突破的企业之一。但谷歌的产品中使用的深度神经网络架构只有 4、5 层，与之相比，百度使用的深度神经网络架构多达 9 层。这种结构差异的核心使百度更好地解决了深度神经网络在线计算的技术难题，因此，百度的线上产品可以采用更复杂的网络模型。这对将来拓展大规模语料数据对深度神经网络模型的训练有更大的帮助。

目前许多国内外知名研究机构，如微软、科大讯飞、Google、IBM 等都积极开展对深度学习的研究。在人们生活的应用层面上，由于移动设备对语音识别的需求与日俱增，以语音为主的移动终端应用不断融入人们的日常生活中，如国际市场上有苹果公司的 Siri、微软 Cortana 等虚拟语音助手；国内有百度语音、科大讯飞等。还有语音搜索（Voice Search，VS）、短信听写（Short Message Dictation，SMD）等语音应用都采用了最新的语音识别技术。现在，绝大多数 SMD 系统的识别准确率都超过了 90%，甚至有些超过 95%，这意味着新一轮的语音研究热潮正不断兴起。目前针对语音识别的一些深度学习网络模型如下。

1．深度神经网络（DNN）

2009 年深度神经网络（Deep Neural Networks，DNN）首次被应用到语音识别领域[8]。相比于传统的基于 GMM-HMM（Hidden Markov Model）的语音识别框架，其最大的改变是采用 DNN 替换 GMM 来对语音的观察概率进行建模。DNN 相比于 GMM 的优势在于：①使用 DNN 估计 HMM 状态的后验概率分布不需要对语音数据分布进行假设；②DNN 的输入特征可以是多种特征的融合，包括离散的或连续的；③DNN 可以利用相邻语音帧所包含的结构信息。最初主流的 DNN 是最简单的全连接神经网络（Fully-connected Neural Networks，FNN），当时研究人员做的实验是在 3h 的 TIMIT 语料库上进行的音素识别实验。网络的输入是拼接帧的语音声学特征，利用 DNN 进行特征提取和变换，预测目标则是 61 个音素对应的 183 个 HMM 状态。实验验证了通过预训练技术可以训练包含多个隐层的神经网络，而且随着隐层数目的增加，效果也在提升。

早期的 DNN 普遍采用 Sigmoid 函数作为激活函数，但是 Sigmoid 函数很容易受到梯度消失问题的困扰。后来人们采用 ReLU（Rectified Linear Units）代替 Sigmoid 函数，不仅可获得更好的性能，而且不需要进行预训练，直接随机初始化即可。通过合理的参数设置，采用 ReLU 的网络可以使用大批量的随机梯度下降（Stochastic Gradient Descent，SGD）算法进行优化。

2. 卷积神经网络（CNN）

相比于 DNN，在图像领域获得了广泛应用的卷积神经网络（Convolutional Neural Networks，CNN）通过采用局部滤波和最大池化技术可以获得更具鲁棒性的特征。而语音信号的频谱特征也可以看成一幅图像，每个人的发音存在很大的差异性，例如共振峰的频带在语谱图上就存在不同。所以通过 CNN，可以有效去除这种差异性，将有利于语音的声学建模。最近几年的一些工作也表明，基于 CNN 的语音声学模型相比于 DNN 可以获得更好的性能。Sainath 等人[9]通过采用 2 层 CNN，再添加 4 层 DNN 的结构，相比于 6 层 DNN，在大词汇量连续语音识别任务上可以获得 3%～5%的性能提升。虽然 CNN 被应用到语音识别中已有很长一段时间，但是都只是把 CNN 当作一种鲁棒性特征提取的工具，所以一般只是在底层使用 1～2 层的 CNN，然后高层再采用其他神经网络结构进行建模。2015 年，CNN 在语音识别得到了新的应用，相比于之前的工作，最大的不同是使用了非常深层的 CNN 结构，即包含 10 层甚至更多的卷积层。研究结果也表明深层的 CNN 往往可以获得更好性能。

3. 循环（递归）神经网络（RNN）

语音信号是非平稳时序信号，如何有效地对长时时序动态相关性进行建模至关重要。由于 DNN 和 CNN 对输入信号感受视野相对固定，故对于长时时序动态相关性的建模存在一定缺陷。循环（递归）神经网络（Recurrent Neural Networks，RNN）通过在隐层添加一些反馈连接，使模型具有一定的动态记忆能力，对长时时序动态相关性具有较好的建模能力。2013 年，Graves 最早尝试将 RNN 用于语音识别的声学建模，在 TIMIT 语料库上取得了当时最好的识别性能[10]。

4. 长短时记忆神经网络（LSTM）

由于简单的 RNN 会存在梯度消失问题，一个改进的模型是基于长短时记忆神经网络（Long-Short Term Memory，LSTM）的递归结构。Sak 等人使用 LSTM-HMM 在大数据库上获得了成功[11]。此后大量的研究人员转移到基于 LSTM 的语音声学建模的研究中。

虽然 LSTM 相比于 DNN 在模型性能上有极大的优势，但是训练 LSTM 需要使用沿时间展开的反向传播算法，会导致训练不稳定，而且训练相比于 DNN 会更加耗时。因此如何让前馈型神经网络也能像 LSTM 一样具有长时时序动态相关性的建模能力是一个研究点。Saon 等人提出将 RNN 沿着时间展开，可以在训练速度和 DNN 可比的情况下获得更好的性能[12]，但是进一步把 LSTM 结构沿时间展开就比较困难。

2.2.2 深度学习在图像识别领域的研究现状

对于图像的处理是深度学习最早尝试应用的领域。早在 1989 年，加拿大多伦多大学教授 Yann LeCun 就和他的同事们一起提出了卷积神经网络（CNN）[13]。卷积神经网络是一种包含卷积层的深度神经网络模型。通常一个 CNN 架构包含两个可以通过训练产生的非线性卷积层、两个固定的子采样层和一个全连接层，隐层的数量一般至少在 5 个以上。起初 CNN 在小规模的应用问题上取得了最好成果，但在很长一段时间里一直没有取得重大突破。主要原因是由于 CNN 应用在大尺寸图像上一直不能取得理想结果，比如对于像素数很大的自然图像内容的理解，这使得它没有引起计算机视觉研究领域足够的重视。直到 2012 年 10 月，Hinton 教授及他的两个学生采用更深的 CNN 模型在著名的 ImageNet 问题上取得了惊人的成果[6]，使得对于图像识别的研究工作前进了一大步。这主要是因为对算法的改进，在网络的训练中引入了权值衰减的概念，有效减小权值幅度，防止网络过拟合。更关键的是计算机计算能力的提升，GPU 加速技术的发展，使得在训练过程中可以产生更多的训练数据，使网络能够更好地拟合训练样本。2012 年，国内互联网巨头百度公司将相关最新技术成功应用到人脸识别和自然图像识别问题上，并推出了相应的产品。现在深度学习模型已能够理解和识别一般的自然图像，不仅大幅提高了图像识别的精度，同时也避免了需要消耗大量的时间进行人工特征提取的工作，使得在线运算效率大大提升。深度学习将有可能取代以往人工和机器学习相结合的方式而成为主流图像识别技术。除了基本的卷积神经网络，以下是目前已有的其他一些典型网络。

1. LeNet-5

深度学习的兴起源于深度神经网络的崛起，1998 年，被世界公认的人工智能三大巨头之一的 Yann LeCun 教授提出了 LeNet 网络结构，这是卷积神经网络的鼻祖，接着在 1998 年，他又提出了新的 LeNet 结构[14]，即 LeNet-5，当时 LeNet-5 用于解决手写数字识别问题，输入的图片均为单通道灰度图，分辨率为 28×28 像素，在 MNIST 数据集上，LeNet-5 达到了大约 99.2%的正确率。LeNet-5 总共 7 层（不包括输入层），由 2 个卷积层、2 个下采样（池化）层和 3 个全连接层组成，最后通过全连接层输出 10 个概率值，对应 0～9 的预测概率。每层都有训练参数，输入图像大小为 32×32 像素，卷积窗口大小为 5×5 像素，卷积核在二维平面上平移，卷积核的每个元素与被卷积图像对应位置相乘再求和。通过卷积核的不断移动，可得出完全由卷积核在各个位置时的乘积求和的结果组成的图像。经过池化层和全连接层后，采用滑动卷积窗口的方法对输入图像进行卷积。

2. AlexNet

AlexNet 在 2012 年 ImageNet 竞赛中以超过第二名 10.9%的绝对优势一举夺冠[15]，从此深度学习和卷积神经网络声名鹊起，深度学习的研究如雨后春笋般出现。相比于 LeNet，AlexNet 设计了更深层的网络。AlexNet 针对的是 1000 类的分类问题，输入图片规定是 256×256 像素的三通道彩色图像，为了增强模型的泛化能力，避免过拟合，使用了随机裁剪的思路对原来 256×256 像素的图像进行随机裁剪，得到尺寸为 3×224×224 像素的图像，输入到网络进行训练。AlexNet 有 5 个卷积层和 3 个全连接层，中间穿插着池化操作。除去卷积、池化、全连接操作外，还有以下几点优化。

1）ReLU 作为激活函数

模拟神经元输出的标准函数一般是 tanh(x)或 Sigmoid(x)函数（也称为饱和函数），而 $f(x)=\max(0, x)$是一种非线性的非饱和函数，这种扭曲线性函数不但保留了非线性的表达能力，而且由于其具有线性性质（正值部分），相比于前者在误差反向传递时，不会出现由于非线性引起的梯度消失现象，因此 ReLU 作为激活函数可以训练更深层的网络。

2）多 GPU 并行训练

因为使用多 GPU 训练，所以可以看到第一个卷积层后有两个完全一样的分支，以加速训练。事实证明，120 万个训练样本才足以训练网络，但这对于一个 GPU 的工作能力而言是不可能顺利完成的。所以 AlexNet 模型将网络分布在两个 GPU 上，即每个 GPU 中放置一半核（或神经元）。这种结构降低了错误率，提高了图像识别效率，减少了大量的训练时间。

3）局部反应归一化（Local Response Normalization，LRN）

利用邻近的数据做归一化，这个策略贡献了 1.2%的 Top-5 错误率。Dropout 和 LRN 技术使网络的去过拟合能力更强，保证了卷积神经网络的学习能力和泛化性能。

3. ZF_Net

ZF_Net 是 2013 年 ImageNet 竞赛分类任务的冠军[16]。ZF-Net 只是将 AlexNet 第一层卷积核由 11 个变成 7 个，步长由 4 变为 2，第 3、4、5 卷积层转变为 384、384、256，性能较 AlexNet 提升了不少。

4. VGG_Nets

VGG-Nets 是由牛津大学的 VGG（Visual Geometry Group）提出，是 2014 年 ImageNet 竞赛定位任务的第一名和分类任务的第二名[17]。VGG-Nets 可以看成加深版本的 AlexNet。为了解决初始化（权值初始化）等问题，VGG-Nets 采用的是一种预训练的方式，这种方式在经典神经网络中经常可见，就是先训练一部分小网络，然后确保这部分网络稳定之后，再在这基础上逐渐加深。此外，VGG-Nets 在卷积设计上，使用了更小的 1×1 和 3×3 的卷积核，验证了小尺寸的卷积核在深度网络中不仅减少了参数，也达到了更好的效果。

5. GoogLeNet

GoogLeNet 在 2014 年 ImageNet 竞赛分类任务上击败了 VGG-Nets 夺得冠军[18]。GoogLeNet 与 AlexNet、VGG-Nets 这种单纯依靠加深网络层数进而改进网络性能的思路不一样，它另辟蹊径，在加深网络层数的同时（22 层），在网络结构上也做了创新，引入了 Inception 结构代替单纯的卷积+激活的传统操作。通过多个卷积核提取图像不同尺度的信息，最后进行融合，可以得到图像更好的表征。GoogLeNet 基于 Network in Network（网中网）的思想，对卷积核进行改进，将原来的线性卷积层（Linear Convolution Layer）变为多层感知卷积层（Multilayer Perceptron），使得卷积核具有更强的特征提取能力，同时使用全局平均池化层（Average Pool）（将图片尺寸变为 1×1）来取代最后全连接层，去掉了全连接层使得参数大量减少，也减轻了过拟合。

Inception 结构一直在不断发展，如 V2、V3、V4 等。Inception 结构里主要做了两件事：

① 通过 3×3 的池化及 1×1、3×3 和 5×5 这 3 种不同尺度的卷积核，一共 4 种方式对输入的特征响应图做了特征提取；

② 为了降低计算量，同时让信息通过更少的连接传递以达到更加稀疏的特性，采用 1×1 卷积核来实现降维。

GoogLeNet 结构中有 3 个 LOSS 单元，这样的设计是为了帮助网络收敛。在中间层加入辅助计算的 LOSS 单元，目的是计算损失时让低层的特征也有很好的区分能力，从而让网络更好地被训练。此外，GoogLeNet 还有一个闪光点值得一提，那就是将后面的全连接层全部替换为简单的全局平均池化层，最后参数会变得更少。

6. ResNet

2015 年何恺明推出了 ResNet[19]，其层数非常深，已经超过百层。ResNet 在网络结构上做了大创新，不再是简单地堆积层数。ResNet 提出了卷积神经网络的新思路，即引入残差模块来解决退化问题，绝对是深度学习发展历程上里程碑式的事件。

从前面可以看到，随着网络深度增加，网络的准确度应该同步增加，当然要注意过拟合问题。但是增加网络深度的一个问题在于这些增加的层是参数更新的信号，因为梯度是从后向前传播的，增加网络深度后，比较靠前的层梯度会很小。这意味着这些层基本上学习停滞了，这就是梯度消失问题。增加网络深度的第二个问题在于训练，当网络更深时，意味着参数空间更大，优化问题变得更难，因此简单地去增加网络深度反而出现更高的训练误差，深度网络虽然收敛了，但网络却开始退化了，即增加网络层数却导致更大的误差，例如一个 56 层网络的性能却不如 20 层的性能好，这不是因为过拟合（训练集训练误差依然很高），而是退化问题。ResNet 设计一种残差模块让我们可以训练更深的网络。数据经过两条路线，一条是常规路线，另一条则是捷径（shortcut），即直接实现单位映射的直接连接的路线，这有点与电路中的“短路”类似。通过实验证明，这种带有 shortcut 的结构确实可以很好地应对退化问题。我们把网络中一个模块的输入和输出关系看作 $y=H(x)$，那么直接通过梯度下降法求 $H(x)$就会遇到上面提到的退化问题。如果使用这种带 shortcut 的结构，那么可变参数部分的优化目标就不再是 $H(x)$，若用 $F(x)$来代表需要优化的部分，则 $H(x)=F(x)+x$，也就是 $F(x)=H(x)-x$。因为在单位映射的假设中，$y=x$ 就相当于观测值，所以 $F(x)$就对应着残差。常规残差模块由两个 3×3 卷积核组成，但是随着网络进一步加深，这种残差结构在实践中并不十分有效。针对这个问题，瓶颈残差模块（Bottleneck Residual Block）可以获得更好的效果，它依次由 1×1、3×3、1×1 这 3 个卷积层堆积而成，其中 1×1 的卷积层能够起降维或升维的作用，从而令 3×3 的卷积可以在相对较低维度的输入上进行，以达到提高计算效率的目的。

7. DenseNet

自 ResNet 提出以后，ResNet 的变种网络层出不穷，且都各有其特点，网络性能也有一定的提升。2017 年 CVPR 的最佳论文[20]中提出的 DenseNet（Dense Convolutional Network）主要还是和 ResNet 及 Inception 网络做对比，思想上有借鉴，却是全新的结构，网络结构并不复杂，却非常有效，在 CIFAR 指标上全面超越 ResNet。可以说，DenseNet 吸收了 ResNet 最精华的部分，并在此基础上做了更加创新的工作，使得网络性能进一步提升。

DenseNet 是一种具有密集连接的卷积神经网络。在该网络中，任何两层之间都有直接的连接，也就是说，网络每一层的输入都是前面所有层输出的并集，而该层所学习的特征图也会被直接传给其后面所有层作为输入。

密集连接这个词给人的第一感觉就是极大增加了网络的参数量和计算量。但实际上，DenseNet 比其他网络效率更高，其关键就在于网络每层计算量的减少及特征的重复利用。

8. SENet

SENet（Squeeze-and-Excitation Networks，压缩和激励网络）取得了 2017 年 ImageNet 竞赛分类任务的冠军[21]，在 ImageNet 数据集上将 Top-5 错误率降低到 2.251%，而原先的最好成绩是 2.991%。SENet 主要由两部分组成。

1）Squeeze 部分

即为压缩部分，原始特征图的维度为 $H×W×C$，其中 H 是高度（Height），W 是宽度（Width），C 是通道数（Channel）。Squeeze 部分做的事情是把 $H×W×C$ 压缩为 $1×1×C$，相当于把 $H×W$ 压缩成一维了。把 $H×W$ 压缩成一维后，相当于这一维参数获得了之前 $H×W$ 全局的视野，感受区域更广。

2）Excitation 部分

即激励部分，得到 Squeeze 部分的 $1×1×C$ 表示后，加入一个全连接层，对每个通道的重要性进行预测，得到不同通道的重要性大小后再作用（激励）到之前特征图的对应通道上，然后进行后续操作。SENet 和 ResNet 很相似，但比 ResNet 做得更多。SENet 在相邻两层之间加入了处理，使得通道之间的信息交互成为可能，进一步提高了网络的准确率。

2.2.3 深度学习在自然语言处理领域的研究现状

数十年来，自然语言处理的主流方法是基于统计方法模型，人工神经网络也是基于统计方法模型之一，但在自然语言处理领域却一直没有被重视。语言建模是最早采用神经网络进行自然语言处理的问题。美国的 NEC 研究院最早将深度学习引入自然语言处理研究工作中，其研究人员从 2008 年起采用将词汇映射到一维向量空间方法和多层一维卷积结构去解决词性标注、分词、命名实体识别和语义角色标注 4 个典型的自然语言处理问题。他们构建了同一个网络模型用于解决 4 个不同问题，都取得了相当精确的结果。总体而言，深度学习在自然语言处理上取得的成果和在图像、语音识别方面相比还有相当的差距，仍有待深入探索。

在自然语言处理中，很多任务的输入是变长的文本序列，而传统分类器的输入需要固定大小。因此，我们需要将变长的文本序列表示成固定长度的向量。以句子为例，一个句子的表示（也称为编码）可以看成句子中所有词的语义组合。因此，句子编码方法近两年也受到广泛关注。句子编码主要研究如何有效地从词嵌入通过不同方式的组合得到句子表示。其中，比较有代表性的方法有 4 种。

① 神经词袋模型，简单对文本序列中每个词嵌入进行平均，作为整个序列的表示。这种方法的缺点是丢失了词序信息。对于长文本，神经词袋模型比较有效。但是对于短文本，神经词袋模型很难捕获语义组合信息。

② 递归神经网络，按照一个外部给定的拓扑结构（比如成分句法树），不断递归得到整个序列的表示[22]。递归神经网络的一个缺点是需要给定一个拓扑结构来确定词和词之间的依赖关系，因此限制了其使用范围。一种改进的方式是引入门机制来自动学习拓扑结构[23]。

③ 循环神经网络，将文本序列看作时间序列，不断更新，最后得到整个序列的表示。但是简单的循环神经网络存在长期依赖问题，不能有效利用长间隔的历史信息。因此，人们经常使用两个改进的模型：长短时记忆神经网络（LSTM）[24]和基于门机制的循环单元（GRU）[25]。

④ 卷积神经网络，通过多个卷积层和子采样层，最终得到一个固定长度的向量。在一般的深度学习方法中，因为输入是固定维数的，因此子采样层的大小和层数是固定的。为了能够处理变长的句子，一般采用两种方式。一种是层数固定，但是子采样层的大小不固定，根据输入的长度和最终向量的维数来动态确定子采样层的大小[26]。另外一种是将输入的句子通过加入零向量补齐到一个固定长度，然后利用固定大小的卷积网络来得到最终的向量表示[27]。

在上述 4 种基本方法的基础上，很多研究者综合这些方法的优点，提出了一些组合模型。Tai 等人[28]基于句法树的长短时记忆神经网络（Tree-LSTM），将标准 LSTM 的时序结构改为语法树结构，在文本分类上得到非常好的提升。Zhu 等人[29]提出了一种递归卷积神经网络模型，在递归神经网络的基础上引入卷积层和子采样层，这样能更有效地提取特征组合，并且支持多叉树的拓扑结构。

如果处理的对象是比句子更长的文本序列（比如篇章），为了降低模型复杂度，一般采用层次化的方法。先得到句子编码，然后以句子编码为输入，进一步得到篇章的编码。

在上述模型中，循环神经网络因为非常适合处理文本序列，因此被广泛应用在很多自然语言处理任务中。

2.3 深度学习典型模型结构和训练算法

深度神经网络是由多个单层非线性网络叠加而成的，常见的单层网络按照编/解码情况分为 3 类：只包含编码器部分、只包含解码器部分、既有编码器部分也有解码器部分。编码器提供从输入到隐含特征空间的自底向上的映射，解码器以重建结果尽可能接近原始输入为目标将隐含特征映射到输入空间。

人的视觉系统对信息的处理是分级的。从低级的提取边缘特征到形状（或者目标等），再到更高层的目标、目标的行为等，即底层特征组合成了高层特征，由低到高的特征表示越来越抽象。深度学习借鉴的这个过程就是建模的过程。

深度神经网络可以分为3类：①前馈深度网络（Feed-Forward Deep Networks，FFDN），由多个编码器层叠加而成，如多层感知机（Multi-Layer Perceptrons，MLP）、卷积神经网络（CNN）等。②反馈深度网络（Feed-Back Deep Networks，FBDN），由多个解码器层叠加而成，如反卷积网络（Deconvolutional Networks，DN）、层次稀疏编码网络（Hierarchical Sparse Coding，HSC）等。③双向深度网络（Bi-Directional Deep Networks，BDDN），通过叠加多个编码器层和解码器层构成（每层可能是单独的编码过程或解码过程，也可能既包含编码过程也包含解码过程），如深度玻尔兹曼机（Deep Boltzmann Machines，DBM）、深度信念网络（Deep Belief Networks，DBN）、栈式自编码器（Stacked Auto-Encoders，SAE）等。下面先从感知机出发，依次介绍3类深度神经网络模型结构，最后介绍深度学习的训练算法。

2.3.1 感知机

通常的机器学习过程如下：①机器学习算法需要输入少量标记好的样本，比如10张小狗的照片，其中1张标记为1（意为狗），其他的标记为0（意为不是狗）。②这些算法“学习”怎么样正确地将狗的图片分类，然后输入一张新的图片时，可以期望算法输出正确的图片标记（如输入一张小狗图片，输出1；否则输出0）。

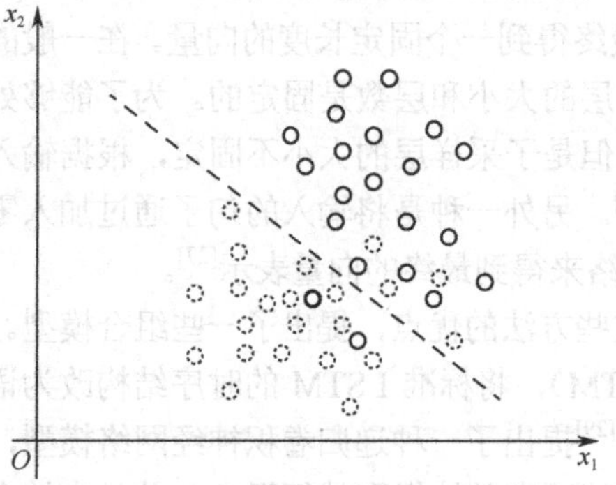

图 2.2 线性分类器示意图

感知机是最早的监督式训练算法，是神经网络构建的基础。如图2.2所示，假如平面中存在n个点，并被分别标记为“0”和“1”。此时加入一个新的点，如果想知道这个点的标记是什么（和上面提到的小狗图片的辨别同理），我们要怎么做呢？

一种很简单的方法是查找离这个点最近的点，然后返回和这个点一样的标记。而一种稍微“智能”的办法则是去找出平面上的一条线来将不同标记的数据点分开，并用这条线作为“分类器”来区分新数据点的标记。

在本例中，每个输入数据都可以表示为一个向量$\boldsymbol{x}=(x_1,x_2)$，而函数则是要实现“如果在线以下，输出0；在线以上，输出1”。用数学方法表示，定义一个表示权值的向量$\boldsymbol{w}$和一个垂直偏移量b。然后，将输入、权值和偏移结合可以得到如下传递函数

$$f(\boldsymbol{x})=\boldsymbol{x}\cdot\boldsymbol{w}+b \tag{2-2}$$

这个传递函数的结果将被输入到一个激活函数中以产生标记。在上面的例子中，激活函数是一个门限截止函数（大于某个阈值后输出1），即

$$h(\boldsymbol{x})=\begin{cases}1 & f(\boldsymbol{x})=\boldsymbol{x}\cdot\boldsymbol{w}+b\geqslant 0\\ 0 & 其他\end{cases} \tag{2-3}$$

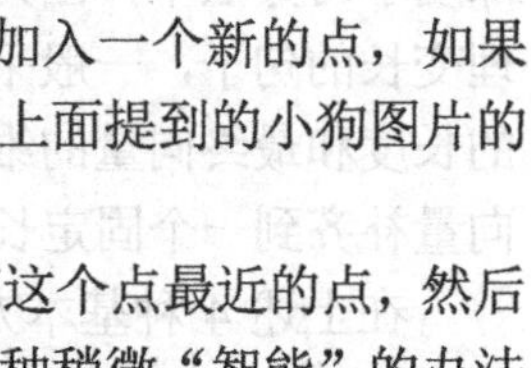

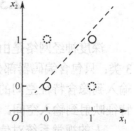

图 2.3 线性分类器无法对XOR函数进行分类

感知机的训练包括多训练样本的输入及计算每个样本的输出。在每一次计算以后，都要调整$\boldsymbol{w}$以最小化输出误差，这个误差由输入样本的标记值与实际计算得出值的差得出。当然，还有其他的误差计算方法，如均方差等，但基本的原则是一样的。

这种简单的感知机有一个明显缺陷：只能学习线性可分函数。这个缺陷重要吗？比如如图2.3所示的XOR函数，这么简单的函数，却

不能被线性分类器分类（分隔两类点失败）。

为了解决这个问题，必须使用多层感知机，也就是前馈神经网络。

2.3.2　前馈神经网络之多层感知机

前馈神经网络也叫前向神经网络，是最初的人工神经网络模型之一。在这种网络中，信息只沿一个方向流动，从输入单元通过一个或多个隐层到达输出单元，在网络中没有封闭环路。典型的前馈神经网络有多层感知机和卷积神经网络等。Rosenblatt 提出的感知机[30]是最简单的单层前向神经网络，但随后 Minsky 等证明单层感知机无法解决线性不可分问题（如异或操作）[31]，这一结论将人工神经网络研究领域引入一个低潮期，直到研究人员认识到多层感知机可解决线性不可分问题，以及反向传播算法与神经网络结合的研究，使得神经网络的研究重新开始成为热点。

1．结构

前馈神经网络中的多层感知机实际上就是将大量之前讲到的感知机进行组合，用不同的方法进行连接并作用在不同的激活函数上，结构如图 2.4 所示。

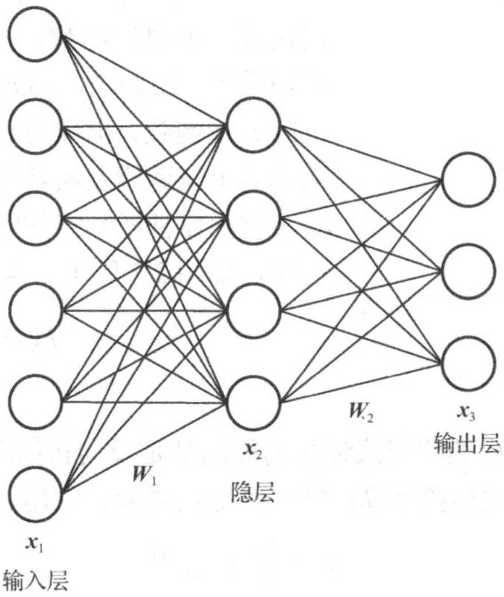

图 2.4　多层感知机结构（只有一个隐层）

图 2.4 是一个简单的只有一个隐层的前馈神经网络，$\boldsymbol{x}_1$、$\boldsymbol{x}_2$、$\boldsymbol{x}_3$ 分别代表输入层、隐层和输出层向量，一个圆圈代表一个“神经元”：x_i^j，例如，$\boldsymbol{x}_1=(x_1^1, x_1^2, \cdots, x_1^6)$。一条线段代表一个权值，$\boldsymbol{W}_1$ 是连接 $\boldsymbol{x}_1$、$\boldsymbol{x}_2$ 的权值矩阵，$\boldsymbol{W}_2$ 是连接 $\boldsymbol{x}_2$、$\boldsymbol{x}_3$ 的权值矩阵，w_1^{ij} 表示输入层的第 i 个神经元与隐层的第 j 个神经元之间的权值。以 $\boldsymbol{x}_1$、$\boldsymbol{x}_2$ 为例，计算过程如下：$x_2^j = f(\sum_{k=1}^{6} x_1^k \cdot w_1^{jk} + b_{1j}), j=1,2,3,4$，也就是先对 $\boldsymbol{x}_1$ 按照权值矩阵做一个线性变换，然后经过一个非线性激活函数 $f(\bullet)$，得到 $\boldsymbol{x}_2$。同理从 $\boldsymbol{x}_2$ 得到 $\boldsymbol{x}_3$，也就是得到了输出的结果。这个过程非常像是生物体内神经元信号的传递，而且信号一直向前传递不会返回，因此称为“前向神经网络”。

多层感知机具有以下属性。

① 一个输入层，一个输出层，一个或多个隐层。图 2.4 所示的神经网络中有一个六神经元的输入层、一个四神经元的隐层、一个三神经元的输出层。

② 一个神经元就是一个感知机。

③ 输入层的神经元作为隐层输入，同时隐层的神经元也是输出层神经元的输入。

④ 每条建立在神经元之间的连接都有一个权值 w（与感知机中提到的权值类似）。

⑤ 在 t 层的每个神经元通常与前一层（t-1 层）中的每个神经元都有连接（但也可以通过将这条连接的权值设为 0 来断开连接）。

⑥ 为了处理输入数据，将输入向量赋到输入层中。在图 2.4 中，这个网络可以计算一个 6 维输入向量（由于只有 6 个输入层神经元）。假如输入向量是 [7, 1, 2, 6, 4, 9]，第一个输入神经元输入 7，第二个输入 1，……，第六个输入 9。这些值将被传播到隐层，通过加权传递函数传给每个隐层神经元（这就是前向传播），隐层神经元再计算输出（激活函数）。

⑦ 输出层和隐层一样进行计算，输出层的计算结果就是整个网络的输出。

2. 超线性

如果每个感知机都只能使用一个线性激活函数，结果会怎么样呢？整个网络的最终输出仍然是将输入数据通过一些线性激活函数计算过一遍，只是用一些在网络中收集的不同权值调整了一下。换句话说，再多线性函数的组合还是线性函数。如果限定只能使用线性激活函数，无论网络有多少层，前馈神经网络其实比一个感知机强不了多少。

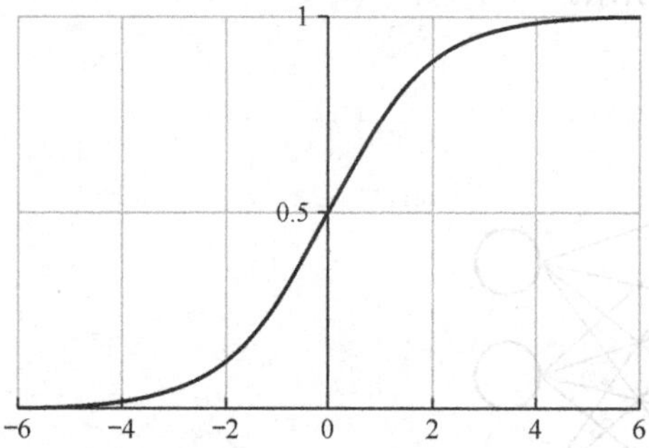

图 2.5 Sigmoid 函数

正是这个原因，大多数神经网络都使用非线性激活函数，如对数函数、双曲正切函数、阶跃函数、整流函数等。比如说，Sigmoid 函数是一个在生物学中常见的 S 形函数，也称为 S 形生长曲线。在信息科学中，由于其单调递增及反函数单调递增等性质，Sigmoid 函数常被用作神经网络的阈值函数，将变量映射到 0～1 之间，如图 2.5 所示。函数定义为

$$f(x)=\frac{1}{1+\mathrm{e}^{-x}} \tag{2-4}$$

3. 训练

常见的应用在多层感知机的监督式训练的算法都是反向传播算法。基本的流程为：①将训练样本通过神经网络进行前向传播计算；②计算输出误差，常用均方差（MSE）表示为

$$E=\frac{1}{2}\|\boldsymbol{t}-\boldsymbol{y}\|_2^2 \tag{2-5}$$

其中 $\boldsymbol{t}$ 是目标值，$\boldsymbol{y}$ 是实际的神经网络计算输出。其他的误差计算方法也可以，但 MSE 通常是一种较好的选择。

网络误差通过随机梯度下降法来最小化。梯度下降法很常用，但在神经网络中，输入参数是一条训练误差曲线。每个权值的最佳值应该是误差曲线中的全局最小值，如图 2.6 所示。在训练过程中，权值以非常小的步幅改变（在每个样本或每小组样本训练完成后），以找到全局最小值，但这并不容易，训练通常会结束在局部最小值上。例如，如果当前权值为 0.6，那么要向 0.4 方向移动。图 2.6 表示的是最简单的情况，误差只依赖于单个参数。但是，网络误差依赖于每一个网络权值，误差函数将非常复杂。反向传播算法提供了一种利用输出误差来修正两个神经元之间权值的方法。对于一个给定节点，权值修正按如下简单方法：

$$\Delta w_i=-\alpha\frac{\partial E}{\partial w_i} \tag{2-6}$$

其中 E 是输出误差，w_i 是输入 i 的权值。实质上这么做的目的是利用权值 i 来修正梯度的方向。

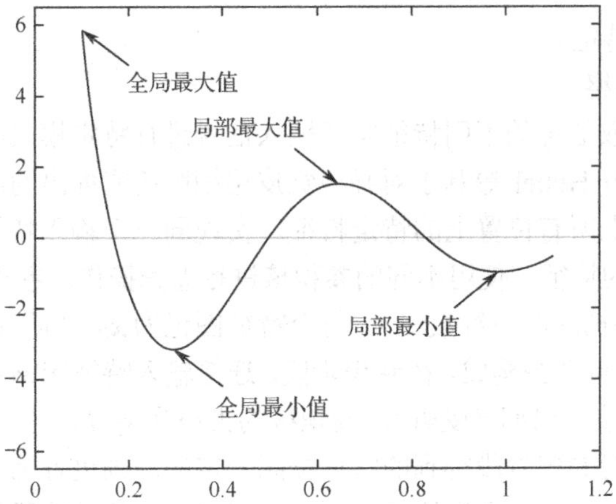

图 2.6　局部极值和全局极值

4. 隐层

根据普适逼近原理，一个具有有限数目神经元的隐层可以被训练成可逼近任意随机函数。换句话说，一个隐层就强大到可以学习任何函数了。这说明在多隐层（如深度网络）的实践中可以得到更好的结果。

举个具体测试例子：利用简单 4-2-3 三层前馈神经网络加 Sigmoid 激活函数对 IRIS 数据集[32]进行分类。鸢尾属植物 Iris 约 300 种，IRIS 数据集中包含其中的 3 种：山鸢尾（Setosa），杂色鸢尾（Versicolour），弗吉尼亚鸢尾（Virginica），每种 50 个数据，共含 150 个数据。每个数据包含 4 个属性：花萼长度、花萼宽度、花瓣长度、花瓣宽度。可通过这 4 个属性预测鸢尾花卉属于（山鸢尾，杂色鸢尾，弗吉尼亚鸢尾）中的哪一类。特征被赋给输入神经元，每个输出神经元代表一类数据集（“1/0/0”表示这个植物是山鸢尾，“0/1/0”表示杂色鸢尾，而“0/0/1”表示弗吉尼亚鸢尾），分类的错误率是 2/150（每个分类 150 个，错 2 个）。

神经网络中可以有多个隐层，这样，在更高的隐层里可以对其之前的隐层构建新的抽象，也可以更好地学习大规模网络。然而，增加隐层的层数通常会导致两个问题。

① 梯度消失：随着添加越来越多的隐层，反向传播传递给较低层的信息会越来越少。实际上，由于信息向前反馈，不同层次间的梯度开始消失，对网络中权值的影响也会变小。

② 过度拟合：过度拟合指的是对训练数据有着过好的识别效果，这将导致模型非常复杂。这样的结果会导致对训练数据有非常好的识别效果，而对真实样本的识别效果非常差。

2.3.3　前馈神经网络之卷积神经网络

由于传统的反向传播算法具有收敛速度慢、需要大量带标签的训练数据、容易陷入局部最优等缺点，多层感知机的效果并不是十分理想。1983 年，日本学者 Fukushima 等基于感受野概念，提出的神经认知机可看作卷积神经网络的一种特例[33]。Lecun 等提出的卷积神经网络是神经认知机的推广形式[14]。卷积神经网络（CNN）是由多个单层卷积神经网络组成的可训练的多层网络结构。每个单层卷积神经网络包括卷积、非线性变换和下采样 3 个阶段，其中下采样阶段不是每层都必需的。每层的输入和输出为一组向量构成的特征图（第一层的原始输入信号可以看作一个具有高稀疏度的高维特征图）。例如，输入部分是一张彩色图像，每个特征图对应的则是一个包含输入图像彩色通道的二维数组（对于音频输入，特征图对应的是一维向量；对于视频或立体影像，对应的是三维数组）；对应的输出部分，每个特征图对应的是表示从输入图像所有位置上提取的特定特征。

1．单层卷积神经网络

卷积阶段：通过提取信号的不同特征实现输入信号进行特定模式的观测。其观测模式也称为卷积核，其定义源于由 Hubel 等基于对猫视觉皮层细胞研究提出的局部感受野概念[34]。每个卷积核检测输入特征图上所有位置上的特定特征，实现同一个输入特征图上的权值共享。为了提取输入特征图上不同的特征，使用不同的卷积核进行卷积操作。卷积阶段的输入是由 n_1 个大小为 $n_2 \times n_3$ 的二维特征图构成的三维数组 $\boldsymbol{x}$，每个特征图记为 $\boldsymbol{x}_i$，该阶段的输出 $\boldsymbol{y}$ 也是三维数组，由 m_1 个大小为 $m_2 \times m_3$ 的特征图构成。在卷积阶段，连接输入特征图 $\boldsymbol{x}_i$ 和输出特征图 $\boldsymbol{y}_j$ 的权值记为 w_{ij}，即可训练的卷积核（局部感受野），卷积核的大小为 $k_2 \times k_3$。

非线性变换阶段：对卷积阶段得到的特征按照一定的原则进行筛选，筛选原则通常采用非线性变换的方式，以避免线性模型表达能力不够的问题。非线性阶段将卷积阶段提取的特征作为输入，进行非线性映射 $\boldsymbol{r}=h(\boldsymbol{y})$。传统卷积神经网络中非线性操作采用 Sigmoid、Tanh 或 Softsign 等饱和非线性（Saturating Nonlinearities）函数，近几年的卷积神经网络中多采用不饱和非线性（Non-saturating Nonlinearity）函数 ReLU。在训练梯度下降法时，ReLU 比饱和非线性函数有更快的收敛速度，因此在训练整个网络时，训练速度也比传统的方法快很多。

下采样阶段：对每个特征图进行独立操作，通常采用平均池化（Average Pooling）或者最大池化（Max Pooling）的操作。平均池化依据定义的邻域窗口计算特定范围内像素的均值 PA，邻域窗口平移步长大于 1（小于或等于池化窗口的大小）；最大池化则将均值 PA 替换为最值 PM 输出到下一个阶段。池化操作后，输出特征图的分辨率降低，但能较好地保持高分辨率特征图描述的特征。一些卷积神经网络完全去掉下采样阶段，通过在卷积阶段设置卷积核窗口滑动步长大于 1 达到降低分辨率的目的。

2．卷积神经网络

将单层卷积神经网络进行多次堆叠，前一层的输出作为后一层的输入，便构成卷积神经网络。卷积神经网络是一类特殊的对图像识别非常有效的前馈网络，示例如图 2.7 所示。其中每两个节点间的连线，代表输入节点经过卷积、非线性变换、下采样 3 个阶段变为输出节点，一般最后一层的输出特征图后接一个全连接层和分类器。为了减少数据的过拟合，最近的一些卷积神经网络在全连接层引入 Dropout 或 DropConnect 的方法，即在训练过程中以一定概率 p 将隐层节点的输出值（对于 DropConnect 为输入权值）清 0，而用反向传播算法更新权值时，不再更新与该节点相连的权值。但是这两种方法都会降低训练速度。在训练卷积神经网络时，最常用的方法是采用反向传播法及有监督的训练方式。网络中信号是前向传播的，即从输入特征向输出特征的方向传播，第 1 层的输入 X，经过多个卷积神经网络层，变成最后一层输出的特征图 O。将输出特征图 O 与期望的标签 T 进行比较，生成误差项 E。通过遍历网络的反向路径，将误差逐层传递到每个节点，根据权值更新公式，更新相应的卷积核权值 w_{ij}。在训练过程中，网络中权值的初值通常随机初始化（也可通过无监督的方式进行预训练），网络误差随迭代次数的增加而减少，并且这一过程收敛于一个稳定的权值集合，额外的训练次数呈现出较小的影响。

3．卷积神经网络的特点

CNN 的特点在于，采用原始信号（一般为图像）直接作为网络的输入，避免了传统识别算法中复杂的特征提取和图像重建过程。局部感受野方法获取的观测特征与平移、缩放和旋转无关。卷积阶段利用权值共享结构减少了权值的数量进而降低了网络模型的复杂度，这一点在输入特征图是高分辨率图像时表现得更为明显。同时，下采样阶段利用图像局部相关性的原理对特征图进行子采样，在保留有用结构信息的同时有效减少了数据处理量。

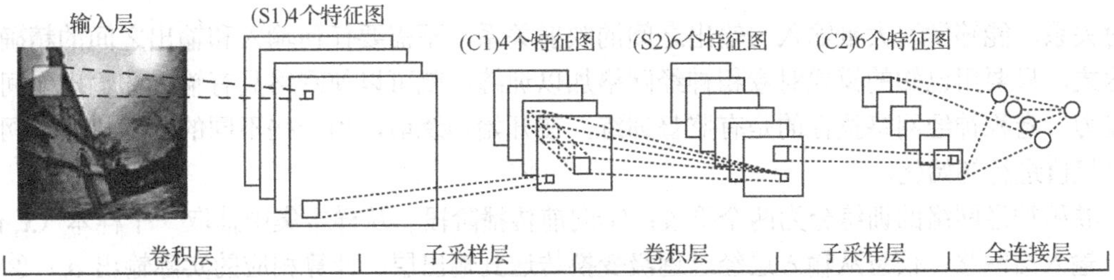

图 2.7 用于图像识别的典型卷积神经网络示例

CNN 是一种有监督深度的模型架构，尤其适合二维数据结构。目前研究与应用都较广泛，在行人检测、人脸识别、信号处理等领域均有新的成果与进展。它是带有卷积结构的深度神经网络，也是首个真正意义上成功训练多层网络的识别算法。CNN 与传统 ANN 的主要区别在于权值共享及非全连接。权值共享能够避免算法过拟合，通过拓扑结构建立层与层间非全连接空间关系来降低训练参数的数目，同时也是 CNN 的基本思想。CNN 的实质是学习多个能够提取输入数据特征的滤波器，通过这些滤波器与输入数据进行逐层卷积及池化，逐级提取隐藏在数据中的拓扑结构特征。随着网络结构的层层深入，提取的特征也逐渐变得抽象，最终获得输入数据的平移、旋转及缩放不变性的特征表示。较传统 ANN 来说，CNN 将特征提取与分类过程同时进行，避免了两者在算法匹配上的难点。

CNN 主要由卷积层与子采样层交替重复出现构建网络结构，卷积层用来提取输入神经元数据的局部特征，子采样层用来对其上一层提取的数据进行缩放映射以减少训练数据量，也使提取的特征具有缩放不变性。一般来说，可以选择不同尺度的卷积核来提取多尺度特征，使提取的特征具有旋转、平移不变性。输入图像与可学习的核进行卷积，卷积后的数据经过激活函数得到一个特征图。卷积层的特征图可以由多个输入图像组合获得，但对于同一幅输入图像，其卷积核参数是一致的，这也是权值共享的意义所在。卷积核的初始值并非随机设置，而是通过训练或者按照一定标准预先给定，如仿照生物视觉特征用 Gabor 滤波器进行预处理。子采样层通过降低网络空间分辨率来增强缩放不变性。

CNN 的输出层一般采用线性全连接，目前最常用的就是 Softmax 分类方法。CNN 的参数训练过程与传统的 ANN 类似，采用反向传播算法，包括前向传播与反向传播两个重要阶段。

CNN 实际应用中会遇到诸多问题，如网络权值的预学习问题、收敛条件及非全连接规则等，这些均需要在实际应用中进一步解决与优化。

4. 卷积神经网络模型

在无监督预训练出现之前，训练深度神经网络通常非常困难，而其中一个特例是卷积神经网络。卷积神经网络受视觉系统的结构启发而产生。第一个卷积神经网络计算模型是在 Fukushima 的神经认知机中提出的[33]，基于神经元之间的局部连接和分层组织图像转换，将有相同参数的神经元应用于前一层神经网络的不同位置，得到一种平移不变神经网络结构形式。后来，LeCun 等人在该思想的基础上，用误差梯度设计并训练卷积神经网络[13]，在一些模式识别任务上得到优越的性能。至今，基于卷积神经网络的模式识别系统是最好的实现系统之一，尤其在手写体字符识别任务上表现出非凡的性能。LeCun 的卷积神经网络由卷积层和子采样层这两种类型的神经网络层组成。每一层有一个拓扑图结构，即在接收域内，每个神经元与输入图像中某个位置对应的固定二维位置编码信息关联。在每层的各个位置分布着许多不同的神经元，每个神经元有一组输入权值，这些权值与前一层神经网络矩形块中的神经元关联；同一组权值和不同输入矩形块与不同位置的神经元关联。卷积神经网络本质上实现一种输入到输出的映射关系，能够学习大量输入与输出之间的映射关系，不需要任何输入和输出之间的精确数学表达式，只要用已知的模式对卷积神经网络加以训练，就可以使网络具有输入和输出之间的映射能力。卷积神经网络执行的是有监督训练，在开始训练前，用一些不同的小随机数对网络的所有权值进行初始化。

卷积神经网络的训练分为两个阶段：①向前传播阶段，从样本集中抽取一个样本（$\boldsymbol{x}, \boldsymbol{y}_p$），将 x 输入给网络，信息从输入层经过逐级变换传送到输出层，计算相应的实际输出 $\boldsymbol{o}_p$；②向后传播阶段，也称为误差传播阶段，计算实际输出 $\boldsymbol{o}_p$ 与理想输出 $\boldsymbol{y}_p$ 的差异，并按最小化误差的方法调整权值矩阵。

卷积神经网络的特征检测通过训练数据来进行学习，避免了显式的特征提取，而是隐式地从训练数据中学习特征，而且同一特征映射面上的神经元权值相同，网络可以并行学习，这也是卷积神经网络相对于其他神经网络的一个优势。权值共享降低了网络的复杂性，特别是多维向量的图像可以直接输入网络这一特点避免了特征提取和分类过程中数据重建的复杂度。

卷积神经网络的成功依赖于两个假设：①每个神经元有非常少的输入，这有助于将梯度在尽可能多的层中进行传播；②分层局部连接结构是非常强的先验结构，特别适合计算机视觉任务，如果整个网络的参数处于合适的区域，基于梯度的优化算法能得到很好的学习效果。卷积神经网络的网络结构更接近实际的生物神经网络，在语音识别和图像处理方面具有独特的优越性，尤其是在视觉图像处理领域进行的实验，得到了很好的结果。

5．实际例子

首先定义一个图像滤波器，或者称为一个赋有相关权值的方阵。一个滤波器可以应用到整个图像上，通常可以应用多个滤波器。比如，可以应用 4 个 6×6 的滤波器在一幅图像上。然后，输出中坐标(1,1)的像素值就是输入图像左上角一个 6×6 区域的加权和，其他像素也是如此。有了上面的基础，下面来介绍卷积神经网络的属性。

卷积层：对输入数据应用若干滤波器。比如，图像的第一卷积层使用 4 个 6×6 滤波器。对图像应用一个滤波器之后得到的结果被称为特征图（Feature Map，FM），特征图的数目和滤波器的数目相等。如果前驱层也是一个卷积层，那么滤波器应用在 FM 上，相当于输入一个 FM，输出另外一个 FM。从直觉上来讲，如果将一个权值分布到整个图像上，那么这个特征就和位置无关了，同时多个滤波器可以分别探测出不同的特征。

子采样层：缩减输入数据的规模。例如输入一幅 32×32 的图像，并且通过一个 2×2 的子采样层，可以得到一幅 16×16 的输出图像，这意味着原图像上的 4 个像素合并成为输出图像中的 1 个像素。实现下采样的方法有很多种，最常见的是最大值合并、平均值合并及随机合并。最后一个子采样层（或卷积层）通常连接到一个或多个全连接层，全连接层的输出就是最终的输出。

训练过程通过改进的反向传播算法来实现，将子采样层作为考虑的因素并基于所有值来更新卷积滤波器的权值。可以在 GitHub 上[35]看到几个应用在 MNIST 数据集[36]上的卷积神经网络的例子，在 GitHub 上还有一个用 JavaScript 实现的可视的类似网络[37]。

2.3.4 反馈深度网络

1．反卷积网络

与前馈网络不同，反馈网络并不是对输入信号进行编码，而是通过解反卷积或学习数据集的基，对输入信号进行反解。前馈网络是对输入信号进行编码的过程，而反馈网络则是对输入信号解码的过程。典型的反馈深度网络有反卷积网络、层次稀疏编码网络等。以反卷积网络为例，Zeiler 等提出的反卷积网络模型[38]和 LeCun 等提出的卷积神经网络[13]思想类似，但在实际的结构构件和实现方法上有所不同。卷积神经网络是一种自底向上的方法，该方法的每层输入信号经过卷积、非线性变换和下采样 3 个阶段处理，进而得到多层信息。相比之下，反卷积网络的每层信息是自顶向下的，组合通过滤波器组学习得到的卷积特征来重构输入信号。层次稀疏编码网络和反卷积网络非常相似，只是在反卷积网络中对图像的分解采用矩阵卷积的形式，而在稀疏编码网络中采用矩阵乘积的形式。

单层反卷积网络进行多层叠加，可得到反卷积网络。多层模型中，在学习滤波器组的同时进行特征图的推导，第 l 层的特征图和滤波器是由第 l-1 层的特征图通过反卷积计算分解获得。反卷积网络训练时，使用一组不同的信号 $\boldsymbol{y}$，求解 $C(\boldsymbol{y})$，进行滤波器组 $\boldsymbol{f}$ 和特征图 $\boldsymbol{z}$ 的迭代交替优化。训练从第 1 层开始，采用贪心算法，逐层向上进行优化，各层间的优化是独立的。

反卷积网络的特点在于，通过求解最优化输入信号分解问题计算特征，而不是利用编码器进行近似，这样能使隐层的特征更加精准，更有利于信号的分类或重建。

2. 自编码器

自编码器又称自动编码器（AutoEncoder），是一个典型的前馈神经网络，它的目标就是学习一种对数据集的压缩且分布式的表示方法（编码思想）。对于一个给定的神经网络，假设其输出等于输入（理想状态下），然后通过训练调整其参数得到每一层的权值，这样就可以得到输入的几种不同表示，这些表示就是特征。当在原有特征的基础上加入这些通过自动学习得到的特征时，可以大大提高精确度，这就是自编码器，如图 2.8 所示。如果再继续加上一些约束条件，就可以得到新的深度学习方法。比如在自编码器的基础上加上稀疏性限制，就可得到稀疏自编码器（Sparse AutoEncoder）。

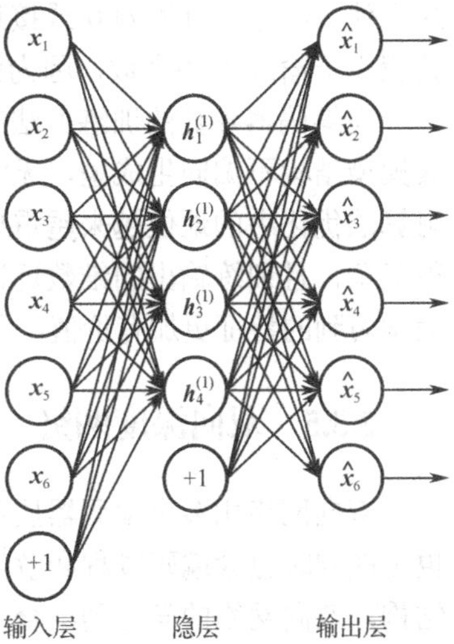

图 2.8 自编码器结构示意图

下面介绍两个例子。

1）压缩灰度图像

假设有一个由 28×28 像素的灰度图像组成的训练集，且每个像素的值都作为一个输入层神经元的输入（这时输入层就会有 784 个神经元）。输出层神经元要有相同的数目（784），且每个输出神经元的输出值和输入图像的对应像素灰度值相同。

在这样的算法架构背后，神经网络学习到的实际上并不是一个训练数据到标记的“映射”，而是去学习数据本身的内在结构和特征。通常隐层中的神经元数目要比输入层的少，这是为了使神经网络只去学习最重要的特征并实现特征的降维。

2）流感

这里使用一个很简单的数据集，其中包括一些流感的症状，这个例子的源码已发布在 GitHub 上[39]。输入数据共 6 个二进制位，前 3 位是病的症状，例如，100000 代表患者发烧；010000 代表咳嗽；110000 代表既咳嗽又发烧等。后 3 位表示抵抗能力，如果一个患者有抵抗能力，代表他不太可能患此病。例如，000100 代表患者接种过流感疫苗。一个可能的组合是 010100，这代表着一个接种过流感疫苗的咳嗽患者等。当一个患者同时拥有前 3 位中的 2 位时，我们认为他生病了；如果至少拥有后 3 位中的 2 位，那么他是健康的，如：111000, 101000, 110000, 011000, 011100 =生病；000111, 001110, 000101, 000011, 000110 =健康。我们来训练一个自动编码器（使用反向传播），6 个输入神经元、6 个输出神经元，而只有 2 个隐层神经元。经过几百次迭代以后可以发现，每当一个“生病”的样本输入时，两个隐层神经元中的一个（对于生病的样本总是这个）总是显示出更高的激活值。而如果输入一个“健康”样本，另一个隐层则会显示更高的激活值。

本质上来说，这两个隐层神经元从数据集中学习到了流感症状的一种紧致表示方法。为了检验它是不是真的实现了学习，我们再来看过度拟合的问题。通过训练，该神经网络学习到的是一个紧致的、简单的，而不是一个高度复杂且对数据集过度拟合的表示方法。从某种程度上来讲，与其说我们在找一种简单的表示方法，更是在尝试从“感觉”上去学习数据。

3．稀疏自编码器

与 CNN 不同，稀疏自编码器是一种无监督的神经网络学习架构。此类架构的基本结构单元为自编码器，它通过对输入 $\boldsymbol{X}$ 按照一定规则及训练算法进行编码，将其原始特征利用低维向量重新表示。自编码器通过构建类似传统神经网络的层次结构，并假设输出 $\boldsymbol{Y}$ 与输入 $\boldsymbol{X}$ 相等，反复训练调整参数得到网络参数值。上述自编码器若仅要求 $\boldsymbol{X} \approx \boldsymbol{Y}$，且对隐层神经元进行稀疏约束，从而使大部分节点值为 0 或接近 0 的无效值，便得到稀疏自编码器。一般情况下，隐层神经元数应少于输入 $\boldsymbol{X}$ 的个数，因为此时才能保证这个网络结构的价值。

自编码器参数的训练方法有很多，几乎可以采用任何连续化训练方法来训练参数。但由于其模型结构不偏向生成型，无法通过联合概率等定量形式确定模型合理性。稀疏约束在深度学习算法优化中的地位越来越重要，主要与深度学习的特点有关。大量的训练参数使训练过程变得复杂，且训练输出的维数远比输入的维数高，会产生许多冗余数据信息。加入稀疏约束，会使学习到的特征更加有价值，同时这也符合人脑神经元响应稀疏性的特点。

2.3.5 双向深度网络

双向网络由多个编码器层和解码器层叠加形成，每层可能是单独的编码过程或解码过程，也可能同时包含编码过程和解码过程。双向网络的结构结合了编码器和解码器这两类单层网络结构，双向网络的学习则结合了前馈网络和反馈网络的训练方法，通常包括单层网络的预训练和逐层反向迭代误差两部分。单层网络的预训练多采用贪心算法：每层使用输入信号 $\boldsymbol{I}_L$ 与权值 $\boldsymbol{W}$ 计算生成信号 $\boldsymbol{I}_{L+1}$ 并传递到下一层，信号 $\boldsymbol{I}_{L+1}$ 再与相同的权值 $\boldsymbol{W}$ 计算生成重构信号 $\boldsymbol{\Gamma}_L$ 并映射回输入层，通过不断缩小 $\boldsymbol{I}_L$ 与 $\boldsymbol{\Gamma}_L$ 间的误差，训练每层网络。各层网络都经过预训练之后，再通过反向迭代误差对整个网络结构进行权值微调。其中单层网络的预训练是对输入信号编码和解码的重建过程，这与反馈网络训练方法类似；而基于反向迭代误差的权值微调与前馈网络训练方法类似。典型的双向深度网络有深度玻尔兹曼机、深度信念神经网络、堆栈自编码网络等。深度玻尔兹曼机由 Salakhutdinov 等提出[40]，它由多层受限玻尔兹曼机（Restricted Boltzmann Machine，RBM）叠加构成。

1．受限玻尔兹曼机

玻尔兹曼机（Boltzmann Machine，BM）是一种随机的递归神经网络，由 Hinton 等提出[41]，是能通过学习数据固有内在表示、解决复杂学习问题的最早的人工神经网络之一。玻尔兹曼机由二值神经元构成，每个神经元只取 0 或 1 两种状态，1 代表该神经元处于激活状态，0 表示该神经元处于抑制状态。然而，即使使用模拟退火算法，这个网络的学习过程也十分慢。

Hinton 等提出的受限玻尔兹曼机（RBM）[41]去掉了玻尔兹曼机同层之间的连接，从而大大提高了学习效率。RBM 是一种可以在输入数据集上学习概率分布的生成随机神经网络。RBM 由隐层、可见层、偏置层组成。可见层 $\boldsymbol{v}$ 和隐层 $\boldsymbol{h}$ 的节点通过权值 $\boldsymbol{W}$ 相连接，两层节点之间是全连接的，同层节点间互不相连，如图 2.9 所示。值得注意的是，与前馈神经网络不同，可见层和隐层之间的连接是无方向性（值可以从可见层→隐层或隐层→可见层任意传输）且全连接的（每个当前层的神经元与下一层的每个神经元都有连接）。在标准的 RBM 中，隐层和可见层的神经元都是二值的，不过也存在其他非线性变种。

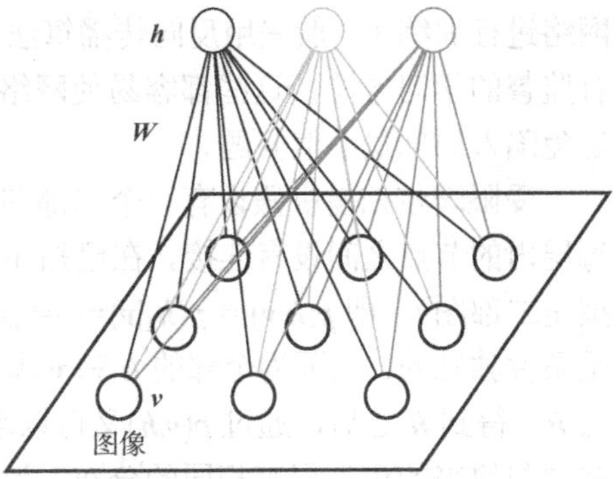

图 2.9　受限玻尔兹曼机结构示意图

RBM 的一种典型训练方法如下：首先随机初始化可见层，然后在可见层与隐层之间交替进行吉布斯采样，即用条件分布概率 $p(\boldsymbol{h}|\boldsymbol{v})$ 计算隐层；再根据隐层节点，同样用条件分布概率 $p(\boldsymbol{v}|\boldsymbol{h})$ 来计算可见层；重复这一采样过程直到可见层和隐层达到平稳分布。而 Hinton 提出了一种快速算法，称为对比差异（Contrastive Divergence，CD）学习算法。这种算法使用训练数据初始化可见层，只需迭代 k 次上述采样过程（每次迭代包括从可见层更新隐层，以及从隐层更新可见层），就可获得对模型的估计。单步对比差异算法原理如下：

（1）正向过程

输入样本 $\boldsymbol{v}$ 输入至输入层中。

$\boldsymbol{v}$ 通过一种与前馈网络相似的方法传播到隐层中，隐层的激活值为 $\boldsymbol{h}$。

（2）反向过程

将 $\boldsymbol{h}$ 传回可见层得到 $\boldsymbol{v}'$（可见层和隐层的连接是无方向的，可以这样传输），再将 $\boldsymbol{v}'$ 传到隐层中，得到 $\boldsymbol{h}'$。

（3）权值更新

$$\boldsymbol{W}(t+1)=\boldsymbol{W}(t)+\alpha(\boldsymbol{v}\boldsymbol{h}^{\mathrm{T}}-\boldsymbol{v}'\boldsymbol{h}'^{\mathrm{T}}) \tag{2-7}$$

其中 α 为学习速率。算法的思想就是在正向过程中网络的内部影响了对于真实数据的表示。同时，反向过程中尝试通过这个被影响过的表示方法重建数据。主要目的是可以使生成的数据与原数据尽可能相似，这个差异影响了权值更新。换句话说，这样的网络具有了感知对输入数据表示程度的能力，而且尝试通过这个感知能力重建数据。如果重建出来的数据与原数据差异很大，那么进行调整并再次重建。

为了说明对比差异学习算法的效果，我们使用与 2.3.4 节相同的流感症状的数据集。测试网络是一个包含 6 个可见层神经元、2 个隐层神经元的 RBM，采用对比差异学习算法对网络进行训练，将症状 $\boldsymbol{v}$ 赋到可见层中。在测试中，这些症状值被重新传到可见层，然后被传到隐层。隐层神经元表示健康/生病的状态，与自编码器相似。在进行几百次迭代后，得到了与自编码器相同的结果：输入一个生病样本，其中一个隐层神经元具有更高激活值；输入健康样本，则另一个隐层神经元更兴奋。该例的代码可以从 GitHub 上获得[42]。

2．深度玻尔兹曼机

将多个 RBM 堆叠，前一层的输出作为后一层的输入，便构成了深度玻尔兹曼机（DBM）。网络中所有节点间的连线都是双向的。深度玻尔兹曼机训练分为 2 个阶段：预训练阶段和微调阶段。在预训练阶段，采用无监督逐层贪心训练方法来训练网络每层的参数，即先训练网络的第 1 个隐层，然后接着训练第 2,3,⋯个隐层，最后用这些训练好的网络参数值作为整体网络参数的初始值。预训练之后，将训练好的每层 RBM 叠加形成深度玻尔兹曼机，利用有监督的学习对网络进行训练（一般采用反向传播算法）。由于深度玻尔兹曼机随机初始化权值及微调阶段采用有监督的学习方法，这些都容易使网络陷入局部最小值。而采用无监督预训练的方法，有利于避免陷入局部最小值问题。

受限玻尔兹曼机假设有一个二部图（二分图），一层是可视层 $\boldsymbol{v}$（输入层），一层是隐层 $\boldsymbol{h}$，每层内的节点之间设有连接。在已知 $\boldsymbol{v}$ 时，全部的隐层节点之间都是条件独立的（因为这个模型是二部图），即 $p(\boldsymbol{h}|\boldsymbol{v}) = p(\boldsymbol{h}_1|\boldsymbol{v})=\cdots= p(\boldsymbol{h}_n|\boldsymbol{v})$。同样地，在已知隐层 $\boldsymbol{h}$ 的情况下，可视节点又都是条件独立的，又因为全部的 $\boldsymbol{h}$ 和 $\boldsymbol{v}$ 满足玻尔兹曼分布，所以当输入 $\boldsymbol{v}$ 时，通过 $p(\boldsymbol{h}|\boldsymbol{v})$可得到隐层 $\boldsymbol{h}$，得到 $\boldsymbol{h}$ 之后，通过 $p(\boldsymbol{v}|\boldsymbol{h})$又可以重构可视层 $\boldsymbol{v}$。通过调整参数，使得从隐层计算得到的可视层与原来的可视层有相同的分布。这样的话，得到的隐层就是可视层的另外一种表达，即可视层的特征表示。若增加隐层的层数，可得到深度玻尔兹曼机。若在靠近可视层 $\boldsymbol{v}$ 的部分使用贝叶斯信念网，远离可视层的部分使用 RBM，那么就可以得到一个深度信念网络（Deep Belief Networks，DBN）。

3. 深度信念网络

深度结构的训练大致有无监督训练和有监督训练两种，而且两者拥有不一样的模型架构。比如，卷积神经网络就是一种有监督下的深度学习模型（需要大量有标签的训练样本），但深度信念网络（DBN）是一种无监督和有监督混合下的深度学习模型（需要一部分无标签的训练样本和一部分有标签的样本）。深度信念网络在训练的过程中，所需要学习的即是联合概率分布。在机器学习领域中，其所表示的就是对象的生成模型。如果想要全局优化具有多隐层的深度信念网络，是比较困难的。这时可以运用贪心算法，即逐层进行优化，每次只训练相邻两层的模型参数，通过逐层学习来获得全局的网络参数。这种对比差异训练（无监督逐层贪心训练）方法已经被 Hinton 证明是有效的。

与自编码器一样，也可以将受限玻尔兹曼机进行堆栈式叠加来构建深度信念网络（DBN）。DBN 可以解释为贝叶斯概率生成模型，由多层随机隐层变量组成，上面的两层具有无向对称连接，下面的层得到来自上一层的自顶向下的有向连接，最底层单元的状态为可见输入数据向量。DBN 由若干结构单元堆栈组成，结构单元通常为 RBM。堆栈中每个 RBM 单元的可视层神经元数量等于前一 RBM 单元的隐层神经元数量，示例如图 2.10 所示。

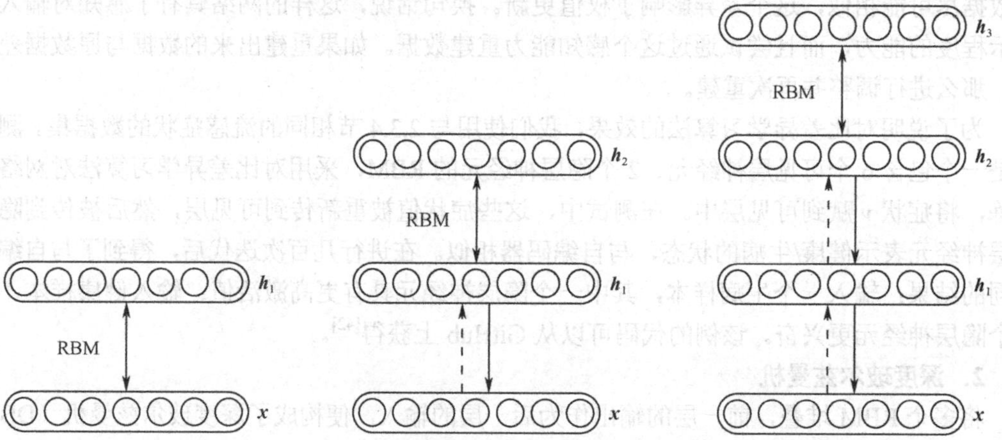

图 2.10　深度信念网络结构示例图

在图 2.10 中，隐层 RBM_t 可以看作 RBM_{t+1} 的可见层。第一个 RBM 的输入层即是整个网络的输入层，层间贪心式预训练的工作过程如下：

① 通过对比差异算法对所有训练样本训练第一个 $RBM_{t=1}$。

② 训练第二个 $RBM_{t=1}$。由于 t=2 的可见层是 t=1 的隐层，训练开始于将数据赋至 t=1 的可见层，通过前向传播方法传至 t=1 的隐层，然后作为 t=2 的对比差异训练的初始数据。

③ 对所有层重复前面的过程。

④ 和堆栈自编码器一样，通过预训练后，网络可以通过连接到一个或多个层间全连接的 RBM 隐层进行扩展。这样就构成了一个可以通过反向传僠进行微调的多层感知机。

4. 堆栈自编码网络模型

堆栈自编码网络的结构与 DBN 类似，由若干结构单元堆栈式叠加而成，不同之处在于其结构单元为自编码器而不是 RBM。堆栈自编码器提供了一种有效的预训练方法来初始化网络的权值，这样就得到了一个可以用来训练的复杂多层感知机。图 2.11 给出了一个包含两个隐层和一个最终 Softmax 分类器层的堆栈自编码网络。

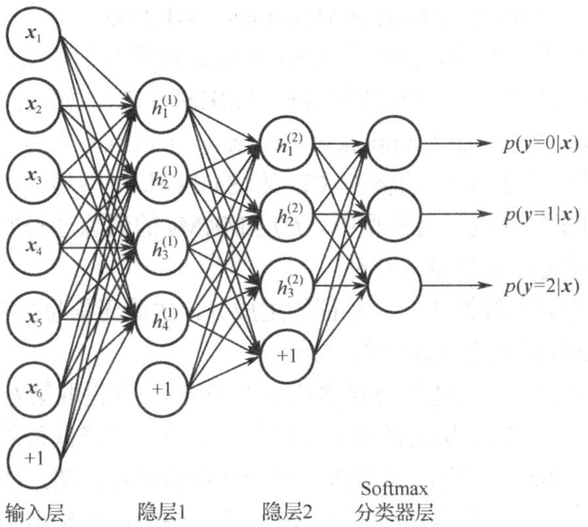

图 2.11　包含两个隐层和一个最终 Softmax 分类器层的堆栈自编码网络

自编码器的隐层 t 会作为 t+1 层的输入层。第一个输入层就是整个网络的输入层。利用贪心算法训练每一层的步骤如下：

① 通过反向传播的方法利用所有数据对第一层的自编码器进行训练（t=1，图 2.11 中输入层与隐层 1 之间的连接部分）。

② 训练第二层的自编码器（t=2，隐层 1 与隐层 2 之间的连接部分）。由于 t=2 的输入层是 t=1 的隐层，我们已经不再关心 t=1 的输入层，可以从整个网络中移除。整个训练开始于将输入样本数据赋到 t=1 的输入层，通过前向传播至 t=2 的输出层。t=2 的权值（输入层→隐层和隐层→输出层）使用反向传播的方法进行更新。t=2 的层和 t=1 的层一样，都要通过所有样本的训练。

③ 对所有层重复上述步骤（移除前面自编码器的输出层，用另一个自编码器替代，再用反向传播方法进行训练）。

④ 步骤①～③称为预训练，它将网络里的权值初始化到一个合适的位置。但是通过这个训练并没有得到一个输入数据到输出标记的映射。例如，一个网络的目标是被训练用来识别手写数字，经过这样的训练后，还不能将最后的特征探测器（隐层中最后的自编码器）的输出对应到图片的标记上去。这样，一个通常的办法是在网络最后一层的后面再加一个或多个全连接层。整个网络可以被看作一个多层感知机，并使用反向传播的方法进行训练（这一步也称为微调）。

堆栈自编码网络的结构单元除自编码器外，还可以使用自编码器的一些变形，如降噪自编码器和收缩自编码器等。降噪自编码器避免了一般自编码器可能会学习得到无编码功能的恒等函数和需要样本的个数大于样本维数的限制，尝试通过最小化降噪重构误差，从含随机噪声的数据中重构真实的原始输入。降噪自编码器使用由少量样本组成的微批次样本执行随机梯度下降法，这样可以充分利用图处理单元（Graphical Processing Unit，GPU）的矩阵到矩阵快速运算使得算法能够更快地收敛。

收缩自编码器的训练目标函数是重构误差和收缩罚项（Contraction Penalty)的总和，通过最小化该目标函数使已学习到的 $C(\boldsymbol{x})$尽量对输入 $\boldsymbol{x}$ 保持不变。为了避免出现平凡解，编码器权值趋于零而解码器权值趋于无穷，并且收缩自编码器采用固定的权值，令解码器权值为编码器权值的置换阵。与其他自编码器相比，收缩自编码器趋于找到尽量少的几个特征值，特征值的数量对应局部秩和局部维数。收缩自编码器可以利用隐单元建立复杂非线性流形模型。

5．多层核感知机（Multilayer Kernel Machines，MKMs）

受 SVM 算法中核函数的启发，2009 年 Cho 和 Saul 在深度学习模型中加入核函数，构建一种基于核函数的深度学习模型，即多层核感知机（MKMs）[44]。如同深度信念网络，反复迭代核主成分分析法（Kernel Principal Component Analysis，KPCA）来逼近高阶非线性函数，每一层 KPCA 的输出作为下一层 KPCA 的输入。Cho 和 Saul 模拟大型神经网络计算方法创建核函数族，并将其应用在训练多层深度学习模型中。L 层 MKMs 的训练过程如下：

① 去除输入特征中无信息含量的特征。

② 重复 L 次，计算有非线性核产生特征的主成分，去除无信息含量的主成分特征。

③ 采用 Mahalanobis 距离进行最近邻分类。

在参数训练阶段，采用 KPCA 进行逐层贪心无监督学习，并提取第 k 层数据特征中的前 nk 主成分，此时第 k+1 层便获得第 k 层的低维空间特征。为进一步降低每层特征的维数，采用有监督的训练机制进行二次筛选：首先，根据离散化特征点边缘直方图，估计它与类标签之间的互信息，将 nk 主成分进行排序；其次，对于不同的 k 和 w 采用 KNN 聚类方法，每次选取排序最靠前的 w 验证集上的特征并计算其错误率，最终选择错误率最低的 w 个特征。MKMs 由于特征选取阶段无法并行计算，导致交叉验证阶段需耗费大量时间。据此，2012 年 Yger 等人提出了一种改进方法[45]，通过在隐层采用有监督的核偏最小二乘法（Kernel Partial Least Squares，KPLS）来优化此问题。

6．深度时空推理网络（Deep Spatio-Temporal Inference Network，DeSTIN）

目前较成熟的深度学习模型大多建立在空间层次结构上，很少对时效性有所体现。相关研究表明，人类大脑的运行模式是将感受到的模式与记忆存储的模式进行匹配，并对下一时刻的模式进行预测的，反复进行上述步骤，这个过程包含了时空信息。因此在深度结构中将时效性考虑在内，会更接近人脑的工作模式。深度时空推理网络（DeSTIN）便是基于这种理念被提出的[46]。DeSTIN 是一种基于贝叶斯推理理论动态进行模式分类的深度学习架构，它是一种区分性的层次网络结构。在该深度模型中，数据间的时空相关性通过无监督方式来学习。网络每一层的每个节点结构一致，且包含多个聚类中心，通过聚类和动态建模来模拟输入。每个节点通过贝叶斯信念推理输出该节点的信念值，根据信念值提取整个 DeSTIN 网络的模式特征，最后一层网络的输出特征可以输入分类器如 SVM 中进行模式分类。

DeSTIN 的每个节点都用来学习一个模式时序，底层节点通过对输入数据的时间与空间特征进行提取，改变其信念值，并输入到下一层。由于每个节点结构相同，训练时可采样并行计算，节约运算资源。DeSTIN 最重要的步骤就是信念值更新。信念值更新同时考虑了数据的时间与空间特征。目前将时效性考虑在内的深度学习架构虽然不是很成熟，但也逐渐应用在不同领域，是深度学习模型未来发展的一个新方向。

2.3.6 深度学习训练算法

实验结果表明，对深度神经网络采用随机初始化的方法，基于梯度的优化使训练结果陷入局部极值，而找不到全局最优值，并且随着网络结构层次的加深，更难得到好的泛化性能，使得深度神经网络在随机初始化后得到的学习结果甚至不如只有一个或两个隐层的浅层神经网络得到的学习结果好。由于随机初始化深度神经网络的参数得到的训练结果和泛化性能都很不理想，2006 年以前，深度神经网络在机器学习领域的文献中并没有被过多提及。通过实验研究发现，用无监督学习算法对深度神经网络进行逐层预训练，能够得到较好的学习结果。最初的实验对每层采用 RBM 生成模型，后来的实验采用自编码器来训练每一层，都得到了相似的实验结果。一些实验和研究结果证明了无监督预训练相比随机初始化具有很大的优势，无监督预训练不仅初始化网络可得到好的初始参数值，而且可以提取关于输入分布的有用信息，有助于网络找到更好的全局最优值。对深度学习来说，无监督学习和半监督学习是成功的学习算法的关键组成部分，主要原因包括以下几个方面：

① 与半监督学习类似，深度学习中缺少有类标签的样本，并且样本大多无类标签；

② 逐层的无监督学习利用结构层上的可用信息进行学习，避免了监督学习梯度传播的问题，可减少对监督准则函数梯度给出的不可靠更新方向的依赖；

③ 无监督学习使得监督学习的参数进入一个合适的预置区域内，在此区域内进行梯度下降能够得到很好的解；

④ 在利用深度神经网络构造一个监督分类器时，无监督学习可看作学习先验信息，使得深度神经网络训练结果的参数在大多情况下都具有意义；

⑤ 在深度神经网络的每一层采用无监督学习，将一个问题分解成若干与多重表示水平提取有关的子问题，这是一种常用的可行方法，可提取输入分布较高水平表示的重要特征信息。

基于上述思想，Hinton 等人在 2006 年引入了 DBN 并给出了一种训练该网络的贪心逐层预训练无监督算法[2]。该算法的基本思想为：首先采用无监督学习对深度神经网络的较低层进行训练，生成第一层深度神经网络的初始参数值；然后将第一层的输出作为另外一层的输入，同样采用无监督学习对该层参数进行初始化。在对多层进行初始化后，用监督学习对整个深度神经网络进行微调，学习性能具有很大程度的提高。

该算法的学习步骤如下：

① 令 $h_0(\boldsymbol{x})=\boldsymbol{x}$ 为可观察的原始输入 $\boldsymbol{x}$ 的最低阶表示；

② 对 $l=1, 2, \cdots, L$，训练无监督学习模型，将可观察数据看作 $l-1$ 阶上表示的训练样例 $h_{l-1}(\boldsymbol{x})$，训练后产生下一阶的表示 $h_l(\boldsymbol{x})=R_l(h_{l-1}(\boldsymbol{x}))$。

随后出现了一些该算法的变形拓展，最常见的是有监督的微调方法，该方法的学习步骤如下：

① 初始化监督预测器，用参数表示函数 $h_L(\boldsymbol{x})$，将 $h_L(\boldsymbol{x})$作为输入得到线性或非线性预测器；

② 基于已标记训练样本对$(\boldsymbol{x}, \boldsymbol{y})$采用监督训练准则微调监督预测器，在表示阶段和预测器阶段优化参数。

1. 深度学习的训练过程

① 自下向上的非监督学习：采用无标签数据分层训练各层参数，这是一个无监督训练的过

程（也是一个特征学习的过程），是和传统神经网络区别最大的部分。具体来讲，用无标签数据去训练第一层，这样就可以学习到第一层的参数，在学习得到第 n-1 层后，再将第 n-1 层的输出作为第 n 层的输入，训练第 n 层，进而分别得到各层的参数。这称为网络的预训练。

② 自顶向下的监督学习：在预训练后，采用有标签数据来对网络进行区分性训练，此时误差自顶向下传输。预训练类似传统神经网络的随机初始化，但由于深度学习的第一步不是随机初始化而是通过学习无标签数据得到的，因此这个初始值比较接近全局最优值，所以深度学习效果好归功于第一步的特征学习过程。

2. 深度学习训练算法

① 正则化深度费希尔映射方法：Wong 等人提出一种新的特征提取方法，称为正则化深度费希尔映射（Regularized Deep Fisher Mapping，RDFM）方法[47]，学习从样本空间到特征空间的显式映射，根据 Fisher 准则用深度神经网络提高特征的区分度。深度神经网络具有深度非局部学习结构，从更少的样本中学习变化很大的数据集中的特征，显示出比核方法更强的特征识别能力，同时 RDFM 方法的学习过程由于引入正则化因子，解决了学习能力过强带来的过拟合问题。该方法在各种类型的数据集上进行实验，得到的结果说明了在深度学习微调阶段运用无监督正则化的必要性。

② 非线性变换方法：Raiko 等人提出了一种非线性变换方法[48]，该方法使得多层感知机（MLP）的每个隐层神经元的输出具有零输出和平均值上的零斜率，使学习 MLP 变得更容易。将整个输入、输出映射函数的线性部分和非线性部分尽可能分开，用 shortcut 权值建立线性映射模型，令 Fisher 信息矩阵接近对角矩阵，使得标准梯度接近自然梯度。通过实验证明，非线性变换方法与基本随机梯度法在速度上不相上下，并有助于找到泛化性能更好的分类器。

③ 稀疏编码对称机算法：Ranzato 等人提出一种新的有效的无监督学习算法[49]，称为稀疏编码对称机（Sparse Encoding Symmetric Machine，SESM）算法，能够在无须归一化的情况下有效产生稀疏表示。SESM 算法的损失函数是重构误差和稀疏函数的加权总和，基于该损失函数，比较和选择不同的无监督学习机。理论上将 SESM 与 RBM 和 PCA 进行比较，并在手写体数字识别 MNIST 数据集和实际图像数据集上进行实验，该算法具有较好的优越性。

④ 迁移学习算法：在许多常见学习场景中，训练和测试数据集中的类标签不同，必须保证训练和测试数据集中的相似性进行迁移学习。Mesnil 等人[50]研究了用于无监督迁移学习场景中学习表示的不同种类模型结构，将多个不同结构的堆栈层使用无监督学习算法用于 5 个学习任务，并研究了用于少量已标记训练样本的简单线性分类器堆栈深度学习算法。Bengio 等人[51]研究了无监督迁移学习问题，讨论了无监督预训练有用的原因，如何在迁移学习场景中利用无监督预训练，以及在什么情况下需要注意从不同数据分布得到的样例上的预测问题。

⑤ 自然语言解析算法：Collobert 基于深度递归卷积图变换网络（Graph Transformer Network，GTN）提出一种快速可扩展的判别算法[52]用于自然语言解析，将文法解析树分解到堆栈层中，只用极少的基本文本特征，得到的性能与现有的判别解析器和标准解析器的性能相似，而在速度上有了很大提升。

⑥ 学习率自适应方法：学习率自适应方法可用于提高深度神经网络训练的收敛性，并去除超参数中的学习率参数，其中包括全局学习率、层次学习率、神经元学习率和参数学习率等。最近研究人员提出了一些新的学习率自适应方法，如 Duchi 等人提出的自适应梯度法[53]和 Zeiler 提出的学习率自适应方法[54]；Hinton 提出了收缩学习率方法，使得平均权值更新在权值大小的 1/1000 数量级上；LeRoux 等人提出自然梯度的对角低秩在线近似方法[55]，并说明该方法在一些学习场景中能加速训练过程。

2.4 深度学习的优点和已有的应用

2.4.1 深度学习的优点

深度学习与浅层学习相比具有许多优点。

① 在网络表达复杂目标函数的能力方面，浅层神经网络有时无法很好地实现高变函数等复杂高维函数的表示，而用深度神经网络能够较好地表征。

② 在网络结构的计算复杂度方面，当用深度为 k 的网络结构能够紧凑地表达某一函数时，在采用深度小于 k 的网络结构表达该函数时，可能需要增加指数级规模数量的计算因子，大大增加了计算的复杂度。另外，需要利用训练样本对计算因子中的参数值进行调整，当一个网络结构的训练样本数量有限而计算因子数量增加时，其泛化能力会变得很差。

③ 在仿生学角度方面，深度神经网络是对人类大脑皮层的最好模拟。与大脑皮层一样，深度学习对输入数据的处理是分层进行的，用每一层神经网络提取原始数据不同水平的特征。

④ 在信息共享方面，深度学习获得的多重水平的提取特征可以在类似的不同任务中重复使用，相当于对任务求解提供了一些无监督的数据，可以获得更多的有用信息。

⑤ 深度学习比浅层学习具有更强的表示能力，而由于深度的增加使得非凸目标函数产生的局部最优解是造成学习困难的主要因素。

⑥ 深度学习试图找到数据的内部结构，发现变量之间的真正关系形式。大量研究表明，数据表示的方式对训练学习的成功产生很大的影响，好的表示能够消除输入数据中与学习任务无关因素的改变对学习性能的影响，同时保留对学习任务有用的信息。深度学习中数据的表示有局部表示（Local Representation）、分布表示（Distributed Representation）和稀疏分布表示（Sparse Distributed Representation）3 种形式。输入层、隐层和输出层的神经元均取值 0 或 1。举个简单的例子，整数 $i\in\{1, 2, \cdots, N\}$的局部表示为向量 $\boldsymbol{R}(i)$，该向量有 N 位，由 1 个 1 和 N-1 个 0 组成，即 $R_j(i)=1$，$i=j$。分布表示中的输入模式由一组特征表示，这些特征可能存在相互包含关系，并且在统计意义上相互独立。对于例子中相同整数的分布表示有 $\log_2 N$ 位的向量，这种表示更为紧凑，在解决降维和局部泛化限制方面起到帮助作用。稀疏分布表示介于完全局部表示和非稀疏分布表示之间，稀疏性的意思为表示向量中的许多元素取值为 0。对于特定的任务需要选择合适的表示形式才能对学习性能起到改进的作用。当表示一个特定的输入分布时，一些结构是不可能的，因为它们不相容。例如在语言建模中，运用局部表示可以直接用词汇表中的索引编码词的特性，而在句法特征、形态学特征和语义特征提取中，运用分布表示可以通过连接一个向量指示器来表示一个词。分布表示由于其具有的优点，常常用于深度学习中表示数据的结构。由于聚类簇之间在本质上互相不存在包含关系，因此聚类算法不专门建立分布表示，而独立成分分析（Independent Component Analysis，ICA）和主成分分析（PCA）通常用来构造数据的分布表示。

2.4.2 深度学习已有的典型应用

深度学习架构由多层非线性运算单元组成，每个较低层的输出作为更高层的输入，可以从大量输入数据中学习有效的特征表示，学习到的高阶表示中包含输入数据的许多结构信息，是一种从数据中提取表示的好方法，能够用于分类、回归和信息检索等特定问题中。

深度学习目前在很多领域都优于过去的方法，如语音和音频识别、图像分类及识别、人脸识别、视频分类、行为识别、图像超分辨率重建、纹理识别、行人检测、场景标记、门牌识别、手写体字符识别、图像检索、人体运行行为识别等。

1．深度学习在语音识别、合成及机器翻译中的应用

微软研究人员使用深度信念网络对数以千计的 senones（一种比音素小很多的建模单元）直接建模，提出了第一个成功应用于大词汇量语音识别系统的、上下文相关的深度神经网络——隐马尔科夫混合模型（CD-DNN-HMM），比之前基于常规 CD-GMM-HMM 的大词汇量语音识别系统相对误差率减少 16%以上。随后又在含有 300h 语音训练数据的 Switchboard 标准数据集上对 CD-DNN-HMM 模型进行评测，基准测试字词错误率为 18.5%，与之前常规系统相比，相对错误率减少了 33%。

Zen 等提出一种基于多层感知机的语音合成模型。该模型先将输入文本转换为一个输入特征序列，输入特征序列的每帧分别经过多层感知机映射到各自的输出特征，然后采用算法，生成语音参数，最后经过声纹合成生成语音。训练数据包含由一名女性专业演讲者以美式英语录制的 3.3 万段语音素材，其合成结果的主观评价和客观评价均优于基于 HMM 方法的模型。

Cho 等提出一种基于循环神经网络（Recurrent Neural Network，RNN）的向量化定长表示模型（RNNenc 模型），将其应用于机器翻译。该模型包含两个 RNN，一个 RNN 用于将一组源语言符号序列编码为一组固定长度的向量，另一个 RNN 将该向量解码为一组目标语言的符号序列。在该模型的基础上，Bahdanau 等克服了固定长度的缺点（固定长度是其效果提升的瓶颈），提出了 RNNsearch 模型。该模型在翻译每个单词时，根据该单词在源文本中最相关信息的位置及已翻译出的其他单词，预测对应于该单词的目标单词。该模型包含一个双向 RNN 作为编码器，以及一个用于单词翻译的解码器。在进行目标单词位置预测时，使用一个多层感知机进行位置对齐。采用 BLEU 评价指标，RNNsearch 模型在 ACL2014 机器翻译研讨会（ACL WMT 2014）提供的英/法双语并行语料库上的翻译结果评分均高于 RNNenc 模型的评分，略低于传统的基于短语的翻译系统 Moses（本身包含 4.18 亿个单词的多语言语料库）。另外，在剔除包含未知词汇语句的测试语料库上，RNNsearch 模型的评分甚至超过了 Moses。

2．深度学习在图像分类及识别中的应用

1）深度学习在大规模图像数据集中的应用

Krizhevsky 等首次将卷积神经网络应用于 ImageNet 大规模视觉识别挑战赛（ImageNet Largescale Visual Recognition Challenge，ILSVRC）中，所训练的深度卷积神经网络在 ILSVRC—2012 挑战赛中取得了图像分类和目标定位任务的第一名。其中，图像分类任务中，Top-5 错误率为 15.3%，远低于第 2 名的 26.2%的错误率；在目标定位任务中，Top-5 错误率为 34%，也远低于第 2 名的 50%。在 ILSVRC—2013 比赛中，Zeiler 等采用卷积神经网络的方法对 Krizhevsky 的方法进行了改进，并在每个卷积层上附加一个反卷积层用于中间层特征的可视化，并取得了图像分类任务的第一名。其 Top-5 错误率为 11.7%，如果采用 ILSVRC—2011 数据进行预训练，Top-5 错误率则降低到 11.2%。在目标定位任务中，Sermanet 等采用卷积神经网络结合多尺度滑动窗口的方法，可同时进行图像分类、定位和检测，是比赛中唯一一个同时参加所有任务的队伍。在多目标检测任务中，获胜队伍的方法在特征提取阶段没有使用深度学习模型，只在分类时采用卷积网络分类器进行重打分。在 ILSVRC—2014 比赛中，几乎所有的参赛队伍都采用了卷积神经网络及其变形方法。其中 GoogLeNet 小组采用卷积神经网络结合 Hebbian 理论提出的多尺度模型，以 6.7%的分类错误取得图形分类“指定数据”组的第一名；CASIAWS 小组采用弱监督定位和卷积神经网络结合的方法，取得图形分类“额外数据”组的第一名，其分类错误率为 11%。

在目标定位任务中，VGG 小组在深度学习框架 Caffe 的基础上，采用 3 个结构不同的卷积神经网络进行平均评估，以 26%的定位错误率取得“指定数据”组的第一名；Adobe 组选用额外的 2000 类 ImageNet 数据训练分类器，采用卷积神经网络架构进行分类和定位，以 30%的错误率取得了“额外数据”组的第一名。

在多目标检测任务中，NUS 小组采用改进的卷积神经网络——网中网（Network in Network）与多种其他方法融合的模型，以 37%的平均准确率（mean Average Precision，mAP）取得“提供数据”组的第一名；GoogLeNet 小组以 44%的平均准确率取得“额外数据”组的第一名。

从深度学习首次应用于 ILSVRC 挑战赛并取得突出的成绩，到 2014 年挑战赛中几乎所有参赛队伍都采用深度学习算法，并将分类错误率降低到 6.7%，可看出深度学习算法相比于传统的手工提取特征的方法在图像识别领域具有巨大优势。

2）深度学习在人脸识别中的应用

基于卷积神经网络的学习方法，香港中文大学的 DeepID 项目及 Meta（原 Facebook）的 DeepFace 项目在户外人脸识别（Labeled Faces in the Wild，LFW）数据库上的人脸识别正确率分别达 97.45%和 97.35%，只比人类识别 97.5%的正确率略低。DeepID 项目采用 4 层卷积神经网络（不含输入层和输出层）结构，DeepFace 采用 5 层卷积神经网络（不含输入层和输出层，其中后 3 层没有采用权值共享以获得不同的局部统计特征）结构，之后，采用基于卷积神经网络的学习方法。香港中文大学的 DeepID2 项目将识别正确率提高到了 99.15%，超过目前所有领先的深度学习和非深度学习算法在 LFW 数据库上的识别正确率以及人类在该数据库的识别正确率。DeepID2 项目采用和 DeepID 项目类似的深度网络结构，包含 4 个卷积层，其中第 3 层采用 2×2 邻域的局部权值共享，第 4 层没有采用权值共享，且输出层与第 3、4 层都全连接。

3）深度学习在手写体字符识别中的应用

Bengio 等人运用统计学习理论和大量的实验工作证明了深度学习算法非常具有潜力，说明数据中间层表示可以被来自不同分布而相关的任务和样例共享，产生更好的学习效果，并且在有 62 个类别的大规模手写体字符识别场景上进行实验，用多任务场景和扰动样例来得到分布外样例，并得到非常好的实验结果。Lee 等人对 RBM 进行拓展，学习到的模型使其具有稀疏性，可用于有效学习数字字符和自然图像特征。Hinton 等人关于深度学习的研究说明了如何训练深度 S 形神经网络来产生对手写体数字文本有用的表示，用到的主要思想是贪心逐层预训练 RBM 之后再进行微调。

3. 深度学习在行人检测中的应用

将 CNN 应用到行人检测中，提出了一种联合深度神经网络模型（Unified Deep Net，UDN）。输入层有 3 个通道，均为对 YUV 空间进行相关变换得到，实验结果表明在此实验平台前提下，此输入方式较灰色像素输入方式的正确率提高 8%。第一层卷积采用 64 个不同的卷积核，初始化采用 Gabor 滤波器，第二层卷积采用不同尺度的卷积核，提取人体不同部位的具体特征，训练过程采用联合训练方法。最终实验结果在 Caltech 及 ETH 数据集上的错失率较传统的人体检测 HOG+SVM 算法均有明显下降，在 Caltech 数据集上较目前最好的算法错失率降低 9%。

4. 深度学习在视频分类及行为识别中的应用

Karpathy 等基于卷积神经网络提出了一种应用于大规模视频分类上的经验评估模型，将 Sports-1M 数据集的 100 万段 YouTube 视频数据分为 487 类。该模型使用 4 种时空信息融合方法用于卷积神经网络的训练，融合方法包括单帧、不相邻两帧、相邻多帧及多阶段相邻多帧。此外，还提出了一种多分辨率的网络结构，大大提升了神经网络应用于大规模数据时的训练速度。该模型在 Sports-1M 数据集上的分类准确率达 63.9%，相比于基于人工特征的方法（55.3%）有很大提升。此外，该模型表现出较好的泛化能力，单独使用多阶段相邻多帧融合方法所得模型在 UCF-101 动作识别数据集上的识别率为 65.4%，而该数据集的基准识别率为 43.9%。

Ji 等提出一个三维卷积神经网络模型用于行为识别。该模型通过在空间和时序上运用三维卷积提取特征，从而获得多个相邻帧间的运动信息。该模型基于输入帧生成多个特征图通道，将所有通道的信息结合获得最后的特征表示。该模型在 TRECVID 数据集上优于其他方法，表明该方法对于真实环境数据有较好的效果；在 KTH 数据集上的表现逊于其他方法，原因是为了简化计算而缩小了输入数据的分辨率。

Baccouche 等提出一种时序的深度学习模型，可在没有任何先验知识的前提下学习分类人体行为。该模型的第一步是将卷积神经网络拓展到三维空间，自动学习时空特征，接下来使用 RNN 方法训练分类每个序列。该模型在 KTH 数据集上的测试结果优于其他已知深度学习模型，KTH1 和 KTH2 数据集上的精度分别为 94.39%和 92.17%。

2.5 深度学习存在的问题及未来研究方向

2.5.1 深度学习目前存在的问题

1. 理论问题

深度学习在理论方面存在的困难主要有两个，第一个是关于统计学习的，另一个和计算量相关。相对浅层学习模型来说，深度学习模型对非线性函数的表示能力更好。根据通用的神经网络逼近理论，对任何一个非线性函数来说，都可以由一个浅层模型和一个深度学习模型很好地表示，但相对浅层模型，深度学习模型需要较少的参数。关于深度学习训练的计算复杂度也是我们需要关心的问题，即我们需要多大参数规模和深度的神经网络模型去解决相应的问题，在对构建好的网络进行训练时，需要多少训练样本才能足以使网络满足拟合状态。另外，网络模型训练所需要消耗的计算资源很难预估，对网络的优化技术仍有待进步。由于深度学习模型的损失函数都是非凸的，这也造成理论研究方面的困难。

2. 建模问题

在解决深度学习理论和计算困难的同时，如何构建新的分层网络模型，既能够像传统深度学习模型一样有效抽取数据的潜在特征，又能够像支持向量机一样便于进行理论分析。另外，如何针对不同的应用问题构建合适的深度学习模型同样是一个很有挑战性的问题。现在用于图像和语言的深度学习模型都拥有相似卷积和降采样的功能模块，研究人员在声学模型方面也在进行相应的探索，能不能找到一个统一的深度学习模型适用于图像、语音和自然语言的处理仍需要探索。

3. 工程应用问题

在深度学习的工程应用问题上，如何利用现有的大规模并行处理计算平台进行大规模样本数据训练是各个进行深度学习研发公司首要解决的难题。由于像 Hadoop 这样的传统大数据处理平台的延迟过高，不适合用于深度学习的频繁迭代训练过程。现在最多采用的深度网络训练技术是随机梯度下降法。该算法不适于在多台计算机间并行运算，即使采用 GPU 加速技术对深度神经网络模型进行训练，也需要花费漫长的时间。随着互联网行业的高速发展，特别是数据挖掘的需要，往往面对的是海量需要处理的数据，而深度学习网络训练速度缓慢无法满足互联网应用的需求。

2.5.2 深度学习未来研究方向

深度学习在计算机视觉（图像识别、视频识别等）和语音识别中的应用，尤其是大规模数据集下的应用取得了突破性的进展，但仍有以下问题值得进一步研究。

1. 无标记数据的特征学习

目前，标记数据的特征学习仍然占据主导地位，而真实世界存在着海量的无标记数据，将这些无标记数据逐一添加人工标签，显然是不现实的。所以，随着数据集和存储技术的发展，必将越来越重视对无标记数据的特征学习，以及将无标记数据进行自动添加标签技术的研究。

2. 模型规模与训练速度

一般地，相同数据集下，模型规模越大，训练精度越高，训练速度会越慢。例如，一些模型方法采用 ReLU 非线性变换、GPU 运算，在保证精度的前提下，往往需要训练 5～7d。虽然离线训练并不影响训练之后模型的应用，但是对于模型优化，诸如模型规模调整、超参数设置、训练时调试等问题，训练时间会严重影响其效率。因此，在保证一定的训练精度的前提下，如何提高训练速度依然是深度学习研究的课题之一。

3. 理论分析

我们需要更好地理解深度学习及其模型，进行更加深入的理论研究。深度学习模型的训练为什么这么困难？这仍然是一个开放性问题。一个可能的答案是深度神经网络有许多层，每一层由多个非线性神经元组成，使得整个深度神经网络的非线性程度更强，减弱了基于梯度的寻优方法的有效性；另一个可能的答案是局部极值的数量和结构随着深度神经网络深度的增加而发生定性改变，使得训练模型变得更加困难。造成深度学习训练困难的原因究竟是由于用于深度学习模型的监督训练准则大量存在不好的局部极值，还是因为训练准则对优化算法来说过于复杂，这是值得探讨的问题。此外，对堆栈自编码网络学习中的模型是否有合适的概率解释，能否得到深度学习模型中似然函数梯度的小方差和低偏差估计，能否同时训练所有的深度神经网络层，除重构误差外，是否还存在其他更合适的、可供选择的误差指标来控制深度神经网络的训练过程，是否存在容易求解的 RBM 配分函数的近似函数，这些问题还有待未来研究。考虑引入退火重要性采样来解决局部极值问题，不依赖于配分函数的学习算法也值得尝试。

4. 数据表示与模型

数据的表示方式对学习性能具有很大的影响，除局部表示、分布表示和稀疏分布表示外，可以充分利用表示理论研究成果。是否还存在其他形式的数据表示方式；是否可以通过在学习的表示上施加一些形式的稀疏函数从而对 RBM 和自编码模型的训练性能起到改进作用，以及如何改进；是否可以用便于提取好的表示并且包含更简单优化问题的凸模型代替 RBM 和自编码模型；不增加隐层单元的数量，用非参数形式的能量函数能否提高 RBM 的容量等，未来还需要进一步探讨这些问题。此外，除卷积神经网络、DBN 和堆栈自编码网络外，是否还存在其他可用于有效训练的深度学习模型，有没有可能改变所用的概率模型使训练变得更容易，是否存在其他有效的或者理论上有效的方法学习深度学习模型，这也是未来需要进一步研究的问题。现有的方法，如 DBN、HMM 和 DBN-CRF，在利用 DBN 的能力方面只是简单地堆栈叠加基本模型，还没有充分发掘出 DBN 的优势，需要研究 DBN 的结构特点，充分利用 DBN 的潜在优势，找到更好的方法建立数据的深度学习模型，可以考虑将现有的社会网络、基因调控网络、结构化建模理论及稀疏化建模等理论运用其中。

5. 特征提取

除高斯-伯努利模型外，还有哪些模型能用来从特征中提取重要的判别信息，未来需要提出有效的理论指导在每层搜索更加合适的特征提取模型。自编码模型保持了输入的信息，这些信息在后续训练过程中可能会起到重要作用，未来需要研究用 CD 训练的 RBM 是否保持了输入的信息，在没有保持输入信息的情况下如何进行修正。树和图等结构的数据由于大小和结构可变而不容易用向量表示其中包含的信息，如何泛化深度学习模型来表示这些信息，也是未来需要研究的问题。尽管当前的产生式预训练加判别式微调学习策略看起来对许多任务都运行良好，但是在某些语言识别等任务中却失败了，对这些任务，产生式预训练阶段的特征提取似乎能很好地描述语音变化，但是包含的信息不足以区分不同的语言，未来需要提出新的学习策略，对这些学习任务提取合适的特征，这可以在很大程度上减小当前深度学习模型的大小。

6. 训练与优化求解

为什么随机初始化的深度神经网络采用基于梯度的算法训练总是不能成功，产生式预训练方法为什么有效？未来需要研究训练深度神经网络的贪心逐层预训练算法到底在最小化训练数据的似然函数方面结果如何，是否过于贪心，以及除贪心逐层预训练的许多变形和半监督嵌入算法外，还有什么其他形式的算法能得到深度神经网络的局部训练信息。此外，无监督逐层训练过程对训练深度学习模型起到帮助作用，但有实验表明训练仍会陷入局部极值并且无法有效利用数据集中的所有信息，能否提出用于深度学习的更有效的优化策略来突破这种限制，基于连续优化的策略能否用于有效改进深度学习的训练过程，这些问题还需要继续研究。二阶梯度算法和自然梯度算法在理论研究中可证明对训练求解深度学习模型有效，但是这些算法还不是深度神经网络优化的标准算法，未来还需要进一步验证和改进这些算法，研究其能否代替微批次随机梯度下降算法。当前的基于微批次随机梯度下降算法难以在计算机上并行处理，目前最好的解决方法是用 GPU 来加速学习过程，但是单个机器的 GPU 无法用于处理大规模语音识别和类似的大型数据集的学习，因此未来需要提出理论上可行的并行学习算法来训练深度学习模型。

7. 与其他方法的融合

从上述应用实例中可发现，单一的深度学习算法往往不能带来最好的效果，通常融合其他方法或多种方法进行平均打分，会带来更高的准确率。因此，深度学习算法与其他方法的融合具有一定的研究意义。

8. 研究拓展

当深度学习模型没有有效的自适应技术，在测试数据集分布不同于训练集分布时，它们很难得到比常用模型更好的性能，因此未来有必要提出用于深度学习模型的自适应技术及对高维数据具有更强鲁棒性的更先进的算法。目前的深度学习模型训练算法包含许多阶段，而在线学习场景中一旦进入微调阶段就有可能陷入局部极值，因此目前的算法对于在线学习场景是不可行的。未来需要研究是否存在训练深度学习的完全在线学习过程能够一直具有无监督学习成分。DBN 模型很适合半监督学习场景和自教学习场景，当前的深度学习算法如何应用于这些场景并且在性能上优于现有的半监督学习算法，如何结合监督和无监督准则来学习输入的模型表示，是否存在一个深度使得深度学习模型的计算足够接近人类在人工智能任务中表现出的水平，这也是未来需要进一步研究的问题。

参考文献

[1] G. E. Hinton, S. Osindero, Y. W. Teh. A fast learning algorithm for deep belief nets. Neural Computation, 2006, 18(7): 1527-1554.

[2] G. E. Hinton, R. R. Salakhutdinov. Reducing the dimensionality of data with neural networks. Science, 2006,

313(5786): 504-507.

[3] H. Sak, A. Senior, K. Rao, et al. Fast and accurate recurrent neural network acoustic models for speech recognition. arXiv:1507.06947 , 2015.

[4] D. Amodei, S. Ananthanarayanan, R. Anubhai, et al. Deep speech2: End-to-end speech recognition in english and mandarin. International Conference on Machine Learning, 2015.

[5] W. Xiong, J. Droppo, X. Huang, et al. Achieving human parity in conversational speech recognition. IEEE/ACM Transactions on Audio, Speech, and Language Processing, 2017, 25(12):2410-2423.

[6] A. Krizhevsky, I. Sutskever, G. E. Hinton. Imagenet classification with deep convolutional neural networks. Advances in Neural Information Processing Systems, 2012.

[7] D. E. Rumelhart, J. L. Mcclelland. Parallel distributed processing: explorations in the microstructure of cognition. Volume 1: Foundations of Research. Cambridge (Massachusetts): MIT Press, 1986.

[8] G. Hinton, L. Deng, D. Yu, et al. Deep neural networks for acoustic modeling in speech recognition: the shared views of four research groups. IEEE Signal Processing Magazine, 2012, 29(6): 82-97.

[9] T. N. Sainath, A. R. Mohamed, B. Kingsbury, et al. Deep convolutional neural networks for LVCSR. IEEE International Conference on Acoustics Speech & Signal Processing, 2013.

[10] A. Graves, A. Mohamed, G. Hinton. Speech recognition with deep recurrent neural networks. International Conference on Acoustics Speech & Signal Processing, 2013.

[11] H. Soltau, H. Liao, H. Sak. Neural speech recognizer: Acoustic-to-word lstm model for large vocabulary speech recognition. arXiv preprint arXiv:1610.09975, 2016.

[12] G. Saon, T. Sercu, S. Rennie, et al. The IBM 2016 English conversational telephone speech recognition system. Interspeech, 2016.

[13] Y. LeCun, B. Boser, J. S. Denker, et al. Backpropagation applied to handwritten zip code recognition. Neural Computation, 1989, 1(4):541-551.

[14] Y. LeCun, L. Bottou, Y. Bengio, et al. Gradient-based learning applied to document recognition. Proceedings of the IEEE, 1998, 86: 2278-2324.

[15] A. Krizhevsky, I. Sutskever, G. E. Hinton. Imagenet classification with deep convolutional neural networks. Advances in Neural Information Processing Systems, 2012.

[16] M. D. Zeiler, R. Fergus. Visualizing and understanding convolutional networks. European Conference on Computer Vision, 2013.

[17] K. Simonyan, A. Zisserman. Very deep convolutional networks for large-scale image recognition. IEEE Conference on Computer Vision and Pattern Recognition, 2014.

[18] C. Szegedy, W. Liu, Y. Jia, et al. Going deeper with convolutions. IEEE Conference on Computer Vision and Pattern Recognition, 2015.

[19] K. He, X. Zhang, S. Ren, et al. Deep residual learning for image recognition. IEEE Conference on Computer Vision and Pattern Recognition, 2016.

[20] G. Huang, Z. Liu, V. D. M. Laurens, et al. Densely connect convolutional networks. IEEE Conference on Computer Vision & Pattern Recognition, 2017.

[21] H. Jie, S. Li, S. Gang, et al. Squeeze-and-Excitation Networks. IEEE Transactions on Pattern Analysis and Machine Intelligence, 2020, 42(8): 2011-2023.

[22] R. Socher, C. Lin, C. Manning, et al. Parsing natural scenes and naturallanguage with recursive neural networks. Proceedings of the 28th International Conference on Machine Learning, 2011: 129-136.

[23] X. Chen, X. Qiu, C. Zhu, et al. Sentence modeling with gated recursive neural network. Proceedings of the Conference on Empirical Methodsin Natural Language Processing, 2015.

[24] S. Hochreiter, J. Schmidhuber. Long short-term memory. Neural Computation, 1997, 9(8):1735-1780.

[25] J. Chung, C. Gulcehre, K. Cho, et al. Empirical evaluation of gated recurrent neural networks on sequence modeling. arXiv preprint arXiv:1412.3555, 2014.

[26] N. Kalchbrenner, E. Grefenstette, P. Blunsom. A convolutional neural network for modelling sentences. arXiv:1404.2188, 2014.

[27] B. Hu, Z. Lu, H. Li, et al. Convolutional neural network architectures formatching natural language sentences. Advances in Neural Information Processing Systems, 2014.

[28] K. S. Tai, R. Socher, C. D Manning. Improved semantic representationsfrom tree-structured long short-term memory networks. arXiv preprint arXiv:1503.00075, 2015.

[29] C. Zhu, X. Qiu, X. Chen, et al. A re-ranking model for dependency parser with recursive convolutional neural network. Proceedings of Annual Meeting of the Association for Computational Linguistics, 2015.

[30] F. Rosenblatt. The Perceptron: A probabilistic model for information storage and organization in the brain. Psychological Review,1958, 65: 386-408.

[31] M. Minsky, S. Papert. Perceptron: an introduction to computational geometry. The MIT Press, 1991.

[32] https://www.kaggle.com/benhamner/python-data-visualizations/data.

[33] K. Fukushima, S. Miyake, T. Ito. Neocognitron: A neural network model for a mechanism of visual pattern recognition. IEEE Transactions on Systems, Man, and Cybernetics, 1982, SMC-13(5): 826-834.

[34] D. H. Hubel, T. N. Wiesel. Reccptive field, binocular interaction and functional architecture in the cat's visual cortex. The Journal of Physiology, 1962, 160: 106-154.

[35] https://github.com/ivan-vasilev/neuralnetworks/blob/9e569aa7c9a4d724cf3c1aed8a8036af272ec58f/nn-samples/src/test/java/com/github/neuralnetworks/samples/test/MnistTest.java.

[36] https://en.wikipedia.org/wiki/MNIST_database.

[37] https://cs.stanford.edu/people/karpathy/convnetjs/demo/mnist.html.

[38] M. D. Zeiler, D. Krishnan, G. W. Taylor, et al. Deconvolutional networks. IEEE Conference on Computer Vision & Pattern Recognition, 2010.

[39] https://github.com/ivan-vasilev/neuralnetworks/blob/master/nn-core/src/test/java/com/github/neuralnetworks/test/AETest.java.

[40] R. Salakhutdinov, A. Mnih, G. Hinton. Restricted Boltzmann machines for collaborative filtering. International Conference on Machine Learning, 2007: 791-798.

[41] G. E. Hinton, T. Sejnowski. Learning and relearning in Boltzmann machines. In D. E. Rumelhart & J. L. McClelland (Eds.), Parallel Distributed Processing (Vol. 1). Cambridge, MA: MIT Press, 1986.

[42] https://github.com/ivan-vasilev/neuralnetworks/blob/master/nn-core/src/test/java/com/github/neuralnetworks/test/RBMTest.java.

[43] https://github.com/ivan-vasilev/neuralnetworks/blob/d2bbc296eca926d07d09b860b29c5a5a3f632f63/nn-core/src/test/java/com/github/neuralnetworks/test/DNNTest.java.

[44] Y. Cho, L. K. Saul. Kernel methods for deep learning. Advances in Neural Information Processing Systems, 2009.

[45] F. Yger, M. Berar, G. Gasso, et al. A supervised strategy for deep kernel machine. European Symposium on Esann, 2012.

[46] T. P. Karnowski, I. Arel, D. Rose. Deep spatiotemporal feature learning with application to image classification. The Ninth International Conference on Machine Learning and Applications, 2010.

[47] W. K. Wong, M. Sun. Deep learning regularized Fisher mappings. IEEE Transactions on Neural Networks, 2011, 22(10): 1668-1675.

[48] T. Raiko, H. Valpola, Y. Lecun. Deep Learning Made Easier by Linear Transformations in Perceptrons. Proceedings of the Fifteenth International Conference on Artificial Intelligence and Statistics, PMLR 2012, 22:924-932.

[49] M. Ranzato, Y. L. Boureau, Y. Lecun. Sparse feature learning for deep belief networks. Advances in Neural Information Processing Systems, 2008, 20:1185-1192.

[50] G. Mesnil, Y. Dauphin, X. Glorot, et al. Unsupervised and transfer learning challenge: a deep learning approach. JMLR: Workshop and Conference Proceedings, 2011, 7:1-15.

[51] Y. Bengio, G. Guyon, V. Dror, et al. Deep learning of representations for unsupervised and transfer Learning. JMLR: Workshop and Conference Proceedings, 2011, 7:1-20.

[52] R. Collobert, J. Weston, L. Bottou, et al. Natural language processing (almost) from scratch. Journal of Machine Learning Research, 2011, 12: 2493-2537.

[53] J. Duchi, E. Hazan, Y. Singer. Adaptive subgradient methods for online learning and stochastic optimization. Journal of Machine Learning Research, 2011, 12: 257-269.

[54] M. D. Zeiler. Adadelta: an adaptive learning rate method. Computer Science, arXiv:1212.5701, 2012.

[55] N. L. Roux, P. A. Manzagol, Y. Bengio. Topmoumoute online natural gradient algorithm. Advances in Neural Information Processing Systems, 2008.

第3章　基于深度学习的图像增强与图像恢复

3.1 图像去噪

3.1.1　传统图像去噪方法概述

1．目的和意义

图像去噪是指减少数字图像中噪声的过程。现实中的数字图像在数字化和传输过程中常受到成像设备与外部环境噪声干扰等影响，称为含噪图像或噪声图像。噪声是图像被干扰的重要原因。一幅图像在实际应用中可能存在各种各样的噪声，这些噪声可能在传输中产生，也可能在量化等处理中产生。计算机视觉的底层是图像处理，根本上讲是基于一定假设条件下的信号重建。这个重建不是3D结构重建，而是指恢复信号的原始信息，比如除去噪声。这本身是一个逆问题，所以在没有约束或者假设条件下是无解的，比如针对去噪最常见的假设就是高斯噪声。

噪声图像主要是因为系统、设备等的不完善导致的，在传输过程中，受噪声污染的图像会不同程度地影响人们的视觉感官，有时甚至会丢失很多图像特征，使图像模糊不清，影响图像的有用信息从而妨碍人们的正常识别。受噪声污染的图像会对后续图像处理造成极大的不利影响，主要包括图像分割、提取、检测及识别。因此采用一个好的去噪算法对图像进行去噪处理是相当有必要且非常重要的。

在图像视觉和图像处理领域中，图像去噪是一个重要的研究方向，其本质简而言之就是在去除噪声污染的同时，尽可能地保留图像自身的有用特征信息。其意义在于：

① 图像去噪可以提高人类视觉识别信息的准确性，是我们正确识别图像的必要条件。在自然界中，由于其内部或者外部各种各样的原因，几乎找不到完全无噪声污染的自然图像，图像都或多或少地被污染，这会增加我们辨别图像的难度。特别是对我们做重大判断产生影响的一些噪声图像，如医疗图像、安检图像等，更需要进行图像降噪以获取清晰的图像特征。对于那些严重污染的图像，它们失去了图像原本所要呈现的内容，严重影响图像识别的精确性。

② 图像去噪可以提高图像质量，是图像进一步处理的先决条件。在图像处理中，图像去噪往往是第一步也是最为重要的一步。通过降噪获取质量优良、清晰度高的图像是后续图像处理强有力的保障和良好的基石。

2．噪声模型

通常情况下，我们可以把图像去噪看成图像恢复的一种情况。所谓图像恢复，就是通过技术手段在图像退化过程中利用先验知识来恢复原图像本来面貌的一种图像处理技术。一般的图像噪声生成模型如图3.1所示。

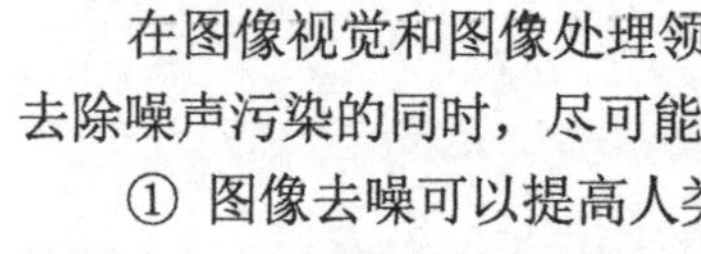

图3.1　图像噪声生成模型

图3.1中，$f(x,y)$代表二维空间能量分布，通过系统H，引入了噪声$n(x,y)$，最终退化成一副图像$g(x,y)$，也就是我们实际得到的图像，即

$$g(x,y)=H[f(x,y)]+n(x,y) \tag{3-1}$$

通常可以更简单地表示为

$$Y=X+V \tag{3-2}$$

其中，X 可以被理解为初始的无噪声图像，而 V 是添加的噪声，Y 就是我们实际得到的添加噪声后的图像。常见的噪声有好几种，但图像去噪中一般研究的都是高斯白噪声。因为我们看到的绝大多数图像都是经过数码设备、成像系统等得到的，这些图像的主要噪声来源就是加性高斯白噪声（Additive White Gaussian Noise，AWGN），噪声分布为 $N(0, \sigma^2)$，σ^2 是噪声方差。当然，由不同的原因可能会产生其他不同的噪声，如椒盐噪声和泊松噪声也是常见的噪声。

另外，根据噪声和信号的关系，可将噪声分为 3 种形式。

① 加性噪声：此类噪声与输入图像信号无关，含噪图像可表示为 $g(x,y)=f(x,y)+n(x,y)$，信道噪声及光导摄像管的摄像机扫描图像时产生的噪声就属于这类噪声。

② 乘性噪声：此类噪声与图像信号有关，含噪图像可表示为 $g(x,y)=f(x,y)+n(x,y)f(x,y)$，飞点扫描器扫描图像时的噪声、电视图像中的相关噪声、胶片中的颗粒噪声就属于此类噪声。

③ 量化噪声：此类噪声与输入图像信号无关，是量化过程中存在的量化误差反映到接收端而产生的。

3. 常用图像去噪算法

对于常用的图像去噪算法，按照其所属领域可以划分为两种[1]：一种是从图像的角度出发，以图像为基础找出图像特征信息规律进而实现去噪；另一种则是从噪声的角度出发，利用图像的先验知识，在图像退化过程中恢复受到噪声干扰的图像。还有一种划分方式是按空域和频域来划分的。对于空域滤波，有线性滤波和非线性滤波之分。均值滤波[2]和高斯滤波[3]就是常见的线性滤波去噪算法。均值滤波就是通过在像素模板内取均值代替原来的像素值来实现去噪的。高斯滤波则通过在整幅图像上加权求平均来实现去噪目的，适合消除高斯噪声，但缺点是容易使图像变得模糊。非线性滤波主要是利用逻辑运算实现的，如中值滤波[4]、最大值滤波[5]和最小值滤波[6]等，这几种方法都是基于比较邻域灰度值大小的策略来设计的。算法相对比较简单，效果不算特别突出，但是很方便快捷。频域滤波不同于空域滤波，主要目的是逼近原始函数并获得对应的系数。一些改进的频域滤波方法通常被运用到实际生活中[7]。频域滤波中研究得最为广泛的是小波变换[8]，已经有很多种改进的小波变换算法运用到了图像去噪之中。其本质就是把噪声信号分解到多尺度中，通过去掉在各尺度中的小波系数来重建去噪后的信号。但小波滤波在高维度时表现欠佳，目前来说去噪效果较其他优秀的算法来说还有一定差距。

比较典型的滤波器介绍如下。

1）均值滤波器

采用邻域平均法的均值滤波器非常适用于去除通过扫描得到的图像中的颗粒噪声。邻域平均法有力地抑制了噪声，同时也由于平均而引起了模糊现象，模糊程度与邻域半径成正比。几何均值滤波器所达到的平滑度可以与算术均值滤波器相比，但在滤波过程中会丢失更少的图像细节。谐波均值滤波器对“盐”噪声效果更好，但是不适用于“胡椒”噪声。它善于处理像高斯噪声那样的其他噪声。逆谐波均值滤波器更适合于处理脉冲噪声，但它有一个缺点，就是必须要知道噪声是暗噪声还是亮噪声，以便于选择合适的滤波器阶数符号，如果阶数符号选择错了，可能会引起灾难性的后果。

2）自适应维纳滤波器

自适应维纳滤波器能根据图像的局部方差来调整滤波器的输出，局部方差越大，滤波器的平滑作用越强。它的最终目标是使恢复图像 $f'(x, y)$ 与原始图像 $f(x, y)$ 的均方误差 $E[(f(x,y)-f'(x,y))^2]$ 最小。自适应维纳滤波器的滤波效果比均值滤波器要好，对保留图像的边缘和其他高频部分很有用，不过计算量较大。自适应维纳滤波器对具有白噪声的图像的滤波效果最佳。

3）中值滤波器

中值滤波器是一种常用的非线性平滑滤波器，其基本原理是把数字图像或数字序列中某点的值用该点的一个邻域中各点值的中值替换，其主要功能是让周围像素灰度值的差比较大的像素改取与周围的像素值接近的值，从而可以消除孤立的噪声点，所以中值滤波对于滤除图像的椒盐噪声非常有效。中值滤波器可以做到既去除噪声又能保护图像的边缘，从而获得较满意的复原效果，而且，在实际运算过程中不需要图像的统计特性，这也带来不少方便，但对一些细节多，特别是点、线、尖顶细节较多的图像，不宜采用中值滤波的方法。

4）形态学噪声滤波器

将形态学的开启和闭合操作结合起来可用来滤除噪声，首先对有噪声图像进行开启操作，可选择结构要素矩阵比噪声的尺寸大，因而开启的结果是将背景上的噪声去除。最后是对前一步得到的图像进行闭合操作，将图像上的噪声去掉。根据此方法的特点可以知道，此方法适用的图像类型是对象尺寸比较大且没有细小细节的图像，对这种图像去噪的效果会比较好。

5）小波噪声滤波器

小波去噪保留了大部分包含信号的小波系数，因此可以较好地保持图像细节。小波去噪主要包括 3 个步骤：①对图像信号进行小波分解；②对经过层次分解后的高频系数进行阈值量化；③重构图像信号。

近年来，数学理论在各个领域的应用越来越深入，使得遗传算法（GA）[9]、字典学习（K-SVD）算法[10]、三维块匹配（BM3D）算法[11]、OTSC（Overcomplete Topographic Sparse Coding）[12]算法等在图像去噪中取得了很大的进展。研究较多的主要是 K-SVD 和 BM3D 算法。K-SVD[10]算法是以色列理工学院的 Michal Aharon 等人在 2006 年提出来的，通过字典训练获得了不错的训练结果。该算法主要是为了求下面矩阵的解

$$\boldsymbol{Y}=\boldsymbol{DX} \tag{3-3}$$

其中，$\boldsymbol{D}$ 表示训练字典，$\boldsymbol{X}$ 表示待训练的稀疏系数矩阵。这种算法主要针对高维矩阵求解复杂的问题，适用于求解高维度矩阵，去噪效果较好。在传统的图像去噪算法中，BM3D 算法是经典的去噪算法，公认效果好。这种算法基于图片块（图块）分别训练，把有相似结构的图像组成一个三维数组，利用联合滤波技术处理合成的一个新的三维数组，变换之后将数组放回原图像中得到去噪后的图像。这种利用图像自相似性的方法确实很有效。去噪后图像信噪比（Signal to Noise Ratio，SNR）[13]高，且视觉效果也表现不错。另外，还有基于低秩矩阵的加权核范数最小化（Weighted Nuclear Norm Minimization，WNNM）算法[14]，这种算法利用对核范数分配不同权值来实现图像去噪，在图像去噪上取得了很好的效果。

4．基于图片块的去噪原理

上面已经介绍了噪声模型，由式（3-2）的表达式 $Y=X+V$ 可知，我们的目的是尽量去除噪声 V，还原 X。为了解释从噪声图像到干净图像这个过程在模型结构中是如何具体实现的，下面将主要介绍基于图片块的去噪过程。

对于噪声污染，可以将这个过程从函数的角度理解成

$$V=\eta(Y) \tag{3-4}$$

由式（3-4）可知，η 函数相当于 $R^{m\times n}\to R^{m\times n}$ 的一个随机加噪操作，其中 m、n 代表图片尺寸。对于去噪过程，实际上就是加噪过程的逆过程。可以按函数的角度理解为

$$f=\text{argmin}_f E_y \|f(x)-y\|^2 \tag{3-5}$$

由式（3-5）可知，加噪过程的逆过程就是用近似的 f 逼近式（3-4）中的 η^{-1}，f 变化也同样满足 $R^{m\times n}\to R^{m\times n}$。

下面用图块的去噪过程来解释噪声模型的原理[15]，如图 3.2 所示，左边是一幅大小为 $m \times n$ 的噪声图片，我们需要得到一个大小同样为 $m \times n$ 的干净图像。

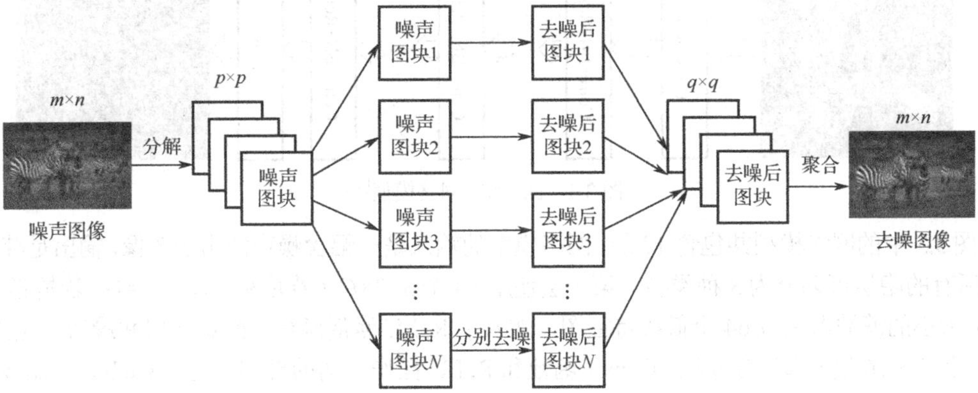

图 3.2　图块去噪模型

这里存在一个问题，如果算法直接从大小为 $m \times n$ 的图像映射到大小为 $m \times n$ 的图像，那么学习和运算的代价太大，所以在通常情况下，采用基于图块的方式进行分别去噪。如图 3.2 所示，将噪声图像分解成 N 个 $p \times p$ 大小的噪声图块，对这些噪声图块分别进行处理。BM3D、K-SVD、EPLL（Expected Patch Log Likelihood）[16]等算法也都采取图块分别去噪的策略，采用了这种先拆分最后聚合的模式，这样可以极大减少计算量并拥有出色的效果。

图 3.2 中有几点需要注意。①分解的图块大小不是盲目的，$p \times p$ 大小取得不同，则最终去噪的效果也不尽相同，若图块取得太小，当噪声较大时，此时去噪的结果会产生更多的可能性。而加噪的过程是不可逆的，因此这样一来学习将变得非常复杂，找到式（3-5）中逼近 η^{-1} 的 f 函数将变得更加困难。另外，虽然理论上来说取更大的 $p \times p$ 是更好的，但实际情况并非如此，因为图像越大计算量就越大，所以一般需要经过实验折中取值。尺寸大小对去噪效果的影响在文献[17]中已经做过比较，此处不再详细展开。②图像拆分之后如何聚合并还原成原图像大小。实际上可以这样理解，对于每一个分别去噪的图块，经过一个处理函数从 $p \times p$ 变成 $q \times q$，最后将这些尺寸为 $q \times q$ 的图像按照在原图像中像素的位置点重聚回去，如果有很多不同的图块具有重叠的像素位置，则对这些重复的位置采用加权求平均或者高斯平均的方法算出最终聚合回原图像变成 $R^{m \times n}$ 的去噪图像。在神经网络中，则采用全连接层的方式还原成 $R^{m \times n}$ 的去噪图像，其整体思想也是先拆分再聚合。

下面以 DnCNN 和 CBDNet 为例介绍如何将深度学习用于图像去噪。

3.1.2　基于 DnCNN 的图像去噪

1. 框架

近年来，残差学习[18]、批归一化[19]等技术的广泛应用，为基于 CNN 的图像处理算法的发展做出了巨大贡献。DnCNN（Denoise Convolutional Neural Network）模型是 Zhang 等人于 2016 年提出的一种同时使用批归一化处理技术和残差学习方法的深度残差卷积神经网络模型。该模型在去噪表现上非常突出，是目前为止最好的图像去噪模型之一。图像去噪的 DnCNN 网络模型[20]如图 3.3 所示。

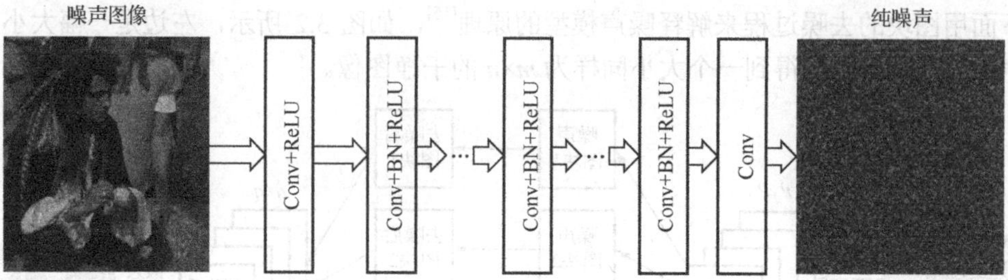

图 3.3　DnCNN 网络模型[20]

图 3.3 中的网络模型共包含 17 层。网络模型的输入是一幅含噪声的男子图像，输出是纯噪声。中间所有的隐层可划分为 3 种类型，第一层使用 64 个 3×3×C（若是灰度图，C=1；若是彩色图，C=3）大小的滤波器生成 64 个低级特征图，加入了 ReLU 激活函数。除第一层和最后一层外，其他层（第 2～16 层）都包含卷积（Conv）函数和 ReLU 操作之间的批归一化（Batch Normalization，BN）。最后一层只由卷积层组成，使用 C 个 3×3×64 卷积核来将特征图像进行输出。为什么在 DnCNN 这些层的所有卷积运算中都使用大小为 3×3×64 的 64 个卷积核呢？因为在实验中发现，使用 3×3 的小滤波器组成的深度神经网络可以在许多计算机视觉任务中获得良好的性能。

在 DnCNN 去噪算法中，批归一化和残差学习两者的结合使用使训练过程更快更稳，提高了网络的去噪性能。下面分别说明。

2．残差学习

残差学习的提出和应用是为了解决深度神经网络性能退化的问题，残差网络的引入很好地解决了因网络层数加深带来的梯度消失或梯度爆炸问题。现在即使是上百层的网络，也依旧具有良好的性能和效率，很大一部分应归功于残差学习方法在深度神经网络中的应用。

DnCNN 去噪算法不像基于传统的学习方式具有以显式图像为先验的判别模型，而是将图像去噪看作一个判别学习问题，引入了残差网络结构，在输入与输出之间使用前向反馈的 shortcut 连接，通过前馈网络隐层中的操作来将潜在干净图像去除，从而达到将噪声与噪声图像进行分离的目的。

在噪声图像的简化公式 $Y=X+V$ 中，X 表示干净图像，V 在这里假设为具有标准偏差的加性高斯白噪声（AWGN），那么 Y 就是噪声图像。原来的网络通过直接输出去噪图像 X' 来学习输入到输出的映射函数 $F(Y)=X$，而残差学习是想要预测噪声残留图像 V'，也就是研究噪声图像和干净图像之间的差异，通过训练残差映射 $R(Y)=V$，代入 $Y=X+V$ 中就有了 $X=Y-R(Y)$，最后通过对真实残差图像的残差值和网络输出的噪声残差值求得 MSE（均方误差），得到网络损失函数，即

$$L(\theta)=\frac{1}{2n}\sum_{i=1}^{n}\|R(y_i;\theta)-(y_i-x_i)\|^2 \tag{3-6}$$

式中，θ 为训练参数，也就是在反向传播算法里提到的偏置和权值。n 代表样本数量。DnCNN 利用残差学习的方法去噪，通俗来讲，就是经过网络的隐层处理后，把干净的原图像 X 从噪声图像 Y 中消除掉。但如果是在噪声非常小的条件下，噪声图像与干净图像的残差值很小，甚至可以忽略不计，一旦残差值是 0 或快接近 0 的情况下，堆积层之间可以等价为恒等映射，是非常容易训练和优化的。基于这个原理，残差学习被认为非常适合运用到图像去噪和图像恢复领域。

3．批归一化

目前批归一化的处理技术几乎被应用到所有的卷积神经网络的训练中。它不仅可以提高模型训练精度，加速模型训练收敛速度，缓解深度神经网络中梯度消失的问题，而且可以省去 Dropout、L_1、L_2 等正则化处理过程，简化深层网络模型训练的同时也让网络更稳定。

简单地说，批归一化就是分批量地对数据进行归一化处理，批量的大小可以根据具体的网络结构设定，处理后的数据就会被限制在一定的区间范围内，通常被限制在[0, 1]或[−1, 1]区间内。在批归一化提出来之前，神经网络训练中的归一化操作都只是在输入层对输入的数据求均值和方差，没有把这种操作应用到中间层中。批归一化的提出大大地改变了这种现状，批归一化可以在网络的任意一层进行。批归一化的处理方法广受好评，所以现在如果想要优化神经网络，大多数情况下会选择使用随机梯度下降法来对图像特征进行批归一化处理。

深度神经网络层数的加深会导致网络在做非线性变换前激活函数输入值的分布发生变动和偏移，这样就会导致激活函数输入值的整体分布靠近非线性函数的取值区间的两端。误差在反向传播时，在神经网络的较低层容易发生梯度消失效应。一旦出现了梯度消失效应，网络将很难收敛。

批归一化是怎么解决梯度消失问题的呢？批归一化的主要目标是减少内部协方差偏移，通常来说，内部协方差偏移是指前面层的更新会改变层输入分布，而这种连续的变化会加大网络的训练难度，给网络的训练带来负面影响。批归一化就是在非线性处理之前加入了标准化、移位和缩放操作来减小内部协变量的移位，从而减弱该消极影响，并且会规范化每一层的输出均值和方差，公式为

$$\hat{x}^{(k)} = \frac{x^{(k)} - E[x^{(k)}]}{\sqrt{\mathrm{Var}[x^{(k)}]}} \tag{3-7}$$

式中通过减均值除方差的操作来让中间层神经元激活输入 $\boldsymbol{x}$ 强行变成了均值为 0、方差为 1 的标准正态分布。完成归一化的操作后，模型就有了非线性表达能力。因此，即使输入很小的值也会让损失函数发生较大的变化。也就是想办法让梯度变大从而避免梯度消失，这样就可以极大程度地加速网络收敛。

4. 效果

DnCNN 去噪算法和其他算法的 PSNR 值对比如表 3.1 所示，可以看出 DnCNN 去噪算法是非常有效的。

表 3.1　DnCNN 去噪算法与其他算法的 PSNR 值对比表[20]　（单位：dB）

噪声图像	NCSR	WNNM	MLP	TNRD	BM3D	DnCNN
Cameraman	29.44	29.64	29.58	29.69	29.43	30.10
Lena	31.91	32.27	32.28	32.05	32.06	32.48
Barbara	30.57	31.16	29.51	29.33	30.63	29.94
Boat	29.67	30.00	29.91	29.89	29.86	30.22
Couple	29.46	29.78	29.72	29.69	29.70	30.10
Fingerprint	27.84	27.96	27.66	27.33	27.71	27.64
Hill	29.68	29.96	29.80	29.77	29.81	29.98
House	32.95	33.33	32.66	32.64	32.95	33.22
Jetplane	31.62	31.89	31.87	31.77	31.63	32.06
Man	29.56	29.73	29.83	29.81	29.55	30.06
Montage	31.84	32.47	32.08	32.27	32.34	32.97
Peppers	29.95	30.45	30.45	30.51	30.21	30.80
平均	30.36	30.72	30.41	30.38	30.48	30.78

3.1.3 基于 CBDNet 的图像去噪

对于图像去噪而言，非常大的一个困难是很难收集到由大量的不同相机及其不同参数拍摄得到的真实含噪-干净图像对用作训练数据。因此，在实际训练过程中，通过使用加性高斯白噪声来模拟真实的噪声，这就导致模型本身很容易过拟合成合成的高斯噪声模型，而在真实噪声上的泛化能力较差。为了提高深度去噪模型的鲁棒性和实用性，卷积盲去噪网络（CBDNet，Convolutional Blind Denoising Network）[21]结合了网络结构、噪声建模和非对称学习等特点。CBDNet 使用更逼真的噪声模型进行训练，考虑了信号相关噪声和摄像头内处理流水线。非盲去噪器（如著名的 BM3D）对噪声估计误差的不对称灵敏度，可以使噪声估计子网抑制低估的噪声水平。为了使学习的模型适用于真实图像，用基于真实噪声模型的合成图像和几乎无噪声的真实噪声图像合并后训练 CBDNet。为了提高网络本身对真实噪声的泛化能力，CBDNet 在基础的 Encoder-Decoder 模型之外，添加一个用于估计输入图像噪声参数的子网，该子网的输出和含噪声图像一同作为 Encoder-Decoder 模型的输入，可明显提高其对真实含噪图像的泛化能力。一般来说，噪声参数都是方差或标准差，因此，子网络的输出应该都大于零。为加大对负的结果的惩罚，CBDNet 还引入了非对称损失函数（Asymmetric Loss）。

图 3.4 是 CBDNet 盲去噪架构图。噪声模型在基于 CNN 的去噪性能方面起着关键作用。给定一个干净图像 x，更真实的噪声模型 $n(x)\sim N(0, \sigma(y))$可以表示为

$$\sigma^2(x) = x\cdot\sigma_s^2 + \sigma_c^2 \tag{3-8}$$

$n(x)=n_s(x)+n_c$ 由信号相关噪声分量 n_s 和静止噪声分量 n_c 组成，并且 n_c 被建模为具有噪声方差 σ_c^2 的 AWGN，但是对于每个像素 i，n_s 的噪声方差与图像强度相关，即 $x(i)\cdot\sigma_s^2$。

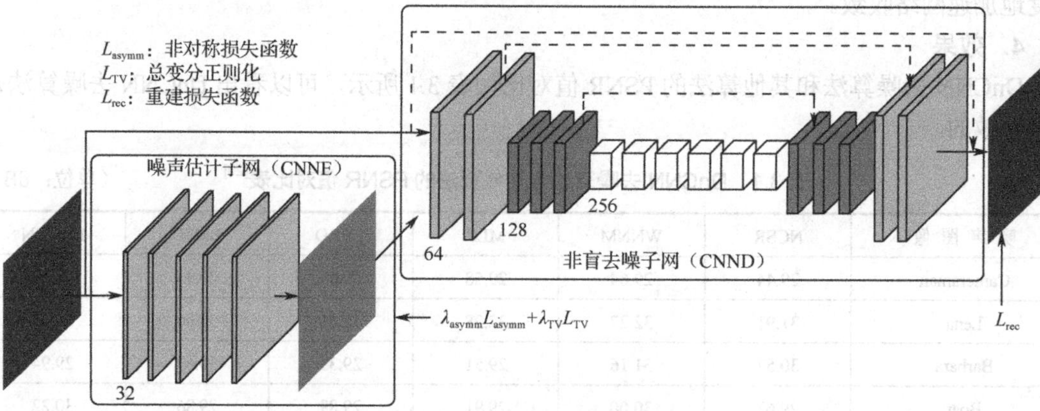

图 3.4 CBDNet 盲去噪架构图[21]

CBDNet 包括噪声估计子网（CNNE）和非盲去噪子网（CNND）。首先，CNNE 采用噪声观测 y 来产生估计的噪声水平图 $\sigma'(y)= F_E(y; W_E)$，其中 W_E 表示 CNNE 的网络参数。CNNE 的输出为噪声水平图，因为它与输入 y 具有相同的大小，并通过全卷积网络。然后，CNND 将 y 和 $\sigma'(y)$ 都作为输入以获得最终去噪结果 $x = F_D(y, \sigma(y); W_D)$，其中 W_D 表示 CNND 的网络参数。此外，CNNE 允许估计的噪声水平图 $\sigma(y)$放入 CNND 之前调整。一个简单的策略是让 $\rho'(y)=\gamma\sigma'(y)$以交互的方式进行去噪计算。

CNNE 是五层全卷积网络，没有池化和批量归一化（BN）操作。每个卷积层的特征通道为 32，滤波器大小为 3×3。在每个卷积层之后有 ReLU。与 CNNE 不同，CNND 采用 U-Net 架构，以 y 和 $\sigma'(y)$作为输入，在无噪干净图像给出预测 x。通过残差学习学习残差映射 $R(y,\sigma'(y); W_D)$，

然后预测 $x = y+R(y, \sigma'(y); W_D)$。CNNE 的 16 层 U-Net 架构引入对称跳跃连接、跨步卷积和转置卷积，利用多尺度信息并扩大感受野。所有滤波器大小均为 3×3，除最后一个，每个卷积层之后都加 ReLU。

图 3.5 给出了非对称损失中 α 值不同时的滤波结果，发现 α 值小时结果较好。图 3.6 对比了只用真实图像、只用合成图像和交替使用真实图像和合成图像训练的 CBDNet 的性能，发现只使用合成图像训练会使去噪的结果过于光滑，只使用合成图像训练会限制网络的去噪能力，因为合成的噪声与真实噪声还是相差较多。交替使用真实图像和合成图像训练的网络去噪效果良好。在 NC12 数据集上，FFDNET、CDnCNNB、BM3D、NC 只能去除图像上的一部分噪声，WNNM 效果比前面的几个好，但仍不能去除全部噪声，NI 可以去除噪声，却过于光滑，而 CBDNet 既能去除全部噪声，又不会过于光滑，可以保持原来图像的纹理和结构。在 DND 数据集上 CBDNet 与其他算法的性能对比见图 3.7。

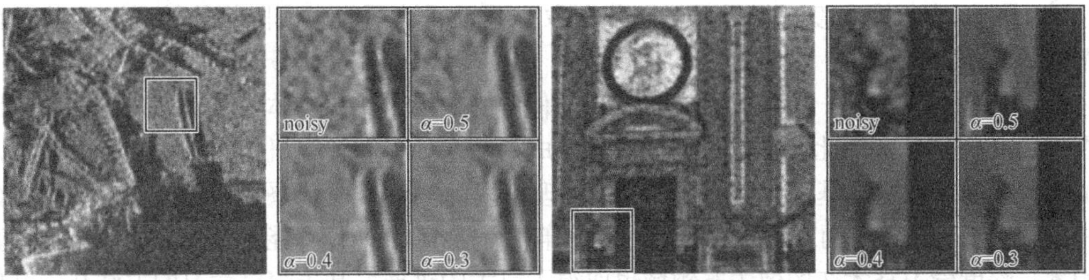

（a） 噪声图像　　（b） 去噪补丁　　（c） 噪声图像　　（d） 去噪补丁

图 3.5　不同非对称损失中 α 值的滤波结果[21]

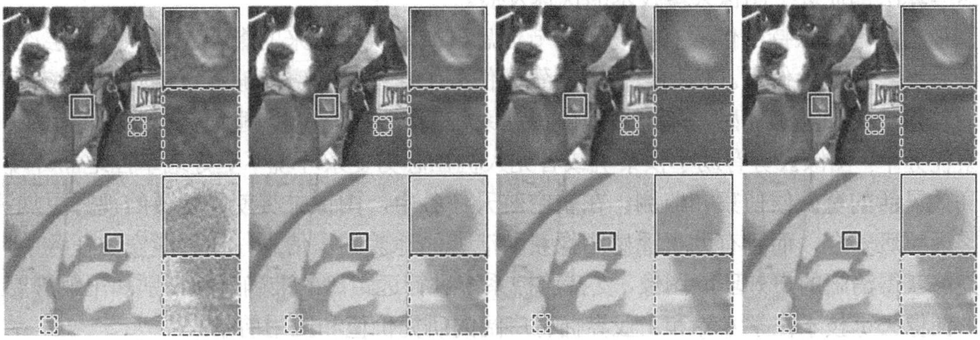

（a）噪声图像　　（b）CBDNet(Syn)　　（c）CBDNet(Real)　　（d）CBDNet(All)

图 3.6　只用真实图像、只用合成图像和交替使用真实和合成图像训练的 CBDNet 的性能对比[21]

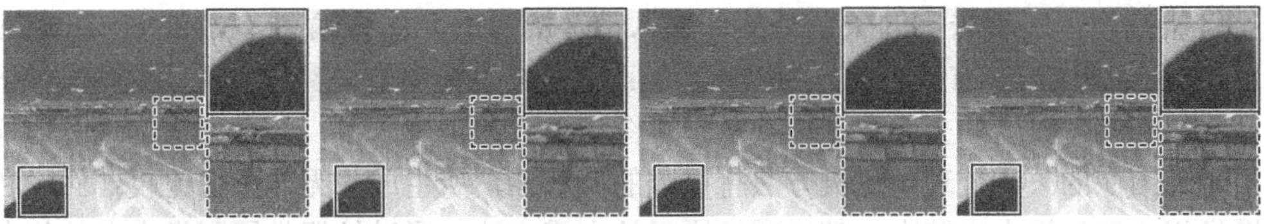

（a）噪声图像　　（b）BM3D　　（c）WNNM　　（d）FFDNet

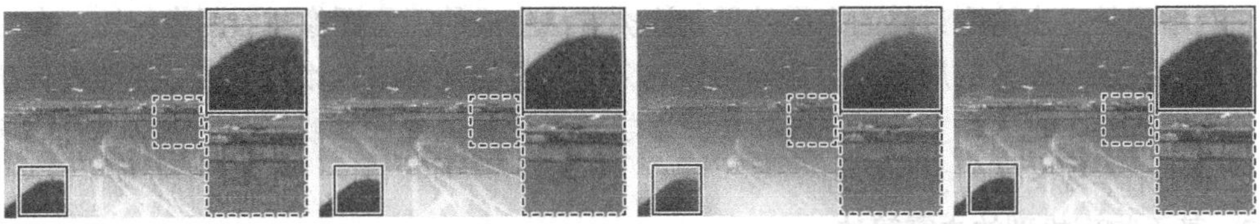

（e）CDnCNNB　　（f）NC　　（g）NI　　（h）CBDNet

图 3.7　在 DND 数据集上 CBDNet 与其他算法的性能对比[21]

3.2 图像去雾

3.2.1 传统图像去雾方法概述

1．目的和意义

雾是一种常见的大气自然现象，通常由悬浮在地面附近空气中的细微水滴、水雾或冰晶所组成，是地面附近空气中水蒸气凝结的产物。霾是人类社会活动造成的一种空气质量退化现象，通常由大气中的灰尘、硫酸盐、硝酸盐等固体颗粒物组成的干气溶胶系统所造成。一般情况下，雾和霾同时存在于大气中而很难辨别清楚，因此也被称为“雾霾”现象，雾和霾也常被简称为雾。在雾霾环境中，由于大量的细微颗粒对物体反射光的吸收和散射作用，拍摄的图像往往会产生清晰度下降、饱和度减低等质量退化现象，难以看清图像中实际物体轮廓、形状及色彩细节。

有雾图像会影响到一些高层次计算机视觉任务的效果，比如物体检测、识别、分类、跟踪及图像语义分割等。因此，图像去雾技术已经成为图像处理和计算机视觉领域的研究热点。传统的图像去雾方法主要基于有雾图像的成像物理模型，在有雾-无雾图像的统计分析上，构建一些先验的手工特征，进而对雾进行去除。近些年，得益于 GPU 计算能力的提高和海量训练数据的积累，深度学习技术在图像去雾领域也取得了巨大的进展。基于深度学习的方法从一开始使用卷积神经网络代替有雾图像的成像物理模型，到直接使用图像重建思想进行图像去雾算法设计，这些算法都促进了图像去雾技术的快速发展。

图像去雾旨在保持图像原有的场景细节信息，减弱雾所带来的影响，对一些高层次视觉感知任务有很大的促进作用。例如，在自动驾驶任务中，图像去雾能够让自动驾驶系统看清被雾遮挡的物体，更加准确地感知周围环境，提高系统的响应灵敏度，避免交通事故的发生；在军事侦察任务中，图像去雾有助于侦察机或者无人机在恶劣复杂环境下更好地掌控地面环境情况，实现高效灵活的全天候侦察和监测；在航空航天任务中，图像去雾使飞行员的视野更加清晰，保证雾天航班安全，而且有助于遥感图像获取清晰的地貌图像信息；在智能安防任务中，图像去雾能够获得清晰的户外环境图像，支持监控系统进行远距离的准确人脸识别和车辆牌照识别。因此，图像去雾技术在学术界和工业界拥有广阔的研究价值和应用前景。

2．方法分类

单幅图像去雾是一个具有挑战性的病态问题。现有方法使用各种约束/先验来获得似乎合理的去雾解决方案，实现去雾的关键是估计输入带雾图像的介质传输图（Medium Transmission Map）。传统的图像去雾方法主要分为以下两类：基于物理模型的去雾方法、基于图像增强的去雾方法。基于物理模型的去雾方法主要从带雾图像形成的机理入手，结合大气物理散射规律来实现对带雾图像的去雾处理，这类方法有很强的针对性，所生成的无雾图像比较自然，和原始无雾图像相比信息损失也较少。基于图像增强的去雾方法，通过挖掘带雾图像本身的信息，对图像进行增强处理来达到最终的去雾效果，这类方法生成的无雾图像与原图像相比，在对比度方面有显著提高、图像的局部细节部分会得到突出、整体视觉果也比较突出。伴随着传统去雾方法的不断进步，越来越多的研究者随着深度学习在计算机视觉领域的广泛应用，开始通过深度学习方法来实现图像的去雾处理。

3．基于物理模型的去雾算法

大气散射模型是基于物理模型去雾的核心。Nayer 等人[22]通过广泛研究，系统阐述了雾天图像信息退化的机理，并推导出大气散射模型，为基于物理模型去雾的研究奠定了基础。目前基于大气散射物理模型的去雾方法研究主要分为 3 类：基于图像深度信息、基于大气光偏振特性和基于先验信息。

1）基于图像深度信息的方法

这类方法一般是通过辅助获得一些额外信息，来得到带雾图像的深度信息，从而获得带雾图像退化模型的参数，将参数再代入大气散射物理模型中，来恢复出无雾图像。Oakley 等人[23]对于飞机机载传感器所拍摄到的灰度带雾图像，根据飞机飞行参数、雷达信息估计场景深度和地形模型来恢复图像。Tan 等人[24]将波长和对比度降质关系相结合，把这一算法延伸到彩色带雾图像。Hautiere 等人[25]通过车载光学传感系统，利用三维地理模型获得深度信息来去雾。这 3 种方法都有效地得到了图像的深度信息，生成的无雾图像视觉效果良好，但针对领域专业性强，需要极高的硬件辅助，应用到其他图像难度较大。Fattal[26]对场景辐射作了一定的简化，提出场景表面阴影和透射率是统计上独立的假设，通过对场景照度的研究得出深度图和无雾图像。对于浓雾场景，由于图像信噪比较低，无法对照度做出研判；算法还依赖颜色信息，对于灰度图或在浓雾导致的颜色失真情况下，该算法都不适用。

Narasimhan 等人[27]的方法在场景深度估计时，需要人为地预先设定带雾图像中的天空区域或受雾影响最严重的区域，以及景深最大和景深最小的区域，得到比较粗糙的图像深度信息。

孙玉宝等人[28]研究灰度图像的去雾问题，将大气散射模型公式简化为单色模型公式，在通过与用户进行简单交互并获得粗糙深度信息后，再对其求解偏微分方程来实现图像去雾。该方法假设场景深度变化平稳，通过大气散射模型取梯度并变形之后，建立了一个户外带雾图像去雾的能量最优化模型，并推导出其偏微分方程。然后，通过用户一个简单的交互操作来获取天空区域、场景深度最大及最小的区域，再通过插值的方法来获得每个像素点所对应的深度信息，从而恢复出无雾图像。通过这类去雾方法对图像去雾处理后，图像的视觉效果、整体对比度都有明显的增强。但是其缺点也很明显，每实现一次去雾都需要用户一定程度的交互操作，无法实现自动和实时处理，不具应用前景。

2）基于大气光偏振特性的去雾方法

此类去雾方法[29-33]需要在同一个场景不同偏振度下进行拍摄，从而得到多幅不同偏振度的图像。在其中选择两幅偏振度相差最大的图像，通过对其进行差分来估计出大气光，进而恢复出原始无雾图像。这种算法需要预先在拍摄镜头前放置偏振片来获取不同亮度的图像，在应用上有很大限制。遇到阴天情况，由于光的偏振特性不明显，这种算法也就无法实现去雾。

3）基于先验信息的去雾方法

Tan 等人[24]基于大量统计所得到的信息，得出带雾图像相对于无雾图像来说其对比度要低得多这一结论。根据大气散射模型，雾会降低目标场景在成像后的对比度。基于这个推论，利用局部对比度来近似估计图像中雾的浓度。同时，也可以通过对局部对比度进行最大化处理来还原出图像的颜色及能见度。然而，这种方法主要是通过增强图像的对比度来达到最终去雾的，并没有对在大气散射模型中物体反射的光线进行恢复，生成的无雾图像颜色饱和度过大。此外，使用这种方法所生成的无雾图像在深度突变的边界区域会有光晕效应。

Fattal[26]则基于彩色图像的统计规律，假设在局部区域内图像的反射率为一恒定常量，目标场景中的颜色与光线传播介质之间相互独立。基于这种假设，Fattal 首先对带雾图像成分进行独立分析，计算出透射率图，再使用马尔科夫模型推断出目标场景图像的颜色信息，从而实现对带雾图像的去雾。对于雾级比较高的带雾图像，由于图像中的颜色信息比较缺失，因此这种方法所生成的无雾图像效果较差。Tarel[34]等人假设大气散射函数在图像的局部变化平缓，用中值滤波器来对透射率参数进行估计，算法去雾所需时间短，对于单幅带雾图像可以很好满足实时性的需求。

何恺明[35]在 2009 年的 CVPR 会议上，提出基于暗通道先验去雾算法，并一举获得该年度 CVPR 最佳论文，这一算法影响了后来很多的研究者。基于暗通道先验去雾算法实际上是一种基于数学统计意义的算法，何恺明在总结了大量的室外无雾图像的基础上，发现了以下规律：在无雾图像中，局部区域存在着一些像素，这些像素中的颜色通道中至少有一个的亮度数值较低（天空区域不在考虑范围内）。这种算法去雾效果很好，在对图像进行去雾处理时也不需要额外的参数，但是当带雾图像整体趋于白色时，由于本身的设计问题，这种算法就不能达到理想的效果了。基于暗通道先验去雾算法具有里程碑的意义，近几年单幅图像去雾技术大都是基于这种算法的改进。由于最初的算法设计中使用软抠图，需要对大型稀疏矩阵进行计算，时间复杂度极高，无法进行实时图像去雾处理。

Ancuti 等人[36]提出了一种基于图像融合技术的去雾算法。图像融合所需的两幅输入图像都源自原始带雾图像：第 1 幅输入图像是将带雾图像经过白平衡处理后所生成的图像，第 2 幅输入图像是带雾图像减去全图整体亮度平均值之后所得到的图像。该算法还使用多尺度处理来消除边界的光晕效应。由于此算法融合过程中只涉及两幅衍生图像，因此并不能完全还原出目标场景的局部细节，而且加入多尺度的处理方式也使算法的复杂度增加，运行效率降低。

4．基于图像增强的去雾算法

基于图像增强的去雾算法主要有 3 类：基于直方图均衡化法延伸出的系列去雾算法、以 Retinex 为基础的相关去雾算法、基于色彩恒常理论的同态滤波去雾算法、曲波变换去雾算法、小波变换去雾算法等。

1）*直方图均衡化去雾算法*

这是一种增强图像对比度的常用方法。根据算法针对的部分不同，又可以分为全局直方图均衡化算法和局部直方图均衡化算法。使用直方图均衡方法进行图像去雾处理的基本思想是将图像按照不同的通道分别处理，各通道灰度分布均匀之后，再对通道进行融合。通过增强带雾图像自身的对比度来生成无雾图像，这种方法可以对图像的全局有很好的顾及。然而由于未考虑到带雾图像的局部信息，在某些极端情况下可能会产生图像信息的丢失，再者过度的增强会使图像的层次感不明显。为了改进这些不足，局部直方图均衡的处理方法开始得到应用。局部直方图均衡方法就是对带雾图像中的每个像素点都进行均衡化处理，尽管这样可以有效避免全局均衡化中存在的图像局部信息丢失问题，但也带来了新的难题：逐个像素进行处理，需要庞大的运算量，生成的无雾图像因为缺乏整体性会在局部出现过度增强等问题。Kim 等人[37]基于局部直方图均衡化方法的思想，提出了一种子块不重叠算法来进行图像去雾处理，但是这种算法的块效应在增强之后生成的无雾图像中表现较为严重；Kim 等人[38]又在局部直方图均衡化方法及子块不重叠算法的基础上，提出了一种兼顾二者优点的子块部分重叠算法，然而使用这种算法去雾后的图像，仍不能完全消除图像的块效应；之后，Zuiderveld[39]提出了 CLAHE 算法，即对比度自适应直方图均衡化算法，其去雾处理流程为：首先对带雾图像进行预分块，其次对每个预分块内的直方图分别进行裁剪和均分，最后对累计得到的直方图进行均衡化处理。在处理过程中，为了加快处理速度，还把插值处理技术引入到算法，使用这种算法可以取得较好的去雾效果。

2）*Retinex 去雾算法*

Retinex 是视网膜皮层理论的英文缩写，最早由 Land[40]于 1963 年提出，经过几年的不断研究，该理论在 1971 年正式发表。Retinex 算法是一种建立在科学实验和分析基础之上的图像增强方法，该方法在增强图像纹理、图像色彩保真方面都有效果。随着多年的不断研究和发展，Retinex 算法已由最初的单纯基于迭代思想的 Retinex 算法，发展到后来的单尺度 Retinex 算法，再到现在的多尺度 Retinex 算法，这类算法对于雾级较低的带雾图像的去雾处理效果比较理想。芮义斌[41]结合直方图和 Retinex 算法二者的优点，提出一种采用正态截取拉伸的多尺度 Retinex 算法来进行图像的去雾处理。黄黎红等人[42]将带雾图像进行颜色空间转换，从 RGB 空间转换为 HSV 空间，并用双曲正切函数来替换单尺度 Retinex 算法本身设计的对数函数，从而实现图像对比度的增强，也达到了较好的去雾效果。郭璠等人[43]则将带雾图像从 RGB 颜色空间转换为 YCbCr 颜色空间，并采用多尺度 Retinex 算法来提升图像亮度分量的方式获取带雾图像的传播图，从而实现对带雾图像的去雾处理。汪荣贵[44]等人将 Retinex 算法与暗原色先验模型相结合提出了一种新的去雾算法，通过不同尺度参数的 Retinex 算法对带雾图像不同景深的照度分量进行估算，最后得到清晰的无雾图像。该算法中增加了许多不同尺度的参数滤波器，需要消耗大量的时间，整体的效率较低。

3）同态滤波去雾算法

同态滤波去雾算法[45]的研究基于色彩恒常理论，将带雾图像的元灰度值看作照度和反射率两个相结合的产物。图像低频部分为照度，高频部分为反射率，通过两部分的分别处理来实现图像的去雾。这种算法可以增强带雾图像的对比度，压缩图像的亮度范围，还可以校正含有非均衡光照的带雾图像。同态滤波去雾算法是最常见的一种彩色去雾算法，但是这种算法在进行去雾处理时需要消耗大量的时间，不适用于实时性要求较高的场景。

4）曲波变换去雾算法

曲波变换去雾算法基于曲波变换算法并对其进一步改进，使算法对各向异性信号适应能力更强。该算法主要通过增强图像的边缘部分来使带雾图像变得清晰，从而达到去雾的目的[46]。

5）小波变换去雾算法

小波变换去雾算法主要结合了多尺度分析方法和均衡化来处理带雾图像的细节部分[47]，锐化图像的边缘细节来生成无雾图像。

深度学习在计算机视觉领域取得了巨大突破，如图像分类、人脸识别、目标检测等。受到深度学习在这些高难度领域取得成功的影响，越来越多的学者开始用深度学习来解决传统的图像特征提取和图像处理等问题，如图像超分辨率技术、图像去噪处理、图像去雨处理等。下面介绍 3 种典型的基于深度学习的图像去雾算法。

3.2.2 基于 DehazeNet 的图像去雾

DehazeNet 由 Cai 等人[48]于 2016 年提出，DehazeNet 是一个可训练的端到端系统，用于估计大气透射率。Cai 等人认为实现图像去雾的关键在于对有雾图像估计出一个大气透射率图。DehazeNet 将一张有雾图像作为输入，通过模型输出其对应的大气透射率图，最后使用大气散射模型计算得到清晰无雾的图像。DehazeNet 采用 CNN 的深层架构，体现了图像去雾的假设/先验知识。具体而言，Maxout 单元层用于特征提取，提取出几乎所有与雾相关的特征。DehazeNet 还采用了一种新的非线性激活函数，称为双边整流线性单元（Bilateral Rectified Linear Unit，BReLU），提高图像的无雾恢复质量。

DehazeNet 的网络结构如图 3.8 所示。DehazeNet 由 3 个卷积层、最大池化（MaxPool）层、Maxout 单元和 BReLU 激活函数构成，通过使用特征提取、多尺度映射、局部极值和非线性回归 4 个操作来估计大气透射率。DehazeNet 的网络层是经过特殊设计的，借鉴了传统去雾算法中已经建立的假设/先验知识，由级联的卷积层、最大池化层和 BReLU 激活函数组成。

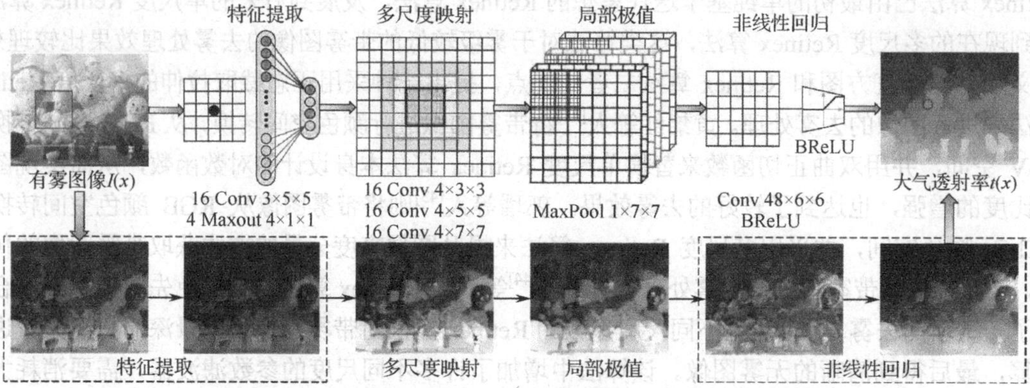

图 3.8 DehazeNet 的网络结构[48]

1．特征提取

为了解决图像去雾问题的病态性，现有方法提出了各种假设，并且基于这些假设，在图像域密集地提取与雾度相关的特征，例如，著名的暗通道、色调差和颜色衰减等，为此，选择具有特别激活函数的 Maxout 单元作为降维非线性映射。

设计 DehazeNet 的第一层如下：

$$F_1^i(x) = \max_{j\in[1,k]} f_1^{i,j}(x),\quad f_1^{i,j}(x) = W_1^{i,j} * I(x) + B_1^{i,j} \tag{3-9}$$

其中

$$\boldsymbol{W}_1 = \{W_1^{p,q}\}_{(p,q)=(1,1)}^{(n_k,k)} \tag{3-10}$$

$$\boldsymbol{B}_1 = \{B_1^{p,q}\}_{(p,q)=(1,1)}^{(n_k,k)} \tag{3-11}$$

分别代表滤波器和偏差。

2．多尺度映射

目前已经证明多尺度特征对于去雾是有效的。选择在 DehazeNet 的第二层使用并行卷积运算，其中任何卷积滤波器的大小都为 3×3、5×5 或 7×7 之一，那么第二层的输出为

$$F_2^i(y) = W_2^{\lceil i/3\rceil,(i\backslash 3)} * F_1(x) + B_2^{\lceil i/3\rceil,(i\backslash 3)} \tag{3-12}$$

其中

$$\boldsymbol{W}_2 = \{W_2^{p,q}\}_{(p,q)=(1,1)}^{(3,n_2/3)} \tag{3-13}$$

$$\boldsymbol{B}_2 = \{B_2^{p,q}\}_{(p,q)=(1,1)}^{(3,n_2/3)} \tag{3-14}$$

包含分为 3 组的 n_2 对参数，n_2 是第二层的输出维度，$i\in[1, n_2]$，$\lceil\ \rceil$ 表示向上取整，\表示余数运算。

3．局部极值

根据 CNN 的经典架构，在每个像素考虑邻域最大值可克服局部灵敏度；另外，局部极值是根据介质传输局部恒常的假设，并且通常用于克服传输估计的噪声；第三层使用局部极值运算，即

$$F_3^i(x) = \max_{y\in\Omega(x)} F_2^i(y) \tag{3-15}$$

值得注意的是，局部极值密集地应用于特征图，能够保持图像分辨率。

4．非线性回归

非线性激活函数的标准选择包括 Sigmoid 和 ReLU，前者容易受到梯度消失的影响，导致网

络训练收敛缓慢或局部最优；为此提出了 ReLU，这一种稀疏表示方法，不过，ReLU 仅在值小于零时才禁止输出，这可能导致响应溢出，尤其在最后一层。所以采用 BReLU，如图 3.9（b）所示，BReLU 保持了双边约束（Bilateral Restraint）和局部线性。这样，第四层定义为

$$F_4(x) = \min(t_{\max}, \max(t_{\min}, W_4 * F_3(x) + B_4)) \tag{3-16}$$

其中，W_4 包含一个大小为 $n_3 \times f_4 \times f_4$ 的滤波器，B_4 包含一个偏差，$t_{\min}$、$t_{\max}$ 是 BReLU 的边际值（$t_{\min}=0$ 和 $t_{\max}=1$）。根据上式，该激活函数的梯度可以表示为

$$\frac{\partial F_4(x)}{\partial F_3(x)} = \begin{cases} \dfrac{\partial F_4(x)}{\partial F_3(x)} & t_{\min} \leqslant F_4(x) < t_{\max} \\ 0 & \text{其他} \end{cases} \tag{3-17}$$

将上述 4 层级联形成基于 CNN 的可训练端到端系统，其中与卷积层相关联的滤波器和偏置是要学习的网络参数。

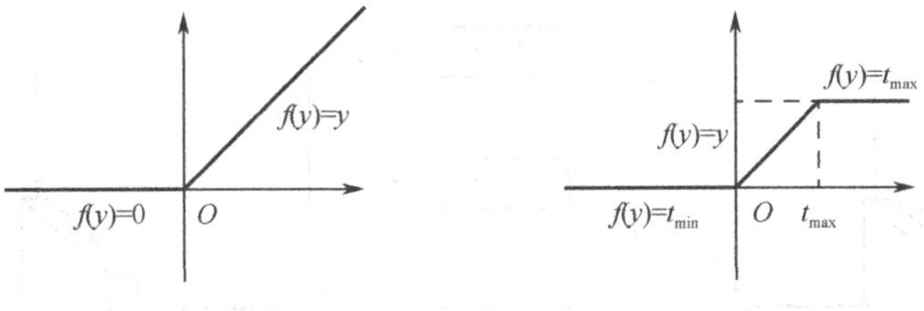

图 3.9　ReLU 和 BReLU[48]

3.2.3　基于 EPDN 的图像去雾

文献[49]将图像去雾问题简化为图像到图像的转换问题，并提出增强的 Pix2Pix 去雾网络（EPDN），它可以生成无雾图像，而不依赖于大气散射模型。EPDN 由生成对抗网络（GAN）嵌入，然后是增强器。一种理论认为视觉感知是全局优先的，那么鉴别器指导生成器在粗尺度上创建伪真实图像，而生成器后面的增强器需要在精细尺度上产生逼真的去雾图像。增强器包含两个基于感受野模型的增强块，增强颜色和细节的去雾效果。另外，嵌入式 GAN 与增强器是一起训练的。

图 3.10 是 EPDN 架构的示意图，由多分辨率生成器、增强器和多尺度鉴别器组成。即使采用粗到细特征，结果仍然缺乏细节和颜色过度。一个可能的原因是现有的鉴别器在引导生成器创建真实细节方面受到限制。换句话说，鉴别器应该只指导生成器恢复结构而不是细节。为了有效地解决这个问题，采用金字塔池化模块，以确保不同尺度的特征细节嵌入最终结果中，即增强块。从目标识别的全局上下文信息中看出，在各种尺度需要特征的细节。因此，增强块根据感受野模型设计，可以提取不同尺度的信息。

在 EPDN 中，增强器包括两个增强块。第一个增强块的输入是原始图像和生成器特征的连接，而这些特征图也输入到第二个增强块。图 3.11 是增强块的架构：有两个 3×3 前端卷积层，前端卷积层的输出缩减，因子分别是 1/4、1/8、1/16、1/32，这样构建四尺度金字塔；不同尺度的特征图提供了不同的感受域，有助于不同尺度的图像重建；然后进行 1×1 卷积降维，实际上 1×1 卷积实现了自适应加权通道的注意机制；之后，将特征图上采样为原始大小，并与前端卷积层的输出连接（Concatenate）在一起；最后，3×3 卷积在连接的特征图上实现。

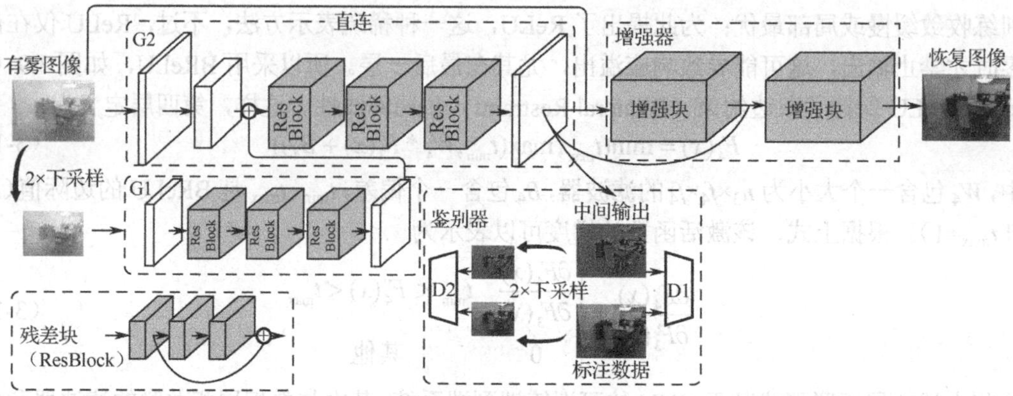

图 3.10 EPDN 架构的示意图[49]

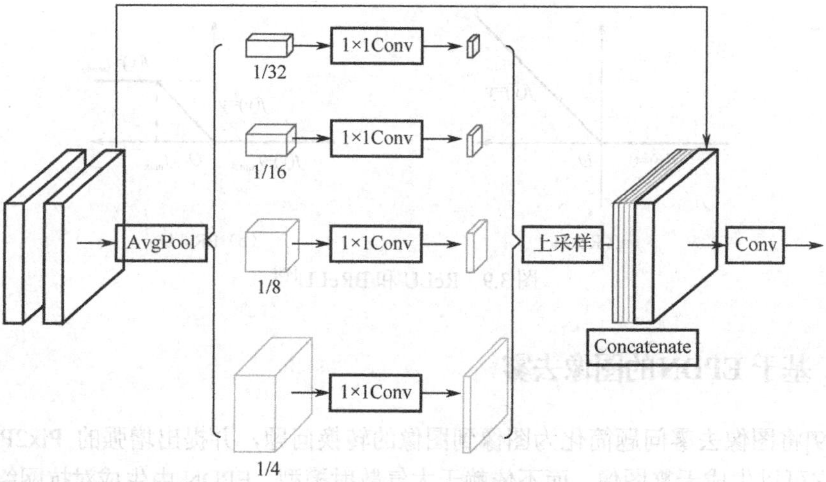

图 3.11 增强块的架构[49]

3.2.4 基于 PMS-Net 的图像去雾

补丁图选择网络（Patch Map Selection Network，PMS-Net）[50]是一个自适应和自动化补丁尺寸选择模型，主要选择每个像素对应的补丁尺寸。该网络基于 CNN 设计，可以从输入图像生成补丁图。其去雾算法流程图如图 3.12 所示。

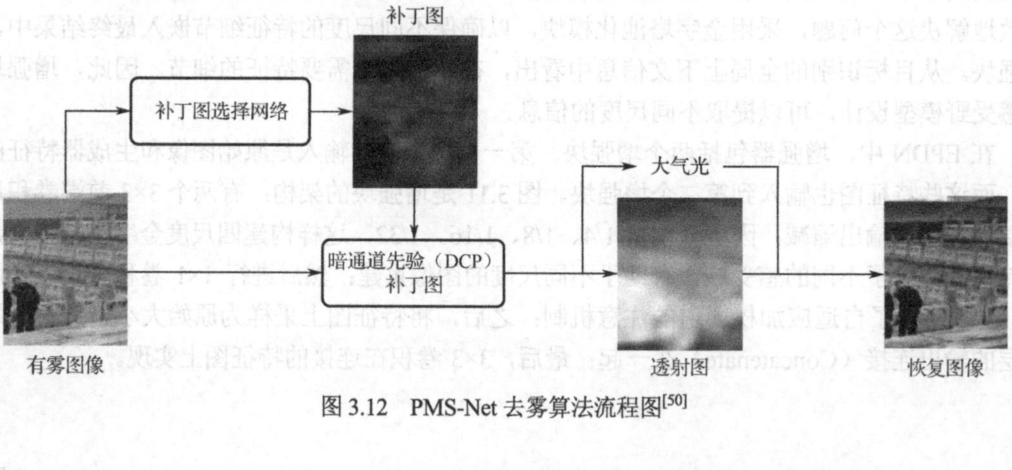

图 3.12 PMS-Net 去雾算法流程图[50]

为了提高该网络的性能，PMS-Net 提出一种有金字塔风格的多尺度 U-模块。基于补丁图（Patch Map），可预测更精确的大气光和透射图。PMS-Net 可以避免传统 DCP 的问题（例如，白色或明亮场景的错误恢复），恢复图像的质量高于其他算法。其中，定义了补丁图来解决暗通道先验（DCP）补丁图大小固定的问题。

如图 3.13 所示为 PMS-Net 架构图，分为编码器和解码器两部分。最初，输入的有雾图像和 16 个 3×3 内核的滤波器卷积投影到更高维空间。然后，多尺度-U 模块从更高维数据中提取特征。多尺度 U-模块的设计如图 3.13 左侧所示。

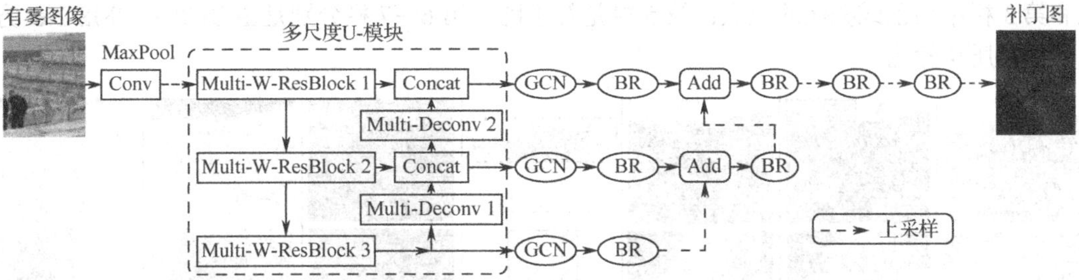

图 3.13　PMS-Net 架构图[50]

输入将通过几个 Multi-W-ResBlock（MSWR），如图 3.14 左侧所示。MSWR 的设计想法类似 Wide-ResNet（WRN），通过增加网络宽度和减小深度来改进 ResNet。每个 MSWR 中使用快捷方式执行 Conv-BN-ReLU-Dropout-Conv-BN-ReLU 这一系列操作来提取信息。MSWR 中多尺度概念类似 Inception-ResNet，采用多层技术来增强信息的多样性，并提取详细信息。

Multi-Deconv 模块将信息与 MSWR 而不是反卷积的输出连接在一起，因为反卷积层可以帮助网络重建输入数据的形状信息。因此，通过多尺度反卷积组合，可以从网络前层重建更精确的特征图。此外，Multi-Deconv 模块采用金字塔风格并提高尺度与 MSWR 连接。也就是说，不同层特征图以不同的尺度运行去卷积（见图 3.14 右侧）。

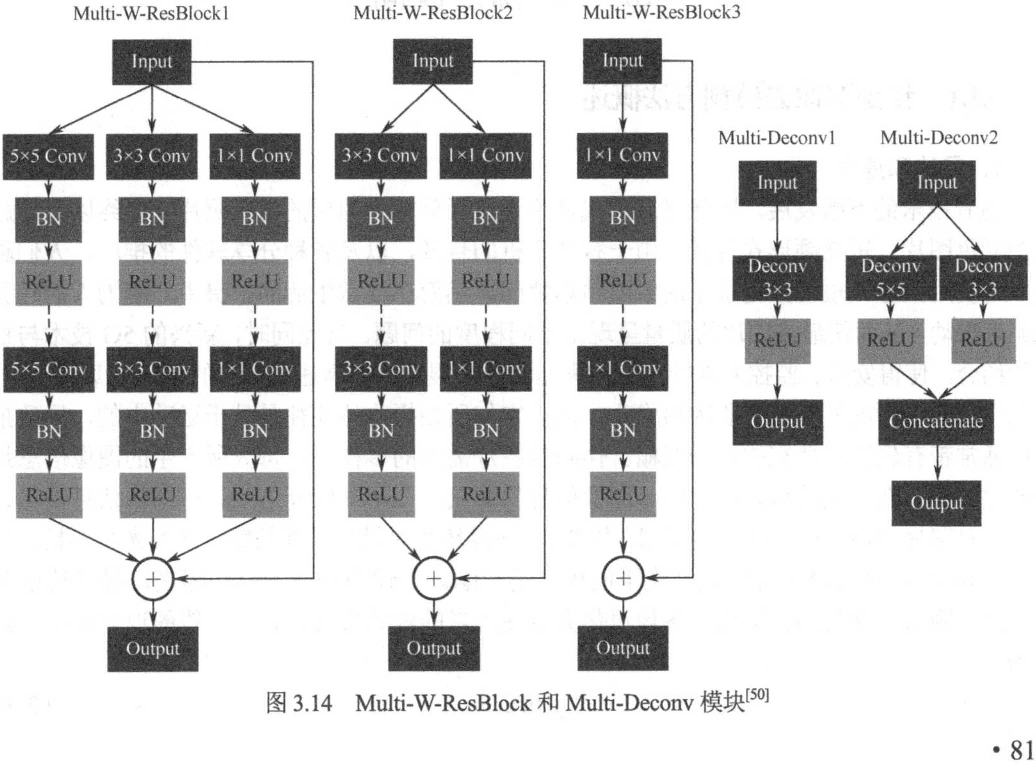

图 3.14　Multi-W-ResBlock 和 Multi-Deconv 模块[50]

为保留高分辨率，MSWR 和 Multi-Deconv 模块的输出直接连接。然后，特征图馈送到网络更高层的 Multi-Deconv 模块和解码器。解码器采用全局卷积网络模块（Global Convolutional Network Module，GCN）。边界细化模块（Boundary Refinement，BR）用于边缘信息保留。上采样操作升级尺度层。此外，采用致密连接方式合并高与低分辨率的信息。PMS-Net 可以预测补丁图。

图 3.15 是一些实验结果的分析，展示了白色和明亮场景中去雾结果的比较。第 1 栏是输入图像；第 2 栏是通过固定尺寸补丁 DCP 的结果；第 3 栏是 PMS-Net 方法的结果；第 4 栏是第 2 栏和第 3 栏中白色或亮区的放大；第 5 栏是补丁图；第 6～7 栏分别是由 DCP 和 PMS-Net 方法估计的介质传输图。

图 3.15 实验结果[50]

3.3 图像去模糊

3.3.1 传统图像去模糊方法概述

1. 目的和意义

随着技术的不断发展，图像呈现形式从手工绘画到相机拍摄的黑白照片，最终以目前最常见的彩色图片、短视频形式普及。由于智能手机的普及，以及各种分享软件的推广，人们越来越多地使用图像、短视频记录生活中的精彩瞬间。然而在日常生活的拍摄中，因为人的呼吸带来肌肉颤动，从而使最终成片的质量呈现出不同程度的问题。与此同时，新兴的 5G 技术与物联网的结合，使得安防、监控方向的技术迎来迅猛的发展，比如高速公路上的车辆违章监控探头、存在于公共场所的各类安保监控摄像头，由于它们所拍摄物体往往是处于运动中的，导致拍摄画面通常带有轻微或严重的运动模糊。伴随着图片需求的多样化，每天所产生的图像信息是以往的数百倍。在上述的这些事件中，图像信息的捕获、在不同媒介之间进行图像信息传输、不同个体对图片的多样化处理（如压缩、修图）、外界环境对最后成像的影响（如光线不足、物体的突然移动），都会对图片质量产生不同程度的影响。上述所描述的这些因素，最终致使图片的质量被降低，称为图像退化，图像退化会令使用者的观感大打折扣。一般的退化模型可以描述为

$$y=k*x+n \tag{3-18}$$

式中，$\boldsymbol{y}$ 代表被观测的模糊图像，$\boldsymbol{k}$ 代表数学模型概括的模糊核，*代表卷积运算，$\boldsymbol{x}$ 则是待修复的真实清晰图像，$\boldsymbol{n}$ 为加性噪声，在范式模型中通常假设为高斯噪声。为了提升使用者的观感，技术人员通常采用图像恢复技术弥补图像退化所带来的质量降低。图像恢复与图像增强虽看似大同小异，而在本质及操作手段上却大不相同，图像增强旨在增强图像的特征，令图像使用者更满意，但不一定从科学的角度产生真实的数据；图像恢复的目的是“补偿”或“撤销”使图像质量下降的问题，操作手段是结合了退化现象的某种先验知识。图像去模糊问题仍然是图像恢复领域中炙手可热的研究方向之一，它是从图像中去除模糊伪像的过程，正如式（3-18）中所表达的，从模糊图像 $\boldsymbol{y}$ 恢复出清晰图像 $\boldsymbol{x}$。

航空航天领域中为观察未知星系，需要长时间对各类星体采集图像，成像设备受到宇宙中的射线及大气影响，图像会发生一定程度的畸变。分辨率较低、观测性较差的图像难以为科研人员提供充足的图像信息支撑，研究进展也极易因此受阻，因此需要尽可能将图像恢复至本来面貌，科研人员才能获取更多的有效信息。

图像恢复技术在医学领域也被广泛应用，低剂量的计算机断层扫描（Computed Tomography，CT）虽然降低了辐射对人体造成的伤害，但最终成像存在伪影，不利于医生对病症的正确诊断。图像去模糊算法可以有效地去除伪影，使退化图像恢复至接近原始图像。

军事领域中图像去模糊技术的地位举足轻重，战争中能够及时识别敌对目标是先行制胜的关键，一旦发现可疑目标，可对其进行图像处理分析，判别其危险程度及真伪，图像信息的完整性决定最终判断是否正确。“天眼”数字远程监控系统也被用于逃犯追捕，由于被监控物体往往处于动态，导致所拍摄可疑人物极为模糊，人眼无法识别的情况下需要借助于图像去模糊技术。

在日常生活中，运动模糊是最常见的一种模糊，它是由于快速移动或长时间曝光，导致在一次曝光的记录过程中所记录的图像发生变化后出现的情况，往往也是最难消解的，运动模糊对图像造成不可逆的信息丢失。虽然硬件方面已推出许多客观的防抖方式，如微单相机中的“五轴防抖”、光学防抖等，但硬件不能完全弥补抖动所带来的信息丢失，因而要求特定的去模糊算法对图像细节进行恢复。5G 使远程实时手术成为现实，多人视频会议也不需再担心画面的实时性问题，但这些技术都对图像质量有着高度的依赖。

可以看出图像去模糊算法有着潜在巨大的商业、安防价值，作为一门古老的传统课题，仍然值得探讨。目前已出现的技术主要分为两类，一类为盲去模糊，一类为非盲去模糊。盲去模糊利用数学模型与模糊图像结合，估计出模糊核后，对图像进行复原，此种情况下，除了所要处理的图片信息，其他一无所知；非盲去模糊即在已知模糊核及相应图片信息的情况下，对图像进行恢复。非盲去模糊相较于盲去模糊的研究远远不够，且非盲去模糊往往受困于错节盘根的数学模型，求解过程变得极为复杂。下面分别概述这两类方法的研究现状。

2. 盲去模糊的发展及现状

传统盲去模糊主要分为 3 类模型框架，分别是基于贝叶斯建模框架算法、基于图像空域特征的方法及基于多帧图像的方法。

1）基于贝叶斯建模框架算法

贝叶斯定理基于事件可能性与条件相关的先验知识描述事件的概率，着重使用条件概率，从先验概率中给出更新后验概率的关系。1990 年，Lagendijk 等人[51]提出了一种模糊识别问题的最大似然法（Maximum Likelihood，ML），他们利用期望最大化算法有效地优化非线性似然函数，最终使用迭代技术达到恢复图像的目的，但是因为仅依赖于图像信息达到目的，从而极易导致过拟合的现象。Vrigkas 等人[52]于 2014 年提出的模型中结合最大后验概率法（Maximum

Posteriori，MAP），限制图像中低对比度的部分，减少图像去模糊后的振铃伪影，然而它所适用的范围有限，即针对单峰分布模型后验概率的情形效果更佳。变分贝叶斯（Variational Bayesian，VB）模型[53]将整体的后验分布加入计算中，实现同时估计未知图像、模糊图像、模糊噪声先验的超参数，但边界值的演算是该方法的一大弱项。基于贝叶斯建模框架算法主要是在模型中引入先验正则约束，达到对复杂退化图像恢复的目的。

2）基于图像空域特征的方法

事实上，模糊图像相较于清晰图像的边缘阶跃变化更为平坦，灰度变化不甚明显，图像的空域特征方法便是利用该特性，首先锁定模糊边缘再进行去模糊。Levin 指出因为在不同运动的情况下[54]，无法使用单个内核对模糊图像建模，图像被分割成不同的模糊区域，这能够极大地改善去模糊效果，但模糊区域是否精确分割对最后结果有很大的影响。崔艳萌[55]发现可以使用像素颜色、渐变信息进行模糊区域的划分，消除单个图像中旋转运动的模糊。但是基于图像空域特征的方法存在很大的局限性，因为首先需要确定恢复的目标区域及其边缘，如何精准地检测出这些像素点通常是应用中的难点。

3）基于多帧图像的方法

该类方法主要应用于处理视频图像，由于视频往往是多帧画面，且每一帧之间联系紧密，根据多帧图像的互补信息可以获取更好的效果。在录制视频的过程中，并非所有视频帧都同样模糊，同一对象在某些帧上可能显得清晰，而在另一些帧上可能模糊，Su[56]提出可以检测视频中的尖锐区域，用于恢复附近帧中相同内容的模糊区域。随着深度学习在各个不同领域的发展，谯从彬等人[57]使用卷积神经网络学习如何在帧之间累积信息，将学到的特征信息扩展至各帧视频画面中，从而消除由于相机抖动而引起的运动模糊。但基于多帧图像的方法需要多张关联性很强的图片，这对所需处理的数据集形成一定的限制。

3. 非盲去模糊的发展及现状

传统图像非盲去模糊主要分为两类方法：滤波法和正则化法，下面逐一说明。

1）滤波法

滤波法的定义是对信号某些方面的完全或部分抑制，根据不同目标的特定需求，设计对应的逆滤波器，尽可能恢复被降质的图像。针对无噪声的理想情况，式（3-18）的直接逆运算可用于求解并获得清晰图像，现实生活很少具备这种完全理想的环境，滤波法应运而生。该方法最早用于大气图像，Nathan[58]使用限定逆滤波传递函数最大值的方法，对图像进行二维逆滤波处理，消除噪声对图像的影响。Alberto 等人[59]提出利用平稳随机过程的相关特性和频谱特性对混合噪声进行滤波的方法，能更有效地恢复含噪声图像，但该方法要求得到半无限时间区间内的全部观察数据，上述条件极难被满足，同时它也不适用于噪声为非平稳随机过程的情况。卡尔曼滤波[60]是一种高效率的递归滤波器，它能够从一系列不完全并存在噪声的测量中估计动态系统的状态，从而完成图像的恢复。但这一类方法的数学模型的求解条件往往都过于严苛，其实用性普遍较弱。

2）正则化法

在数学、统计学和计算机科学中，尤其是机器学习和逆问题中，正则化是添加信息的过程，目的是解决不适定问题或防止过度拟合。典型的 Tikhonov 正则化[61]对缓解线性回归中的多重共线性问题极为有效，这些问题在具有大量参数的模型中经常发生，它对目标函数施加二次约束，但是由于目标问题仍然是凸问题，求解过程仍非常艰难。Rudin 等人[62]针对这一问题提出了全变差法，更好地缓解恢复图像边缘平坦的问题，但恢复图像中也不可避免地出现伪阶梯效应。Lanza 等人[63]提出一种非凸去噪变分模型，用于恢复因加性高斯白噪声而损坏的图像，其使用参数化非凸正则化有效地解决梯度稀疏性，该方法是基于乘积交替方向法的高效最小化算法，可以利用差异原理同时还原图像并自动选择正则化参数。拉普拉斯正则化[64]假定给定的像素块在图像信号域中是平滑的，从图像边缘权值计算得到图像滤波器的强度和方向，使用来自自相似非局部像素块的梯度估计为基于局部图像的滤波获得最佳边缘权值。Shao 等人[65]提出广义全变差模型（Total Generalized Variation，TGV），将简单的全变差改成限制在分片多项式中。王艺卓等人[66]将广义全变差拓展至二阶，对平滑区域的阶梯效应起到了更好的抑制效果。正则化用在图像恢复和去噪中的作用是保持图像的光滑性，消除图像恢复可能带来的伪影，缺陷在于会使复原的图像过于光滑，一些细节比较多的图像复原后极易丢失图像细节。

4. 深度学习的引入

盲去模糊除以上简述的三类方法外，还有很多盲去模糊方法，随着深度学习的兴起，涌现出许多深度学习与去模糊技术结合的算法。生成式对抗网络[67]提出基于条件生成式对抗网络和多元内容损失的方法，更真实地模拟了复杂的模糊核，对轨迹向量应用亚像素插值法生成模糊核，每个轨迹向量都是一个复杂向量，对应着一个连续域中的二维随机运动物体的离散位置，取得了极佳的去模糊效果。Seungjun 等人[68]提出基于深度学习的端到端图像去模糊算法，针对难以获得动态场景的局部区域模糊核问题，抛弃传统方法先估计模糊核再估计清晰图像的策略，使用卷积神经网络从退化图像中直接复原清晰图像，并且仿照传统图像去模糊问题把多尺度的复原策略融入网络中。除上述方法外，仍有许多优秀的盲去模糊方法，这里不一一赘述。

非盲去模糊除上述讨论的两类方法外，也发展出一些较为被认可的方法，即结合传统方法与深度学习。Wang 等人[69]在单幅图像去模糊中提出“粗到细”方案，即在金字塔中以不同分辨率逐渐恢复清晰图像，其模型是用于去模糊任务的规模递归网络，具有更简单的网络结构、更少的参数数量且更易于训练。Xia 等人[70]提出对模糊图像块的频谱内容进行重新模糊处理后得出估计，通过基于深度学习方法的训练，可以处理各种各样的模糊大小，并恢复清晰图像。More 等人[71]将小波变换和全变差方法融合，取其精华去其糟粕，既保留了图像的细节信息也避免了阶梯效应的干扰。

3.3.2 基于 ResBlock 的图像去模糊

下面介绍文献[72]中提出的一种去模糊方法。这是一种多尺度卷积神经网络，以端到端的方式恢复清晰的图像，其中的模糊是由各种来源引起的，包括镜头运动、景物深度和物体运动。如图 3.16 给出了 ResBlock 网络模型架构图，图（a）是原始模型，图（b）是文献[72]的作者修改后的模型。作者移去了非线性单元 ReLU，因为这样能加快训练时的收敛速度；移去了批归一化（Batch Normalization，BN）层。采用残差形式 CNN 的原因是：①能构建更深的网络，增大感受野；②模糊图像和清晰图像在数值上本身就比较相近，因此仅仅让网络学习两者的差异就可以了。

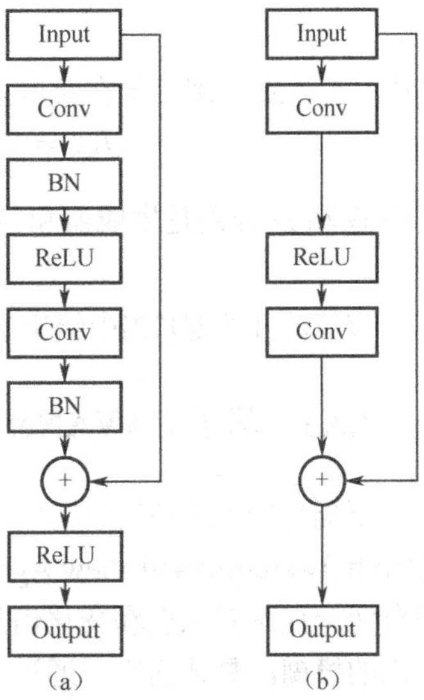

图 3.16 ResBlock 网络模型架构[72]

文献[72]设计的去模糊多尺度网络架构如图 3.17 所示。B_k、L_k、S_k 分别表示模糊、潜在和真实清晰图像，下标 k 表示高斯金字塔第 k 个尺度层。下采样到 $1/2^k$ 尺度，连续尺度之间的比例是 0.5。该模型的输入是一个模糊图像构成的金字塔，输出是一个重建图像构成的金字塔，每一层的图像都要训练成清晰的图像。测试时，只采用无缩放的输出作为结果。用 ResBlock 堆叠足够数量的卷积层，每个尺度的感受野得以扩展。文献[72]中选择了 k=3 的多尺度架构，输入、输出的高斯金字塔补丁大小分别为{256×256, 128×128, 64×64}。对所有卷积层，滤波器大小为 5×5。因为模型是全卷积的，测试时补丁大小可能变化。

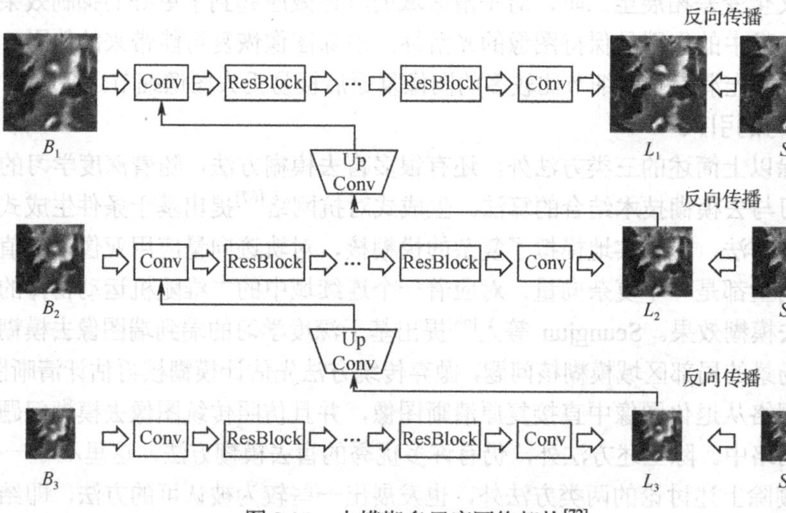

图 3.17　去模糊多尺度网络架构[72]

整个网络结构由 3 个相似的 CNN 构成，分别对应输入金字塔中的每一层。网络最前面是分辨率最低的子网络，在这个子网络最后，将重建的低分辨率图像放大为高分辨率图像，然后和高一层的子网络的输入连接在一起，作为上层网络的输入。

再看单个 CNN 的结构：在第一层卷积层后，叠加了 19 个 ResBlock，最后一个卷积层将特征图像转化为输出，维度与输入图像相同。中间的每个卷积层都保持输入图像的分辨率。每个 CNN 都有 40 个卷积层。

文献[72]中定义了一个多尺度损失函数模拟传统的粗到精方法，即

$$L_{\text{cont}} = \frac{1}{2K}\sum_{k=1}^{K}\frac{1}{c_k w_k h_k}\| L_k - S_k \|^2 \tag{3-19}$$

其中，L_k、S_k 分别表示在尺度层 k 的模型输出图像和真实图像。而对抗损失函数定义为

$$L_{\text{adv}} = \underset{S\sim p_{\text{sharp}}(S)}{E}[\log D(S)] + \underset{B\sim p_{\text{blurry}}(B)}{E}[\log(1-D(G(B)))] \tag{3-20}$$

其中 G 和 D 分别是生成器和鉴别器。最终的损失函数为

$$L_{\text{total}} = L_{\text{cont}} + \lambda L_{\text{adv}} \tag{3-21}$$

该算法在文献[72]中给出的一些结果如图 3.18 和图 3.19 所示，有几个缩放的局部细节。

3.3.3　基于 DAVANet 的图像去模糊

下面介绍文献[73]中提出的基于 DAVANet 的图像去模糊方法。具有深度觉察和视角聚合（Depth Awareness and View Aggregation）的网络 DAVANet 是一个立体图像去模糊网络。网络中来自两个视图有深度和变化信息的 3D 场景线索合并在一起，在动态场景中有助于消除复杂空间变化的模糊。具体而言，通过 DAVANet，将双向视差估计和去模糊整合到一个统一框架中。

图 3.18　在 GOPRO 数据集上的结果[72]

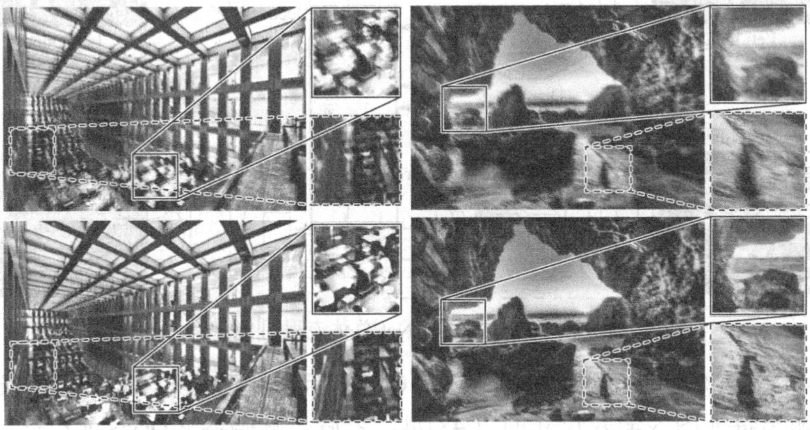

图 3.19　真实拍摄出来的模糊图像的测试结果[72]

图 3.20 描述了立体视觉带来的模糊：图（a）是与图像平面平行的相对平移引起的深度变化模糊，图（b）和图（c）是沿深度方向的相对平移和旋转引起的视角变化模糊。注意，所有复杂运动都可以分解为这 3 个相对子运动模式。

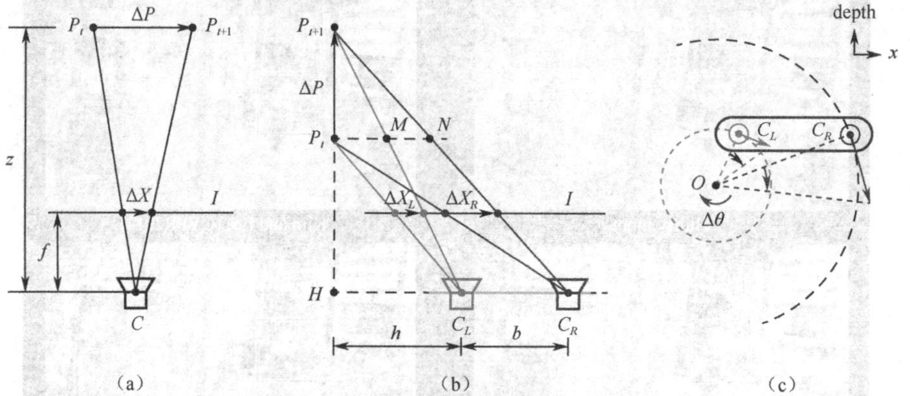

图 3.20　立体视觉带来的模糊示意图[73]

如图 3.20（a）所示，可以得到

$$\Delta X / \Delta P = f / z \tag{3-22}$$

其中，ΔX、ΔP、f 和 z 分别表示模糊的大小、目标点的运动、焦距和目标点的深度。

如图 3.20（b）所示，可以得到

$$\Delta X_L / \Delta X_R = P_t M / P_t N = h/(h+b) \tag{3-23}$$

其中，b 是基线，h 是左摄像头 C_L 和线段 P_tP_{t+1} 之间的距离。

如图 3.20（c）所示，两个镜头的速度 v_{CL}、v_{CR} 与相应旋转半径 C_LO、C_RO 成正比，即

$$v_{CL} / v_{CR} = C_L O / C_R O \tag{3-24}$$

DAVANet 总体流程图如图 3.21 所示，由 3 个子网络组成：用于单镜头去模糊的 DeblurNet、用于双向视差估计的 DispBiNet 和以自适应选择方式融合深度和双视角信息的 FusionNet。这里采用小卷积滤波器（3×3）来构造这 3 个子网络，因为大型滤波器并不能提高性能。

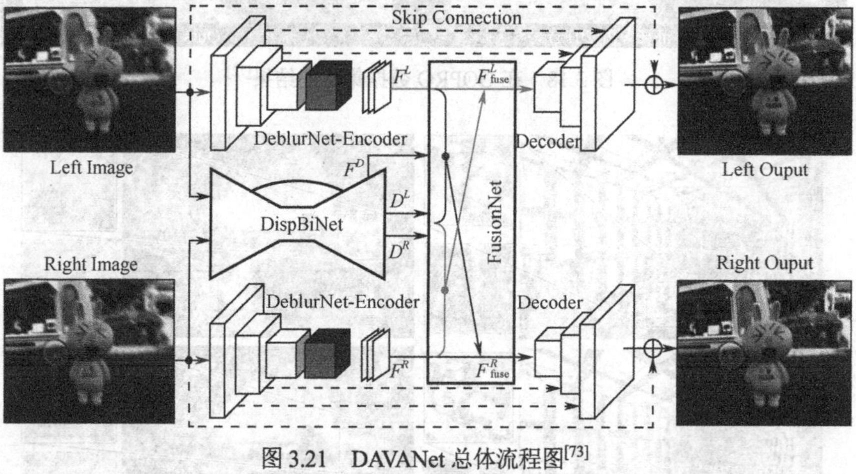

图 3.21　DAVANet 总体流程图[73]

DeblurNet 的结构基于 U-Net，如图 3.22（a）所示。用基本残差模块作为构建块，编码器（Encoder）输出特征图为输入尺寸的 1/4×1/4。之后，解码器（Decoder）通过两个上采样（Upsampling）残差块全分辨率重建清晰图像。在编码器和解码器之间使用相应特征图之间的跳连接（Skip Connection）。此外，还采用输入和输出之间的残差连接，这使网络很容易估计模糊-尖锐图像对之间的残差并保持颜色一致。另外，在编码器和解码器之间使用两个空洞残差块（Atrous ResBlock）和一个 Context 模块（Context Module）来获得更丰富的特征。DeblurNet 对两个视图使用共享权值。

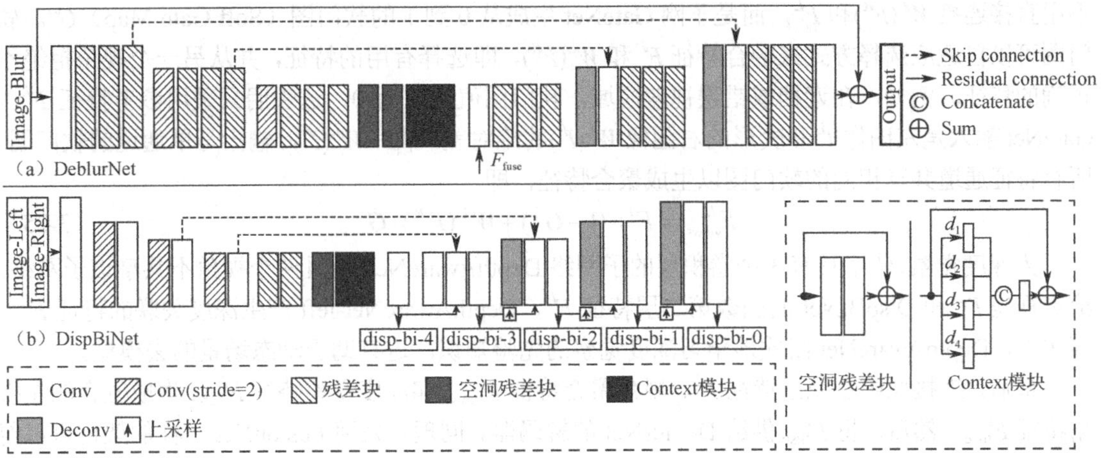

图 3.22 DAVANet 中的 DeblurNet 和 DispBiNet 结构[73]

受 DispNet 模型结构的启发，采用一个小型 DispBiNet，如图 3.22（b）所示。与 DispNet 不同，DispBiNet 可以预测一个前向过程的双向视差。输出是完整分辨率，网络有 3 次下采样和上采样操作。此外，DispBiNet 中还使用了残差块、空洞残差块和 Context 模块。

为了嵌入多尺度特征，DeblurNet 和 DispBiNet 采用 Context 模块，它包含具有不同扩张率的并行扩张卷积，如图 3.22 所示。4 个扩张率分别设置为 1、2、3、4。Context 模块融合更丰富的分级上下文信息，有利于消除模糊和视差估计。

为了利用深度和双视角信息去模糊，引入融合网络 FusionNet 来丰富具有视差和双视角的特征。如图 3.23 所示，FusionNet 采用原始立体图像 I^L、I^R，估计的左视图 D^L 视差，DispBiNet 倒数第二层的特征 F^D 和 DeblurNet 编码器的特征 F^L、F^R 作为输入，以生成融合特征 F^L_{fuse}。

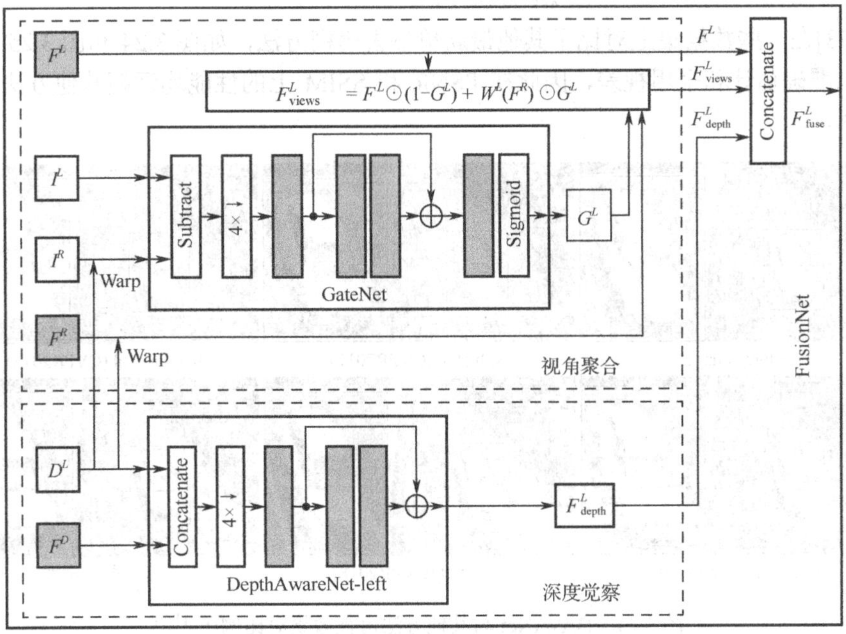

图 3.23 DAVANet 中的 FusionNet 结构[73]

为双视角聚合，估计的左视图 D^L 视差将 DeblurNet 的特征 F^R 变形到左视图，即为 $W^L(F^R)$。

不用直接连接 $W^L(F^R)$和 F^L，而是子网 GateNet 生成从 0 到 1 的软门图（Soft Gate Map）G^L。软门图可以自适应选择方式来融合特征 F^L 和 $W^L(F^R)$，即选择有用的特征，并从另一个视角拒绝不正确的特征。例如，在遮挡或错误视差区域，软门图值往往为 0，这表明只采用参考特征 F^L。GateNet 输入是左图像 I^L 和变形的右图像 $W^L(I^R)$的绝对差，即$|I^L-W^L(I^R)|$，输出是单通道的软门图。所有特征通道共享相同的软门图以生成聚合特征，即

$$F_{\text{views}}^L = F^L \cdot (1 - G^L) + W^L(F^R) \cdot G^L \tag{3-25}$$

为深度觉察，使用具有 3 个卷积层的子网络 DepthAwareNet，而且两个视角不共享该子网络。给定视差 D^L 和 DispBiNet 的倒数第二层特征 F^D，DepthAwareNet-left 产生深度关联的特征 F^L。事实上，DepthAwareNet 隐式地学习深度觉察的先验知识，这有助于动态场景的去模糊。

最后，连接原始左视图特征 F^L、视角聚合特征 F_{views}^L 和深度觉察特征 F_{depth}^L 生成融合的左视角特征 F_{fuse}^L。然后，将 F_{fuse}^L 供给 DeblurNet 的解码器。同理，采用 FusionNet 一样的架构可以得到右视角的融合特征。

DeblurNet 损失函数包括 MSE 损失函数和感知损失函数两部分，即

$$L_{\text{deblur}} = \sum_{k\in\{L,R\}} w_1 L_{\text{mse}}^k + w_2 L_{\text{perceptual}}^k \tag{3-26}$$

其中

$$L_{\text{mse}} = \frac{1}{2CHW} \sum_{k\in\{L,R\}} \| \hat{I}^k - I^k \|^2 \tag{3-27}$$

$$L_{\text{perceptual}} = \frac{1}{2C_j H_j W_j} \sum_{k\in\{L,R\}} \| \Phi_j(\hat{I}^k) - \Phi_j(I^k) \|^2 \tag{3-28}$$

DispBiNet 的视差损失函数为

$$L_{\text{disp}} = \sum_{k\in\{L,R\}} \sum_{i=1}^{m} \frac{1}{H_i W_i} \| \hat{D}_i^k - D_i^k \|^2 \cdot M_i^k \tag{3-29}$$

文献[73]在一些数据集上对比了其他最新单目去模糊方法，如图 3.24 和图 3.25 所示，由于该网络可以准确估计和采用视差，因此在 PSNR 和 SSIM 上的性能均远超其他方法，且有更优的运行效率。

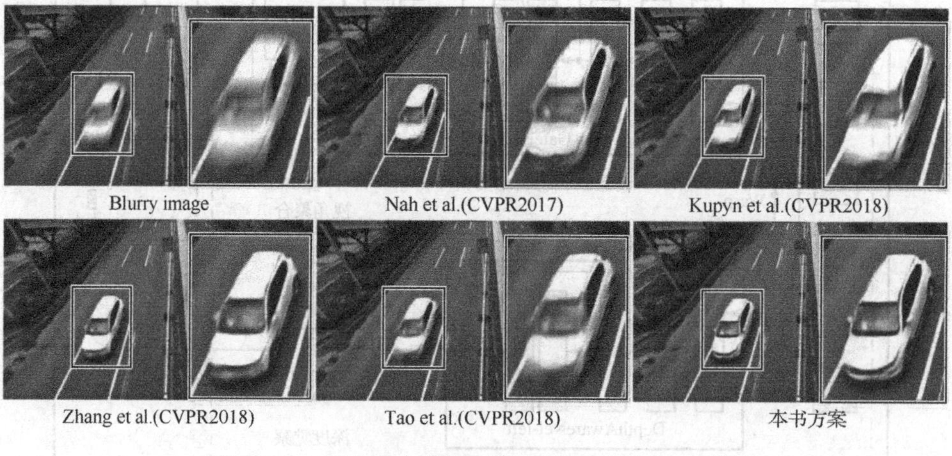

图 3.24　DAVANet 与其他方法可视效果对比例子 1[73]

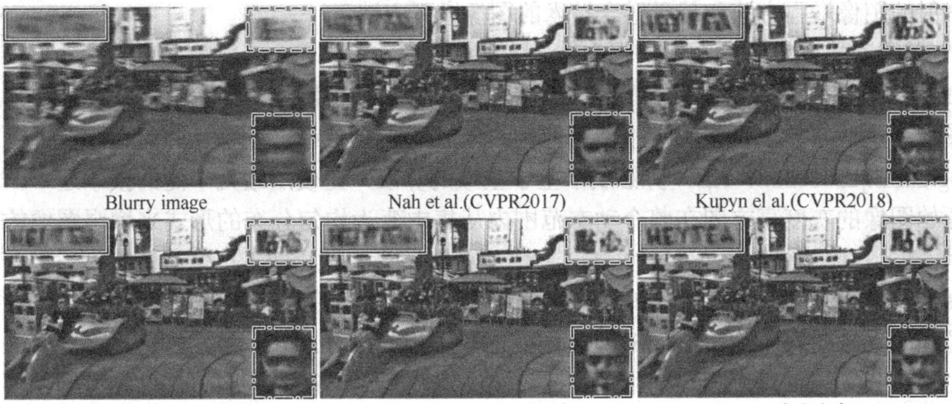

图 3.25 DAVANet 与其他方法可视效果对比例子 2[73]

3.4 图像增强

3.4.1 传统图像增强方法概述

1. 目的和意义

得益于 GPU 架构的更新，计算机视觉技术高速发展，并在安防、监控、交通、医学图像和移动端等领域都实现了广泛应用。但是在图像采集的过程中，经常受到光照等自然环境因素影响或成像系统精度等硬件条件制约，到达相机的光会产生严重散射或衰减，从而造成相机所拍摄到的图像质量严重下降，出现对比度及亮度过低、噪声明显、颜色失真、图像细节信息不够丰富等问题。视觉系统获取信息的主要来源便是图像，但采集得到的低质量图像缺乏系统所需的信息输入，从而影响计算机视觉系统的有效性和准确性。因此，对于降质图像进行增强处理的算法研究显得尤为重要。

随着数字成像设备的广泛应用和社交软件的普及，对质量不佳的图像进行后期修饰处理以改善视觉效果的需求量增加。各大手机厂商对于自身手机摄像头模块拍摄质量的提升都尤为重视，各自提出先进的图像处理算法以弥补硬件方面的缺陷，其中，高动态范围图像作为图像增强方向新兴的技术受到了极大的关注。动态范围，在图像领域指图像亮度明暗的差别。普通图像文件只显示[0, 255]灰度范围的像素值，但自然环境的亮度范围远超 256 个亮度级别。因此，HDR 技术主要解决在有限的亮度范围内使得传统图像表示出更宽广的亮度范围及更多的图像细节。标准数码相机通常由于传感器动态范围受限拍摄出曝光不足或过度曝光的图像，因此，使得相机获得 HDR 图像最常用的方法就是拍摄一系列具有不同曝光度的低动态范围图像，最终通过融合技术将它们合成为 HDR 图像[74]。但是当场景为动态或者手持相机时，会产生带有重影及伪影的结果，且多幅图像的合成处理时间较长，无法实现图像实时增强。目前已有的图像增强算法包括 HDR 生成技术在效果、计算复杂度和泛化能力上还有待提高。因此，对图像增强算法进一步改进以满足实际应用是很有必要的。

近年来，图像增强算法研究成为国内外学者研究的热点。目前传统的增强算法从以下 4 个方面展开处理：基于直方图均衡的图像增强方法、基于 Retinex 理论的图像增强方法、基于 S 形函数映射的图像增强方法和基于融合技术的图像增强方法。

2．基于直方图均衡的图像增强方法

在图像增强领域，直方图用于统计数字图像中每个亮度值处的像素数量，通过观察直方图获取图像亮度分布的信息来确定拍摄图像是否产生曝光不足或过度曝光的问题。直方图均衡化（Histogram Equalization，HE）算法属于基于空域的算法，是使用最为广泛的技术之一，算法通过将原始图像的灰度直方图在整个动态范围内从集中变为均匀分布的形式来增强图像的整体对比度[75]。

HE 算法执行全局均衡化操作，忽略局部区域信息，容易丢失图像细节。因此，Pizer 等人[76]提出了局部直方图均衡化（Adaptive Histogram Equalization，AHE）算法，通过将图像分块，遍历各个子块分别进行直方图均衡化操作。该算法能较好地保留图像细节信息，但牺牲了计算复杂度，且有较为明显的棋盘效应。为解决 AHE 算法产生的问题，Zuiderveld 等人[77]提出了限制对比度的自适应直方图均衡化（Contrast Limited Adaptive Histogram Equalization，CLAHE）算法，通过限制局部直方图的分布来对对比度进行限幅，从而避免过度增强噪点及对比度。Abdullah 等人[78]提出了动态直方图均衡化（Dynamic Histogram Equalization，DHE）算法，根据局部最小值对图像直方图进行分块，并在分别进行直方图均衡操作之前为每个分块分配特定的灰度范围，该算法在没有引入棋盘效应或其他伪影的前提下能较好地增强图像对比度。Celik 等人[79]利用输入图像的相邻像素的相关性构造二维输入直方图，通过最小化二维输入直方图和均匀分布直方图之间差异的 Frobenius 范数总和，从而获得平滑的二维目标直方图，最后映射到目标直方图获得增强图像。Lee 等人[80]提出了一种基于二维直方图分层差异表示的对比度增强算法，通过放大相邻像素之间的灰度差异来增强图像对比度。基于局部直方图的图像增强方法都是对局部子块进行处理，忽略了图像的整体特性，图像缺乏层次感。针对此问题，何谓[81]通过对局部区域进行均衡化操作后，再利用全局直方图均衡化处理全局信息，得到了整体清晰且局部细节也获得恢复的图像。Wang 等人[82]提出了基于人类视觉系统的内容自适应直方图均衡化以改善图像的亮度和对比度，并通过一种有效的先验方法根据对比度调整图像的色彩饱和度。基于直方图均衡化的算法计算复杂度较大，不符合物体成像的规律，易造成图像细节信息损失和颜色失真等问题。

3．基于 Retinex 理论的图像增强方法

Retinex 理论假设原始图像为反射图像和单通道光照图的像素乘积，其反射分量可以视为对增强图像的近似。因此，增强问题的核心即光照分量估计问题，从而分解出反射分量。在此基础上，Jobson 等人[83]提出了单尺度 Retinex 算法（Single-Scale Retinex，SSR），指出光照图像对应原始图像的低频部分，利用低通滤波估计出光照分量，留下属于高频部分的反射图像，增强了图像的边缘部分。由于选用高斯函数的特性，该算法无法在动态范围压缩和对比度增强方面同时保证较好的效果。因此，为改进单尺度 Retinex 算法，多尺度 Retinex（Multi-Scale Retinex，MSR）算法从多个尺度对图像进行信息提取并线性组合。针对增强图像存在高光区域细节改善不明显、边缘处产生光晕、局部颜色失真的问题[84]，Rahman 等人[85]提出了带有颜色恢复机制的多尺度 Retinex 算法（Multi-Scale Retinex with Color Restoration，MSRCR），利用色彩恢复因子对图像 R、G、B 三个颜色通道之间的比例关系进行调整，使得原有色彩在一定程度上得到了保持。Guo 等人[86]提出 LIME（Low-light IMage Enhancement）算法，通过找到原始图像三个颜色通道中的最大值的方法得到光照图，再经伽马变换后得到增强图像。其增强结果是亮度和细节信息得到明显提升，但易产生过度增强现象。Wang 等人[87]提出自然性保持增强（Naturalness Preserved Enhancement Algorithm，NPEA）算法，在保留自然性的同时增强图像细节。基于 Retinex

理论的大部分图像增强方法在各个分量求解上都有一定的局限性，存在算法复杂度高和颜色失真的缺陷。

4．基于S形函数映射的图像增强方法

利用S形函数映射（Sigmoid Mapping）像素的灰度值来增强图像是另一种常用的方法。其中著名的伽玛校正便是该类算法中的一种，通过幂律函数扩展图像的动态范围。

由于全局应用S形非线性函数映射可能会对图像造成视觉上的失真，因此现有方法通常都采取局部自适应映射。对此，Bennett 等人[88]将输入图像分解为基础层和细节层，并分别为这两层采取不同的映射以保留图像细节。Yuan 等人[89]提出一种新的自动曝光校正技术，将图像划分为多个子区域并计算最佳亮度，再对每个子区域进行保留细节的 S 曲线调整。由于很难找到局部最佳的S形函数映射及无法确保图像整体平滑过渡，因此上述方法不适用于处理复杂的图像。

5．基于融合技术的图像增强方法

基于图像融合的增强方法主要将同一场景下多传感器采集到的图像进行特征融合，充分利用图像间的互补信息和冗余信息，获得视觉效果较好的图像。HDR图像的合成即基于图像融合技术。

Ancuti 等人[90]提出了一种多尺度融合去雾增强算法，针对原始图像采用白平衡和对比度增强方法处理来获得两个输入，根据派生输入的信息设计融合权值图，最后通过对派生图和权值图进行多尺度加权操作得到增强结果。Zhang 等人[91]针对曝光不足的图像采用不同的色调映射方法进行处理，再将这些处理后的图融合成曝光正常的图像。Cui[92]提出了红外和可见光图像融合算法，设计了梯度域双边滤波器，将红外图像和可见光图像分解为高频和低频部分，再用不同的融合方式分别将高频部分和低频部分融合。该算法可以增强图像的边缘，计算复杂度低，具有较好的融合效果。Ying 等人[93]提出了双曝光融合框架（Bio-Inspired Multi-Exposure Fusion Framework，BIMEF），使用相机响应模型合成多重曝光图像，找到最佳曝光率后，根据权值矩阵融合输入图像和合成图像，以减少对比度及亮度的失真。基于融合技术的图像增强方法使视觉效果得到一定程度的提升，但在实时增强处理的任务中，由于算法复杂耗时，无法满足需求。

6．深度学习的引入

近年来，随着深度学习应用于底层计算机视觉任务的普及，许多学者专注于在图像增强领域使用卷积神经网络（CNN）进行处理。Bychkovsky 等人[94]创建了用于图像增强的 MIT-FiveK 数据集，是目前图像增强领域中使用最为广泛的数据集。Yan 等人[95]提出了基于深度神经网络的语义感知图像增强方法。Ignatov 等人[96,97]使用生成对抗网络（Generative Adversarial Networks，GAN）模型实现由手机端相机拍摄图像向数码单反相机图像的映射，提升纹理细节，增强图像颜色。Yang 等人[98,99]应用深度强化学习（Deep Reinforcement Learning，DRL）实现个性化的图像实时曝光控制。Hu 等人[100,101]搭建 Exposure 框架用于图像增强，利用 DRL 中的 Actor-Critic 算法结合 GAN 模型，将图像增强问题建模为顺序决策问题，模拟图像后期处理的过程，应用一系列基础的图像操作算子（如曝光度调整、伽马校正等）来修饰目标图像。Chen 等人[102]开发了一种基于双向生成对抗网络的图像增强模型及 HDR 风格转换，实现在数据集非成对条件下的弱监督学习。Kalantari 等人[103]提出了一种 HDR 图像去鬼影算法。该算法使用传统的光流技术将几幅不同曝光度的 LDR 输入图像进行对齐，再通过卷积神经网络校正由光流扭曲而引起的失真。

基于深度学习的增强算法的目的是最小化输入与标签的差异，相对于传统的增强算法，可对图像逐像素调整，不仅仅针对某一特定种类的图像处理，因此增强的图像泛化性得到了提升，且与真实图像更为接近。下面分别介绍文献[102, 104, 105]中提出的 3 种深度学习图像增强算法。

3.4.2　基于 Deep Bilateral Learning 的图像增强

文献[104]提出了一种基于 Deep Bilateral Learning 的图像增强方法。这是一种图像增强的神经网络架构，其灵感来自双边网格处理（Bilateral Grid Processing）和局部仿射颜色变换。基于输入/输出图像对，训练卷积神经网络来预测双边空间（Bilateral Space）局部仿射模型的系数。网络架构目的是学习如何做出局部的、全局的和依赖于内容的决策来近似所需的图像变换。输入神经网络是低分辨率图像，在双边空间生成一组仿射变换，以边缘保留方式切片（Slicing）节点对这些变换进行上采样，然后变换到全分辨率图像。该模型是从数据离线训练的，不需要在运行时访问原始操作，这样模型可以学习复杂的、依赖于场景的变换。

如图 3.26 所示，对低分辨率输入 I 的低分辨率副本 $\overline{I}$ 执行大部分推断（图顶部），类似于双边网格（Bilateral Grid）方法，最终预测局部仿射变换。图像增强通常不仅取决于局部图像特征，还取决于全局特征，如直方图、平均强度甚至场景类别。因此，低分辨率流进一步分为局部特征路径和全局特征路径。将这两条路径融合在一起，则生成代表仿射变换的系数。

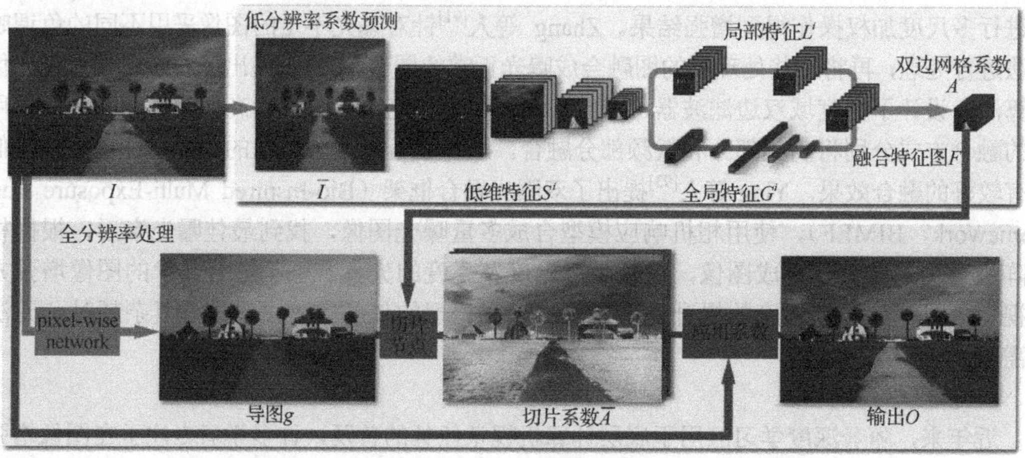

图 3.26　基于 Deep Bilateral Learning 的图像增强方法框图[104]

而高分辨率流（图底部）在全分辨率模式工作，执行最少的计算，但有捕获高频效果和保留边缘的作用。为此，引入一个切片节点。该节点基于学习的导图（Guidance Map）在约束系数的低分辨率格点做数据相关查找。基于全分辨率导图，给定网格切片获得的高分辨率仿射系数，对每个像素做局部颜色变换，产生最终输出 O。在训练时，在全分辨率下最小化损失函数。这意味着，仅处理大量下采样数据的低分辨率流，仍然可以学习再现高频效果的中间特征和仿射系数。

下面可以从一些例子看到各个改进的效果。如图 3.27 所示，低级卷积层具备学习能力，可以提取语义信息。用标准双边网格的喷溅操作（Splatting Operation）替换这些层会导致网络失去表现力，如图 3.27（c）所示。

如图 3.28 所示，全局特征路径允许模型推理完整图像（图（a）），例如再现通过强度分布或场景类型的调整。如果没有全局特征路径，模型可以做出空间不一致的局部决策。

（a）input　（b）reference　（c）本书方案　（d）fixed splat

图 3.27　基于 Deep Bilateral Learning 的图像增强效果[104]

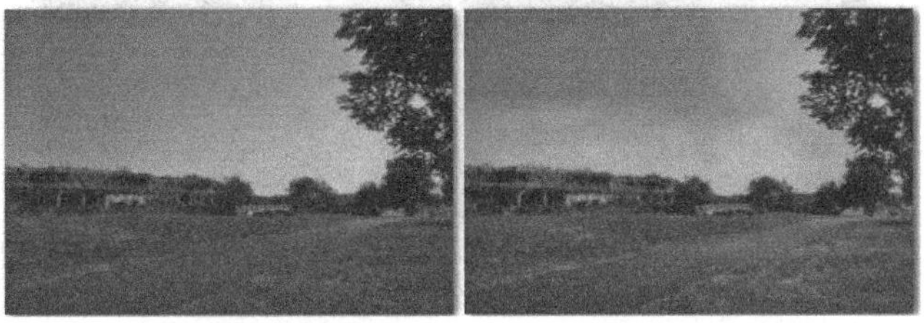

（a）有全局特征路径　（b）无全局特征路径

图 3.28　全局特征路径的作用[104]

如图 3.29 所示，新切片节点对架构的表现力及其对高分辨率效果的处理至关重要。用反卷积滤波器组替换该节点会降低表现力（图（b）），因为没有使用全分辨率数据来预测输出像素。由于采用全分辨率导图，切片节点以更高的保真度（图（c））逼近。

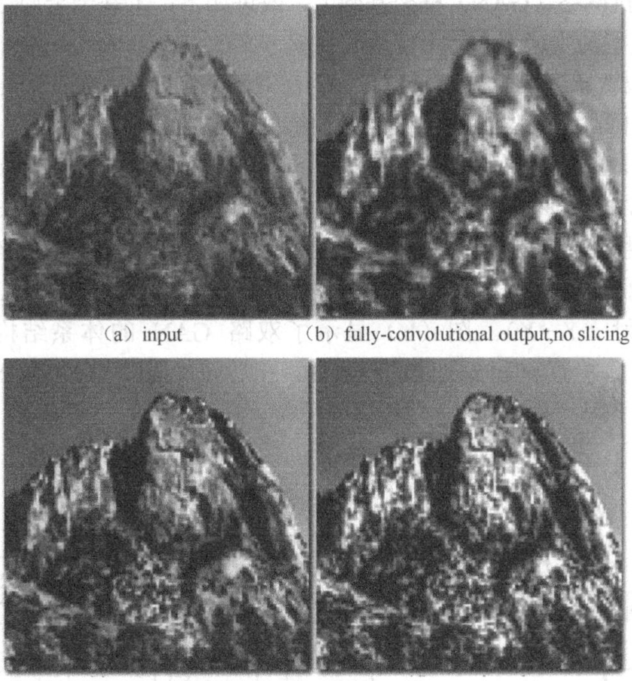

（a）input　（b）fully-convolutional output,no slicing

（c）本书方案　（d）ground truth

图 3.29　全分辨率导图的作用[104]

如图 3.30 所示，HDR 的方法有亮度畸变（图（b）），特别是在前额和脸颊的高光区域出现的海报化畸变（Posterization Artifacts）。相反，切片节点的导图使图（c）正确地再现真实图像（d）。

（a）linear input image　（b）network without learned guide

（c）本书方案（无导图）　（d）ground truth

图 3.30　切片节点导图的作用[104]

3.4.3　基于 Deep Photo Enhancer 的图像增强

文献[102]提出了一种基于 Deep Photo Enhancer 的图像增强方法。给定一组具有所需特征的图像，该方法学习一种照片增强器，将输入图像转换为具有这些特征的增强图像。在基于双路（Two-Way）生成对抗网络（GAN）框架基础上，改进如下：①基于全局特征扩充 U-Net，而全局 U-Net 是 GAN 模型的生成器；②用自适应加权方案改进 Wasserstein GAN（WGAN），训练收敛更快更好，对参数敏感度低于 WGAN-GP；③在双路 GAN 的生成器采用单独 BN 层，有助于生成器更好地适应自身输入分布，提高 GAN 训练的稳定性。

图 3.31 介绍了双路 GAN 的架构。图（a）是单路 GAN 的架构。给定输入 $x \in X$，生成器 G_X 将 x 变换为 $y'=G_X(x) \in Y$。鉴别器 D_Y 旨在区分目标域$\{y\}$中的样本和生成的样本$\{y'=G_X(x)\}$。为了实现循环一致性，双路 GAN 被采用，如 CycleGAN 和 DualGAN。它们需要 $G'_Y(G_X(x))=x$，其中生成器 G'_Y 采用 G_X 生成的样本并将其映射回源域 X。此外，双路 GAN 通常包含前向映射（$X \to Y$）和后向映射（$Y \to X$）。图（b）显示了双路 GAN 的体系结构。在前向传播时，$x \xrightarrow{G_X} y' \xrightarrow{G'_Y} x''$，检查 x'' 和 x 之间的一致性；在后向传播时，$y \xrightarrow{G_Y} x' \xrightarrow{G'_X} y''$，检查 y 和 y'' 之间的一致性。

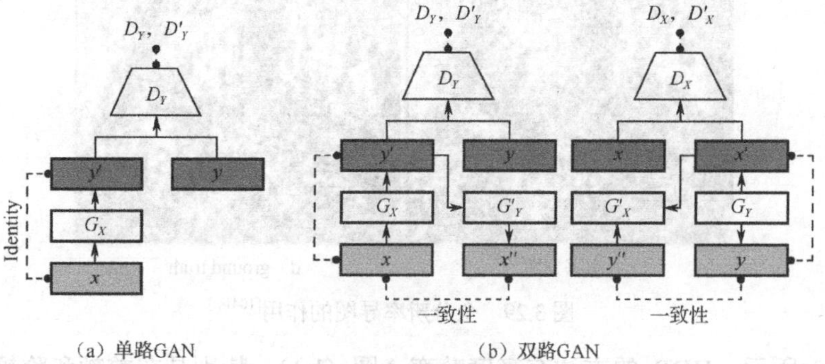

（a）单路GAN　（b）双路GAN

图 3.31　双路 GAN 的架构[102]

图 3.32 是 GAN 的生成器和鉴别器架构。生成器基于 U-Net，但添加了全局特征。为了提高模型效率，全局特征的提取与 U-Net 的收缩部分共享前五层局部特征的提取。每个收缩步骤包

括 5×5 滤波器、步幅为 2、ReLU 激活和 BN。对全局特征来说，假定第五层是 32×32×128 特征图，收缩后进一步减小到 16×16×128，然后减小到 8×8×128。通过全连接层（FC）、ReLU 激活层和另一个全连接层，将 8×8×128 特征图减少到 1×1×128。然后将提取的 1×1×128 全局特征复制 32×32 个，并和低级特征 32×32×128 之后相连接，得到 32×32×256 特征图，其同时融合了局部特征和全局特征。在融合的特征图上执行 U-Net 的扩展路径。最后，采用残差学习的思想，也就是说，生成器只学习输入图像和标注图像之间的差异。

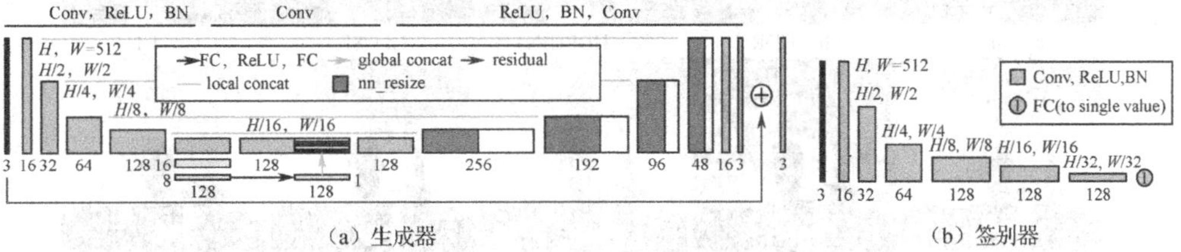

图 3.32　GAN 的生成器和鉴别器架构[102]

WGAN 依赖于训练目标的 Lipschitz 约束：当且仅当梯度模最多为 1 时，一个可微函数是 1-Lipschtiz。为了满足约束条件，WGAN-GP 通过添加以下梯度惩罚直接约束鉴别器相对于其输入的输出梯度模

$$\underset{\hat{y}}{E}[(\|\nabla_{\hat{y}} D_Y(\hat{y})\|_2 - 1)^2] \tag{3-30}$$

其中，$\hat{y}$ 是沿目标分布与生成器分布之间的直线的采样点。

用参数 λ 加权原鉴别器的惩罚函数，λ 确定梯度趋近 1 的趋势。λ 的选择很重要。如果 λ 太小，无法保证 Lipschitz 约束。另一方面，如果 λ 太大，则收敛可能缓慢。所以改用以下梯度惩罚函数

$$\underset{\hat{y}}{E}[\max(0, \|\nabla_{\hat{y}} D_Y(\hat{y})\|_2 - 1)] \tag{3-31}$$

这更好地反映了要求梯度小于或等于 1 并且仅惩罚大于 1 部分的 Lipschitz 约束。更重要的是，可采用自适应加权方案调整权值 λ，选择适当的权值，即梯度位于所需的间隔内，比如[1.001, 1.05]。如果滑动窗（大小= 50）内的梯度移动平均值大于上限，则意味着当前权值 λ 太小且惩罚不足以确保 Lipschitz 约束。因此，通过加倍权值来增加 λ。另一方面，如果梯度移动平均值小于下限，则将 λ 衰减一半，这样就不会变得太大。这个改进称为 A-GAN（自适应 GAN）。图 3.32（a）生成器用作 G_X 而图 3.32（b）鉴别器用作 D_Y，得到图 3.31（a）所示的单路 GAN 架构。同样推广 A-GAN，可以得到图 3.31（b）所示的双路 GAN 架构。

图 3.33 展示了 Deep Photo Enhancer 模型与一些其他模型的对比，可以看到，经过 MIT-Adobe 5K 数据集上的学习，Deep Photo Enhancer 模型的监督方法（图（d））和非配对学习方法（图（e））都对输入图像进行了合理的增强。在收集到的 HDR 数据集上训练后的模型结果（图（b））在所有方法中取得了最好的结果。但 Deep Photo Enhancer 模型具有局限性：若输入图像较暗或包含大量噪声，该模型会放大噪声。此外，由于一些用于训练的 HDR 图像是色调映射的产物，因此该模型可能会继承色调映射的光环效应。

3.4.4　基于 Deep Illumination Estimation 的图像增强

文献[105]提出了基于 Deep Illumination Estimation 的图像增强方法。这是一种基于神经网络增强曝光不足图像的方法，其中引入中间照明（Intermediate Illumination），将输入与预期的增强结果相关联，加强了网络的能力，能够从专家修改的输入/输出图像对学习复杂的摄影修整过程。

图 3.33 Deep Photo Enhancer 模型与一些其他模型的对比[102]

基于该模型，用照明的约束和先验定义一个损失函数，并训练网络有效地学习各种照明条件的修整过程。通过这些方式，网络能够恢复清晰的细节、鲜明的对比度和自然色彩。

从根本上说，图像增强任务可以被称为寻找映射函数 F，从输入图像 I 增强，$I'=F(I)$是反射图像。在 Retinex 的图像增强方法中，F 的倒数通常建模为照明图像 S，其以像素方式与反射图像 I'相乘产生观察图像 I，即 $I=S*I'$。

可以将反射图像 I'视为曝光良好的图像，因此在模型中，I'作为增强结果，I 作为观察到的未曝光图像。一旦 S 已知，可以通过 $F(I)=S^{-1}*I$ 获得增强结果 I'。S 被模型化为多通道（R,G, B）数据而不是单通道数据，以增加其在颜色增强方面的能力，尤其是处理不同颜色通道的非线性特性。

如图 3.34 是 Deep Illumination Estimation 的架构图。增强曝光不足的图像需要调整局部特征（对比度、细节清晰度、阴影和高光）和全局特征（颜色分布、平均亮度和场景类别）。从编码器网络生成的特征考虑局部和全局上下文信息（图上部）。为了驱动网络学习从输入的曝光不足图像（I_i）到相应的专家修饰图像（I'_i）的照明映射，设计了一种损失函数，其具有照明平滑度先验知识及增强的重建和颜色损失（图底部）。这些策略有效地从（I_i，I'_i）学习 S，通过各种各样的图像调整来恢复增强的图像。值得一提的是，该方法学习低分辨率下预测图像-照明映射的局部和全局特征，同时基于双边网格的上采样将低分辨率预测扩展到全分辨率，系统实时性好。

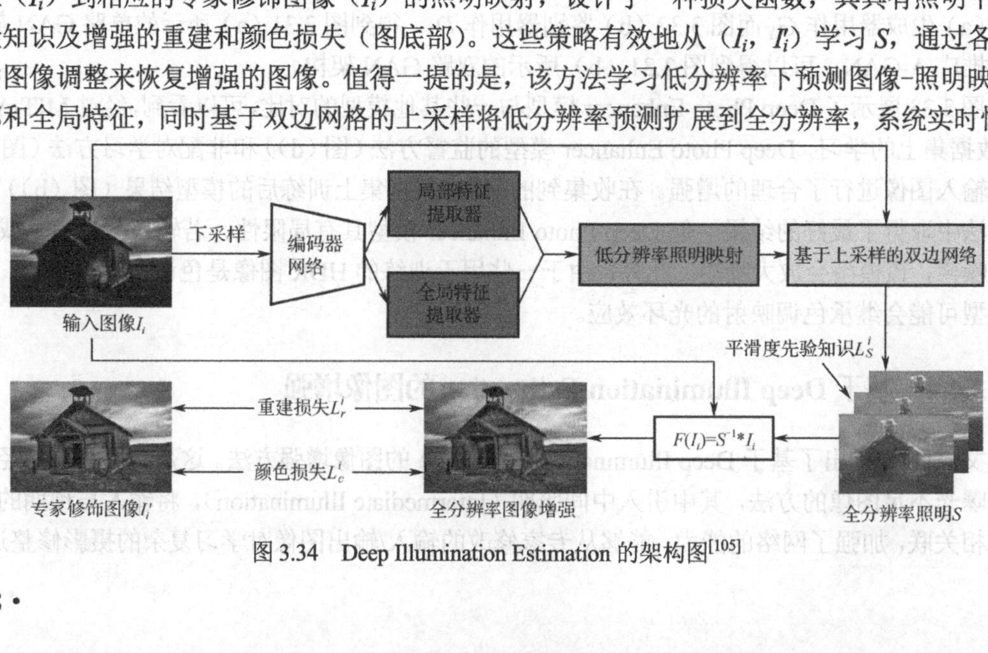

图 3.34 Deep Illumination Estimation 的架构图[105]

图 3.35 和图 3.36 给出了文献[105]与其他方法的增强效果的对比。

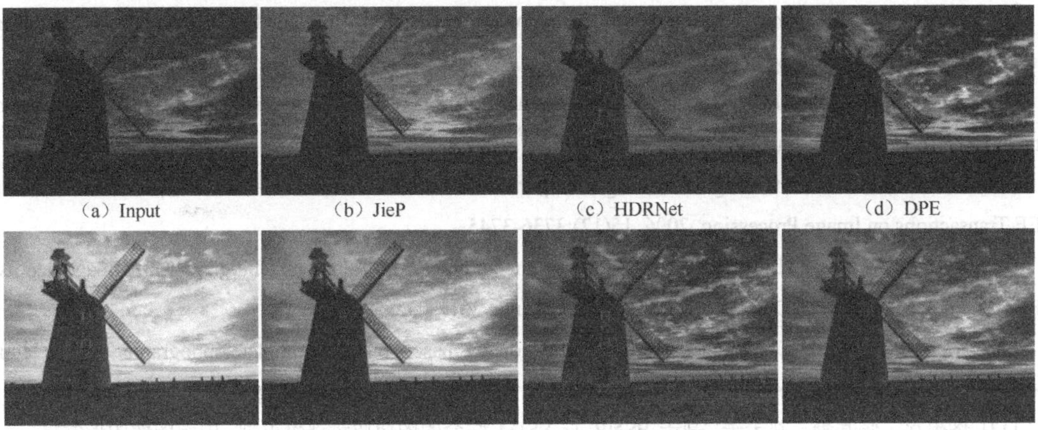

（a）Input （b）JieP （c）HDRNet （d）DPE

（e）White-box （f）Distort-and-Pecover （g）本书方案 （h）Expert-retouched

图 3.35 Deep Illumination Estimation 与其他方法效果比较例子 1[105]

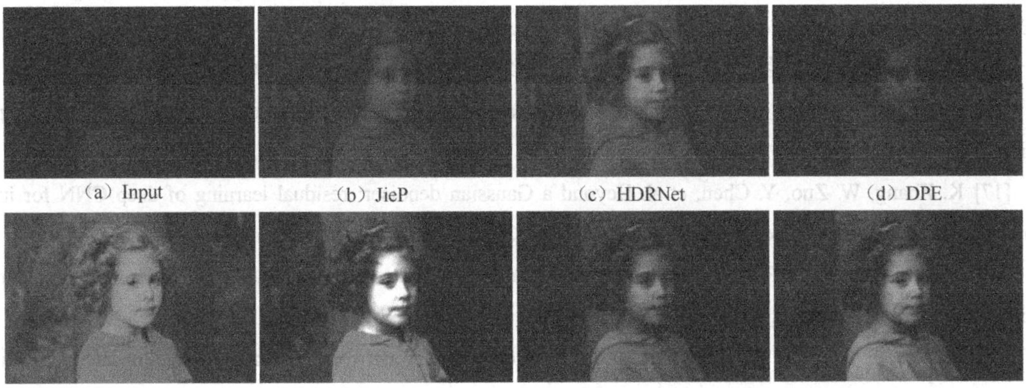

（a）Input （b）JieP （c）HDRNet （d）DPE

（e）White-box （f）Distort-and-Recover （g）本书方案 （h）Expert-retouched

图 3.36 Deep Illumination Estimation 与其他方法效果比较例子 2[105]

参考文献

[1] 胡娟. 基于小波变换和中值滤波的图像去噪方法研究. 成都理工大学博士学位论文，2017.

[2] A. Kundu, G. Singh, S. Butner. VLSI implementation of two-dimensional generalized mean filter. IEEE International Conference Speech, and Signal Processing, Acoustics, 1985: 997-1000.

[3] C. P. Wang, J. S. Zhang. Image denoising via clustering-based sparse representation over Wiener and Gaussian filters. Spring Congress on Engineering and Technology, IEEE, 2012: 1-4.

[4] C. C. Chang, J. Y. Hsiao, C. P. Hsieh. An adaptive median filter for image denoising. The Second International Symposium on Intelligent Information Technology Application, 2008: 346-350.

[5] J. Bhattacharya, S. Majumder, G. Sanyal. The Gaussian maxima filter (GMF): a new approach for scale-space smoothing of an image. IEEE India Conference, 2011: 1-4.

[6] G. Ono, K. Inoue, K. Hara, et al. Reversible data hiding using maximum and minimum filters for image interpolation. IEEE Global Conference on Consumer Electronics, 2017:1-2.

[7] H. Yue, X. Sun, J. Yang, et al. CID: Combined image denoising in spatial and frequency domains using web

images. IEEE Conference on Computer Vision and Pattern Recognition, 2014: 2933-2940.

[8] A. Boyat, B. K. Joshi. Image denoising using wavelet transform and median filtering. Nirma University International Conference on Engineering, 2014:1-6.

[9] D. Fajardo-Delgado, M. G. Sánchez, J. E. Molinar-Solis, et al. A hybrid genetic algorithm for color image denoising. IEEE Conference on Evolutionary Computation, 2016: 3879-3886.

[10] M. Elad, M. Aharon. Image denoising via sparse and redundant representations over learned dictionaries. IEEE Transactions on Image Processing, 2006, 15(12):3736-3745.

[11] H. Chen, W. Liu, T. Liu, et al. Analysis and architecture design of block matching in BM3D image denoising. IEEE Conference on Electron Devices and Solid-State Circuits, 2011: 1-2.

[12] H. Zhao, J. Luo, Z. Huang, et al. Image denoising based on overcomplete topographic sparse coding. International Conference on Neural Information Processing, Springer, Berlin, Heidelberg, 2013: 266-273.

[13] 佟雨兵，张其善，祁云平. 基于 PSNR 与 SSIM 联合的图像质量评价模型. 中国图像图形学报，2006, 12:19-24.

[14] S. Gu, L. Zhang, W. Zuo, et al. Weighted nuclear norm minimization with application to image denoising. IEEE Conference on Computer Vision and Pattern Recognition, 2014:2862-2869.

[15] 吴洋威. 基于深度学习的图像去噪算法. 上海交通大学博士学位论文，2015.

[16] D. Zoran, Y. Weiss. From learning models of natural image patches to whole image restoration. Computer Vision, 2011:479-486.

[17] K. Zhang, W. Zuo, Y. Chen, et al. Beyond a Gaussian denoiser: residual learning of deep CNN for image denoising. IEEE Transactions on Image Processing, 2017, 26(7):3142-3155.

[18] K. He, X.Zhang, S. Ren, et al. Deep residual learning for image recognition. IEEE Conference on Computer Vision and Pattern Recognition, 2016: 770-778.

[19] S. Ioffe, C. Szegedy. Batch normalization: Accelerating deep network training by reducing internal covariate shift. International Conference on Machine Learning, 2015: 448-456.

[20] K. Dabov, A. Foi, V. Katkovnik, et al. Image denoising by sparse 3-d transform-domain collaborative filtering. IEEE Transactions on Image processing, 2007, 16(8): 2080-2095.

[21] S. Guo, Z. Yan, K. Zhang, et al. Toward convolutional blind denoising of real photographs. IEEE/CVF Conference on Computer Vision and Pattern Recognition, 2019: 1712-1722.

[22] S. K. Nayar, S. G Narasimhan. Vision in bad weather. International Conference on Computer Vision. Kerkyra, Greece, 1999, vol.2:820-827.

[23] J. P. Oakley, B. L. Satherley. Improving image quality in poor visibility conditions using a physical model for contrast degradation. IEEE Transactions on Image Processing, 1998, 7(2): 167-179.

[24] R. T. Tan. Visibility in bad weather from a single image. IEEE Conference on Computer Vision and Pattern Recognition, 2008: 1-8.

[25] N. Hautiere, J. P. Tarel, D. Aubert. Towards fog-free in-vehicle vision systems through contrast restoration. IEEE Conference on Computer Visionand Pattern Recognition, 2007:1-8.

[26] R. Fattal. Single image dehazing. ACM Transactions on Graphics, 2008, 27(3):1-9.

[27] S. G Narasimhan, S. K. Nayar. Interactive (de) weathering of an image using physical models. IEEE Workshop on Color and Photometric Methods in Computer Vision, 2015.

[28] 孙玉宝，肖亮，韦志辉，等. 基于偏微分方程的户外图像去雾方法. 系统仿真学报，2007, 19(16): 3739-3744.

[29] Y. Y. Schechner, S. G. Narasimhan, S. K. Nayar. Instant dehazing of images using polarization. IEEE Conference on Computer Vision and Pattern Recognition, 2001, 1: 325 -332.

[30] Y. Y. Schechner, S. G. Narasimhan, S. K. Nayar. Polarizationbased vision through haze. Applied Optics, 2003, 42(3): 511-525.

[31] E. Namer, Y. Y. Schechner. Advanced visibility improvement based on polarization filtered images. Proceedings of SPIE, 2005, 5888: 36-45.

[32] S. Shwartz, E. Namer, Y. Y. Schechner. Blind haze separation. IEEE Conference on Computer Vision and Pattern Recognition, 2006, 2: 1984-1991.

[33] Y. Y. Schechner, Y. Averbuch. Regularized image recovery in scattering media. IEEE Transactions on Pattern Analysis and Machine Intelligence, 2007, 29(9): 1655-1660.

[34] J. P. Tarel, N. Hautiere. Fast visibility restoration from a single color or gray level image. IEEE 12th International Conference on Computer Vision, 2009: 2201-2208.

[35] K. He, J. Sun, X. Tang. Single image haze removal using dark channel prior. IEEE Transactions on Pattern Analysis and Machine Intelligence, 2011, 33(12): 2341-2353.

[36] C. Ancuti, A. Codruta, C. D. Vleeschouwer. D-HAZY: A dataset to evaluate quantitatively dehazing algorithms. IEEE International Conference on Image Processing, 2016: 2226-2230.

[37] T. K. Kim, J. K. Paik, B. S. Kang. Contrast enhancement system using spatially adaptive histogram equalization with temporal filtering. IEEE Transactions on Consumer Electronics, 1998, 44(1): 82-87.

[38] J. Y. Kim, L. S. Kim, S. H. Hwang. An advanced contrast enhancement using partially overlapped sub-block histogram equalization. IEEE Transactions on Circuits and Systems for Video Technology, 2001, 11(4):475-484.

[39] K. Zuiderveld. Contrast limited adaptive histogram equalization. Graphics Gems IV, Academic Press Professional, Inc., 1994: 474-485.

[40] E. H. Land, J. J. McCann. Lightness and retinex theory. Journal of the Optical Society of America, 1971, 61(1): 1-11.

[41] 芮义斌，李鹏，孙锦涛. 基于色彩恒常理论的图像去雾技术. 南京理工大学学报（自然科学版），2006, 20(5): 622-625.

[42] 黄黎红. 一种基于单尺度 Retinex 的雾天降质图像增强新算法. 应用光学，2010, 31(5): 728-733.

[43] 郭璠，蔡自兴，谢斌，等. 单幅图像自动去雾新算法. 中国图像图形学报，2011,16(4): 516-521.

[44] 汪荣贵，傅剑峰，杨志学，等. 基于暗原色先验模型的 Retinex 算法. 电子学报，2013, 61(6): 1188-1192.

[45] Y. Tan, G. Li, H. Duan, et al. Enhancement of medical image details via wavelet homomorphic filtering transform. Journal of Intelligent Systems, 2014, 23(1): 83-94.

[46] N. Buch, S. A. Velastin, J. Orwell. A review of computer vision techniques for the analysis of urban traffic. IEEE Transactions on Intelligent Transportation Systems, 2011, 12(3): 920-939.

[47] Z. Rong, W. Jun. Improved wavelet transform algorithm for single image dehazing. Optik-International Journal for Light and Electron Optics, 2014, 125(13): 3064-3066.

[48] B. Cai, X. Xu, K. Jia, et al. Dehazenet: an end-to-end system for single image haze removal. IEEE Transactions on Image Processing, 2016, 25(11): 5187-5198.

[49] Y. Qu, Y. Chen, J. Huang, et al. Enhanced pix2pix dehazing network. IEEE Conference on Computer Vision and Pattern Recognition, 2019: 8160-8168.

[50] W. Chen, J. Ding, S. Kuo. PMS-Net: robust haze removal based on patch map for single images. IEEE/CVF Conference on Computer Vision and Pattern Recognition, 2019: 11673-11681.

[51] R. L. Lagendijk, J. Biemond, D. E. Boekee. Identification and restoration of noisy blurred images using the expectation-maximization algorithm. IEEE Transactions on Acoustics, Speech and Signal Processing, 1990, 38(7): 1180-1191.

[52] M. Vrigkas, C. Nikou, L. P. Kondi. Robust maximum a posteriori image super-resolution. Journal of Electronic Imaging, 2014, 23(4):143-160.

[53] X. Shi, R. Guo, Y. Zhu, et al. Astronomical image restoration using variational bayesian blind deconvolution. Journal of Systems Engineering and Electronics, 2017, 28(6):1236-1247.

[54] A. Levin. Blind motion debluring using image statistics. Advances in Neural Information Processing Systems, 2007, 19:841-848.

[55] 崔艳萌. 联合空域和频域的图像去噪算法及其应用研究. 河南师范大学博士学位论文，2016.

[56] S. Su, M. Delbracio, J. Wang, et al. Deep video deblurring for hand-held cameras. IEEE Conference on Computer Vision and Pattern Recognition, 2017: 237-246.

[57] 谯从彬，盛斌，吴雯，等. 基于运动分割的视频去模糊. 计算机辅助设计与图形学学报，2015, 27(11):2108-2115.

[58] A. Vyas, S. Yu, J. Paik. Fundamentals of digital image processing. Prentice Hall, 2018.

[59] A. Peinado, A. O. García. Reducing the key space of an image encryption scheme based on two-round diffusion process. Springer International Publishing, 2015, 369:447-453.

[60] 孙冬雪，杨宏韬，刘克平. 自适应卡尔曼滤波图像雅克比估计. 长春工业大学学报，2017, 5:36-41.

[61] M. Vauhkonen, D. Vadász, P. A. Karjalainen, et al. Tikhonov regularization and prior information in electrical impedance tomography. IEEE Transactions on Medical Imaging, 1998, 17(2):285-293.

[62] L. I. Rudin, S. Osher, E. Fatemi. Nonlinear total variation based noise removal algorithms. Physica D, 1992, 60(1-4):259-268.

[63] A. Lanza, S. Morigi, F. Sgallari. Convex image denoising via non-convex regularization. International Conference on Scale Space and Variational Methods in Computer Vision, 2015: 666-677.

[64] J. Pang, G. Cheung, A. Ortega, et al. Optimal graph Laplacian regularization for natural image denoising. IEEE International Conference on Acoustics, 2015: 2294-2298.

[65] W. Z. Shao, F. Wang, L. L. Huang. Adapting total generalized variation for blind image restoration. Multidimensional Systems and Signal Processing, 2018, 30(11):586-603.

[66] O. Kupyn, V. Budzan, M. Mykhailych, et al. DeblurGAN: blind motion deblurring using conditional adversarial networks. IEEE/CVF Conference on Computer Vision and Pattern Recognition, 2018: 8183-8192.

[67] S. Nah, T. H. Kim, K. M. Lee. Deep multi-scale convolutional neural network for dynamic scene deblurring. IEEE Conference on Computer Vision and Pattern Recognition, 2017:257-265.

[68] 王艺卓，蒋家伟，赵佳佳. L1-2 空谱全变差正则化下的高光谱图像去噪. 光子学报，2019, 48(10): 1010002 -1010002.

[69] X. Tao, H. Gao, X. Shen, et al. Scale-recurrent network for deep image deblurring. IEEE/CVF Conference on Computer Vision and Pattern Recognition, 2018:8174-8182.

[70] L. Y. Xia, X. X. Lin, Y. Liang, et al. Image super-resolution reconstruction via L1/2 and S1/2 regularizations. International Conference on Digital Image Computing: Techniques & Applications, 2016: 1-8.

[71] S. A. More, P. J. Deore. Gait recognition by cross wavelet transform and graph model. IEEE/CAA Journal of Automatica Sinica, 2018, 5(3): 718-726.

[72] S. Nah, T. H. Kim, K. M. Lee. Deep multi-scale convolutional neural network for dynamic scene deblurring.

IEEE Conference on Computer Vision and Pattern Recognition, 2017: 257-265.

[73] S. Zhou, J. Zhang, W. Zuo, et al. DAVANet: stereo deblurring with view aggregation. IEEE/CVF Conference on Computer Vision and Pattern Recognition, 2019: 10988-10997.

[74] P. E. Debevec, J. Malik. Recovering high dynamic range radiance maps from photographs. ACM Press/Addison-Wesley Publishing Co. 1997: 1-10.

[75] [美]冈萨雷斯. 数字图像处理（第三版）. 北京：电子工业出版社，2011.

[76] S. M. Pizer, E. P. Amburn, J. D. Austin, et al. Adaptive histogram equalization and its variations. Computer Vision Graphics and Image Processing, 1987, 39(3):355-368.

[77] K. Zuiderveld. Contrast limited adaptive histogram equalization. Academic Press Professional, Inc. 1994.

[78] M. Abdullah-Al-Wadud, M. H. Kabir, M. A. A. Dewan, et al. A dynamic histogram equalization for image contrast enhancement. IEEE Transactions on Consumer Electronics, 2007, 53(2):593-600.

[79] T. Celik, T. Tjahjadi. Contextual and variational contrast enhancement. IEEE Transactions on Image Processing, 2011, 20(12):3431-3441.

[80] C. Lee, C. S. Kim. Contrast enhancement based on layered difference representation of 2D Histogram. IEEE Transaction on Image Processing, 2013, 22(12):5372-5384.

[81] 何谓. 基于改进直方图的低照度图像增强算法. 计算机科学，2015, 42(S1): 241-242, 262.

[82] S. Wang, W. Cho, J. Jang, et al. Contrast-dependent saturation adjustment for outdoor image enhancement. Journal of the Optical Society of America A, 2017, 34(1):2532-2542.

[83] D. J. Jobson, Z. Rahman, G. A. Woodell. Properties and performance of a center/surround retinex. IEEE Transactions on Image Processing, 1997, 6(3):451-462.

[84] D. J. Jobson, Z. Rahman, G. A. Woodell. A multiscale retinex for bridging the gap between color images and the human observation of scenes. IEEE Transactions on Image Processing, 1997, 6(7): 965-976.

[85] Z. U. Rahman, D. J. Jobson, G. A. Woodell. Retinex processing for automatic image enhancement. Proceedings of SPIE, 2004, 13:100-110.

[86] X. Guo, Y. Li, H. Ling. LIME: Low-light image enhancement via illumination map estimation. IEEE Transactions on Image Processing, 2017, 26(2):982-993.

[87] S. Wang, J. Zheng, H. M. Hu, et al. Naturalness preserved enhancement algorithm for non-uniform illumination images. IEEE Transactions on Image Processing, 2013, 22(9): 3538-3548.

[88] E. P. Bennett, L. Mcmillan. Video enhancement using per-pixel virtual exposures. ACM Transactions on Graphics, 2005, 24(3):845-852.

[89] L. Yuan, J. Sun. Automatic exposure correction of consumer photographs. European Conference on Computer Vision, 2012.

[90] C. O. Ancuti, C. Ancuti. Single image dehazing by multi-scale fusion. IEEE Transactions on Image Processing, 2013, 22(8): 3271-3282.

[91] Q. Zhang, Y. Nie, L. Zhang, et al. Underexposed video enhancement via perception-driven progressive fusion. IEEE Transactions on Visualization and Computer Graphics, 2015, 22(6):1773-1785.

[92] B. Cui. Infrared and visible images fusion based on gradient filtering. The 3rd International Conference on Systems and Informatics, 2016: 891-895.

[93] Z. Ying, G. Li, W. Gao. A bio-inspired multi-exposure fusion framework for low-light image enhancement. arXiv preprint arXiv:1711.00591, 2017.

[94] V. Bychkovsky, S. Paris, E. Chan, et al. Learning photographic global tonal adjustment with a database of

input/output image pairs. IEEE Conference on Computer Vision and Pattern Recognition, 2011: 97-104.

[95] Z. Yan, H. Zhang, B. Wang, et al. Automatic photo adjustment using deep neural networks. ACM Transactions on Graphics, 2016, 35(2): 11.

[96] I. Goodfellow, J. Pouget-Abadie, M. Mirza, et al. Generative adversarial nets. Advances in Neural Information Processing Systems, 2014: 2672-2680.

[97] A. Ignatov, N. Kobyshev, R. Timofte, et al. DSLR-quality photos on mobile devices with deep convolutional networks. IEEE International Conference on Computer Vision, 2017: 3277-3285.

[98] V. Mnih, K. Kavukcuoglu, D. Silver, et al. Playing atari with deep reinforcement learning. ar Xiv preprint arXiv:1312.5602, 2013.

[99] H. Yang, B. Wang, N. Vesdapunt, et al. Personalized exposure control using adaptive metering and reinforcement learning. IEEE Transactions on Visualization and Computer Graphics, 2018, 25(10): 2953-2968.

[100] R. J. Williams. Simple statistical gradient-following algorithms for connectionist reinforcement learning. Machine Learning, 1992, 8(3-4): 229-256.

[101] Y. Hu, H. He, C. Xu, et al. Exposure: A white-box photo post-processing framework. ACM Transactions on Graphics, 2018, 37(2): Article 26.

[102] Y. S. Chen, Y. C. Wang, M. H. Kao, et al. Deep photo enhancer: unpaired learning for image enhancement from photographs with GANs. IEEE Conference on Computer Vision and Pattern Recognition, 2018: 6306-6314.

[103] N. K. Kalantari, R. Ramamoorthi. Deep high dynamic range imaging of dynamic scenes. ACM Transactions on Graphics, 2017, 36(4):1-12.

[104] M. Gharbi, J. Chen, J. T. Barron, et al. Deep bilateral learning for real-time image enhancement. ACM Transactions on Graphics, 2017, 36(4): Article 118.

[105] R. Wang, Q. Zhang, C. W. Fu, et al. Underexposed photo enhancement using deep illumination estimation. IEEE/CVF Conference on Computer Vision and Pattern Recognition, 2019: 6842-6850.

第4章　基于深度学习的图像检索

4.1　图像检索的研究背景和研究现状

4.1.1　图像检索的研究背景

当今是互联网与多媒体技术日新月异的时代，海量信息日益增长，视频、图像等多媒体信息成为常用的信息表现方式。从拥有丰富视觉信息的庞大图像库中，如何更加精确、快速地查询并检索出用户想要的图像，是图像检索领域的研究内容。

现代社会对图像检索技术的需求遍布人们生活各处，特别是在电子商务、版权保护、医疗诊断、公共安全、街景地图等领域，图像检索应用都具有广阔的商业前景。例如在电子商务方面，谷歌推出 Goggles，允许用户将拍摄的商品图像上传至服务器端，并在服务器端运行图像检索应用，从而为用户找到提供相同或相似商品的店铺的链接；而在版权保护方面，版权保护服务商可以应用图像检索技术对商标进行管理，例如查询待处理商标是否已经注册；在医疗诊断方面，图像检索技术可以协助医生做病情的诊断，例如医生通过归类和检索医学图像库，可以更好地找到患者的病灶；而在街景地图等应用中，图像检索技术可以帮助使用者发现街景中的物体，从而发现和规避危险。图像检索技术目前已经被深入应用到许多领域，为人们的生产和生活提供了极大的便利。

常用的图像检索技术主要为基于文本的图像检索（Text-Based Image Retrieval，TBIR）[1]、基于内容的图像检索（Context-Based Image Retrival，CBIR）[2]，以及基于语义的图像检索（Semantic-Based Image Retrieval，SBIR）[3]。TBIR 的优点是实现过程简单、容易理解、符合人类检索习惯，并且检索结果较为精确。但是 TBIR 需要耗费大量的人力对图像做人工标注，这无法满足大型的多媒体数据库的需求，特别是当新数据出现时，TBIR 需要对图像重新标注，因此很难快速适应，且 TBIR 无法解决标注人员在内容感知和描述上的主观性。为了克服 TBIR 的问题，专家提出了 CBIR。与需要进行标注的 TBIR 相比，CBIR 充分运用了计算机擅于处理重复任务的优势，节省了在大规模的图像集上进行关键词标注需要耗费的时间资源，同时“以图搜图”的方法避免了由于人工标注的主观认知所带来的影响，提升了检索准确度。CBIR 的优点是可以通过设计算法直接从图像内容中提取特征，然后通过比对特征的相似性来定义图像的相似性，这样可以减少人工的消耗，并且 CBIR 使用的近似匹配方式相比于 TBIR 具有更快的检索和排序速度。经过十几年的发展，CBIR 已经深入医学、电子商务、街景地图、公共安全等领域，为人们的工作和生活带来极大便利。然而 CBIR 也具有自身缺陷。互联网上的图像往往来自不同的环境和领域，基于低级视觉特征的 CBIR 受限于特征表达能力，在现实应用中会存在严重的“语义鸿沟”问题，因此在 CBIR 的基础上，人们提出 SBIR。与 CBIR 不同，SBIR 结合了自然语言处理和计算机视觉技术，使用图像的高级语义特征查询。目前来看，SBIR 代表了大数据时代的图像检索发展方向，未来会在更多领域大放异彩。

4.1.2 为什么要引入深度学习

以往因为受计算机视觉与图像理解技术的限制，CBIR 大都是用底层视觉特征来表示图像的，然而底层视觉特征区分图像的能力较弱，与人类对图像的理解间还存在着“语义鸿沟”[4]，导致检索效果较差。因此如何缩小“语义鸿沟”，是如今图像检索领域的主要研究内容。

自 2006 年 Hinton 提出深度信念网络[5]后，深度学习技术蓬勃发展。伴随着硬件的发展和数据集的完善，以及更多类别的神经网络模型被提出，深度学习在越来越多的技术领域压倒了传统的方法，尤其是在处理图像数据和文本数据上，深度学习具有无可比拟的优势。深度学习模型采用表征学习[6]，在深度神经网络模型中的每一层网络都通过继承上一层网络的输出，像积木一样搭建起来，这样的结构可以逐层提取数据的特征，并通过反向传播算法[7]逐层优化，因此相对于浅层学习，深度学习具有更强的表达能力，可以学习更复杂的函数。同浅层学习相比，深度学习通过消耗大量的计算，按照从底层到高层的顺序，在海量的输入数据中逐级提取有效特征，挖掘出更多有价值的知识和信息。深度学习相对于浅层学习的另一个优点在于深度学习的特征结构可以从大量数据中自动学习特征，从而代替手工设计的特征。深度学习研究在海量数据中如何自动地获取多层特征表达，可以达到与人脑解释数据相同的效果，从而发现数据的分布式特征[8]。

深度学习的优点在合理应用后也可以很大程度上提升图像检索的性能，因此将深度学习用于图像检索领域是一个较好的研究方向。因此，大批研究者开始在计算机视觉和自然语言处理技术中结合深度学习，探索基于语义特征的图像检索技术。

4.1.3 图像检索的研究现状

如何在庞大的图像资源库中更准确地检索出所需图像，是图像检索技术的研究内容。

TBIR 起源于 20 世纪 70 年代，是当时主流的图像检索方法。TBIR 将图像用一些词语来表示：根据图像内容，用若干关键词对图像进行描述，关键词通过自动标引或人工标注的方式生成。在检索阶段，通过查询匹配这些关键词获得检索结果，这样，检索图像就变为了对关键词的查找[9]。系统通过匹配输入的关键字返回查询的图像，有人形象地称这种方法为“以字搜图”。使用 TBIR 进行图像检索的查准率很高，但是这种技术需要进行关键词标注以建立图像描述库，这需要耗费一定的时间。而且由于图像内容的丰富性，以及标注者对于图像的理解带有主观色彩，这都会导致图像检索出现歧义。随着信息技术不断发展，供人们使用的多媒体设备更加多样化，图像数量呈指数倍增长，人工标注成本过高，机器标注技术尚不成熟，导致 TBIR 无法满足实际需求。TBIR 由于自身的缺陷在各个领域已经逐渐被 CBIR 和 SBIR 替代。

而在图形学发展的基础上，20 世纪 90 年代研究人员提出了 CBIR。CBIR 的基本框架如图 4.1 所示。首先对图像库中的图像进行预处理，然后提取图像的底层视觉特征及这些特征的组合，对提取出的特征进行一定处理后，将其作为图像的特征向量存入图像特征库。对于用户提供的待检索图像，按照相同方法提取待检索图像的特征用以表示图像。在检索阶段，选择一种相似性度量准则，计算待查询图像与图像库中每幅图像的相似性，最后根据相似性大小进行排序（相似性越大，图像越相关，排序位置越靠前），顺序输出与待检索图像相关的图像。基于这种技术，对图像的检索就是对特征向量的匹配，因此，提取能更好表示图像的特征向量尤为重要。CBIR 的关键问题是：图像特征表示（描述），图像特征表示的好坏会对检索效果造成直接影响。图像描述的实质是对图像信息结构化和抽象化的过程，也就是从低层到高层处理、分析和理解图像中所含有的信息的过程[10]。用于描述图像的特征一般包含底层视觉特征（颜色、纹理和形状等）[11-13]和高层语义描述[14,15]。文献[16]提出使用图像的颜色和纹理特征来实现图像快速检索的图像检索系统，该系统通过统计纹理的块差和块变化，以及图像颜色直方图来代表图像，通过融合纹理特征和颜色特征达到了较快速的检索结果。在文献[17]中，通过将相似的图像分割为若干个固定区域，在这些区域内做图片数值矩阵的缩放、旋转、仿射等变换，构建代表图像的不变特征，使用这些不变特征代表这些图像，从而实现图像的检索。而文献[18]中构建的模型，尝试通过聚类算法，将图像中的某些特征集合在一起，用于代表某个关键词，从而实现根据文本关键词检索图像。这种根据特征相似性给出查询结果的方法，又称之为“以图搜图”。多年来，视觉词袋模型（Bag of Visual Words，BoVW）[19]被广泛应用于 CBIR。

在国外，基于 CBIR 的图像检索系统主要有：

① IBM 公司推出的 QBIC 检索系统，是最早用于商业领域的 CBIR 系统。QBIC 系统支持多种混合检索方式，对后来 CBIR 技术发展方向产生了极大的影响。

② VisualSeek 和 WebSeek 系统。VisualSeek 系统由美国哥伦比亚大学图像和高级电视实验室研发，该系统用来查询图像中包含的内容。而 WebSeek 系统则是针对互联网的文本和图像检索的工具。两者被用于商业领域，相辅而成，取得了极大成功。

③ Virage 系统。Virage 系统依靠图像中的颜色、形状、纹理等特征，实现图像的可视化查询，自此之后的图像检索系统多以其为设计典范。

在国内，基于 CBIR 的图像检索系统主要有：

① News Video CAR，该系统由国防科技大学多媒体开发中心研发，是一款专门应用于视频新闻类节目的检索和查询系统。

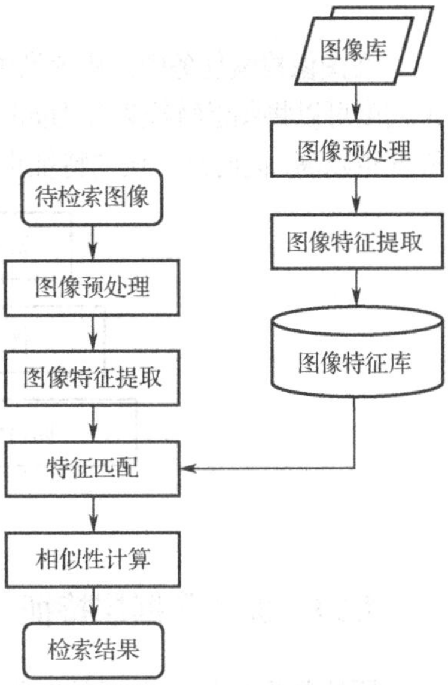

图 4.1　CBIR 的基本框架

② Photo Navigator，是由浙江大学研发的一款商业检索系统，主要使用图像的颜色特征进行图像检索和查询。

CBIR 由于使用了低级视觉特征，因此在实际应用中存在“语义鸿沟”问题。为了解决 CBIR 的不足，学界提出了基于语义的图像检索（SBIR），SBIR 的思想模仿了人脑对图像的归纳和整理过程。图像语义包含 3 个层次：特征语义、多目标和空间关系语义、概念语义。基于语义的图像检索通常采用算法由高层语义导出低级特征或者由低级语义推理出高级特征两种方式，通过将图像描述抽象化和复杂化，减小图像特征与图像语义间存在的“语义鸿沟”。深度学习是机器学习基于连接主义思想的一个分支。深度学习通过相连的计算单元构成了具有局部结构的层，这些层具有表达复杂函数的能力，通过改进优化算法，使这些层能够找到表达这个函数的结构。在更多的数据和更强大的硬件驱动下，深度学习攻克了各种传统浅层学习解决不了的问题。2011 年，文献[20]提出使用 ReLU 函数替代原有的非线性激活函数，有效抑制了模型训练中梯度消失的问题，使训练更深的网络成为可能。2012 年，Hinton 课题组设计了 AlexNet 模型[21]，并在 ImageNet 大赛中以绝对的优势获得了冠军。AlexNet 模型拓展了原有的 LeNet5 模型[22]，增加了模型的深度，并使用 ReLU[20]代替 Sigmoid 函数作为激活函数，通过 Dropout 方法调优整个网络，进而在 ImageNet 大赛上一举将最优错误率从 26%降低到 15%，正式成为处理图像数据时的首选模型。2015 年，文献[23]论证了局部极值问题对于深度学习的影响，证明了在深度学习中局部极值就是全局极值，消除了局部极值对于深度学习的隐患。

深度学习的发展给图像检索领域带来了一些改变。文献[24]提出使用深度神经网络特征层的输出计算空间距离来判断图像相似性，在此基础上，文献[25]进一步提出直接通过深度神经网络进行哈希函数的学习，并通过正则化项将网络输出约束到固定范围内。而文献[26]引入了两个全连接层产生二进制码，在结合后得到哈希函数以减少信息损失。文献[27]通过引入锚实例，在三元组基础上构建新的损失函数，从而实现图像的细粒度检索。

4.2 图像特征和相似性度量

在图像检索任务中，从图像中提取特征是必要的环节，而根据特征对图像内容描述的抽象和复杂程度可以将图像特征划分为如图 4.2 所示的等级。其中，处于金字塔越高层的特征越复杂，抽象程度也越高，同时高一层的特征也往往由低一层的特征抽象构成。下面分层次介绍常用的图像特征。

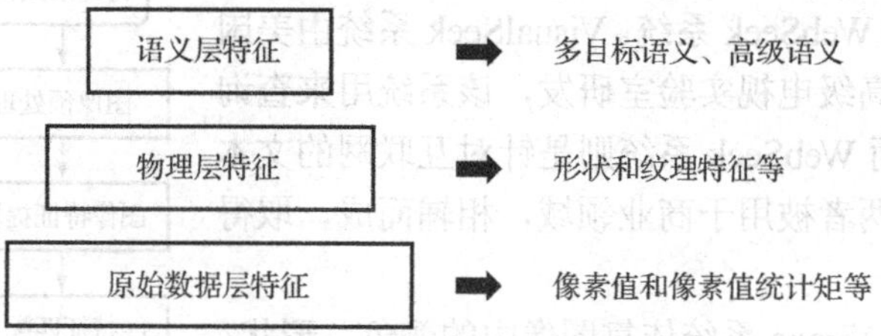

图 4.2 图像特征的层次

4.2.1 原始数据层特征

原始数据层特征主要是图像矩阵的原始像素，或者像素的低阶统计值，其中颜色特征是原始数据层特征中最早并且较广泛使用的视觉特征。

颜色特征可以使用到图像区域的全部像素，目前较为常用的图像颜色特征主要有颜色矩、颜色直方图、颜色相关图等。

1. 颜色直方图

颜色直方图是较为常见的用于图像检索的图像特征。颜色直方图法首先计算图像中的每种颜色出现的概率，然后计算每两个颜色直方图的交集，从而衡量两种颜色的相似性。

当颜色直方图通过计算确定后，可以按照直方图相似性对图像库中的图像排序。颜色直方图可以由以下公式计算

$$H(k) = \frac{n_k}{N} \tag{4-1}$$

其中，n_k 表示图像中值为 k 的像素在图像中出现的频数；N 表示图像总的像素数；$H(k)$表示最终的计算结果。每幅图像都可以通过计算获得一个颜色直方图。

颜色直方图法具有简单、高效的优点，但是对亮度和噪声敏感，存储量和计算量较大，不能很好地表达颜色空间的分布信息。

2. 颜色矩

颜色矩是一类基于图像颜色矩阵的统计值，并且所有图像的颜色分布都可以通过颜色矩描述。图像的颜色信息主要集中在低阶矩中，因此使用图像颜色特征的一阶矩、二阶矩、三阶中心矩这 3 个基本统计矩就能够充分表达图像的特征。

颜色矩低阶矩的计算公式为

$$\begin{cases} u_i = \dfrac{1}{n}\sum_{j=1}^{n} h_{ij} \\ \sigma_i = \left(\dfrac{1}{n}\sum_{j=1}^{n}(h_{ij}-u_i)^2\right)^{\frac{1}{2}} \\ S_i = \left(\dfrac{1}{n}\sum_{j=1}^{n}(h_{ij}-u_i)^3\right)^{\frac{1}{3}} \end{cases} \tag{4-2}$$

其中，h_{ij}表示在图像第 i 个颜色通道中，值为 j 的像素在图像矩阵中出现的次数占总体像素数的比例；u_i表示均值；n 则表示图像总的像素数。

虽然颜色矩具有计算简单的优点，但是基于图像低阶矩特征的检索存在分辨率低、区分性差的问题，并不能完全满足现实应用。为了解决这个问题，可以同时提取低阶矩和其他类型的图像特征，然后将多类特征融合后再使用，例如可以两段式地进行图像检索，首先使用基于颜色矩的检索算法粗略对图像按照相似性排序，选取相似性靠前的图像以缩小下一次的检索范围，然后通过基于其他特征的算法进行精细的检索。

3. 颜色相关图

除使用颜色矩外，使用颜色相关图也可以改善颜色直方图缺乏对颜色空间分布信息的考虑的问题。

颜色相关图的定义如下：假设存在图像 I，而 $C_1, C_2, \cdots, C_n$ 为图像中出现的颜色，$d = d_0, d_1, \cdots, d_n$ 为颜色间距离的集合，颜色相关图建立了一个索引表，索引表中的第 d 项是 C_i、C_j 之间距离为 d 的概率，最后生成一个索引矩阵。索引表的表达形式为

$$R_{C_i,C_j}^{d} = \Pr[p_1 \in I_{C_i}, p_2 \in I_{C_j}, |p_1 - p_2| = d] \tag{4-3}$$

其中，I_C表示图像中像素值为 C_i 的像素点的集合；p_1、p_2 表示图像中存在的两个像素点；$|p_1-p_2|$ 用于表示两个像素 p_1 和 p_2 之间的空间距离。

基于颜色相关图特征的图像检索算法在直方图之外还提取了颜色空间分布信息，因此往往比仅基于颜色直方图的检索算法具有更高的精确率。

4.2.2 物理层特征

图像的物理层特征主要包含对图像中初级内容的描述，比较常见的物理层特征有图像中的形状、纹理等。

一般有两类方式表示图像的形状特征，分别是针对物体边界的轮廓特征和描述整个形状区域的区域特征。常见的算法有：

1. 边界特征法

边界特征法通过使用算子来描述图像的边界，并在此基础上获得形状的参数。常用的边界特征算子主要包括边界方向直方图法及 Hough 变换法两类。

边界方向直方图法的第一步是将图像微分，并且通过统计法在微分后的图像提取边缘特征，然后将特征构建为图像灰度梯度矩阵，最后根据灰度梯度矩阵计算图像边缘大小和方向的直方图。

Hough 变换法则是通过 Hough 算子对图像做变换，然后利用点线对偶性，通过连接像素将图像中原本的开放空间变为封闭空间，从而能够将封闭空间的参数作为形状特征。

2. 傅里叶描述子

图像形状边界存在周期性和封闭性等特性，因此可以使用基于傅里叶形状描述符的算法对图像进行变换，将原本二维的特征提取问题转化到一维空间中进行求解。

在预设物体的形状是一条封闭曲线的前提下，如果形状边界存在某个点沿边界移动，这个动点的坐标变化将会是一个以形状边界周长为周期的变化曲线 $x(l)+iy(l)$。这个周期函数在通过傅里叶级数展开后的一系列系数即为傅里叶描述子，因此可以使用傅里叶描述子表示形状边界。

函数连续的周期可以用傅里叶级数表示，公式为

$$\Phi(t)=\sum_{k=0}^{\infty}a_k\exp(-\mathrm{j}kt) \tag{4-4}$$

3. 图像纹理

除图像的形状外，图像纹理也是物理特征层的组成部分。图像纹理特征常用于织物、波纹、岩层等细节变化明显的图像的整理和检索，因为纹理可以反映图像本身的粗细程度、光滑程度和均匀程度等细节。

常见的纹理特征有以下几种。

1）LBP（Local Binary Pattern）纹理特征

LBP 方法最早见于 1994 年，常被用于从图像中提取纹理特征。该方法首先将检测图像划分为多个 16×16 的区域，然后对这些区域中的每个像素在环形邻域内均匀提取 8 个像素点，最后按照顺时针或逆时针方式做比较。

对于某个邻点，如果中心像素值较大，则将邻点的值置为 1，否则置为 0，在这样操作后，在每个像素点都会生成一个 8 位的二进制数。然后按个区域计算直方图，即每个数字出现的频率，获得一个统计每个像素点是否比邻域内像素点大的二进制序列，然后对这个直方图做归一化，最后连接每个区域的统计直方图，进而可获得整幅图像的纹理特征。

2）灰度共生矩阵

灰度共生矩阵是从图像的灰度矩阵提取的统计值。该方法需要先在图像上定义方向和以像素的数量为单位的步长。

灰度共生矩阵决定像素出现频率的因素是对矩阵有贡献的像素的统计数目，这个数目少，且会随着步长的增加而减少，因而灰度共生矩阵必然是稀疏矩阵，所以在应用中常常将图像灰度减少到 8 级。如果只考虑单方向上的像素，最后得到的灰度共生矩阵是非对称矩阵，称为非对称灰度共生矩阵，否则为对称矩阵，一般称为对称灰度共生矩阵。

4.2.3 语义层特征

语义层特征是对图像的高级抽象，在使用底层特征进行图像检索的效果不理想时，就需要引入高级语义特征实现检索功能。

对于存在的数据，数据所对应的事物在现实中所代表的概念的含义，以及这些概念含义之间的关系，一般称为语义。简而言之，语义是数据在某个领域上的解释和逻辑表示。图像语义表示图像内容所蕴含的意义，图像语义存在多个层次，基于不同层次语义的语义特征对图像检索具有不同程度的影响。

4.2.4 图像相似性度量

图像检索需要计算待查询图像和候选图像间在视觉特征上的匹配程度，这对图像检索是一

个很大的影响因素，因此必须定义合适的相似性度量方法。

图像检索过程中最后输出的是多个描述图像的标签向量，常用的计算相似性的方式是将标签向量看作向量空间中的点，计算两个点之间的距离，使用距离衡量图像间的相似性。

常用的两点间距离的度量方式主要有欧氏距离、切比雪夫距离、曼哈顿距离、夹角余弦等。

在距离定义中，欧氏距离是最常见的度量方法。假设存在 $\boldsymbol{a}$、$\boldsymbol{b}$ 向量，两个向量间的欧氏距离可以使用如下的公式计算

$$d_{ab}=\sqrt{(\boldsymbol{a}-\boldsymbol{b})(\boldsymbol{a}-\boldsymbol{b})^{\mathrm{T}}} \tag{4-5}$$

在某些场景下，计算图像间的距离并不是计算图像空间上的直线距离，而是计算对于两个向量 $\boldsymbol{a}=(x_{11},x_{12},\cdots,x_{1n})$和 $\boldsymbol{b}=(x_{21},x_{22},\cdots,x_{2n})$按照指定数轴互相转换需要付出的代价。这个代价可以由曼哈顿距离度量。

曼哈顿距离得名于以下的例子。假设一辆车行驶在曼哈顿市区，并要从一个十字路口到达另一个十字路口，这个过程的驾驶距离不是两个十字路口的直线距离，而是按照指定路线行驶的距离，这个距离也被称作城市街道距离，可以使用如下公式计算

$$d_{12}=\sum_{k=1}^{n}|x_{1k}-x_{2k}| \tag{4-6}$$

在另外的应用场景下，图像间的相似性度量依靠的是由一个向量转变为另一个向量的代价，而用来度量这个代价的距离被称作切比雪夫距离。

切比雪夫距离可以由以下公式计算

$$d_{12}=\lim_{k\to\inf}\left(\sum_{i=1}^{n}|x_{1i}-x_{2i}|^{k}\right)^{\frac{1}{k}} \tag{4-7}$$

夹角余弦在几何学中被用来衡量两个向量方向上的差异。而在图像检索中，可以使用夹角余弦衡量代表样本的特征向量之间的差异。夹角余弦由以下公式计算

$$\cos\theta=\frac{\boldsymbol{a}\cdot\boldsymbol{b}}{|\boldsymbol{a}||\boldsymbol{b}|} \tag{4-8}$$

4.3 基于内容的图像检索

为了满足日益增长的快速查询需求，研究者们提出了基于内容的图像检索（CBIR）。CBIR 不仅对图像的描述更加客观，而且不带有任何人工感情色彩，同时也减少了标注所耗费的时间，提高了效率[28]。另外，CBIR 实现的是近似匹配，增强了检索算法的容错性和泛化能力。CBIR 系统的基本模型如图 4.3 所示。下面分别介绍几大类典型的 CBIR 方法。

4.3.1 基于颜色特征的图像检索

颜色是人眼识别范围内最敏感的特征之一，许多物体都带有特殊的色彩标记，例如黄色的香蕉、橙色的橘子等。基于颜色的图像检索就是利用颜色特征对图像全局像素点特征进行描述，表示的是相关图像区域最直观的特征。相对于灰度图像，彩色图像的三维特征识别效果更好。颜色直方图、局部直方图、参考颜色表、自组织聚类等方法都是常用的以颜色为基础的图像检索方法[29]。由于颜色直方图可以更为直观地表现出图像的色彩特点，因此被人们广泛使用。颜色直方图定义为式（4-1）。在实际处理中，只需提取如式（4-2）所示的颜色矩低阶矩来表示颜色特征[30]。

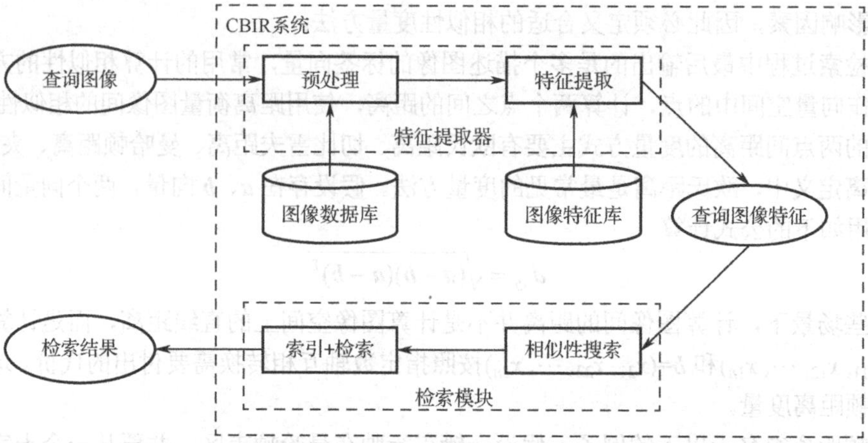

图 4.3　CBIR 系统的基本模型

下面以全局颜色直方图为例介绍具体过程。

使用颜色直方图作为图像内容的检索特征，首先要确定颜色的种类，即将颜色空间划分成若干个固定的子空间；然后计算每幅图像的颜色直方图，即对每幅图像统计属于各个颜色子空间的像素的比例；最后是图像之间的相似性计算，采用颜色直方图的差作为图像间的距离。具体步骤如下：

（1）计算颜色直方图

颜色直方图计算就是统计属于各个颜色子空间的像素的比例 $H(k)$，如式（4-1）所示。

（2）相似性计算

任意给定两幅图像 p 和 q，假设 q 为查询目标，p 为图像库中任意一幅图像，我们用颜色直方图的差作为这两幅图像间的距离，即

$$d_{pq} = \sum_{k=1}^{n} | H_p(k) - H_q(k) | \tag{4-9}$$

其中，n 为颜色子空间的总个数。

全局颜色直方图计算简单，对平移和旋转不敏感。但是，由于它无法捕捉颜色组成之间的空间关系，在某些强调颜色空间关系的图像检索中就会显得束手无策。它比较适合于主基调类似，而颜色在空间分布上又有很大差异的图像的检索。检索效果例子如图 4.4 所示。

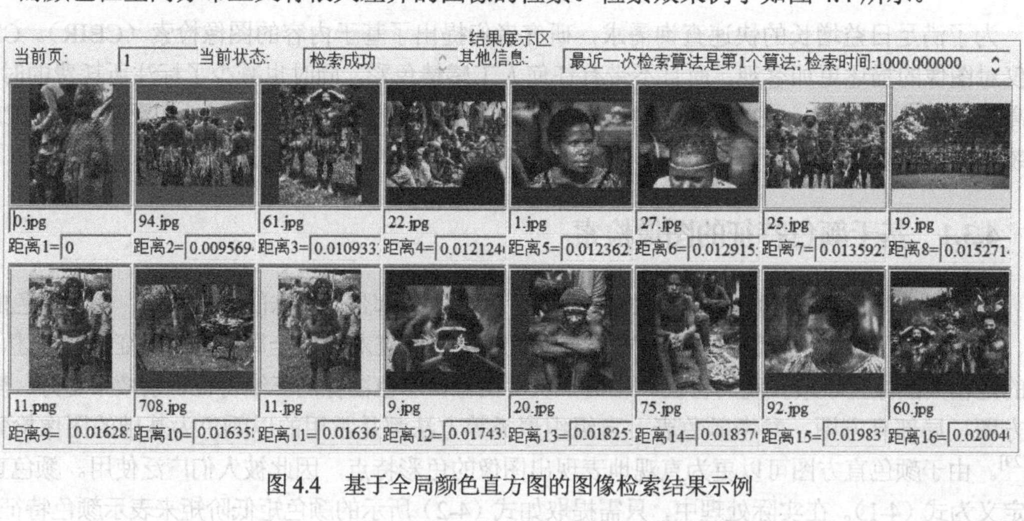

图 4.4　基于全局颜色直方图的图像检索结果示例

4.3.2 基于纹理特征的图像检索

纹理特征体现在物体的表面构造上，其组织结构代表了许多至关重要的内容。如何判定图像是否适合进行纹理特征提取，有几个相对条件：首先纹理特征尽可能地明显，纹理特征越明显，对于特征识别的效果就越出色；其次，图像的纹理特性要具有代表性，找出其他图像不具有的纹理特征就会缩短检索范围，加快检索效率。经过大量的实验研究，发现纹理特征主要体现在粗糙度（Coarseness）、方向性（Directionality）、对比度（Contrast）、规整度（Regularity）、线性状（Line）和平滑度（Roughness）等方面[31]，从相对狭义的范围内来说，纹理的粗糙度是最能代表图像纹理特征的一大性质。纹理粗糙度算法大致如下：

① 对每个像素计算多尺度均值，像素(x,y)的均值为

$$A_k(x,y)=\sum_{i=x-2^{k-1}}^{x+2^{k-1}}\sum_{j=y-2^{k-1}}^{y+2^{k-1}}\frac{f(i,j)}{(2^k-1)^2} \tag{4-10}$$

其中，$k\geqslant 1$，$f(x,y)$为(x,y)的灰度值。

② 计算像素的均差值，先对某像素与其邻域对称像素计算均值，再以水平方向和垂直方向分别计算差值，得出所求的均差值。水平、垂直方向计算公式为

$$E_{k,h}(x,y)=|A_k(x+2^{k-1},y)-A_k(x-2^{k-1},y)| \tag{4-11}$$

$$E_{k,v}(x,y)=|A_k(x,y+2^{k-1})-A_k(x,y-2^{k-1})| \tag{4-12}$$

③ 求出像素最佳尺寸。对于像素的尺寸来说，一定要取众多邻域中的最佳尺寸S_{best}，才能达到最好的效果，如式（4-13）所示。式（4-14）是求纹理粗糙度特征的方法，用 C 表示，通过求最佳尺寸的平均值得到。

$$S_{\text{best}}=2^k+1 \tag{4-13}$$

$$C=\frac{1}{m\times n}\sum_{i=1}^{m}\sum_{j=1}^{n}S_{\text{best}}(i,j) \tag{4-14}$$

纹理属性是一种物体特有的性质，它存在于所有物体表面。例如，石头、木头、皮革等都具有与其他物体不同的纹理特征。几种典型的纹理图片如图 4.5 所示。由于纹理特征带有与周边事物不可分割的联系，因此对于纹理特征在图像内容检索中的研究被广泛使用。检索效果例子如图 4.6 所示。目前提取纹理特征建立的图像库还存在以下缺点：首先对于图像纹理特征的概念及研究范围的规范性有待提高；其次在提取纹理特征时，启发式的方法有着不可磨灭的地位，但针对拥有多种纹理且边缘复杂的图像，研究的程度不够深入；最后对于特征提取所采用的方法性能，评估标准不够统一明确。

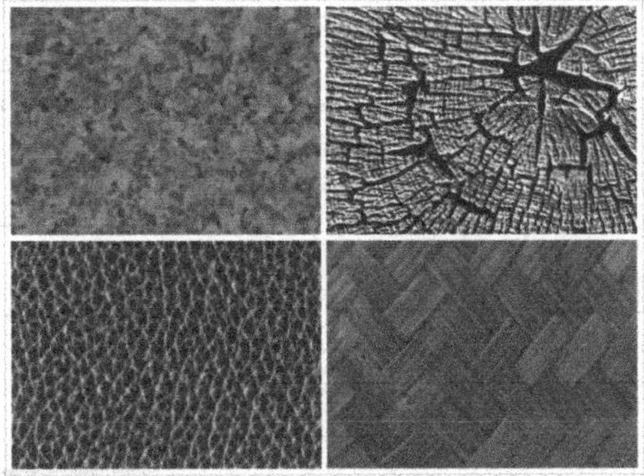

图 4.5 典型的纹理图片

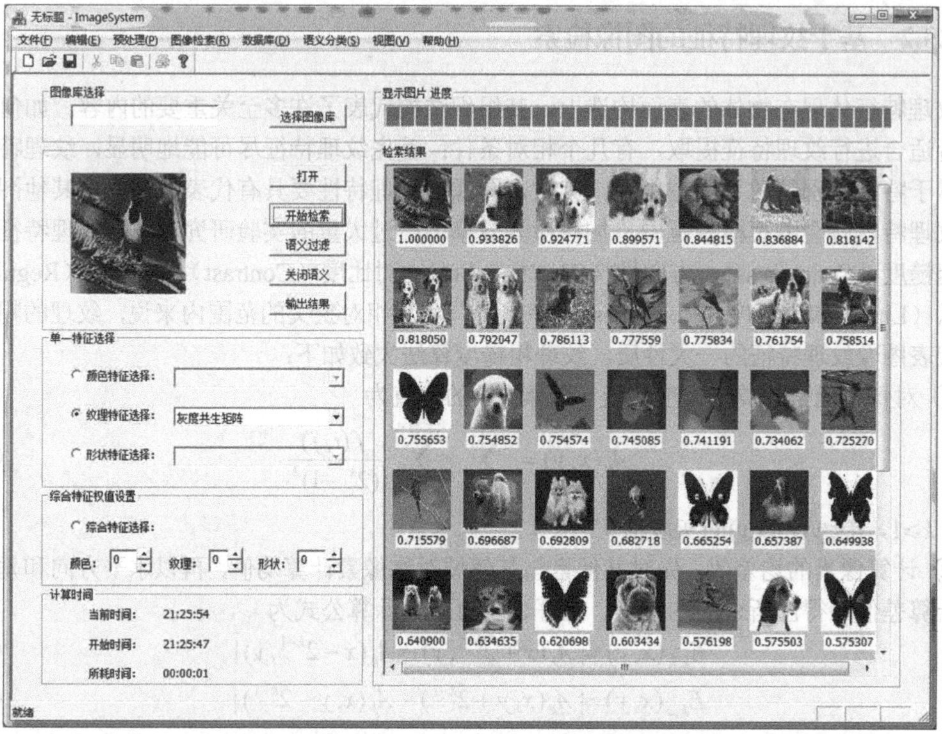

图 4.6 基于纹理特征的图像检索结果示例

4.3.3 基于形状特征的图像检索

对于一些图像，其纹理和颜色特征不够明显，基于图像的形状检索无疑是最好的选择。形状是物体的轮廓表现，是物体可直观的稳定特征。为了检测出目标的轮廓线，采用基于形状的图像检索方法，主要是提取出它的形状特征或适当的向量特征。形状描述不仅能区别不同目标，而且一般的几何变化对形状描述的影响非常小。基于形状特征的检索可基于两类不同目标：一是基于外形轮廓的描述，它提取的特征是一类像素的集合针对目标区域的边界轮廓；二是基于区域的形状描述，它提取的是所有像素集合针对形状目标区域内部。形状特征分类如图 4.7 所示。

查询图像的形状特征首先要构建特征库。对大量图片数据进行形状特征提取，并描述出来形成特征库，再将待查询图像同样进行特征提取及描述，通过二者特征值的相似性匹配得到查询结果，返回给用户。基于形状特征的图像检索结构如图 4.8 所示。图 4.9 给出了一个基于形状的商标图像检索示例。

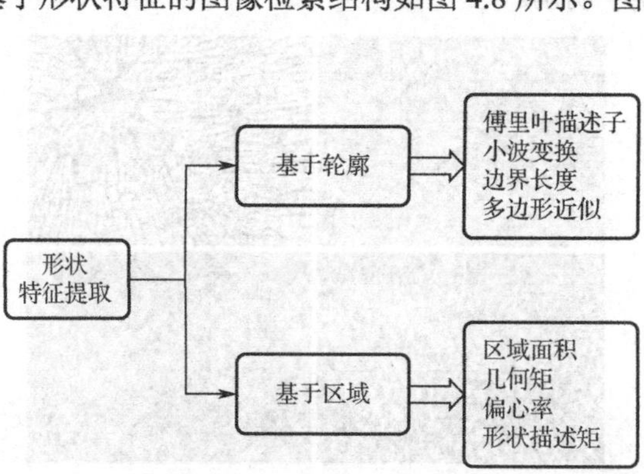

图 4.7 形状特征分类

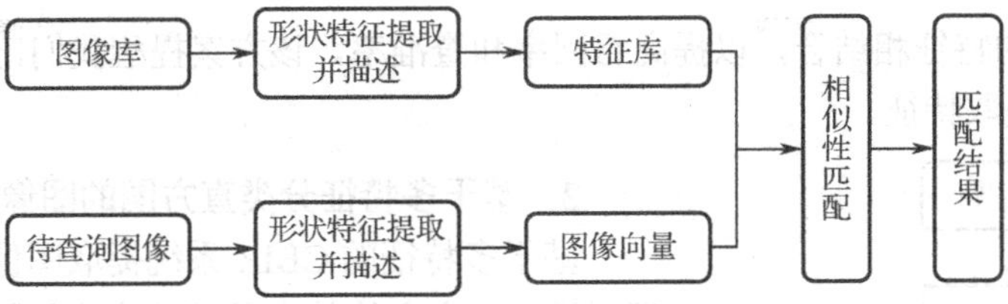

图 4.8　基于形状特征的图像检索结构

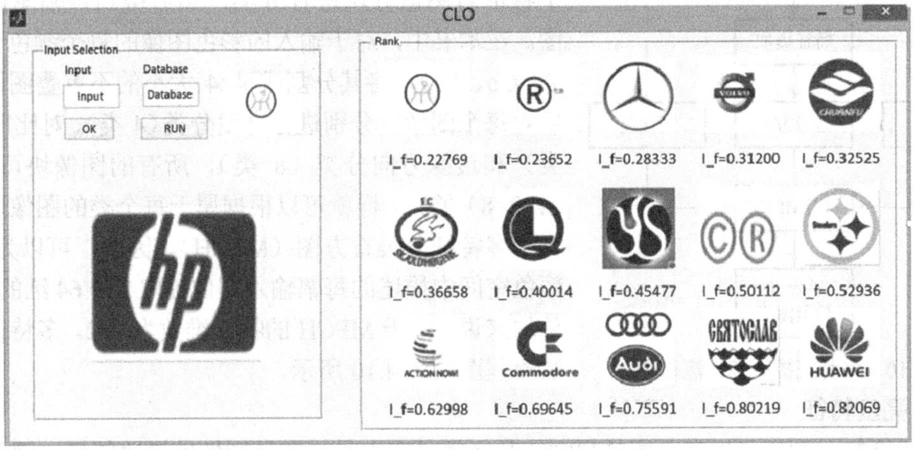

图 4.9　基于形状特征的商标图像检索示例

4.3.4　基于多特征的图像检索

由上面描述可知，特征的提取和表达是基于内容的图像检索问题中的一个重要子问题。现在大多数成熟的图像检索算法都使用了形状、颜色、纹理、文本等特征。随着图像数据的日益增长，从无数图片中检索出所需的图片变得越来越重要。本书作者提出了一种能够大幅度提高检索速度的快速特征提取算法[32]。首先，根据图像块的对比度、亮度及边缘方向信息将图像分为 64 类，并获取相应类别的特征向量，然后根据特征向量的 L_2 范数对它们进行排序并分为多个组，最后取每个组的最大值作为最终的特征向量。在仿真实验中，对该方法的检索精度和检索速度进行了比较，结果表明该方法能够更有效地检索相关图像。

1. 引言

在过去的 15 年间，许多研究致力于压缩域的图像检索技术，如 DCT[35]、DWT[36]、分形编码、块截断编码（BTC）[37]和向量量化（VQ）[38]。Lu 和 Burkhardt[35]将每个 8×8 的 DCT 块分割成 4 个向量，使用 4 个对应的码本进行量化，得到 VQ 指数直方图特征。Wang 等人[36]基于 4 个 DWT 最低分辨率子带，采用三步渐进检索图像。Yu 等人[37]根据从 BTC 和 VQ 压缩数据中获得的有效特征来检索彩色图像。VQ 算法因为其相对简单的压缩结构和较低的译码计算复杂度，受到了人们广泛的关注，因此，Uchiyama 等人[38]从 VQ 索引表中提取了特征。Chen 等人[39]将图像块分为不同的类，每个块使用预先设计的针对块所属类的 VQ 码本进行编码。实验表明，分类 VQ（CVQ）在感知质量和复杂性方面优于普通 VQ。现如今，快速有效地从大规模图像数据库中搜索所需的图像成为一个重要而富有挑战性的研究课题。许多信号特征提取方法都不能全面地描述图像。因此，建议利用视觉特征的融合来有效地实现这一目标。然而，现有的许多图像检索方法都存在计算复杂度高、代价高的问题。为了降低复杂度和计算成本，本书作者[40]根据边缘方向模式（EOP）将图像块分为 9 类，并将基于 EOP-Histogram（EOPH）的特征与传统的基于 VQIH 的特征相结合，以提高召回率和查准率。该方案提醒我们，可以简单地使用分类方法从图像中提取特征。

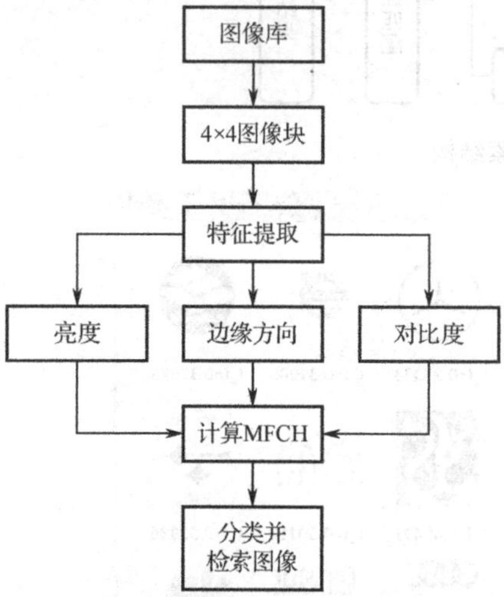

图 4.10　多特征提取算法流程图

2．基于多特征分类直方图的图像检索方案

基于多特征的 CBIR 系统提取图像的颜色、形状和纹理特征。该方案的基本思想是将输入图像分块，并根据多个特征对图像分块进行分类，然后得到每幅图像的直方图。在本书中，对于输入的彩色图像的每个颜色分量（如 Y、Cb、Cr），将其分割成 4×4 大小的不重叠图像块。然后对每个图像块分别进行亮度分类（4 类）、对比度分类（2 类）和边缘方向分类（8 类），所有的图像块可分为 64（4×2×8）类。这样就可以根据属于每个类的图像块数得到一个多特征分类直方图（MFCH）。因此，可以为 YCbCr 颜色空间中描述的每幅输入图像提取 3 个 64 维的 MFCH，总的来说，基于 MFCH 的特征维数为 192。多特征提取算法流程图如图 4.10 所示。

3．亮度特征

众所周知，颜色可以在不同的视觉特征之间更有主导性和区别性地描述图像，因此在图像检索中得到了广泛的应用。颜色直方图[41]是一幅图像中颜色分布的表示。在这里，使用不重叠的 4×4 图像块的亮度来表示子块的颜色特征。计算第 k 个 4×4 图像块 $x(m, n)$的平均像素值，记为 b_k，即

$$b_k = \frac{\sum_{m=0}^{3}\sum_{n=0}^{3} x(m,n)}{16} \tag{4-15}$$

其中，$x(m, n)$为(m, n)处的像素值。对于所有不重叠的 4×4 图像块，其亮度分类过程可以描述为：首先使用式(4-15)计算每个图像块的亮度，然后根据亮度分布将所有图像块分为 4 类：①$0\leqslant b_k<64$；②$64\leqslant b_k<128$；③$128\leqslant b_k<192$；④$192\leqslant b_k<256$。

4．对比度特征

对比度是图像各部分之间的颜色和光线的差异，图像块的对比度衡量图像块内像素值的分布情况，可以反映阴影的纹理深度和图像的清晰度。对比度越大，纹理就越深。将每个图像块的对比度定义为 c_k，即

$$c_k = \frac{\sum_{m=0}^{3}\sum_{n=0}^{3} |[x(m,n) - b_k]|}{16} \tag{4-16}$$

因此将输入向量分为两类：基于阈值 3.0 的高对比度类和平滑类（该阈值是通过对多幅图像进行多次实验后选择的）。

$$\begin{cases} x(m,n) \in \text{高对比度类} & c_k \geqslant 3.0 \\ x(m,n) \in \text{平滑类} & c_k < 3.0 \end{cases} \tag{4-17}$$

5．边缘方向特征

因为边缘方向信息对图像是至关重要的。文献[42]提出的结构化局部二值 Kirsch Pattern（SLBKP）采用 8 个 3×3 的 Kirsch 模板来区分 8 个边缘方向，受此启发，本书作者[40]提出了一种基于边缘方向模式（EOP）的直方图特征。以下是 8 个用于 EOP 分类的 4×4 模板：

$$
\boldsymbol{E}_1=\begin{bmatrix}-4&2&2&2\\-4&0&0&2\\-4&0&0&2\\-4&2&2&2\end{bmatrix},\boldsymbol{E}_2=\begin{bmatrix}2&2&2&2\\0&0&2&2\\-4&-4&0&2\\-4&-4&0&2\end{bmatrix},\boldsymbol{E}_3=\begin{bmatrix}2&2&2&2\\2&0&0&2\\2&0&0&2\\-4&-4&-4&-4\end{bmatrix}
$$

$$
\boldsymbol{E}_4=\begin{bmatrix}2&2&2&2\\2&2&0&0\\2&0&-4&-4\\2&0&-4&-4\end{bmatrix},\boldsymbol{E}_5=\begin{bmatrix}2&2&2&-4\\2&0&0&-4\\2&0&0&-4\\2&2&2&-4\end{bmatrix},\boldsymbol{E}_6=\begin{bmatrix}2&0&-4&-4\\2&0&-4&-4\\2&2&0&0\\2&2&2&2\end{bmatrix} \qquad (4\text{-}18)
$$

$$
\boldsymbol{E}_7=\begin{bmatrix}-4&-4&-4&-4\\2&0&0&2\\2&0&0&2\\2&2&2&2\end{bmatrix},\boldsymbol{E}_8=\begin{bmatrix}-4&-4&0&2\\-4&-4&0&2\\0&0&2&2\\2&2&2&2\end{bmatrix}
$$

以上 8 个模板用于表示 8 个边缘方向，即 $\boldsymbol{E}_1 \sim \boldsymbol{E}_8$ 分别表示 0°, 45°, 90°, ⋯, 315°。假设将输入图像 X 划分为 4×4 个不重叠的图像块，其 EOP 分类过程可以描述为如下过程：首先，在每个 4×4 图像块 $x(m, n)$ 上执行 8 个 4×4 边缘方向模板，$0 \leqslant m<4, 0 \leqslant n<4$，得到一个边缘方向向量 $\boldsymbol{v}=(v_1, v_2, \cdots, v_8)$，其分量 $v_i\ (1 \leqslant i \leqslant 8)$ 计算如下

$$
v_i=\left|\sum_{m=0}^{3}\sum_{n=0}^{3}\left[x(m,n)\cdot e_i(m,n)\right]\right| \qquad 1 \leqslant i \leqslant 8 \qquad (4\text{-}19)
$$

其中，$e_i(m, n)$ 表示模板 $\boldsymbol{E}_i$ 在 (m, n) 处的元素。然后得到它的边缘方向向量 $\boldsymbol{v}$ 的最大分量，根据式（4-20），$x(m, n)$ 属于 8 个边缘方向中的一个。

$$
x(m,n) \in \text{the } i \text{ category} \quad \text{if} \quad i=\underset{1 \leqslant j \leqslant 8}{\operatorname{argmax}}(v_j) \qquad (4\text{-}20)
$$

也就是说，可以根据每个图像块的边缘方向，将其分成 8 类中的一类。

6．实验结果

为了证明所提出的特征能更有效地检索图像，我们将所提出的特征与两种传统特征进行了比较，例如空域颜色直方图（SCH）[43]和 VQ 指数直方图（VQIH）[44]与其他两个特征（SLBKP[42]和 SLBHP[45]）。所有方案均采用 YCbCr 色彩空间，特征维数为 192，并在两个标准数据库[46]上做实验。一组由 1000 幅大小为 384×256 或 256×384 的图像组成，分为 10 类，每类包含 100 幅图像；另一组是 10000 幅大小为 256×256 的图像，分成 25 类，每类包含 400 幅图像。我们选择精度-召回率(P-R)曲线来评价检索的有效性。一般情况下，精度和召回率计算公式为

$$
\begin{aligned}
\text{Precision}&=\frac{\text{No. relevant images}}{\text{No. images returned}}\\
\text{Recall}&=\frac{\text{No. relevant images}}{\text{No.sum of each image category}}
\end{aligned} \qquad (4\text{-}21)
$$

实验中，我们首先选择了 1000 幅图像的标准数据库。结合图像块的亮度和对比度的概率分布，测试了两种不同的块分类方案对图像的检索效率。

分类方案 1：将图像块按照亮度大小，即 $0 \leqslant b_k<64$、$64 \leqslant b_k<128$、$128 \leqslant b_k<192$、$192 \leqslant b_k<256$ 分为 4 类；根据对比度将图像块分为两类，即 $0 \leqslant c_k<10.0$；$c_k \geqslant 10.0$；并根据 EOP 将图像块分为 8 类，基于该分类方案的特征被定义为 MFCH。

分类方案 2：根据亮度将图像块分为两类，即 $0 \leqslant b_k<128$、$128 \leqslant b_k<256$；根据对比度将图像块分为 4 类，即 $0 \leqslant c_k<5.0$、$5.0 \leqslant c_k<10.0$、$10.0 \leqslant c_k<15.0$、$c_k \geqslant 15.0$；并根据 EOP 将图像块分为 8

类，基于该分类方案的特征被定义为 MFCH-1。

我们根据两种分类方案将图像块分为 64 类，图 4.11 为 MFCH 和 MFCH-1 的平均精度-召回率（P-R）比较曲线。从图 4.11 可以看出，基于分类方案 1 的特征性能优于基于分类方案 2 的特征。因此，我们将选择基于 MFCH 的分类方案作为实验方案，与现有的其他图像检索方法进行比较。

图 4.12 给出了 SCH、VQIH、SLBKP、SLBHP 和我们基于 MFCH 的特征之间的平均 P-R 曲线比较。结合上面的实验结果，可以很容易发现基于 MFCH 的特征在精度和召回率方面都有更好的表现。因为单一的特征不足以完全代表图像的内容，所以我们的方法是将颜色、纹理和边缘方向特征融合在一起。因此，基于 MFCH 的特征优于基于 SCH、VQIH、SLBHP 和 SLBKP 的方案，可以更有效地检索到相关图像。

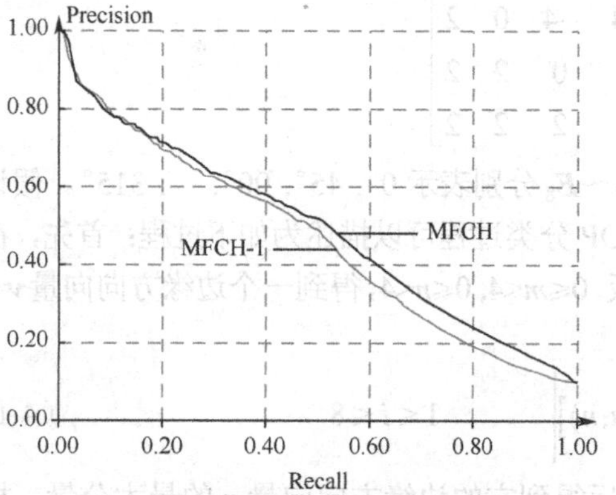

图 4.11　MFCH 和 MFCH-1 的平均 P-R 曲线在同维 192 时的比较

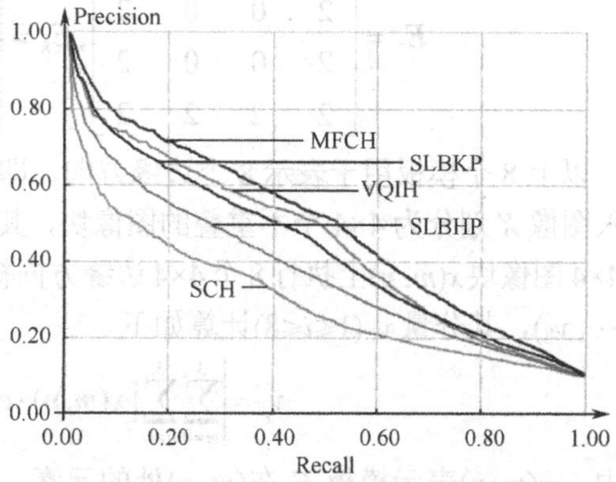

图 4.12　比较 SCH、VQIH、SLBHP、SLBKP、MFCH 在同维 192 时的平均 P-R 曲线

此外，随着图像数据库规模的增大，快速检索变得越来越重要，因此图像检索的效率就变得至关重要。对于 1000 幅图像的数据库，基于 SCH、VQIH 和 MFCH 三种方案所需时间的对比结果如图 4.13 所示。从图 4.13 可以看出，与基于 VQIH 的方案相比，基于 MFCH 的方案可以节省更多的特征提取时间，并且和 SCH 一样高效。为了更清楚地比较两种算法的检索效率，我们还在包含 10000 幅图像的数据库上进行了实验。图 4.14 为 10000 幅图像数据库的特征提取时间实验对比结果。从两条曲线的趋势来看，随着图像数据库规模的增大，基于 MFCH 方法的性能优于基于 SCH 方法的性能。不同方法的复杂度不尽相同，但从实际检索结果来看，我们提出的方法可以大大提高图像检索的效率。综上所述，我们提出的检索方案可以更有效地检索相关图像。

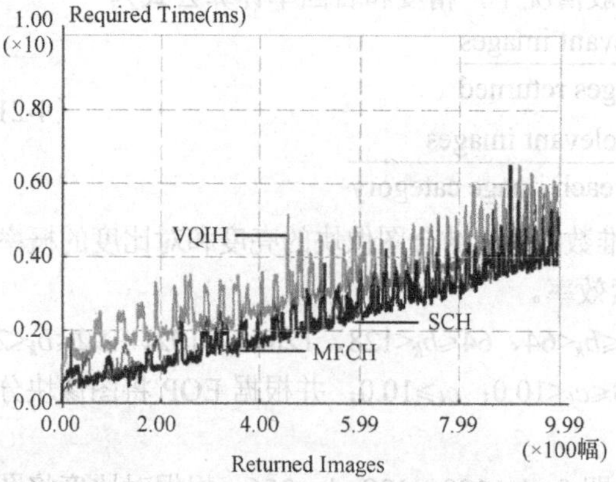

图 4.13　比较 SCH、VQIH 和 MFCH 对 1000 幅图像数据库的特征提取时间

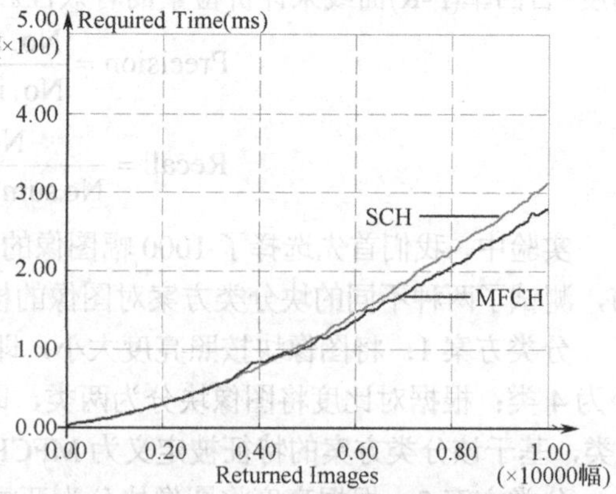

图 4.14　比较 SCH、VQIH 和 MFCH 对 10000 幅图像数据库的特征提取时间

4.3.5 基于视觉词袋的图像检索

1. 视觉词袋模型

在基于局部视觉特征的计算机应用中，图像特征的出现为图像内容的表达提供了方式，将图像转换成便于处理的向量形式继而进行相似性比较。可在实际过程中，并未出现一种能够完美表示图像内容的特征，在复杂背景的干扰下往往会产生更多的检索误差，故而，若仅仅以图像特征进行图像检索并不能达到应用级别。因此，需要一种图像特征的载体、一种图像特征的数据处理方式。

对于图像特征的处理，视觉词袋倒排索引模型（BoW）[47]是被广泛采用的方法，其以突出的简单构造、性能卓越、扩展能力强大出现于各级实际应用中。BoW 模型如图 4.15 所示。

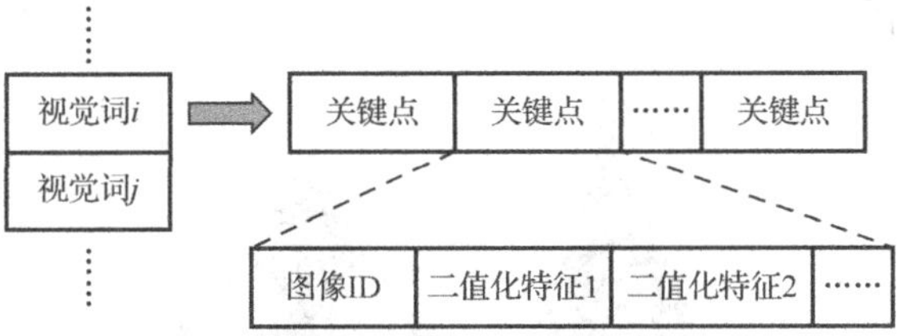

图 4.15 BoW 模型

简单来说，BoW 模型就是将每幅图像都看作一个袋子，袋子里装着图像的视觉特征，并且按照视觉特征的数量来描述图像。构建 BoW 模型的过程如图 4.16 所示，主要有以下 3 个步骤。

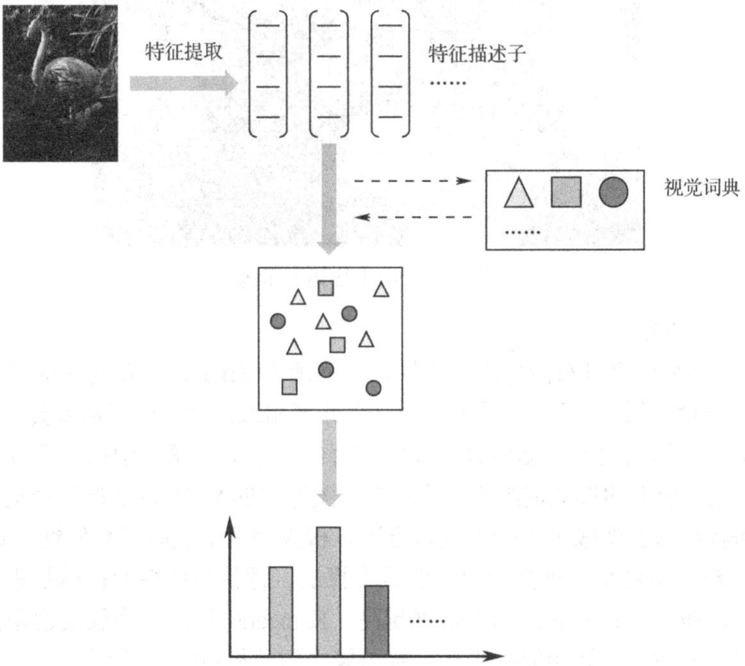

图 4.16 构建 BoW 模型过程

1）图像特征的提取

图像特征提取的具体方法是对所有图像选取局部特征，之后使用特征描述子对局部特征进行描述，形成局部特征数据。

特征描述子的作用是通过图像包含的有用信息对图像进行描述，需要具有可区分性、可重复性、准确性、鲁棒性和有效性等特性。一般选择图像中的关键点作为图像的有用信息。所谓关键点，就是指图像或者视觉领域中与周围区域有明显区别的地方，提取的图像关键点特征的效果会对后续分类、识别的精度产生直接影响。一般情况下，特征描述子将一幅图像转化成一个长度为 n 的特征向量。

常用的特征描述方法主要有 SIFT、SURF[49]、BRIEF[50]、ORB[51]、BRISK[52]等。尺度不变特征变换（Scale-Invariant Feature Transform，SIFT）特征能够保持对尺度缩放、旋转及光照变化的不变性，同时还对仿射变换、视角变化和噪声等具有稳定性，而且数量多，信息量丰富[53]。由 SIFT 查找的关键点不会因为光照和噪声等因素而变换，具有稳定的特点，因此，一般采用 SIFT 特征来描述图像。SIFT 算法的主要步骤有：构造尺度空间；检测极值点；精确定位极值点；为关键点指定方向参数；生成关键点描述子；计算关键点描述子；生成 128 维的特征向量。SIFT 描述子示例如图 4.17 所示。

图 4.17　SIFT 描述子示例

2）视觉词典的构建

虽然用 SIFT 特征就可以对图像进行描述，然而所有 SIFT 向量都是 128 维的，而且一幅图像包括的 SIFT 向量数量往往都是成千上万个。在计算相似性时，计算量就会十分庞大，所以通常会使用聚类算法对这些向量数据做聚类以实现降维，之后用聚类中的一个簇替代视觉词袋模型中的一个视觉词，所有的视觉词组成视觉词典。图像中的 SIFT 特征都用视觉词典中的视觉词来描述，如此每幅图像就变成了一个视觉直方图，极大程度上提高了相似性计算的效率。

K-means 算法的本质是一种基于距离的聚类算法，评价相似性的指标是距离的远近，即两个对象之间的距离越近，认为它们的相似性越高。K-means 算法认为簇是由距离相近的对象组成的，同一个簇中的对象之间相似性较高，簇与簇之间的相似性较低[54]。

在构建视觉词典时，一般都采用 K-means 算法进行聚类。首先合并处理好的全部局部特征数据，然后使用聚类算法对它们聚类，全部的视觉词组成视觉词典。假设聚类中心的数目为 K，每个聚类中心相当于一个视觉词，那么视觉词典的长度值也是 K。设置一个合适的 K 值，即视觉词数目，对聚类结果有很大影响。如何选择一个合适的 K 值，通常需要通过对比实验确定。

3）视觉直方图表示图像

首先计算出每幅图像中的所有 SIFT 特征到视觉词典中各个视觉词之间的距离，之后把每幅图像中的 SIFT 特征映射到距离该特征最近的视觉词（将该视觉词的词频加 1）。最终，每幅图像都被表示为一个与视觉词序列相对应的词频向量，也就是该图像的视觉词直方图。

在进行图像检索时，利用相似性度量算法（如欧氏距离、余弦距离等）对直方图向量进行计算，降序排列相似性并返回检索结果。

2．基于 BoW 图像检索的投票机制

下面对投票机制进行原理上的说明，阐明在 BoW 模型中如何利用投票机制得到最终检索结果。

BoW 模型得到图像最终检索结果有两种方法。一是直接将图像的特征在各个视觉词上出现的频率作为图像表达方式，继而计算相似性。这种方式简单、实用、计算快速，但缺陷是致命的，检索精度过于低下且基本没有扩展的余地。故一般倾向于选择第二种基于投票机制的图像检索方法。

在投票机制中，对于给定的一幅查询图像，其局部特征为 x_i'，而对于数据库中图像 $j=1, 2, \cdots, n$，其局部特征为 $y_{i,j}$，i 表示图像中特征的数量。那么整个投票系统可以被归结为：

① 数据库中图像初始化相似性分数可以被定义 $s_j = 0$。

② 对于每一个查询图像的特征 $x_{i'}$ 和数据库中每一个图像局部特征 $y_{i,j}$，其相似性分数 s_j 将被更新为

$$s_j := s_j + f(x_{i'}, y_{i,j}) \tag{4-22}$$

式中，$f(\cdot)$表示反映 $x_{i'}$ 与 $y_{i,j}$ 之间相似性的匹配函数。这样的匹配系统是建立在 ε-搜索和 k-NN 的基础上的，那么 $f(\cdot)$则可以定义为

$$f_\varepsilon(x,y) = \begin{cases} 1 & d(x,y) < \varepsilon \\ 0 & \text{其他} \end{cases} \tag{4-23}$$

或者为

$$f_{k\text{-NN}}(x,y) = \begin{cases} 1 & y_{k\text{-NN}} \in < x_{k\text{-NN}} \\ 0 & \text{其他} \end{cases} \tag{4-24}$$

式中，$d(\cdot)$表示特征空间中两个特征之间的距离（通常 SIFT 特征使用欧氏距离来进行度量特征之间的距离）。

③ 图像的最终相似性分数 $s_j^* = g_j(s_j)$将通过一系列的处理而得出，为

$$s_j^* = g_j\left(\sum_{i'=1}^{m'}\sum_{i=1}^{m_j} f(x_{i'}, y_{i,j})\right) \tag{4-25}$$

式中，g_j 最简单的处理方式就是 $s_j^* = s_j$，在这种情况下，相似性分数代表了查询图像与数据库图像的配准个数，需要注意的是，这里相似性分数可能会对一个特征计算多次；另一种广为人知的处理方式为 $s_j^* = s_j/m_j$，即考虑每幅图像特征的数量对最后结果的影响，这种方法反映了匹配特征所占的比例。

对于 BoW 模型，投票机制完美契合其各主要步骤。对于 $x_{i'}$与 $y_{i,j}$，其对视觉词典的量化过程 q 则可以表现为

$$\begin{aligned} q: x_{i'} &\to q(x_{i'}) \\ q: y_{i,j} &\to q(y_{i,j}) \end{aligned} \tag{4-26}$$

继而，在同一个模型中如果 $q(x_{i'}) = q(y_{i,j})$，那么首先可以判断这两个特征同属一个视觉词，

再者可以认为它们互相匹配，其匹配函数可定义为

$$f_q(x_{i'}, y_{i,j}) = \delta_{q(x_{i'}),q(y_{i,j})} \tag{4-27}$$

式中，若两个特征分配到同一个视觉词，$\delta_{q(\cdot),q(\cdot)}=1$；若两个特征未分配到同一个视觉词，$\delta_{q(\cdot),q(\cdot)}=0$。此外，利用 BoW 良好的数据处理能力，为每个视觉词赋权值。一般情况下，使用 idf 这种特殊的处理方法，即

$$f_{\text{idf}}(x_{i'}, y_{i,j}) = (\text{idf}(q(x_{i'})))^2 \delta_{q(x_{i'}),q(y_{i,j})} \tag{4-28}$$

如此在查询图像循环完毕一个数据库的图像后，能够得到每个视觉词的权值，考虑每个视觉词中可能会有多个特征来自查询图像，故而要进行归一化处理 $s_j^* = s_j / \sqrt{m_j}$ ，使用 L_2 范数归一化的原因就是这更加贴近实际的特征匹配比例。

4.4　基于注意力机制和卷积神经网络的图像检索

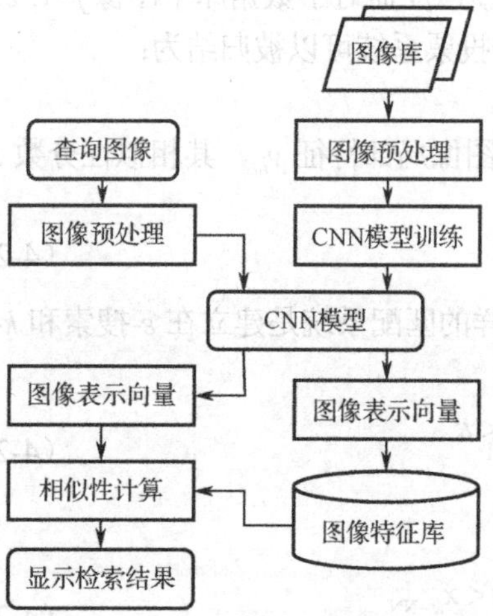

图 4.18　基于卷积神经网络的图像检索流程

在图像检索领域使用深度学习模型，不但可以大幅提高图像识别的精度，同时还避免了人工特征提取时需要耗费大量时间的问题，使得运行效率有了极大的提升。本节将介绍文献[55]的研究成果。鉴于卷积神经网络（CNN）具有限制参数个数和挖掘了局部特征的特点，适用于图像识别，所以文献[55]的深度学习实验都基于 CNN。

基于 CNN 的图像检索流程是：首先将训练集和验证集图像输入 CNN 用以训练网络模型，然后提取出训练好的网络模型全连接层的输出，作为图像的表示向量，最后计算给定查询图像和图像库中每幅图像之间的相似性并排序，得到检索结果。基于 CNN 的图像检索流程如图 4.18 所示。

4.4.1　注意力机制简介

注意力机制（Attention Mechanism）思想借鉴了人类视觉注意力，最早在计算机视觉领域被提出，但真正被研究领域广泛应用是因为 Google mind 团队在 RNN 模型上使用注意力机制进行图像分类[56]，现在已应用于深度学习各个领域，如自然语言处理[57]、语音识别和图像识别等多种不同类型的任务中。

视觉注意力机制是人脑所具有的一种信号处理机制。面对一个对象，如一幅图像或者一篇文档，人类视觉会先大致扫描全局对象，快速找出需要重点关注的区域和细节部分，这就是所谓的注意力焦点，之后为了获得更多需要关注目标的细节信息并抑制其他没有用的信息，会把注意力重点投入到目标区域。视觉注意力示例如图 4.19 所示，在观察图（a）时会迅速看到白色的圆形，在观察图（b）时，图像都是黑色，但会迅速关注方形。这是人类在漫长的进化过程中形成的视觉机制，可以很好地利用有限的注意力资源从庞大的信息资源中快速挑选出更具价值的信息，这种机制极大程度地提升了视觉信息处理的准确性和效率。例如，在阅读一篇文章时，人们注意力会更多地投入在文章标题和首句等位置。

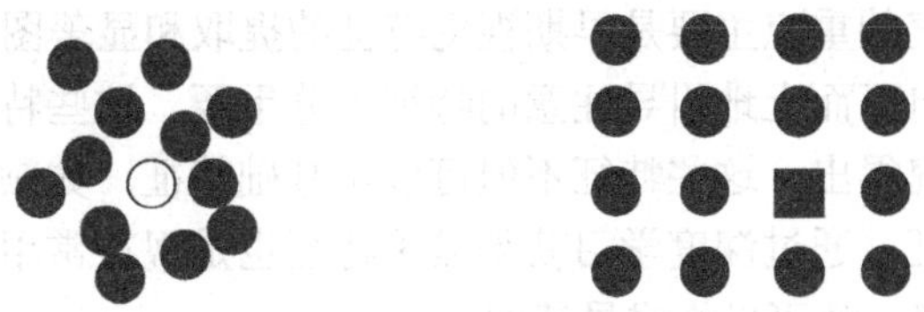

（a）图形相同，颜色不同　　（b）图形不同，颜色相同

图 4.19　视觉注意为示例

视觉注意力主要由两种方式调控。一种是“自下而上（bottom-up）”，这种方式通过视觉通路传递的外界信息刺激原始的物理特征（如形状、颜色等），大脑内呈现相应信息，是外部环境信息驱动的注意力。另一种是“自上而下（top-down）”，这种方式是根据任务目标和经验知识对视觉通路中的信息进行调控，是大脑内部信息驱动的注意力。

深度学习中的注意力机制本质上同人类选择性视觉注意力机制相似，它的最终目标也是从杂乱的信息中挑选出对任务目标更有价值的信息。

注意力机制的作用主要有两个：一是减轻对高维输入数据进行处理的计算负担，结构化选取输入的子集，实现数据降维；二是任务处理系统能够将注意力放在寻找输入数据中与当前输出显著相关的信息中，从而使输出的质量更好。视觉注意力模型的最终目的是帮助类似于编/解码器（Encoder-Decoder）[58]这样的框架，更好地学到多种内容模态之间的相互关系，这样就可以对信息进行更好的表示，解决其因为无法解释导致难以设计的问题。注意力机制对于推测各种不同模态数据间的相互映射关系十分适用，这种关系复杂且隐蔽，难以解释，这就是注意力机制的优势——无须监督信号，对于处理先验认知非常少的问题颇为有效。

4.4.2　图像检索中的注意力机制

将注意力机制引入图像检索的领域内，是为了重点关注聚集观察者焦点的区域，以便更加高效地检索和查询。

视觉心理学研究普遍将早期视觉过程划分为两个阶段：前注意阶段和注意阶段[59]。在前注意阶段，能够快速吸引观察者注意的程度被称为视觉显著性。视觉显著性的高低标志着被观察者选择性接受的多少。在图像观察的过程中，显著区域是指图像中的关键位置，也是某个可以激发人的兴趣并且让人的视觉在短时间内将注意力集中的区域，通常这只占图像中的一小部分。影响视觉注意程度的主要因素如表 4.1 所示。当检索图像时，大部分区域经常会被图像的背景占据，所以在提取图像特征的过程中，主要特征的提取将受到制约。而如果把图像显著区域特征的提取放在开始，之后再进行图像检索，那么基于内容的图像检索的性能将会提升。

表 4.1　影响视觉注意程度的主要因素

底层视觉特征	对比度	区域的边缘、亮度等特征更容易获得关注
	尺寸	尺寸较大的物体更容易获得关注
	形状	细长条状的物体更容易获得关注
高层因素	位置	位于区域中央 25%的区域更容易获得关注
	前/背景	前景内容比背景内容更容易获得关注
	人物	人物的脸部、手部和眼睛更容易获得关注

视觉注意力模型研究的重点主要是早期视觉特征的提取和显著图的生成[60]。在早期视觉特征提取阶段，选取可以自下而上地引导注意的特征十分重要。这些特征必须能够对视觉产生基础且强烈的刺激。有研究得出，这些特征不但可以是基础特征，如颜色、方向及尺度等，还可以是通过学习得到的特征。通过深度学习获得显著特征也是现在常用的方法。利用一定的方法将早期视觉特征融合起来，就可以构成显著图。

随着计算机硬件和软件更加成熟，计算机的处理能力有了极大程度的提升，运用视觉显著性可以达到对图像内容的高效认知这一主张逐渐得到计算机视觉领域的认可。尽管图像处理与视觉注意力在它们各自的领域中都是经典难题，但是二者的融合将是心理学、信息科学的一个新的突破口。

4.4.3 基于注意力机制和卷积神经网络模型的图像检索

1. 总体思路

图像中往往包含着丰富的信息，就算是一幅简单的图像也至少包括前景和背景两部分。进行图像检索时，要从庞大的图像库中准确、快速地检索出与给定查询图像相同或相似的图像，需要重点关注图像中的显著区域，也就是人们看到这幅图像时一般最关注的区域。为实现这一想法，文献[55]将注意力机制与卷积神经网络相结合，从而更好地提取出图像中的有效信息。

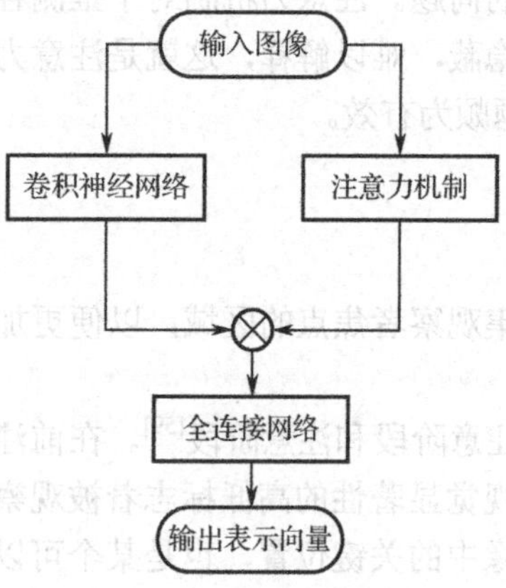

图 4.20 基于注意力机制的卷积神经网络模型

文献[55]基于注意力机制的卷积神经网络模型框架如图 4.20 所示。首先输入图像，同时进入一个卷积神经网络和一个注意力网络（一般是只有一个隐层的全连接网络）进行训练，得到两个输出向量；然后，将两个输出向量进行点对点相乘，之后送入一个全连接网络中进行训练；最后，获得图像的输出表示向量。

在实验时，卷积神经网络分别从 LeNet-5 及其改进模型和 GoogLeNet 及其改进模型中选择性能最好的一个，即去除了第二个池化层的 LeNet-5 模型和改进的 GoogLeNet 模型；注意力机制网络采用一个单隐层网络，神经元数目与训练图像的神经网络中用于获得输出的全连接层神经元的数目相同；最后用于特征训练的神经网络采用一个普通的全连接网络，由两个隐层构成，第一个隐层神经元的数目为 128 个，第二个隐层神经元的数目为 500 个。下面介绍涉及的网络模型。

2. LeNet-5 模型

1998 年，Yann LeCun 设计了用于手写数字识别的卷积神经网络 LeNet-5[22]，这是卷积神经网络的经典结构之一。其网络结构如图 4.21 所示。

通过图 4.21 可以得知，LeNet-5 包含 2 个卷积层（C1 和 C3）、2 个池化层（S2 和 S4）和 3 个全连接层（C5，F6 和 Output），各层都包括若干参数（权值）。

（1）C1 层是卷积层，包括 6 个大小为 5×5 的卷积核，即可以得到 6 个特征图。每个特征图的宽度为：输入图像宽度−5+1，高度为：输入图像高度−5+1。

（2）S2 层是池化层，池化的尺寸为 2×2，池化方法为最大池化。本层包括 6 个特征图，其中每个单元都连接到 C1 层中对应特征图的 2×2 邻域。

（3）C3 层是卷积层，包括 16 个大小为 5×5 的卷积核，即可以得到 16 个特征图。在本层中的各个特征图与S2中的所有或者若干个特征图相连接，也就是前一层所提取的特征图进行不同的组合，形成了本层特征图。与人类的视觉特征相类似，上层更抽象的结构由底层结构构成。

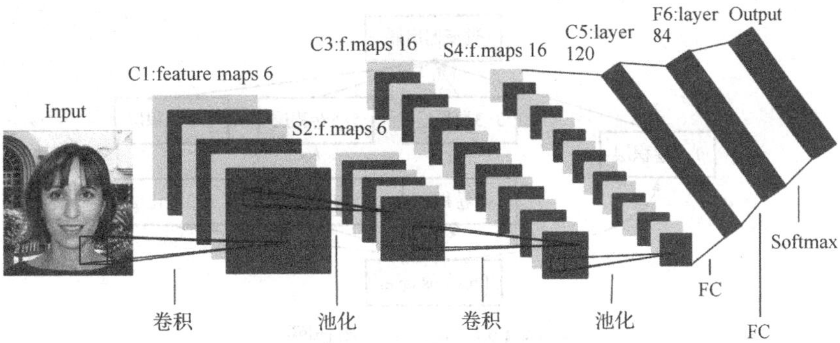

图4.21 LeNet-5网络结构

（4）S4层是池化层，由16个特征图构成。特征图中的每个单元都连接到C3层中对应特征图的2×2邻域。

（5）C5层是卷积层，包括120个特征图。特征图中每个单元都连接到S4层的所有16个单元的5×5邻域（全连接）。将C5层标记为卷积层而不是全连接层的原因是，如果LeNet-5的输入增大，但其他的没有改变，那么此时特征图的维数就会比1×1（网络最初为手写体识别设计，在C5层的维数）大。

（6）F6层与C5层全连接，单元个数与输出层的设计相关。

LeNet-5的结构特点可以用“麻雀虽小，五脏俱全”来形容，是一个非常经典的小型卷积神经网络，因此本节选择其作为基准模型用于表示图像。

3．改进的LeNet–5模型

现在很多人使用卷积神经网络都只使用卷积层，这是因为池化层在池化过程中，由于降维，会造成数据信息的丢失。针对数据丢失问题，曾有学者提出重叠池化（Overlapping Pooling）和空间金字塔池化[61]，以避免因池化造成的数据损失。

在本节实验中，为了克服数据丢失问题，将经典网络的池化层部分或全部去除，以验证池化层对图像表示的影响。

为了比较实验，我们对LeNet-5进行了改进，采取了去掉LeNet-5部分和全部池化层的方法。在LeNet-5的结构中，S2层和S4层是池化层，改进分为3种形式：

- 第一组，仅去除S2层，将C1层的步长设置为2；
- 第二组，仅去除S4层，将C3层的步长设置为2；
- 第三组，将S2层和S4层都去除，同时将C1层和C3层的步长均设置为2。

4．GoogLeNet模型

GoogLeNet的主要创新在于它的Inception模块，这是一种网中网（Network In Network）结构，也就是原来网络的节点同样也是一个网络[62]。使用Inception模块的主要目的是在保证网络结构稀疏性的同时，又可以利用密集矩阵的高计算性能。也就是说，在减少计算量的同时避免过拟合问题。Inception模块如图4.22所示，其中1×1的卷积主要作用是降维，使用Inception模块后，整个网络结构的深度和宽度都有所扩展，性能可以得到2～3倍的提高。

图4.23中，每个Inception模块之间的区别只是卷积核的个数不同。通过GoogLeNet结构图可以看出，GoogLeNet采用了模块化结构，这种结构便于增添和修改。

鉴于GoogLeNet具有网络更深且参数少的特点，提高性能的同时又不会增加计算量，在性能较好的台式计算机上也可以很好地运行，因此文献[55]实验选用如图 4.23 所示的 GoogLeNet 结构作为基准模型用于表示图像。

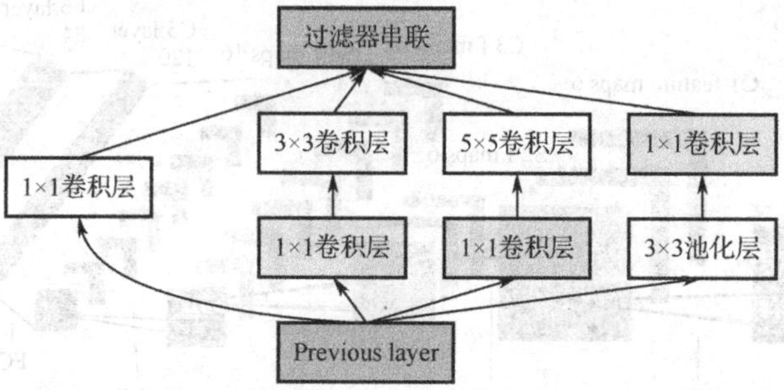

图 4.22 Inception 模块[62]

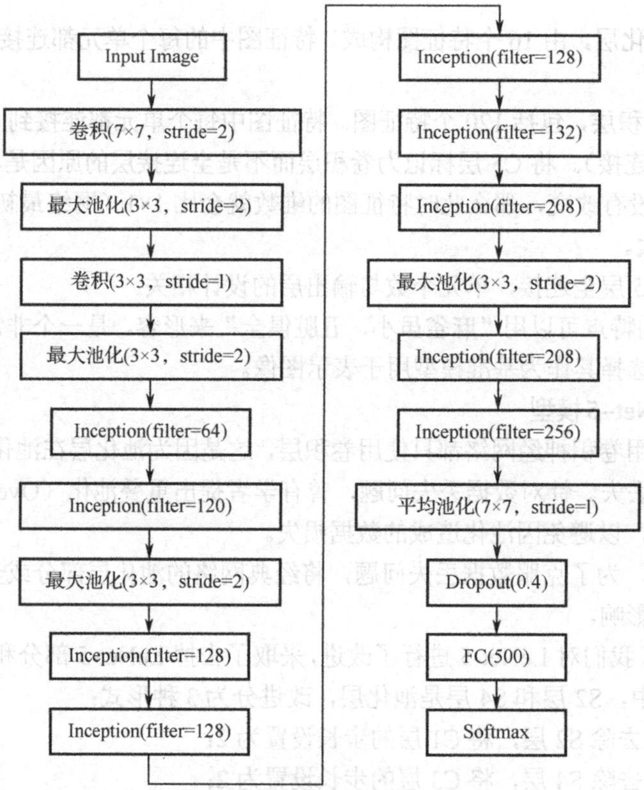

图 4.23 GoogLeNet 结构图

5. 改进的 GoogLeNet 模型

将图 4.23 中紧跟在卷积层后面的第二个池化层去除，并将被去除池化层前面的卷积层步长设置为 2。同时，因为原始 GoogLeNet 要求输入为 224×224，文献[55]的实验将图像大小归一化为 100×100，因此去除了 Inception(filter=128)和 Inception(filter=128)，降低网络复杂度。由于网络层数多，数据集小，容易造成过拟合，因此将 Dropout 层的概率设置为 0.6，以防止过拟合。改进的 GoogLeNet 结构如图 4.24 所示。

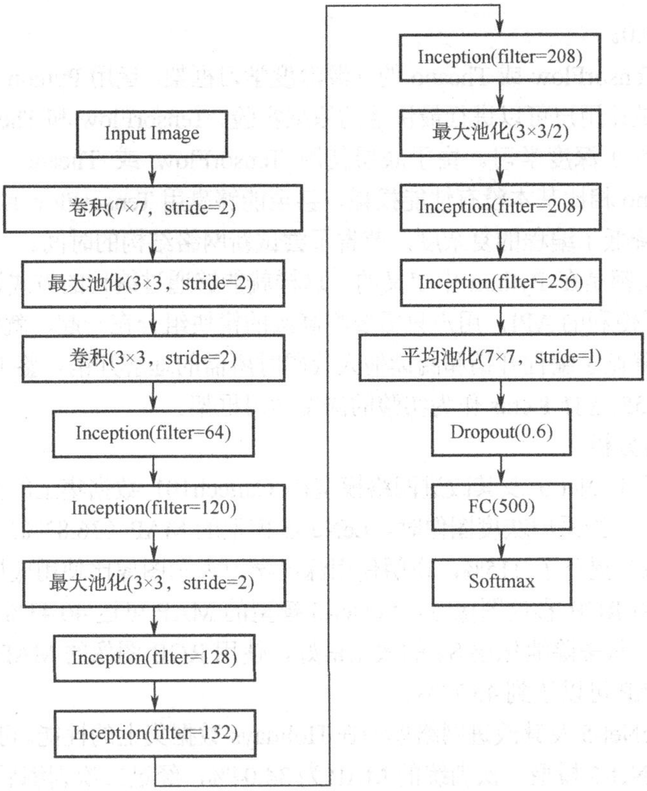

图 4.24　改进的 GoogLeNet 结构图

4.4.4　实验结果

文献[55]首先使用 LeNet-5、GoogLeNet 及根据它们改进的卷积神经网络模型进行图像检索，然后将注意力机制与卷积神经网络相结合进行实验。

对于 Holidays 数据集，文献[55]做了使用该数据集直接训练网络（称为一次训练），并在 Caltech101 数据集训练的网络基础上对网络再训练（称为二次训练）的对比实验。

1. 实验数据集与预处理

文献[55]的数据集选用两个常用图像库。第一个是去除了 BACKGROUND_Google 类的 Caltech101 数据集。但在文献[55]的实验中，又从 80%的训练集随机抽出 80%用以训练卷积神经网络，20%用以验证网络性能。第二个是 Holidays 数据集，这个数据集是由 HerveJegou 等人建立的，图像都是他们在度假时所拍摄的照片（风景为主），共 500 类、1491 幅图像，其中 500 幅作为检索图像（每一类的第一幅图像），剩余的 991 幅作为查询图像[63]。由于原始图像太大，而且图像尺寸不一，故而对所有图像都进行了归一化处理，压缩后的尺寸为 100×100。

为了验证色彩是否会对图像的特征提取产生影响，文献[55]将 Caltech101 数据集分为 RGB 图像和灰度图像分别进行实验。

因为 Caltech101 数据集中既有灰度图像又有彩色图像，所以在使用 RGB 图像做实验时，需要将灰度图像进行伪色彩处理，也就是灰度值根据一定的映射关系求出 R、G、B 的值，组成该点的色彩值。在使用灰度图像做实验时，需要将所有的彩色图像灰度化。

2. 实验环境

文献[55]的深度学习实验使用 Python 3.5.2 编写，使用的深度学习框架是 Keras 2.0.1，后端选用 TensorFlow 1.1.0。

Keras 是基于 TensorFlow 或 Theano 的开源深度学习框架，运用 Python 语言实现，其特点是高度模块化，宗旨是让用户可以进行最快速的原型实验。TensorFlow 和 Theano 主要支持通用的计算，Keras 则专注于深度学习。由于底层使用 TensorFlow 或 Theano，使用 Keras 与使用 TensorFlow 或 Theano 相比基本没有性能损耗，甚至能够享用 TensorFlow 或 Theano 持续开发带来的性能提升，但降低了编程的复杂度，节省了尝试新网络结构的时间。

Keras 中的模型都是在 Python 中定义的，这样就能够通过编程的方式调试模型结构及各种参数。Keras 提供了便利的 API，用户只需要将高级的模块组合在一起，就能够设计神经网络，这样就很大程度地降低了编程开销和阅读他人代码时所需的理解开销。鉴于 Keras 的优点和实际实验环境，文献[55]选择 Keras 作为实验的深度学习框架。

3. 实验结果与分析

图 4.25 给出了 LeNet-5 及其改进网络模型在 Caltech101 数据集上的性能。可以看出，在 Caltech101 数据集上，当采用灰度图像时，LeNet-5 模型的 MAP（36.83%）比基于 LDA 主题模型的 MAP（17.11%）提升了 115%，说明使用深度学习表示图像比使用底层视觉特征表示图像的效果更好。当采用 RGB 彩色图像时，LeNet-5 模型的 MAP 可达 40.43%。在对 LeNet-5 三种形式的改进模型中，只去除池化层 S4 的效果最好，使用 RGB 图像的 MAP 可以达到 46.07%，使用灰度图像的 MAP 可以达到 45.72%。

图 4.26 给出 LeNet-5 及其改进网络模型在 Holidays 数据集上的性能。可以看出，在 Holidays 数据集上，使用 LeNet-5 模型一次训练的 MAP 为 34.04%，经过二次训练后，MAP 为 37.27%，提升了 9.49%。这是因为经过二次训练，使得训练更加充分。在对 LeNet-5 三种形式的改进模型中，同样是只去除池化层 S4 的效果最好，一次训练后的 MAP 为 37.25%，二次训练后的 MAP 为 38.20%。

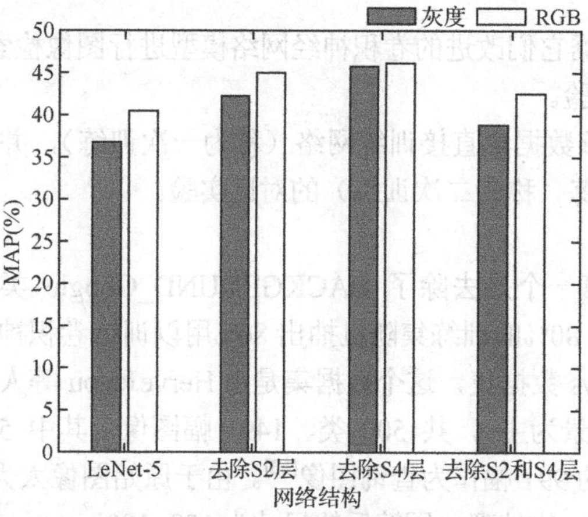

图 4.25 LeNet-5 及其改进网络模型在 Caltech101 数据集上的性能

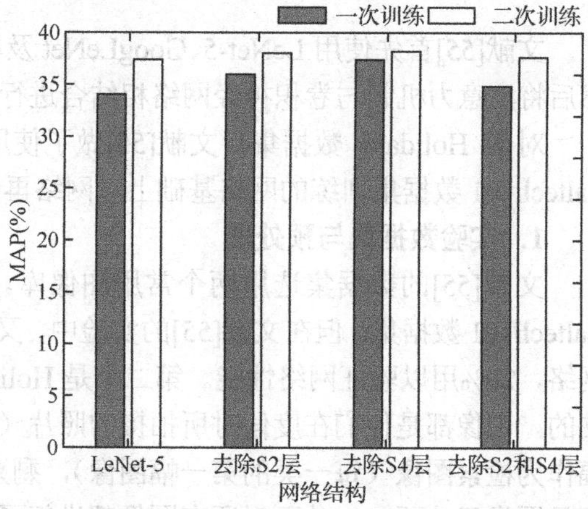

图 4.26 LeNet-5 及其改进网络模型在 Holidays 数据集上的性能

图 4.27 给出了 GoogLeNet 及其改进网络模型在 Caltech101 数据集上的性能。图 4.28 给出了 GoogLeNet 及其改进网络模型在 Holidays 数据集上的性能。

通过图 4.27 和图 4.28 可以看出，使用 GoogLeNet 模型，Caltech101 数据集的 MAP 相比于使用 LeNet-5 模型略有下降，而 Holidays 数据集上的性能有所提升。这是因为 Caltech101 数据集的图像原尺寸较小，使用如 GoogLeNet 这样层数很多的网络模型反而不利于特征表示。对

GoogLeNet 模型改进后，检索性能相比于原 GoogLeNet 模型均有所提升：在 Caltech101 数据集上，采用 RGB 图像的 MAP 提升了 1.8%（38.57%～39.28%），采用灰度图像的 MAP 提升了 4.2%（33.42%～34.82%）；在 Holidays 数据集上，一次训练后 MAP 提升了 8.1%（40.15%～43.43%），二次训练后 MAP 提升了 4%（44.03%～46.04%）。这表明，去除部分池化层可以有效保留有用信息。

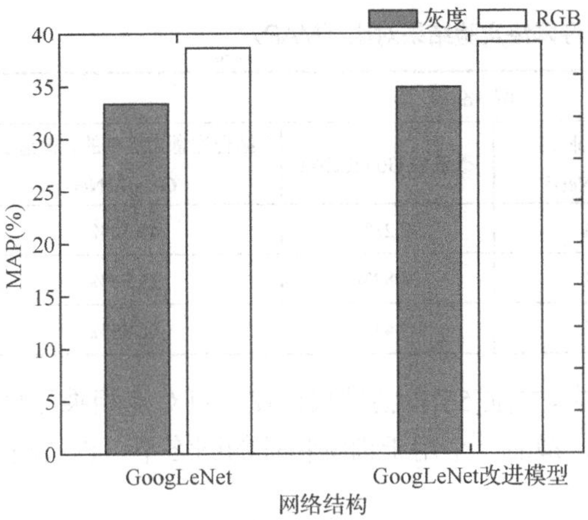

图 4.27　GoogLeNet 及其改进网络模型在 Caltech101 数据集上的性能

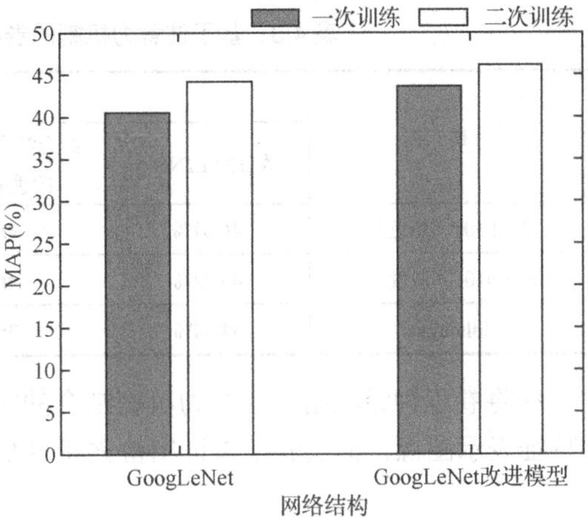

图 4.28　GoogLeNet 及其改进网络模型在 Holidays 数据集上的性能

表 4.2 给出了各模型 MAP 对比。从中可以看出，使用深度学习方法提取的图像特征比底层视觉特征效果要优异很多，这是因为底层视觉特征是根据图像的颜色、形状等表示图像的，对图像的理解不够，而深度学习是通过学习图像得到图像的特征表示，能够获取图像的高层语义，更接近于人类对图像的理解。在运用卷积神经网络对图像进行特征提取时，传统一层卷积跟着一层池化的结构会导致部分有效信息的损失，“窄而深”的卷积神经网络不会过多地损失有效信息，可以更好地提取局部特征信息，更适用于表示图像。然而，完全摒弃池化层的性能不如保留部分池化层，说明需要使用池化层删除无效信息，但池化层个数不宜过多，具体情况要视图像规模而定。

表 4.2　各模型 MAP 对比

数据集 / 网络模型	Caltech101（灰度）	Caltech101（彩色）	Holidays（一次训练）	Holidays（二次训练）
BoVW	12.85%			
SPM	13.40%			
LDA	17.11%			
LeNet-5	36.83%	40.43%	34.04%	37.27%
LeNet-5（去除 S2 层）	42.20%	44.87%	35.85%	38.01%
LeNet-5（去除 S4 层）	45.72%	46.07%	37.27%	38.22%
LeNet-5（去除 S2 和 S4 层）	38.92%	42.56%	34.83%	37.65%
GoogLeNet	33.42%	38.57%	40.51%	44.03%
改进的 GoogLeNet	34.82%	39.58%	43.43%	46.04%

根据在 Caltech101 数据集上的性能可知，灰度图像的性能略低于 RGB 图像。根据在 Holidays

数据集上的性能可知，对于规模不是很大的数据集，进行二次训练能够获得更好的性能。

表 4.3 给出了基于注意力机制的卷积神经网络实验结果对比。从中可以看出，结合注意力机制后，改进的 LeNet-5 和改进的 GoogLeNet 的 MAP 大约提升 2%～10%，说明使用注意力机制与卷积神经网络相结合的方法表示图像比使用卷积神经网络表示图像的效果更好，可以有效提高检索精度，从而快速高效地检索出相关图像。

表 4.3 基于注意力机制的卷积神经网络实验结果对比（MAP）

数 据 集	网 络 模 型			
	改进的 LeNet-5	结合注意力机制的、改进的 LeNet-5	改进的 GoogLeNet	结合注意力机制的、改进的 GoogLeNet
Caltech101（彩色）	46.07%	**48.65%**	39.28%	**43.32%**
Caltech101（灰度）	45.72%	**46.79%**	34.82%	**35.53%**
Holidays	34.04%	**35.44%**	43.43%	**46.85%**

在将卷积神经网络和注意力机制结合的实验中，文献[55]曾尝试直接使用点对点相乘计算后的特征表示图像，但实验结果证明检索精度很差，最后一个用于训练特征的网络不可以省略。

4.5 基于深度信念网络的人脸图像检索

文献[64]研究了采用深度学习的 DBN 网络的人脸图像检索。该文献融合了局部二值模式（LBP）算子的稳定特征，得到权值、偏置等参数，并利用训练结果初始化整个网络，计算出损失函数，设置一层误差反向网络进行微调。用 ORL 人脸数据库，并添加随机采样的人脸数据进行识别，识别正确率达 95%以上。下面进行详细介绍。

4.5.1 局部二值模式

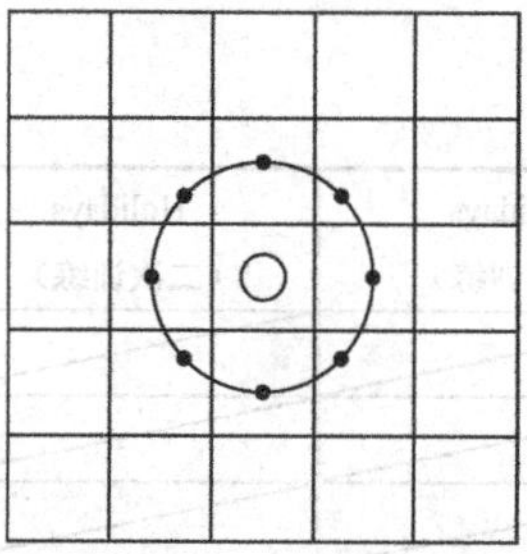

图 4.29 P=8，R=1 的 LBP 算子

人脸图像的 LBP 特征很容易计算。因为深度神经网络虽然具有功能强大自主学习能力，却需要大量的学习数据作为其训练的前提，所以文献[64]在实验中特意使用简单的 LBP 算子作为深度学习的一种预处理操作。LBP 是优秀的纹理描述方式，目前被广泛应用于图像处理等领域，文献[64]在实验中采用的是新的 LBP 算子，其具有旋转不变性，利用 LBP 可以减小光照不均等因素对图片的影响，加深深度信念网络对图像特征的理解。并且 LBP 算子可以计算不同半径邻域、不同像素大小的特征值，简化了计算过程。文献[64]在实验中选取了 P=8, R=1 的 LBP 算子，其中 P 表示周围像素点个数，R 表示邻域半径。如图 4.29 所示。

4.5.2 DBN 训练模型

本节实验使用的 DBN 网络结构如图 4.30 所示。DBN 网络由一层输入层、两层 RBM 和反向传播（BP）层组成[65]，其中 $\boldsymbol{W}_n$ 为各层的权值。加入反向传播层，可以使网络在正向传播后进行误差微调，使 DBN 的结果更加准确。

DBN 训练过程大致分为以下几步。

① 读取数据：预处理后的图像文件分为训练集（train_x,train_y）和测试集（test_x, test_y），放入 DBN 网络中。

② 网络的预训练：利用训练集无监督自下而上地训练第一层 RBM，将隐层的输出结果传递并作为显层输入，将显层的输出作为下一个 RBM 的输入，再训练下一个 RBM，确保特征向量映射到不同特征空间时保留有效信息。

③ 微调过程：设置 BP 层，接收训练的最后一层 RBM 输出作为 BP 层的输入，通过 BP 层自顶向下进行误差微调，优化深度信念，网络参数，使整个 DBN 的特征向量映射达到最优。

4.5.3 融合 LBP 算子与 DBN 网络模型的图像检索

本节实验所采用的人脸图像检索模型如图 4.31 所示。该实验融合了局部二值模式进行特征提取，使 DBN 学习到不利特征的概率大大降低，该实验过程分为以下几步。

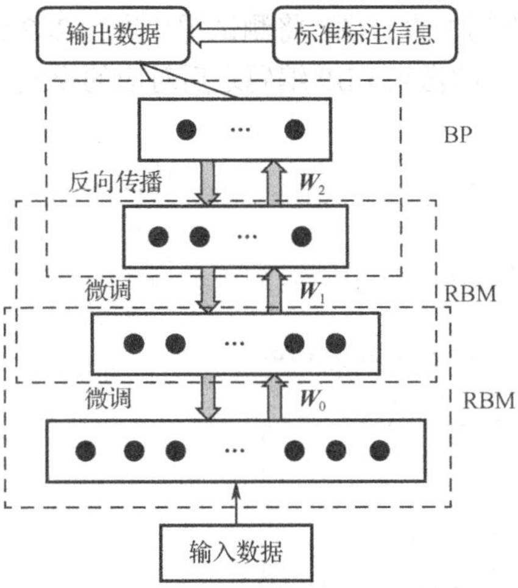

图 4.30 实验所用的 DBN 网络结构

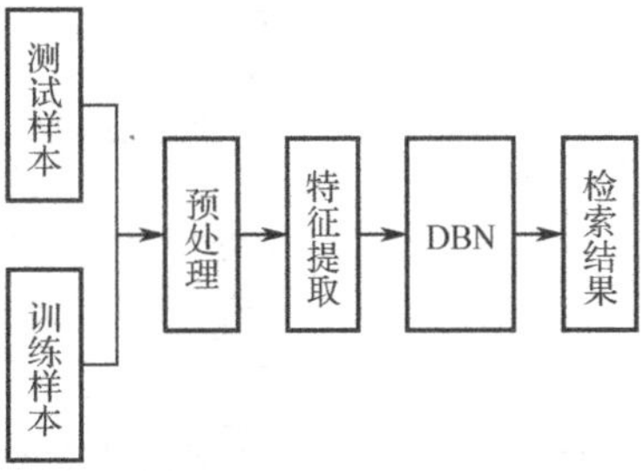

图 4.31 实验采用的人脸图像检索模型

① 对人脸图像数据库进行 LBP 特征提取：先将人脸图片进行 4×4 分块，利用圆形 LBP 算子进行运算，其中半径设为 1，周围像素值为 8。

② 将处理后的数据分为测试集与训练集，将 train_x 中的 280 张人脸图片用于训练，test_x 的 120 张图片用于测试，（train_y，test_y）将人脸图像数据库的每人 320 张图片用于训练，80 张图片用于测试，并且将所有图片数据进行归一化，其范围设为[0,0.5]。

③ 读取训练数据，自下而上无监督地对第一层 RBM 进行训练，逐层训练后对训练结果进行自顶向下的反向调优，利用 fmincg 函数得到损失函数的最优解，优化整个 DBN 网络，迭代次数设为 3000。

④ 利用 Test 数据进行网络测试，进行 SoftMax 回归分类，统计出该人脸图像检索系统的正确率。

4.5.4 实验结果

实验仿真环境：Windows10 系统，CPU 采用 Intel Core i5-6200U 2.30GHz, 4GB 内存；MATLAB 2014b。

1．ORL 人脸图像数据库

ORL 人脸图像数据库有 40 个人，由不同年龄、不同性别和不同种族的人组成[65]，每个人有 10 种不同方向、不同细节、不同表情（如笑与不笑、睁眼或闭眼）的图片。本次实验还添加了随机图片进行识别。将这些图片进行预处理，并将其分成测试集与训练集去训练 DBN 网络。新增人脸图片如图 4.32 所示。

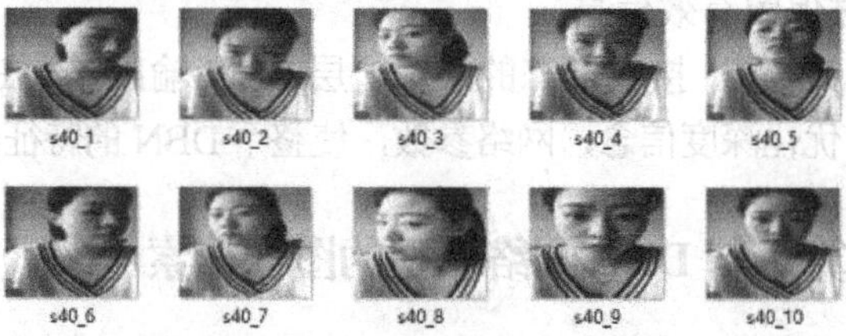

图 4.32 实验新增部分人脸图片

2．LBP 算子识别

如图 4.33 所示，这是一幅图片经过 LBP 处理后的直方图，将测试图片进行 2×2 分块，图中显示每一图像块的直方图。横坐标表示对图像块中的像素 LBP 编码之后对应的模式，纵坐标表示统计的图像块中该模式出现的次数。

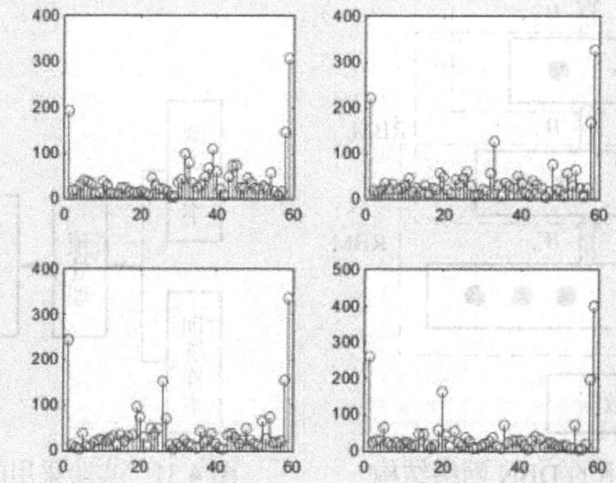

图 4.33 LBP 处理后的人脸图片直方图

如何选取实验所用最优的 LBP 算子，同样是实验的重要部分。实验分别将 LBP 算子选取 LBP(4,1)、LBP(8,1)、LBP(8,2)，统计其在不同分块情况下 ORL 人脸图像数据库上的识别情况，如表 4.4 所示。统计结果表明，在 4×4 分块下 LBP 算子具有好的识别率。

表 4.4 不同 LBP 在不同分块情况的识别率

LBP \ 分块	1×1	2×2	3×3	4×4
LBP(4,1)	65.5%	83.5%	93.2%	95.5%
LBP(8,1)	84.0%	90.5%	95.0%	97.0%
LBP(8,2)	85.0%	91.5%	95.5%	97.0%

参考文献

[1] J. R. Bach, C. Fuller, A. Gupta, et al. Virage image search engine: an open framework for image management.

Proceedings of the 4th Storage and Retrieval for Still Image and Video Databases, 1996:76-87.

[2] T. Kato. Database architecture for content-based image retrieval. The International Society for Optical Engineering, 1992, 1662:112-123.

[3] H. Liu, H. Tong, Q. Tong. A method for semantic-based image retrieval. Proceedings of Spie the International Society for Optical Engineering, 2009, 7495:74954J-74954J-7.

[4] W. M. Arnold. Content based image retrieval at the end of early years. IEEE Transactions on Pattern Analysis and Machine Intelligence, 2000, 22(12):1349-1379.

[5] G. E. Hinton, S. Osindero, Y. W. Teh. A fast learning algorithm for deep belief nets. Neural Computation, 2006, 18(7): 1527-1554.

[6] Y. Bengio, A. C. Courville, P. Vincent. Representation learning: A review and new perspectives. IEEE Transactions on Pattern Analysis and Machine Intelligence, 2013, 35(8):1798-1828.

[7] I. Goodfellow, Y. Bengio, A. Courville. Deep learning. MIT Press, 2016.

[8] Y. Bengio, O. Delalleau. On the expressive power of deep architectures. Proceedings of the 22nd International Conference on Algorithmic Learning Theory, 2011: 18-36.

[9] 阿斯艳-哈米提，阿不都热西提-哈米提. 基于文本的图像检索与基于内容的图像检索技术的比较研究.首都师范大学学报（自然科学版），2012, 33(4):6-9.

[10] 梁晔，刘宏哲. 基于视觉注意力机制的图像检索研究. 北京联合大学学报，2010, 24(1):30-35.

[11] J. R. Smith, S. F. Chang. Automated binary texture feature sets for image retrieval. Proceedings of the 21st International Conference on Acoustics, Speech, and Signal Processing, 1996: 2239-2242.

[12] A. Gupta. Visual information retrieval. Communications of the ACM, 1997, 40(5):70-79.

[13] J. Willamowski, D. Arregui, G. Csurka, et al. Categorizing nine visual classes using local appearance descriptors. Proceedings of ICPR Workshop on Learning for Adaptable Visual Systems, 2004: 17-21.

[14] Y. Rui, T. S. Huang, S. F. Chang. Image retrieval: current techniques, promising directions, and open issues. Journal of Visual Communication & Image Representation,1999, 10(1):39-62.

[15] G. Aggarwal, T. V. Ashwin, S. Ghosal. An image retrieval system with automatic query modification. IEEE Transactions on Multimedia, 2002, 4(2):201-214.

[16] C. Singh, K. P. Kaur. A fast and efficient image retrieval system based on color and texture features. Journal of Visual Communication Image Representation, 2016, 41(11):225-238.

[17] R. Hess. An open-source SIFT Library. Proceedings of ACM Multimedia, 2010:1493-1496.

[18] M. M. Alkhawlani, M. Elmogy, H. M. Elbakry. Content-Based image retrieval using local features descriptors and bag-of-visual words. International Journal of Advanced Computer Science and Applications, 2015, 6(9): 212-219.

[19] F. F. Li, P. Perona. A bayesian hierarchical model for learning natural scene categories. Proceedings of the 22nd IEEE Conference on Computer Vision and Pattern Recognition, 2005:524-531.

[20] X. Glorot, A. Bordes, Y. Bengio. Deep sparse rectifier neural networks. Proceedings of the 14th International Conference on Artificial Intelligence and Statistics, 2011, 15:315-323.

[21] A. Krizhevsky, I. Sutskever, G. E. Hinton. ImageNet classification with deep convolutional neural networks. Advances in Neural Information Processing Systems, 2012:1097-1105.

[22] Y. LeCun, L. Bottou, Y. Bengio, et al. Gradient-based learning applied to document recognition. Proceedings of the IEEE, 1998, 86(11):2278-2324.

[23] Y. LeCun, Y. Bengio, G. Hinton. Deep learning. Nature, 2015, 521(7553):436-444.

[24] K. Lin, H. F. Yang, J. H. Hsiao, et al. Deep learning of binary hash codes for fast image retrieval. IEEE

Conference on Computer Vision & Pattern Recognition Workshops, 2015.

[25] W. J. Li, S. Wang, W. C. Kang. Feature learning based deep supervised hashing with pairwise labels. AAAI Press, 2016.

[26] F. Zhao, Y. Huang, L. Wang, et al. Deep semantic ranking based hashing for multi-label image retrieval. computer vision and pattern recognition, 2015:1556-1564.

[27] F. Schroff, D. Kalenichenko, J. Philbin. FaceNet: A unified embedding for face recognition and clustering. CoRR, 2015, abs/1503.03832.

[28] 张坚强. 基于内容检索的多媒体语言教学数据库建设及应用研究. 中国地质大学硕士学位论文，2015.

[29] 翟剑锋. 基于多特征的图像检索系统的设计与实现. 北京邮电大学硕士学位论文，2010.

[30] 齐红.基于 HSV 空间的微米木纤维直径检测算法. 安徽农业科学，2014, 5:98-100.

[31] 刘丽，匡纲要. 图像纹理特征提取方法综述. 中国图象图形学报，2009, 4:622-635.

[32] M. Xu, Y.P. Feng, Z. M. Lu. Fast feature extraction based on multi-feature classification for color image. Journal of Information Hiding and Multimedia Signal Processing, 2019, 10(2):369-376.

[33] M. R. Hejazi, Y. S. Ho. An efficient approach to texture based image retrieval. International Journal of Imaging Systems and Technology, 2007, 17(5): 295-302.

[34] D. S. Zhang, G. Lu, Shape-based image retrieval using generic Fourier descriptor. Signal Processing: Image Communication, 2002, 17(10): 825-848.

[35] Z. M. Lu, H. Burkhardt. Colour image retrieval based on DCT-domain vector quantisation index histograms. Electronics Letters, 2005, 41(17): 956-957.

[36] J. Z. Wang, G. Wiederhold, O. Firschein, et al. Wavelet-based image indexing techniques with partial sketch retrieval capability. IEEE International Forum on Research and Technology Advances in IEEE, 1997: 13-24.

[37] F. X. Yu, H. Luo, Z. M. Lu. Colour image retrieval using pattern co-occurrence matrices based on BTC and VQ. Electronics Letters, 2011, 47(2): 100-101.

[38] T. Uchiyama, M. Yamaguchi, N. Ohyama. Multispectral image retrieval using vector quantization, Proceedings of IEEE International Conference on Image Processing, 2001, 1:30-33.

[39] H. H. Chen, J. J. Ding, H. T. Sheu. Image retrieval based on quadtree classified vector quantization. Multimedia Tools and Applications, 2014, 72(2): 1961-1984.

[40] Z. M. Lu, Y. P. Feng. Image retrieval based on histograms of EOPs and VQ indices. Electronics Letters, 2016, 52(20): 1683-1684.

[41] M. Singha, K. Hemachandran, A. Paul. Content-based image retrieval using the combination of the fast wavelet transformation and the colour histogram. IET Image Processing, 2012, 6(9):1221-1226.

[42] G. Y. Kang, S.Z. Guo, D. C. Wang, et al. Image retrieval based on structured local binary kirsch pattern. IEICE Transactions on Information and Systems, 2013, 96(5):1230-1232.

[43] P. S. Suhasini, Krishna. K, I. M. Krishna. CBIR using colour histogram processing. Journal of Theoretical and Applied Information Technology, 2009, 6(1): 116-122.

[44] A. Gersho, R.M. Gray. Vector quantization and signal compression. Springer Science and Business Media, New York, 2012.

[45] S. Z. Su, S. Y. Chen, S. Z. Li, et al. Structured local binary Haar pattern for pixel-based graphics retrieval. Electronics Letters, 2010, 46(14): 996-998.

[46] J. Li. Photography image database. http://www.stat.psu.edu/ jiali/index.download.html.

[47] J. Herve, D. Matthijs, S. Cordelia. Improving bag-of-features for large scale image search. International

Journal of Computer Vision, 2010, 87(3): 316-336.

[48] 吴夙慧，成颖，郑彦宁，等. K-means 算法研究综述. 现代图书情报技术，2011, 27(5):28-35.

[49] A. Leonardis, H. Bischof, A. Pinz, et al. SURF: Speeded up robust features. Proceedings of the 9th European Conference on Computer Vision, 2006:404-417.

[50] M. Calonder, V. Lepetit, C. Strecha, et al. BRIEF: binary robust independent elementary features. Proceedings of the 11st European Conference on Computer Vision, 2010: 778-792.

[51] E. Rublee, V. Rabaud, K. Konolige, et al. ORB: An efficient alternative to SIFT or SURF. Proceedings of the 13th IEEE International Conference on Computer Vision, 2011:2564-2571.

[52] S. Leutenegger, M. Chli, R. Y. Siegwart. BRISK: Binary Robust invariant scalable keypoints. Proceedings of the 13th IEEE International Conference on Computer Vision, 2011:2548-2555.

[53] D. G. Lowe. Object recognition from local scale-invariant features. Proceedings of the 7th IEEE International Conference on Computer Vision, 1999:1150-1157.

[54] J. A. Hartigan. A K-means clustering algorithm. Applied Statistics, 1979, 28(1):100-108.

[55] 郝靖. 基于深度学习的图像检索技术研究. 内蒙古大学硕士学位论文，2018.

[56] V. Mnih, N. Heess, A. Graves. Recurrent models of visual attention. Proceedings of the 27th International Conference on Neural Information Processing Systems, 2014: 2204-2212.

[57] D. Bahdanau, K. Cho, Y. Bengio. Neural machine translation by jointly learning to align and translate. arXiv preprint arXiv: 1409.0473，2014.

[58] V. Badrinarayanan, A. Kendall, R. Cipolla. Segnet: A deep convolutional encoder-decoder architecture for image segmentation. IEEE Transactions on Pattern Analysis and Machine Intelligence, 2017, 39(12): 2481-2495.

[59] 梁晔，刘宏哲. 基于视觉注意力机制的图像检索研究. 北京联合大学学报，2010, 24(1):30-35.

[60] 冯红梅. 基于视觉注意机制的图像分割研究及其应用. 河北工业大学硕士学位论文，2009.

[61] K. He, X. Zhang, S. Ren, et al. Spatial pyramid pooling in deep convolutional networks for visual recognition. Proceedings of the 13th European Conference on Computer Vision, 2014: 346-361.

[62] C. Szegedy, W. Liu, Y. Jia, et al. Going deeper with convolutions. Proceedings of the 32nd IEEE Conference on Computer Vision and Pattern Recognition, 2015:1-9.

[63] H. Jegou, M. Douze, C. Schmid. Hamming embedding and weak geometric consistency for large scale image search. Proceedings of the 10th European Conference on Computer Vision, 2008: 304-317.

[64] 张天浩. 基于深度信念网络的人脸图像检索. 沈阳理工大学硕士学位论文，2018.

[65] M. Ranzato, Y. L. Boureau, Y. Lecun. Sparse feature learning for deep belief networks. Advances in Neural Information Processing Systems, 2007:1185-1192.

第5章　基于深度学习的图像压缩

5.1　图像压缩概述

5.1.1　图像压缩的目的和意义

图像压缩一直是图形图像处理领域的基础课题，对数据存储和传输具有极为重要的意义。未经压缩的图像会占用庞大的存储空间。以一张1024×960的RGB三通道图片为例，如果这张图片未被压缩，它将占据约3MB的存储空间，仅300余张图片就会占用1GB的存储空间。而如果使用目前流行的有损压缩技术，可以将1024×960的RGB图片压缩至100KB甚至更低，此时1GB的存储空间可以存储超过1万张1024×1024的图片。再比如某些卫星遥感图像，如高光谱遥感数据图像，它在同一位置采集224个不同频率下物体的成像结果，因此一幅高光谱图像有224个图像通道，此时仅一幅2340×2048的高光谱图像就需要占据1GB的存储空间。从目前硬件存储技术来看，这样的图像存储方式无疑无法满足大量图像存储的实际需求，因此图像压缩对于存储空间的有效利用具有必要性。

未经压缩的图像会给图像的传输带来巨大压力。随着液晶技术的发展，目前市场上出现了很多4K、8K的数字电视。4K电视的图像分辨率为3840×2160，一张4K未压缩的图片大小为23.73MB，若此数字电视使用60Hz的刷新频率，则需要的最低数据传送速率为1.39GB/s，而一般家用的宽带传输速率往往只有此速率的1/100～1/20，无法实时观看4K视频。再比如非同步卫星向地面传输图像时，图像的传输时间有限制，超过地面站的接收角度后便无法继续传输信息，只能等待下次卫星经过此地面站才能继续传输，即每次卫星传输的数据总量一定，想要卫星每次传输的信息量更大就必须对卫星图像进行压缩。并且由于未经压缩的图像体积较大，所需传输时间更长，在同等信道条件下，传输时产生错误的概率会更高。

图像在邻近像素间存在空间冗余，在离散余弦变换后存在频域冗余，由于人眼对某些信号不敏感图像还存在着视觉上的冗余，去除这些冗余可以大幅减少图像所需的存储空间。图5.1描述了Lena图像在不同压缩参数下的图像质量和数据量，其中QP为JPEG量化参数。由图5.1可知，图像压缩技术可以在保持图像视觉质量基本不变的前提下，降低图像保存所需的数据量，加快图像传输的速率。因此图像压缩有重要的理论和应用价值，对于整个信息时代的发展都有重要的促进作用。

图像压缩的目的是通过消除数字图像像素间的冗余来实现图像压缩处理。在静态图像中，空间冗余是存在最多的冗余，物体与背景具有很强的联系，这种联系映射到像素级上，就体现了很强的相关性，这种相关性在数字图像中就被称为数据冗余，通过压缩的方式来消除数据冗余的原理主要分为3类：预测编码、变换编码和统计编码。

预测编码的基础理论为现代统计学和控制论，其技术建立在信号数据的相关性上。最经典的方式为DPCM法，利用当前图像的一个像素的真实值，根据相邻像素的相关性对当前像素进行预测，利用两者具有预测性的残差进行量化、编码，通过降低码流进而达到图像压缩的目的。变换编码主要是对图像进行函数变换，将空域信息变换到频域，之后对频域信息进行处理，将高频信号和低频信号进行分离，按照信号的重要程度对信息位进行分配，减少信息冗余，达到压缩目的。统计编码也被称为熵编码，是根据信息出现概率的分布特性进行编码的。基于深度学习的图像压缩，并不独立于传统的图像压缩方法，更多的是建立在传统的图像压缩编码方法之上，对重建图像的分辨率进行提升。

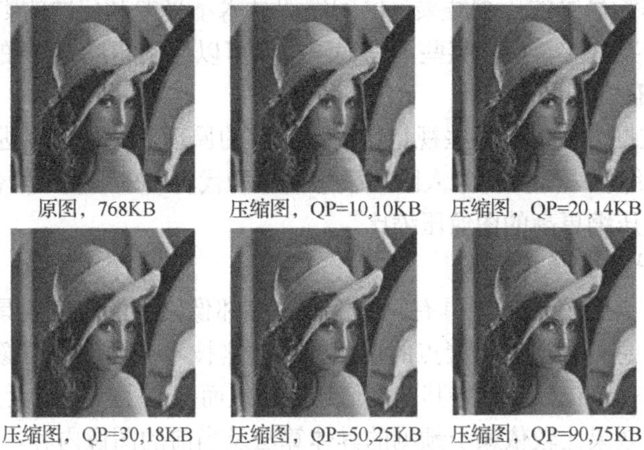

图 5.1　Lena 图像在不同压缩参数下的图像质量和数据量

在使用变换编码时，主要问题在于重建图像时存在块效应与伪影，这些问题其实并非只有深度学习能够处理，很多方法都可以对这些问题进行很好的处理，但是深度学习更有能力处理这类问题。熵编码是图像压缩的一个重要组成部分。根据信息论，编码信号所需的比特率受信息熵的限制，信息熵对应于表示信号的符号的概率分布。因此，在端到端图像压缩框架中嵌入熵编码组件来估计潜在表示的概率分布，并对熵进行约束来降低比特率。熵编码模型提供了对所有元素的可能性的估计，在熵模型中，大部分工作都是利用算术编码对元素的符号进行无损编码。传统的图像压缩采用变换编码方式再配合熵编码进行图像压缩，而深度学习则采用端到端的结构设计和不同种类的网络经过训练替代传统的变换编码方式。同时，近些年 GPU 的高速发展，为更多样性网络结构的设计提供了计算保障，也为性能的提升提供了硬件支持，使基于深度学习的图像压缩在其分辨率、比特率等各方面有了提高。

5.1.2　传统图像压缩的方法分类和简介

图像压缩分为有损压缩和无损压缩。

1．常用无损压缩技术

无损压缩技术将图像统计上的冗余去除，压缩比大体在 5∶1～2∶1 之间，其过程是可逆的。无损压缩技术被广泛应用在对图像纹理清晰度要求很高的场景（如生物纹理图像、艺术品电子图像、稀缺文档图像等）。

① 行程编码技术[1]：它处理图像时采用行扫描方式，将图像中颜色相同的邻近像素点的累积数目和像素的灰度值存储起来。例如，行扫描的结果是 aabbbcdddd 时，行程编码的编码结果是 2a3b1c4d。行程编码的特点是：如果图像的每行有大量邻近数据相同，采用行程编码可以大幅度压缩图像的行信息；但是对于相邻像素的值绝大部分不同的自然图像，行程编码的压缩效果很不理想。

② Huffman 编码技术[2]：它对不同字符采用不同长度的码流来表示，对出现频率低的字符采用更长的码流来描述，对高频的字符采用相对较短的码流来描述。使用这种编码方式减少了

整个字符串编码后的码流长度，使压缩后的码流长度接近信息论中的熵值。

③ 区间编码技术[3]：其思想为将待压缩的输入转换成一个整型数字。当给定足够大的区间时，区间编码按照各字符的频率将区间迭代地划分。字符串处理完成后，就得到了一个子区间，在此子区间内的数值均可以解码得到原来的字符串，此时找到一个能表示整个区间的数字前缀来代替整个区间，作为最终的压缩结果。区间编码技术不受专利问题的影响，得到了许多开源爱好者的支持。对于某些字符串，某些区间编码技术可以达到超过 50 倍的压缩比。

2. 常用有损压缩技术

有损压缩技术依据人眼对于某些视觉特征不敏感的原理对图像信息进行过滤，从而大幅度提升压缩比。有损压缩以去除少部分人眼不敏感信息为代价，在不明显降低图像质量的前提下，实现了相对于无失真压缩更高的图像压缩比。

1）常用的第一代有损压缩技术

① 预测编码[4]：图像在空间上具有冗余性质，相邻像素点的灰度值具有相关性，因此可以通过图像的上下文信息得到当前像素点的值。帧内预测技术在预测当前像素点的值时，就利用了像素邻近区域的若干个像素点，将其灰度值加权，从而得到了当前像素点的预测信息。因此，帧内预测技术的压缩效果比较依赖于预测的具体算法及当前的图像内容。

② 金字塔方法[5]：它把输入图像缩放成若干幅不同尺度的图像，将图像按照尺度的不同依次堆叠，形成一个金字塔结构，通过 Laplacian 算法，对金字塔内的图像依次量化、熵编码，对人眼不敏感的区域使用更少的码流描述，从而实现图像的压缩。

③ 矢量编码[6]：它将原图像分割成多个 $n \times n$ 的图像块，每个图像块被视为 k 维的像素矢量，然后使用矢量量化方法进行编码。算法生成具有统计信息的码书，对于每个输入的块矢量，在码书中找到与之最近似的码书矢量，从而近似描述输入矢量的信息，使用 k 编码对输入块压缩。

④ 子带编码[7]：原图像经过若干个滤波器，得到多幅不同频率的图像，对这些图像子采样，得到图像不同频段的信息，每个频段使用与之对应量化编码方法分别编码，然后将它们合并统一传输。解码时，将码流分解成原先的子带图，然后通过融合子带信息来重构图像。

⑤ JPEG[8]：JPEG 结合了多项压缩技术，对原图像提取 8×8 的小块，对小块采用 DCT 变换，然后量化、熵编码，从而得到压缩结果。

2）常用的第二代有损压缩技术

第一代有损压缩技术仅从数据压缩角度考虑问题，没有考虑到人眼对边缘、纹理、角度等信息的特殊敏感性。于是，学者们提出了第二代有损压缩技术。常用的第二代有损压缩技术如下。

① 模型编码[9]：该技术在编码端通过图像解析模块，将图像内的物体从图像中分离出来，使用网格来对物体建模，通过提取图像几何特征、色度特征等得到模型特征；在解码端，通过模型参数将图像与图像内的物体结合，得到最终的重建图像。与传统的方法相比，模型编码更注重减少图像内容的失真，将以往的图像量化失真转换为图像内物体集合位置、角度的失真。

② 神经网络编码[10]：神经网络受人脑神经元拓扑的启发，通过多层神经元相互连接，实现复杂的函数功能。神经网络具有普适性、易用性，不需要过多地压缩先验知识，只要通过反向传播就可以自动学习图像本身的特征，自主实现信息的压缩。自编码网络（Autoencoder）[11]是典型的具有数据压缩、重建能力的神经网络结构，信号输入 Autoencoder 后，在编码端通过减少隐层神经元的数目实现数据的降维，在解码端增加神经元个数来重构输入信号。目前神经网络编码可以应用在变换、预测、码书设计等方面，但浅层神经网络编码还无法完全替代传统的编码方案。

③ JPEG2000[12]：它使用了小波变换，使图像压缩比 JPEG 提高了约 30%，并且重构图像不会出现 JPEG 中明显的块效应。然而，由于 JPEG2000 存在编/解码速度是 JPEG 的近十倍、低

压缩比下相对于 JPEG 没有明显的优势、专利纠纷等问题。

④ BPG[13]：它没有使用 JPEG 中固定尺寸的图像块，而是根据图像内容在图像内容变化平稳的区域使用 32×32 的图像块，在变化剧烈的位置使用 4×4 的图像块。并且在预测过程中，采取了 35 种预测模式，减小了预测误差。

5.1.3 为什么要引入深度学习

图像压缩技术的大概发展历程如图 5.2 所示，从图中可以看出，在有了 BP 算法[14]之后，就已经有研究人员将神经网络引入图像压缩领域的先例，之后随着深度学习不断被深入研究，基于深度学习的图像压缩方法也随之被提出。深度学习[15]对图像特征提取、表达能力及高维数据的处理能力等都被认为对于图像压缩存在独有的优势，将深度学习应用于图像压缩逐渐成为当前的热点研究问题之一。传统的图像压缩技术如 JPEG[8]、JPEG2000[12]和 BPG[13]已被广泛使用，传统的图像压缩多采用固定的变换方式和量化编码框架，如离散余弦变换和离散小波变换，结合量化和编码器来减少图像的空间冗余，但是并非所有类型的图像都适用于这种方式，如以图像块的方式进行变换量化后会有块效应。同时在大量传输图像时由于网络带宽的限制，为了实现低比特率编码，会导致图像的模糊[16]现象。深度学习可以根据自身特点优化上述问题，例如，在编码器的性能上，深度学习可以对编码器和解码器进行联合优化，不断提升编码器的性能；在图像清晰度上，基于深度学习的图像超分辨率[17]技术，以及生成对抗网络都能使重建图像更加清晰；在面对不同类型的图像，针对不同类型的任务上，深度学习能够根据任务的特点对图像实现更智能、更有针对性的编/解码。

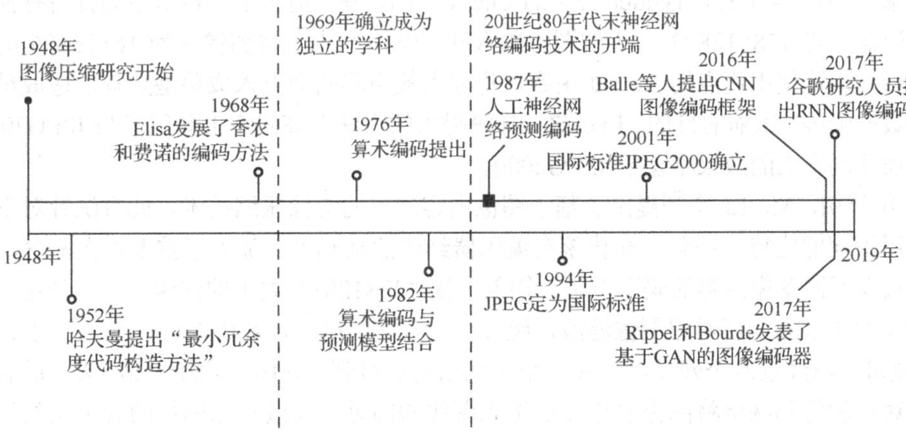

图 5.2 图像压缩技术的大概发展历程

5.1.4 基于深度学习的图像压缩技术现状

目前绝大多数深度学习处理的是目标检测、跟踪、分类等抽象级别的问题（提取图像抽象特征的问题），而有关像素级别的图像问题（图像像素失真问题），深度学习的理论较少。

2014 年，香港大学的 Chao Dong 等[18]设计了 SRCNN 网络用于图像超分辨，首次将深度学习应用于像素级别的图像问题中。算法使用了三层卷积结构，首先将低分辨率图像使用双三次差值的方法上采样，然后通过网络将图像在像素域上重建。2015 年，Chao Dong 等[19]又将深度学习应用到压缩图像的复原问题中，设计了 ARCNN 网络。ARCNN 网络在 SRCNN 的基础上，添加了一层卷积结构作为特征增强层，通过该层来对特征图去噪，增强特征信噪比。ARCNN 将

JPEG 图像的 PSNR 提升了约 1.2dB。

Jiwon Kim 等[20]在 2016 年的 CVPR 会议中提出了 VDSR 网络，首次使用了 20 层的深层网络用于图像超分辨。使用 VDSR 对图像超分辨的效果比使用 SRCNN 提升了 0.5dB。Kai Zhang 等[21]在 2017 年提出了 DnCNN 网络结构，使用 17 层全卷积网络，配合 ReLU、批归一化[22]等结构，实现了比传统 BM3D 算法更优秀的去噪效果。以上工作从理论和实践上证明了深度学习在处理图像超分辨、图像压缩等像素级别的图像问题上具有巨大潜力。

2015 年，Google 公司的 George Toderici 等[23]提出了基于长短时记忆网络的、可变比率的图像压缩算法。该算法将一幅 32×32 大小的图像输入网络中，通过减少图像的尺度并调节特征图的个数，实现对图像的压缩，然后通过解码网络实现图像信息的还原。在图像非常模糊、高压缩比的条件下，具有比 JPEG 更好的视觉效果。2016 年，George Toderici 等[24]发表了深度学习与图像压缩结合的论文，论文中使用了递归神经网络，当输入一幅 32×32×24 大小的图像后，以步长为 2 的 RNN 结构对输入图像提取特征并对其下采样。经过 4 层 RNN 结构后，图像的维度变为 2×2×32，压缩比为 192 : 1。网络采用迭代的方式压缩图像，即第一次输入原图像，经过网络得到 2×2×32 的数据，这些数据通过解码网络复原得到重建图像，然后将重建图像与原图像的残差继续输入网络，从而将残差图像也进行压缩，得到一个新的 2×2×32 压缩数据。因此，网络可以通过控制迭代次数来控制图像的压缩比。该方法在低码率下，压缩效果优于 JPEG 方法。

2016 年年末，Johannes Balle 等人[25]使用卷积神经网络来实现图像的压缩。网络包含分析变换结构、量化结构和合成变换结构 3 部分，这些结构主要由卷积层、图像下采样层、GDN 归一化层[26]等组成。在低码率下，使用该方法得到的压缩图像相对于 JPEG 和 JPEG2000，具有更高的视觉质量。2017 年年初，Twitter 公司的 Lucas Theis 等[27]提出了一种新型的针对有损图像压缩的自编码器。将 128×128×3 大小的图像输入残差结构[28]中，将图像变为 16×16×96 的浮点数矩阵，然后对矩阵使用逐点的 Round 函数，将浮点数矩阵四舍五入成整型矩阵，造成量化失真从而达到数据降维、压缩的目的。LucasTheis 等提出的方法在高码率上获得了与 JPEG2000 近似的效果，在低码率上的效果略差于 JPEG2000。

2017 年年初，Mu Li 等[30]提出了基于图像内容加权的图像压缩技术。此方法针对不同的图像内容使用不同的比特率编码，在传统自编码器结构的基础上，加入了重要性图概念，通过重要性图来实现不同图像内容的码率控制。输入一幅 128×128×3 大小的图像，首先使用一个 8×8 大小、步长为 4 的卷积层对原图像滤波，经过一个残差结构后，对图像进行 5×5 大小、步长为 2 的卷积滤波，再经过两个残差结构和一个量化结构后得到 16×16×64 的压缩结果，最后通过与编码结构对称的解码网络将图像复原。在编码图像的同时，通过对原图像的若干次卷积操作，得到了每个像素点内容复杂度的量化表达，即重要性图，然后根据重要性图对 16×16×64 的编码结果筛选，去除不重要的位，从而提升了压缩性能。在低码率下，SSIM（图像质量评价指标）参数优于 JPEG。

5.2 基于矢量量化的图像压缩方法

5.2.1 基于矢量量化的图像压缩概述

矢量量化是 19 世纪 70 年代后期发展起来的一种数据压缩技术[31]，其基本思想是将若干个标量数据组构成一个矢量，然后在矢量空间给以整体量化，从而压缩了数据而不损失多少信息。

矢量量化编码也是在图像、语音信号编码技术中研究得较多的新型量化编码方法，它的出现并不仅仅是作为量化器设计而提出的，更多的是将它作为压缩编码方法来研究的。在传统的预测编码和变换编码中，首先将信号经某种映射变换变成一个数的序列，然后对其一个一个进行标量量化编码。而在矢量量化编码中，则是把输入数据几个一组地分成许多组，成组地量化编码，即将这些数据看成一个 k 维矢量，然后以矢量为单位逐个矢量进行量化。矢量量化是一种限失真编码，其原理仍可用信息论中的率失真函数理论来分析。而率失真函数理论指出，即使对无记忆信源，矢量量化编码也总优于标量量化编码。

在矢量量化中，将信源输出进行分组，变为块或者矢量。例如，可以将 L 个连续语音样本看成一个 L 维矢量的分量。或者，可以取一个由某图像中 L 个像素组成的块，将每个像素值看作一个 L 维矢量的分量。这种信源输出矢量构成了矢量量化器的输入。在矢量量化器的编码器和解码器处，都有一个 L 维矢量组成的集合，称为矢量量化器的码书。这一码书中的矢量称为代码矢量，选择用来表示由信源输出生成的矢量。每个代码矢量都被指定一个二进制索引。在编码器端，将输入矢量与每个代码矢量进行对比，找出与输入矢量最接近的代码矢量。这一代码矢量的元素就是信源输出的量化值。为了告诉解码器哪个代码矢量与输入矢量最接近，我们传送或存储该代码矢量的索引。因为解码器拥有完全相同的码书，所以它能够根据索引来提取该代码矢量。矢量量化编码和解码示意图如图 5.3 所示。

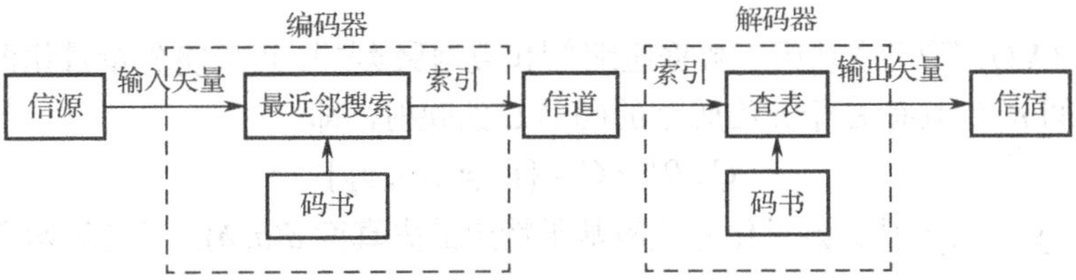

图 5.3　矢量量化编码和解码示意图

矢量量化的关键问题之一是设计出性能好的码书。如果没有码书，那么矢量量化编码将成为无米之炊。设训练矢量集为 $X=\{\boldsymbol{x}_0, \boldsymbol{x}_1, \cdots, \boldsymbol{x}_{M-1}\}$，待产生的码书为 $C=\{\boldsymbol{y}_0, \boldsymbol{y}_1, \cdots, \boldsymbol{y}_{N-1}\}$，其中 $\boldsymbol{x}_i=\{x_{i0}, x_{i1}, \cdots, x_{i(k-1)}\}$，$\boldsymbol{y}_j=\{y_{j0}, y_{j1}, \cdots, y_{j(k-1)}\}$，$0\leqslant i\leqslant M-1$，$0\leqslant j\leqslant N-1$，则码书设计过程就是寻求把训练矢量集 X 分成 N 个子集 $S_j\,(j=0,1,\cdots,N-1)$ 的一种最佳聚类方案，而子集 S_j 的质心矢量 $\boldsymbol{y}_j$ 作为码字。假设平方误差测度用来表征训练矢量 $\boldsymbol{x}_i$ 和码字 $\boldsymbol{y}_j$ 之间的失真，即

$$d(\boldsymbol{x}_i, \boldsymbol{y}_j)=\sum_{l=0}^{k-1}(x_{il}-y_{jl})^2 \tag{5-1}$$

则码书设计的准则可用下列数学形式表达：

最小化
$$f(\boldsymbol{W}, X, C)=\sum_{j=0}^{N-1}\sum_{i=0}^{M-1} w_{ij} d(\boldsymbol{x}_i, \boldsymbol{y}_j) \tag{5-2}$$

约束条件
$$\sum_{j=0}^{N-1} w_{ij}=1, \qquad 0\leqslant i\leqslant M-1 \tag{5-3}$$

其中，$\boldsymbol{W}$ 为 $M\times N$ 维矩阵，其元素满足

$$w_{ij}=\begin{cases}1 & \boldsymbol{x}_i\in S_j\\ 0 & \boldsymbol{x}_i\notin S_j\end{cases} \tag{5-4}$$

矩阵 $\boldsymbol{W}$ 可看作训练矢量的聚类结果。根据 $\boldsymbol{W}$，可计算码字为

$$\boldsymbol{y}_j=\frac{1}{|S_j|}\sum_{i=0}^{M-1} w_{ij}\boldsymbol{x}_i \tag{5-5}$$

其中，$|S_j|$代表子集 S_j 中训练矢量的数目，或者说是矩阵 $\boldsymbol{W}$ 第 j+1 行(w_{ij}, i=0, 1,⋯,M−1)中非零元素的数目。

可以证明由训练矢量集 X 所能产生的码书数目为

$$\frac{1}{N!}\sum_{i=0}^{N}(-1)^{N-i}\mathrm{C}_N^i\cdot i^M \tag{5-6}$$

这里 C_N^i 为组合数。若对所有码书进行测试，则可得到一个全局最优码书。

然而，即使使用最强大的计算机，对于相对较小的 N 和 M 而言，做这样的穷尽搜索也是不太现实的。为克服这个困难，文献中的各种码书设计算法都只进行部分搜索而产生局部最优的或接近全局最优的码书，这些算法包括：经典的 LBG 算法[31]、成对最近邻（Pairwise Nearest Neighbor，PNN）算法[32]和最大下降法（Maximum Descent，MD）[33]；基于神经网络的矢量量化码书设计算法[34]；基于全局寻优技术[35]的模拟退火码书设计算法[36]、随机松弛码书设计方法[37]、遗传码书设计算法[38]和禁止搜索码书设计算法[39]；基于模糊聚类理论[40]的模糊 c 均值算法[41]和模糊矢量量化码书设计算法[42]等。下面分别介绍本书作者提出的两种码书设计算法[43,44]。

5.2.2 基于边缘分类和范数排序的 K-means 算法的码书设计

1．引言

矢量量化（VQ）[45]已成功用于数据压缩[46]和数据聚类[47]。可以将矢量量化器 Q 定义为从 n 维欧几里得空间 R^n 到具有 K 个 n 维码字的码书 C 的映射，即

$$Q:R^n\to C=\{\boldsymbol{y}_1,\boldsymbol{y}_2,\cdots,\boldsymbol{y}_K\} \tag{5-7}$$

其中，$\boldsymbol{y}_i=\{y_{i1},y_{i2},\cdots,y_{in}\}^{\mathrm{T}}$。该量化方式应基于特定的失真度 $d(\boldsymbol{a},\boldsymbol{b})$，以度量两个 n 维矢量之间的不相似性。平方误差 $d(\boldsymbol{a},\boldsymbol{b})=\|\boldsymbol{a}-\boldsymbol{b}\|^2$ 通常作为失真度。基于量化器 Q，空间 R^n 可以被划分为 K 个非重叠单元 $V_i(i=1, 2, \cdots, K)$，即

$$\begin{cases}V_i=\{\boldsymbol{v}\in R^n\mid d(\boldsymbol{v},\boldsymbol{y}_i)\leqslant d(\boldsymbol{v},\boldsymbol{y}_j),j=1,2,\cdots,K\}\\ R^n=\bigcup_{i=1}^{K}V_i,\ V_i\cap V_j=\varnothing\ (i\neq j)\end{cases} \tag{5-8}$$

通常，Q 的码书是根据训练矢量集 $X=\{\boldsymbol{x}_1, \boldsymbol{x}_2, \cdots, \boldsymbol{x}_M\}$ 而非根据 R^n 设计的，可以通过以下平均失真来刻画 Q 的性能，即

$$D=E[d(\cdot,Q(\cdot))]=\frac{1}{M}\sum_{i=1}^{M}\|\boldsymbol{x}_i-Q(\boldsymbol{x}_i)\|^2 \tag{5-9}$$

显然，VQ 的压缩性能主要取决于码书质量。实际上，最佳矢量量化器设计的目的是在所有可能的码书中，寻找使平均失真最小化的码书。众所周知，最佳矢量量化器应满足两个最佳条件，即最近邻条件和最佳码书条件。一方面，每个训练矢量都应该映射到最接近它的码字；另一方面，每个码字应是其所映射到的训练矢量的质心。传统的 K-means 算法仅使用上述两个条件反复迭代来设计局部最优码书，有时，我们也称其为广义 Lloyd 算法（GLA）或 Linde-Buzo-Gray（LBG）算法[31]。

传统的 K-means 算法通常会收敛到局部最优码书，并且生成码书的收敛速度和性能都取决于初始码书。因此，一些学者[48]将注意力集中在增强 GLA 的性能上，以期提高基于群体元启发方式的质量[49,50]，或基于更有效的码书结构[51]或码字缩减方法[52-54]来缩减 VQ 的速度。其他学者则希望产生更好的初始码书，实际上，好的初始码书生成方法可以与任何上述技术结合，以便进一步提高 VQ 的性能。回顾历史，许多算法已经被证明能够获得较好的初始码书，包括众

所周知的随机初始化、分裂法[31]、成对最邻近（PNN）算法[32]、最大距离初始化[55]和范数排序分组策略[56]。但是，大多数常规初始化技术并未充分利用每个训练矢量的特征，某些初始化技术需要很高的额外计算量，例如分裂法、PNN 算法和最大距离初始化。因此，本书中，我们为图像矢量量化中使用的 K-means 算法提出了一种简单有效的初始化方案，首先通过边缘分类器将训练矢量分为 8 类，然后根据训练矢量的范数将其分类。之后，在每个类别中将已排序的训练矢量均匀分组。最后，将每个组的质心作为初始码字。实验结果表明，该方案相比于随机初始化和现有的范数排序分组策略，可以在更快的速度下获得更高质量的码书。

2. 相关工作

1）常规和改进的 K-means 算法

给定大小为 M 的训练集 $X=\{x_1, x_2, \cdots, x_M\}$，设计一个大小为 K 的码书 $C=\{y_1, y_2, \cdots, y_K\}$，传统的 K-means 算法[31]可以描述如下。

步骤 1：设置迭代次数 $m=0$，初始化 $m=0$ 时的码书，$C^{(0)}=\{y_1^{(0)}, y_2^{(0)}, \cdots, y_K^{(0)}\}$，并设置收敛阈值 e。

步骤 2：根据最近邻条件得到分区 $V_j^{(m)}=\{v\in X \mid Q^{(m)}(v)=y_j^{(m)}\}, j=1, 2, \cdots, K$。其中，$Q^{(m)}$表示矢量量化器，定义为

$$Q^{(m)}(v)=y_j^{(m)} \qquad d(v, y_j^{(m)})\leqslant d(v, y_i^{(m)}),\ i=1, 2, \cdots, K$$

步骤 3：根据质心条件，更新由 $C^{(m)}=\{y_j^{(m)}, j=1, 2, \cdots, K\}$ 到 $C^{(m+1)}=\{y_j^{(m+1)}, j=1, 2, \cdots, K\}$ 的码书，计算公式为

$$y_j^{(m+1)}=\frac{1}{|V_j^{(m)}|}\sum_{v\in V_j^{(m)}} v \tag{5-10}$$

其中，$|V_j^{(m)}|$表示获取 $V_j^{(m)}$元素个数的操作。

步骤 4：如果相对改进值满足$|d_{m+1}-d_m|/d_{m+1}\leqslant e$，则终止算法。其中 d_{m+1} 是经过 $m+1$ 次迭代后的平均失真，即

$$d_{m+1}=\frac{1}{M}\sum_{i=1}^{M}\| x_i-Q^{(m+1)}(x_i)\|^2 \tag{5-11}$$

否则，将 m 替换为 $m+1$，然后转到步骤 2。

为了加速 K-means 算法，Lee 等人[57]提出了一种改进的 K-means 算法，除在码书更新步骤进行了修改外，它与传统的 K-means 算法几乎相同。他们在第 m 次码字 $y_j^{(m)}$更新到第 $m+1$ 次新码字 $y_j^{(m+1)}$时，运用如下公式

$$y_j^{(m+1)}=y_j^{(m)}+s\times\left(\left(\frac{1}{|V_j^{(m)}|}\sum_{v\in V_j^{(m)}} v\right)-y_j^{(m)}\right) \tag{5-12}$$

其中，$1<s<2$，为比例因子。基于平方误差距离测度，Lee 等人通过实验表明，将比例因子设置为 $s=1.8$ 的固定值时，将获得最佳结果。Paliwal 和 Ramasubramanian[58]发现，在整个算法中使用固定比例因子会导致迭代步长接近收敛时，使用的步长大于对应质心更新的步长，由此导致码字的反复扰动。因此，收敛所需的迭代次数增加，并且码书下降至较差的局部最优。基于该发现，他们提议使用与 s 成反比的可变比例因子 s，即

$$s=1+\frac{x}{x+m} \tag{5-13}$$

其中，$x>0$。Paliwal 和 Ramasubramanian 研究了各种 x 值的算法。根据实验结果，最终采用 $x=9$。

2）一些现有的初始化技术

随机初始化只是使用随机选择策略，从大小为M的训练矢量中选择K个码字作为初始码书，其中$M \gg K$。该方法非常简单，并且在初始码书设计中的复杂度较低。但是，随机选择的初始码书的性能平均来说相当差。

分裂法由 Linde 等人[31]提出，该方法将小码书拆分为大码书。首先，将码书的大小设置为 1，并将码书中的码字作为整个训练集的质心。在每个分割阶段，码书 $C=\{\boldsymbol{y}_i, i=1, 2, \cdots, N\}$中的每个码字 $\boldsymbol{y}_i$ 被分为两个相连的码字 $\boldsymbol{y}_i+\boldsymbol{\varepsilon}$ 和 $\boldsymbol{y}_i-\boldsymbol{\varepsilon}$，其中 $\boldsymbol{\varepsilon}$ 是固定的扰动矢量。然后，训练集$\{\boldsymbol{y}_i+\boldsymbol{\varepsilon}, \boldsymbol{y}_i-\boldsymbol{\varepsilon}; i=1, 2, \cdots, N\}$在下一个阶段分裂成大小为 $2N$ 的新码书。直到码书大小达到所需的 K 值，分裂才算完成。

Equite 提出的 PNN 算法[32]则是执行一组逆运算。首先，每个聚类只有一个矢量，该矢量是 PNN 算法中聚类的码字。然后，PNN 算法同时将两个最接近的集群合并在一起，新集群的码字就是两个最接近集群的质心。直到码书大小达到所需的 K 值，并且码书中的码字是每个群集的质心，PNN 算法才完成。PNN 算法和分裂法都具有很大的计算复杂度。

最大距离初始化技术由 Katsavounidis 等人提出[55]。他们将注意力集中到彼此距离最远的训练矢量，因为它们更可能属于不同的类。首先计算训练矢量集中所有矢量的范数，选择具有最大范数的矢量作为第一个码字。下一步，计算从第一个码字到所有训练矢量的距离，然后选择距离最大的矢量作为第二个码字。接下来，通过使用大小为 $i(i=2,3,\cdots)$的码书，计算任何剩余训练矢量 $\boldsymbol{v}$ 与所有现有码字之间的距离，并将最小的一个称为 $\boldsymbol{v}$ 与码书之间的距离。然后，将距码书最大距离的训练矢量选择为第$(i+1)$个码字。在码书大小达到 K 时，计算停止。此方法需要很高的额外计算量。

Chen 等人[56]提出了一种范数排序分组策略，其中训练矢量根据每个矢量的范数进行排序。然后将排好序的矢量划分为 K 个组，其中每个组具有相同数量的矢量。最初的码书由每个组的质心组成。在码书数量很大的情况下，此方法的性能比随机初始化更差。

3．本书提出的边缘分类和范数排序的 K-means 算法

通常，训练矢量集的特征分布对初始码书生成有很大影响。为了充分利用这些特征，本书提出的算法根据训练矢量的边缘方向将训练矢量分为 8 类，然后根据训练矢量的范数将其分类。假设训练矢量集为 $X=\{\boldsymbol{x}_1, \boldsymbol{x}_2, \cdots, \boldsymbol{x}_M\}$，具体方法可以描述如下。

步骤 1：将每个训练矢量 $\boldsymbol{x}_i$ $(i=1, 2, \cdots, M)$输入到边缘分类器中，输出一个索引 $t_i \in \{1, 2, \cdots, 8\}$以表示训练矢量属于哪个类别。

步骤 2：收集属于同一类别的所有训练矢量以生成子集，得到 8 个子集 P_j，大小分别为 s_j $(j=1, 2, \cdots, 8)$，其中 $s_1+s_2+\cdots+s_8=M$。

步骤 3：根据范数分组策略从每个子集 P_j 中初始化 $K \times s_j/M$ 个初始码字，具体步骤如下。

步骤 3.1：计算子集 P_j 中每个训练矢量 $\boldsymbol{v}=(v_1, v_2, \cdots, v_n)^{\mathrm{T}}$ 的范数值，即

$$\mathrm{norm}_{\boldsymbol{v}} = \sqrt{\sum_{i=1}^{n} v_i^2} \tag{5-14}$$

步骤 3.2：按照范数降序对 P_j 中的训练矢量进行排序。

步骤 3.3：将排序后的子集 P_j 均匀地分为 $K \times s_j/M$ 个组。

步骤 3.4：计算每组的质心，作为初始码字。

步骤 4：从不同的组中收集所有计算出的质心，总共可以获得 K 个初始码字。然后，对生成的 K 个初始码字执行改进的 K-means 算法[58]，以生成最终的码书。在迭代步骤中，如果出现一个空单元，则只需判断所有当前码字所属的类，再找到码字数量最少的类，并从该类中随机

选择一个训练矢量作为新质心。

下面来解释边缘分类器的作用。受到文献[59]中采用 8 个 3×3 Kirsch 模板表示 8 个边缘方向的局部二值 Kirsch 模式（SLBKP）的启发，我们提出以下 8 个 4×4 模板进行边缘分类，如图 5.4 所示。

$$\boldsymbol{E}_1=\begin{bmatrix}-4&2&2&2\\-4&0&0&2\\-4&0&0&2\\-4&2&2&2\end{bmatrix},\boldsymbol{E}_2=\begin{bmatrix}2&2&2&2\\0&0&2&2\\-4&-4&0&2\\-4&-4&0&2\end{bmatrix},\boldsymbol{E}_3=\begin{bmatrix}2&2&2&2\\2&0&0&2\\2&0&0&2\\-4&-4&-4&-4\end{bmatrix}$$

$$\boldsymbol{E}_4=\begin{bmatrix}2&2&2&2\\2&2&0&0\\2&0&-4&-4\\2&0&-4&-4\end{bmatrix},\boldsymbol{E}_5=\begin{bmatrix}2&2&2&-4\\2&0&0&-4\\2&0&0&-4\\2&2&2&-4\end{bmatrix},\boldsymbol{E}_6=\begin{bmatrix}2&0&-4&-4\\2&0&-4&-4\\2&2&0&0\\2&2&2&2\end{bmatrix}$$

$$\boldsymbol{E}_7=\begin{bmatrix}-4&-4&-4&-4\\2&0&0&2\\2&0&0&2\\2&2&2&2\end{bmatrix},\boldsymbol{E}_8=\begin{bmatrix}-4&-4&0&2\\-4&-4&0&2\\0&0&2&2\\2&2&2&2\end{bmatrix}$$

图 5.4　用于边缘分类的 8 个 4×4 模板

对于 4×4 图像块 $x(p, q)$（$0\leqslant p<4, 0\leqslant q<4$），可以通过如下方法计算

$$v_i=\left|\sum_{p=0}^{3}\sum_{q=0}^{3}\left[x(p,q)\cdot e_i(p,q)\right]\right| \qquad 1\leqslant i\leqslant 8 \tag{5-15}$$

其中，$e_i(p, q)$表示(p, q)位置上的元素 $\boldsymbol{E}_i$。因此，如果满足以下条件，则将图像块 $x(p, q)$归入第 j 类：

$$j=\arg\max_{1\leqslant i\leqslant 8} v_i \tag{5-16}$$

因此，可以将每个训练矢量根据其边缘方向分为 8 类。

4. 实验结果

为了展示本书所提出的边缘分类和范数排序的 K-means 算法的性能，我们将其与传统的 K-means 算法（KMeans）及基于范数排序分组算法[56]（NOKMeans）进行了比较。对于 KMeans，使用随机选择技术，其性能是 10 次运行的平均值。在实验中，使用了 3 个具有 256 灰度等级的 512×512 单色图像，分别是 Lena、青椒和狒狒，将每个图像划分为 16384 个图像块，每个图像块的大小为 4×4，分别测试了大小为 256 位、512 位和 1024 位的码书的性能。压缩图像的质量通过均方误差（MSE）来评估。当两次迭代之间的 MSE 差值与当前迭代的 MSE 之比在 0.0001 之内时，所有算法都将停止。表 5.1 至表 5.3 分别显示了 Lena、青椒和狒狒图像的 MSE 值和具有不同码书大小的迭代次数。从表 5.1 至表 5.3 中可以看出，与其他算法相比，本书的方案所需的平均迭代次数最少，并且可以获得比其他算法更好的码书。

表 5.1　Lena 图像性能比较（itr：迭代次数）

码书大小（位）	256		512		1024	
性能指标	MSE	itr	MSE	itr	MSE	itr
KMeans	60.375	39	49.201	38	40.003	34
NOKMeans	59.344	42	49.104	45	41.790	41
本书方案	59.155	35	48.228	30	39.101	25

表 5.2　青椒图像性能比较（itr：迭代次数）

码书大小（位）	256		512		1024	
性能指标	MSE	itr	MSE	itr	MSE	itr
KMeans	68.368	45	58.035	39	48.195	29
NOKMeans	68.057	45	58.234	49	49.564	35
本书方案	**67.951**	**24**	**57.094**	**20**	**46.974**	**18**

表 5.3　狒狒图像性能比较（itr：迭代次数）

码书大小（位）	256		512		1024	
性能指标	MSE	itr	MSE	itr	MSE	itr
KMeans	313.68	46	266.97	39	225.39	26
NOKMeans	310.11	47	267.62	61	229.71	29
本书方案	**309.02**	**45**	**265.09**	**30**	**222.01**	**19**

5.2.3　基于特征分类和分组初始化的改进 K-means 算法的码书设计

下面介绍本书作者提出的基于特征分类和分组初始化的改进 K-means 算法[44]的码书设计。首先，通过简单的边缘分类器和对比度分类器将输入矢量分为 16 个子集，将每个子集中的训练矢量根据其范数值按降序排列。然后每个子集分为相同大小的组，计算每组的质心作为初始码字。所有初始码字构成整个初始码书。最后，采用改进的 K-means 算法[58]生成最终码书。实验结果表明，与传统的基于随机选择初始化的 K-means 算法、范数排序分组策略及均值排序分组策略相比，本方案能够在具有相对更快收敛速度的情况下获得更优质的码书。

1．基于特征分类和分组初始化的改进 K-means 算法

1）边缘和对比度分类

在描述算法之前，首先介绍边缘分类器和对比度分类器。边缘分类器采用 5.2.2 节的方案，将每个训练矢量根据其边缘方向分为 8 类。

对于对比度分类器，首先计算每个训练矢量中所有分量的平均值 μ，即

$$\mu = \frac{1}{16}\sum_{p=0}^{3}\sum_{q=0}^{3} x(p,q) \tag{5-17}$$

然后计算对比度 σ

$$\sigma = \frac{1}{16}\sum_{p=0}^{3}\sum_{q=0}^{3}\left|x(p,q)-\mu\right| \tag{5-18}$$

采用阈值 3.0（根据多次基于大量图像的实验选择的阈值）将输入矢量分为高对比度类或平滑类，即

$$\begin{cases} x(p,q)\in \text{高对比度类} & \sigma \geqslant 3.0 \\ x(p,q)\in \text{平滑类} & \sigma < 3.0 \end{cases} \tag{5-19}$$

总的来说，基于以上两个分类器，我们可以将训练矢量分为 8×2=16 个类别。表 5.4 给出了一个具体示例，该示例显示了大小为 512×512 的 Lena 和狒狒图像在每个类别中训练矢量的数量。每个图像的训练矢量总数为 16384 个，这是因为分块大小为 4×4。表中，指标 1 和指标 2 表示边缘方向 0° 平滑和方向 0° 高对比度，指标 3 和指标 4 表示边缘方向 45° 平滑和方向 45° 高对比

度，……，指标 15 和指标 16 表示边缘方向 315°平滑和方向 315°高对比度。

表 5.4 Lena 图像和狒狒图像中每个类别中训练矢量的数量

分类指标	1	2	3	4	5	6	7	8
Lena 图像（个）	799	1945	714	1328	556	670	664	1719
狒狒图像（个）	74	1410	70	2183	57	2073	72	2267
分类指标	9	10	11	12	13	14	15	16
Lena 图像（个）	715	2047	658	1206	484	666	579	1634
狒狒图像（个）	61	1489	55	2266	53	1932	61	1226

2）算法描述

通常，训练集的特征分布对初始码书生成有很大影响。为了充分利用这些特征，根据 5.2.2 节中给出的训练矢量的边缘方向和对比度信息将训练矢量分为 16 类。然后，根据训练矢量的范数对它们进行排序。在此，k 维矢量 $\boldsymbol{v}=(v_1, v_2, \cdots, v_k)^{\mathrm{T}}$ 的范数定义为

$$n_v = \sqrt{\sum_{i=1}^{k} v_i^2} \tag{5-20}$$

假设训练集为 $X=\{\boldsymbol{x}_1, \boldsymbol{x}_2, \cdots, \boldsymbol{x}_M\}$，算法如图 5.5 所示，详细步骤如下。

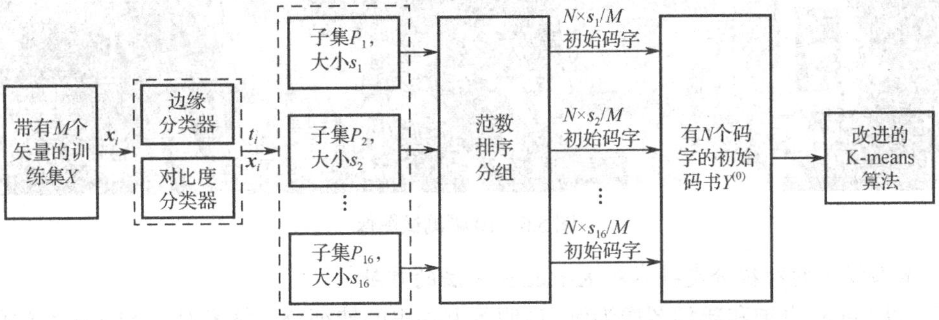

图 5.5 基于特征分类和分组初始化的改进 K-means 算法

步骤 1：将每个训练矢量 $\boldsymbol{x}_i$ (i=1, 2, ⋯, M)输入边缘分类器和对比度分类器中，并输出综合指标 $t_i \in \{1, 2, \cdots, 16\}$表示训练矢量属于哪个类别。

步骤 2：收集属于同一类别的所有训练矢量以生成子集，可得到 16 个子集 P_j，大小分别为 s_j (j=1, 2, ⋯, 16)，其中 $s_1+s_2+\cdots+s_{16}=M$。

步骤 3：根据范数排序的分组策略从每个子集 P_j 初始化 $N\times s_j/M$ 个初始码字，如下所示。

步骤 3.1：计算子集 P_j 中每个训练矢量 $\boldsymbol{v}=(v_1, v_2, \cdots, v_n)^{\mathrm{T}}$ 的范数 n_v。

步骤 3.2：按照范数降序对 P_j 中的训练矢量进行排序。

步骤 3.3：将排序后的子集 P_j 均匀地划分为 $N\times s_j/M$ 个组，即每个组具有 M/N 个训练矢量。

步骤 3.4：计算每组的质心作为初始码字。

步骤 4：从不同的组中收集所有计算出的质心，共可以获得 N 个初始码字。然后，对计算出的 N 个初始码字执行改进的 K-means 算法[58]，以生成最终的码书。在迭代步骤中，如果出现一个空单元，则只需判断所有当前码字所属的类别，然后找到码字数量最少的类别，并从此类中随机选择一个训练矢量作为新质心。

2. 实验结果

为了证明文献[44]所提出的基于特征分类和分组初始化的 K-means 算法的性能，我们将其

与传统的 K-means 算法（KMeans）、基于范数排序的分组算法（NOKMeans）[56]、基于均值排序的分组算法（MOKMeans）[65]三者进行了比较。此外，还比较了两种传统的初始化技术[31,55]和一种最近提出的初始化技术[66]。对于 KMeans，使用随机选择技术，其性能评估是 10 次运行的平均值。在实验中，使用了 10 个 512×512 的单色图像（具有 256 色阶），即 Lena、青椒、狒狒、港口、小桥、小丑、夫妇、观众、Barbara、Zelda，如图 5.6 所示。将每幅图像分成 16384 个块，每个块的大小为 4×4，分别测试了大小为 256 位、512 位和 1024 位的码书的性能。压缩图像的质量通过均方误差（MSE）进行评估。当两次迭代之间的 MSE 差与当前迭代的 MSE 之比在 0.0001 之内时，所有算法都将终止。为了更清楚地显示本书所提方案的性能，进行了 3 个系列的实验。第一系列实验的目的是确认特征分类器对 KMeans 算法的贡献。第二系列实验用于测试不同码书更新策略对本书方案的影响。第三系列实验用于将本书的算法与其他非随机初始化策略进行比较。

图 5.6　10 幅测试图像

1）本书提出的特征分类技术对 K-means 算法的贡献

下面以 Lena、青椒和狒狒图像为例，说明本书提出的特征分类技术对 K-Means 算法的贡献，同时展示了 10 幅测试图像的平均结果。表 5.5 显示了不同码书大小的 MSE 值和迭代次数，其中“最佳”和“平均”分别表示 10 次运行的最佳结果和平均结果。从表 5.5 中可以看到，如果使用随机选择技术，则在对特征进行分类之后，所需的平均迭代次数要比 KMeans 算法少，并且平均而言，可以获得比 KMeans 算法更好的密码书。

表 5.5　随机选择初始化对分类训练矢量的性能（itr：迭代次数）

码书大小（位）		256		512		1024	
性 能 指 标		MSE	itr	MSE	itr	MSE	itr
Lena	KMeans（最佳）	58.665	25	48.281	29	39.744	27
	KMeans（平均）	59.590	36	49.098	38	40.251	34
	本书方案（最佳）	58.272	25	48.188	28	39.345	26
	本书方案（平均）	59.336	35	49.095	36	40.013	32
青椒	KMeans（最佳）	67.108	32	56.751	24	47.454	19
	KMeans（平均）	68.105	43	57.422	37	48.059	29
	本书方案（最佳）	67.013	30	56.743	24	47.426	19
	本书方案（平均）	68.053	41	57.392	35	48.001	28

续表

码书大小（位）		256		512		1024	
性 能 指 标		MSE	itr	MSE	itr	MSE	itr
狒狒	KMeans（最佳）	309.08	35	265.32	31	224.63	20
	KMeans（平均）	310.51	44	267.48	39	229.03	26
	本书方案（最佳）	308.99	34	264.97	30	224.25	19
	本书方案（平均）	310.13	41	267.01	37	228.92	25
10 幅图像平均结果	KMeans（平均）	70.532	45	60.485	39	49.033	31
	本书方案（平均）	69.314	42	59.014	36	48.952	29

2）不同码书更新策略对本书方案的影响

现在来测试不同码书更新策略对本书方案的影响。在此，考虑了 3 种更新策略，即原始 K-means 基于质心的更新策略（OKM）[31]、固定比例值 s=1.8[57]改进的 K-means 算法（MKMF）、具有可变比例值和 x=9[58]改进的 K-means 算法的更新策略（MKMV）。同样，以 Lena、青椒和狒狒图像为例来说明更新策略对 K-means 算法的贡献，表 5.6 中还显示了 10 幅测试图像的平均结果。从表 5.6 中可以看到，使用 MKMF 的码书更新策略可以得到更好的码书，而使用 MKMV 的码书更新策略的平均速度要快得多。为了使本书方案在迭代次数和 MSE 方面都优于其他方案，我们应该选择 MKMV 的码书策略。

表 5.6 本书方案中使用不同码书更新策略之间的性能比较（itr：迭代次数）

码书大小（位）		256		512		1024	
性 能 指 标		MSE	itr	MSE	itr	MSE	itr
Lena	OKM	59.155	46	49.091	41	40.174	33
	MKMF	57.602	44	47.179	29	38.896	27
	MKMV	58.697	28	48.325	33	39.550	30
青椒	OKM	68.016	40	57.343	52	49.252	30
	MKMF	65.496	45	55.348	43	45.713	22
	MKMV	66.268	39	56.366	25	46.074	17
狒狒	OKM	310.01	37	267.27	37	228.94	27
	MKMF	306.91	45	263.85	25	221.55	22
	MKMV	308.57	37	264.93	26	222.99	22
10 幅图像平均结果	OKM	69.327	41	59.135	44	51.025	32
	MKMF	67.415	40	57.729	41	46.734	29
	MKMV	67.804	35	57.938	27	46.847	19

3）与其他非随机初始化策略的比较

下面将本书方案与其他 5 种初始化技术进行比较。其中两种是传统的初始化技术，一种是分裂法（Splitting）[31]，另一种是最大距离初始化（Max-Distance）[55]；而另外两种是基于特征排序和分组的初始化技术，一种是 NOKMeans[56]，另一种是 MOKMeans[65]；第五种为减法聚类技术（Sub-clustering）[66]。对于本书方案，考虑到收敛速度，这里采用文献[58]中的码书更新技术。表 5.7 展示了 Lena、青椒和狒狒图像的 MSE 值和不同码书大小的迭代次数。由表可知：在小码书中，除最大距离初始化方法外，使用文献[58]中的码书更新技术比大多数其他算法所需的平均迭代次数更少。然而，最大距离初始化方法的初始化过程实际上非常耗时。因此，就最终生成时间（CPU 2.93GHz）而言，本书提出的方法实际上是最快的，因为本书方案所需的计算复杂度较低，并采用了快速更新的策略。为了显示 MSE 如何随迭代次数减少，以 Lena 图像为例，将本书方案与 NOKMeans[56]和 MOKMeans[65]进行比较，如图 5.7 所示。从该图可以看出，本书方案比其他两种方案的下降速度更快。

为了表明本书方案从图像生成的码书在用于编码其他 9 幅图像时可以产生更好的码率失真性能，使用 Lena 图像作为示例，结果如图 5.8 所示。可以看到，在每种码书大小或每种比特率对训练集之外的图像进行编码时，与 NOKMeans[56]和 MOKMeans[65]方法相比，本书方案生成的码书具有最佳的码率失真性能（平均图像数量超过 9 幅）。

表 5.7　本书方案与其他 5 种初始化技术之间的性能比较（itr：迭代次数）

码书大小（位）		256			512			1024		
性能指标		MSE	itr	time	MSE	itr	time	MSE	itr	time
Lena	NOKMeans	59.34	42	64.74s	49.10	45	141.2s	41.79	41	263.6s
	MOKMeans	59.42	32	50.78s	48.83	39	127.5s	40.50	31	196.6s
	Max-Distance	60.33	**23**	183.2s	48.57	**29**	724.1s	39.87	**29**	2813s
	Splitting	60.85	30	53.64s	49.23	34	131.3s	40.31	32	233.8s
	Sub-clustering	58.96	29	54.12s	48.41	33	132.5s	39.67	31	235.1s
	本书方案	**58.69**	**28**	**33.84s**	**48.32**	**33**	**76.12s**	**39.55**	**30**	**152.7s**
青椒	NOKMeans	68.05	45	71.77s	58.23	49	143.2s	49.56	35	226.2s
	MOKMeans	68.33	44	62.37s	57.46	32	91.50s	48.71	28	186.1s
	Max-Distance	66.53	**32**	185.2s	56.78	**23**	725.1s	46.56	22	2797s
	Splitting	67.01	39	78.30s	57.32	26	129.5s	47.24	25	158.8s
	Sub-clustering	66.45	40	68.23s	56.56	27	125.3s	46.28	28	169.9s
	本书方案	**66.26**	**39**	**38.23s**	**56.36**	**25**	**74.78s**	**46.07**	**17**	**92.3s**
狒狒	NOKMeans	310.1	47	75.79s	267.6	61	209.0s	229.7	29	168.8s
	MOKMeans	310.2	43	58.90s	265.3	41	112.9s	225.5	28	157.3s
	Max-Distance	310.8	**35**	186.4s	266.6	**19**	731.2s	225.4	23	2854s
	Splitting	311.5	40	60.05s	267.1	29	125.41s	225.8	28	188.9s
	Sub-clustering	308.9	39	62.57s	265.1	27	126.32s	223.3	26	189.7s
	本书方案	**308.5**	**37**	**36.54s**	**264.9**	**26**	**74.678s**	**222.9**	**22**	**99.41s**
10 幅图像平均结果	NOKMeans	78.05	46	72.01s	58.23	48	142.87s	49.56	36	228.0s
	MOKMeans	78.33	45	65.43s	57.46	33	92.451s	48.71	29	188.2s
	Max-Distance	68.35	**34**	184.2s	58.88	26	726.18s	48.65	24	2805s
	Splitting	69.10	40	76.12s	59.23	30	130.12s	49.35	27	162.3s
	Sub-clustering	68.54	41	77.54s	58.43	29	131.25s	48.39	29	168.2s
	本书方案	**68.28**	**37**	**35.45s**	**58.31**	**26**	**78.863s**	**48.14**	**20**	**112.2s**

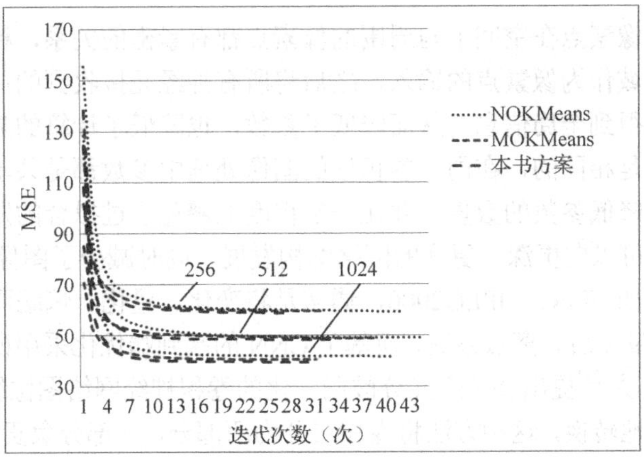

图 5.7　针对不同码书大小，本书方案、NOKMeans 和 MOKMeans 之间 MSE 与迭代次数的比较（基于 Lena 图像）

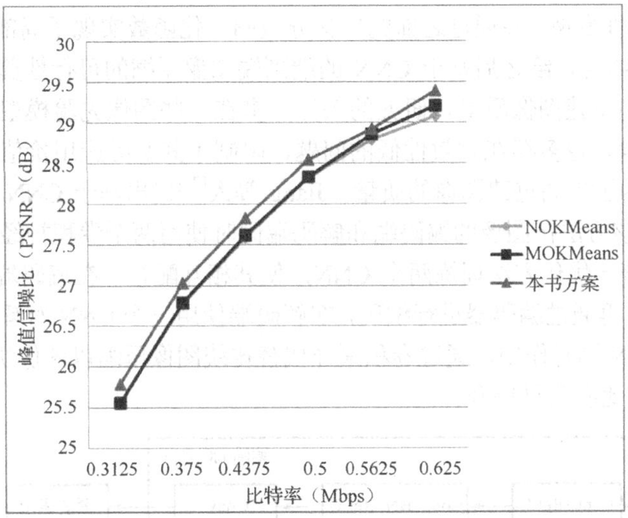

图 5.8　针对不同码书大小，本书方案、NOKMeans 和 MOKMeans 之间码率失真性能的比较

5.3　基于深度学习的图像压缩方法

图像压缩根据对编码信息的恢复程度来进行分类，主要分为无损压缩和有损压缩，基于深度学习的图像压缩方法多为有损压缩，依赖深度学习强大的建模能力，基于深度学习的图像压缩性能已经超过了 JPEG，并且这种性能上的差距仍在逐步扩大。5.3.1 节～5.3.3 节将分别对基于卷积神经网络（Convolutional Neural Network，CNN）[19]、循环神经网络（Recurrent Neural Network，RNN）[67]、生成对抗网络（Generative Adversarial Network，GAN）[68]的图像压缩方法进行介绍。

5.3.1　基于卷积神经网络的图像压缩方法概述

CNN 在图像领域发展迅速，特别是在计算机视觉领域中表现出优异的性能，如目标检测、图像分类、语义分割等。CNN 卷积运算中的稀疏连接和权值共享两大特性使 CNN 在图像压缩中彰显优势。稀疏连接可以通过卷积核的大小来限制输出参数的多少。图像中都存在空间组织结构，图像中的一个像素点在空间上与周围的像素点都有紧密的关系，稀疏连接借鉴这一关系只接受相互关联的区域作为像素点的输入，之后将所有神经元接收到的局部信息在更深层的网络进行综合，就可以得到全局信息，从而降低了参数，也降低了计算的复杂度。权值共享是指每个神经元的参数都是相同的，在同一卷积核的图像处理中参数都是共享的，卷积神经网络采用这种方式也会显著降低参数的数量，并在一定程度上避免了过拟合的发生。卷积神经网络的这两大特性，使训练可以向更深、更优的网络结构发展，同时减少了图像压缩的数据量。

经典的图像压缩如 JPEG、JPEG2000，通常是将变化、量化、熵编码三部分分别进行手动优化，图像码率经过量化后为离散系数，而基于 CNN 的端到端优化采用梯度下降时要求函数全局可微，为此 Ballé 等人[25]提出基于广义分歧归一化的卷积神经网络图像编码框架，使线性卷积和非线性变换更灵活地转换，这种方法将卷积层分为两部分，一部分负责分析图像的紧凑表示，另一部分负责重建和逆过程，使用广义分歧归一化函数作为激活函数，该方法取得了可以媲美 JPEG2000 的编码性能。之后，Ballé 等人[69]又提出一种非线性变换与统一量化的图像压缩方法，通过 CNN 实现非线性变换，并通过之前的广义分歧归一化函数实现了局部增益。这也是首次将 CNN 与图像压缩相结合，给之后基于 CNN 的端到端图像压缩的可行性奠定了基础。以前，图像重建工作为了提高重建图像质量，研究的关注点多在一些图像先验模型上，这些模型即使提高了重建图像的质量，也多存在时效性低的问题，限制了其实际应用价值，并且忽略了图像压缩时的退化信息。为了提高重建图像的质量，Jiang 等人[70]提出基于 CNN 的端到端图像压缩框架，如图 5.9 所示。该方法在图像的编码端和解码端同时使用两个卷积神经网络将编码器与解码器进行联合，采用统一优化方法训练两个 CNN，使其相互配合。在编码端使用一个 CNN 对图像进行紧凑表示后，再通过编码器进行编码，在解码端使用一个 CNN 对解码后的图像进行高质量的复原，两个 CNN 同时作用，通过卷积采样代替传统图像压缩以图像块为单位的变换计算，其块效应与 JPEG 相比有明显提升。

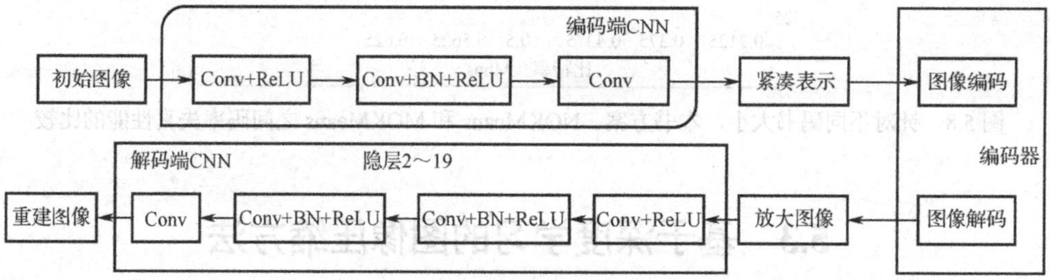

图 5.9　CNN 的端到端图像压缩框架

虽然 Jiang 等人提出的端到端图像压缩同时优化两个 CNN，但其在编/解码前后直接连接两个 CNN 的近似方法并不是最优的。Zhao 等人[71]提出使用一个虚拟编码器，在训练时使用虚拟编码器用于连接编码端和解码端，虚拟编码器也为 CNN，并通过虚拟编码器使解码端的 CNN 逼近最优解，这种方式将真实图像的有效表示信息经过虚拟编码器投影到用于重构图像的解码网络。该方法不仅得到了高质量的重建图像，而且可以和端到端的网络结构一样兼容传统编码器，也可以推广到其他基于 CNN 的端到端图像压缩结构中。但是整个框架存在 3 个 CNN，经过一次训练难度相对较大，因此在训练上需要对 3 个网络进行分解训练。

尽管 CNN 对于图像压缩具有优势，但是采用基于 CNN 的图像压缩仍然具有一定的困难：①优化问题，CNN 通常采用端到端的模式，在传统编码器的两端加入 CNN，这两个 CNN 都需要通过训练来达到图像压缩和图像重建的目的，但是深度学习的优化问题本身就是一个难点问题，同时让两端进行联合优化，从而得到性能良好的框架并非易事；②传统的图像压缩方法往往能够定量地对图像进行压缩，如 JPEG 可以对图像进行 50 : 1 的压缩，但是基于 CNN 的图像压缩很少能够对图像进行固定比率的图像压缩；③在压缩图像分辨率上，由于 CNN 大多采用对图像进行下采样，卷积核的感受野是有限的，如在对 1024×1024 的图像进行压缩时，采用 128×128 的训练框架，往往得不到很好的效果，因而要实现全分辨率就要深化网络模型，提高训练框架的能力，但同时会增加网络的训练难度。

本书将在 5.3.4 节介绍文献[72]中给出的一种典型的基于卷积神经网络和传统方法相结合的图像压缩方法。

5.3.2 基于循环神经网络的图像压缩方法概述

RNN 出现于 20 世纪 80 年代，RNN 最初因实现困难并没有被广泛使用，之后随着 RNN 结构方面的进步和 GPU 性能的提升，RNN 逐渐流行起来，目前 RNN 在语音识别、机器翻译等领域取得了诸多成果。RNN 与 CNN 一样，具有权值共享的特性，不同的是，CNN 的权值共享是空间上的，而 RNN 则是时间上的，也就是序列上的，这使得 RNN 对于之前的序列信息有了“记忆”。RNN 与 CNN 一样，采用梯度下降的方式迭代向前计算。RNN 的权值共享特性和迭代向前计算方式不仅可以提高数据的压缩程度，还可以通过迭代的方式来控制图像的码率，从而提高图像的压缩性能。因此，应用 RNN 的图像压缩在对全分辨率图像压缩和通过码率来控制压缩比方面都取得了较为不错的成果。但值得注意的是，采用 RNN 时多数需要引入 LSTM[73]或者 GRU[74]来解决长期依赖问题，因此在模型的训练上会更加复杂。

Toderici 等人[23]首次使用了卷积 LSTM 实现了可变比特率的端到端图像压缩，可以说该方法是利用 RNN 进行图像压缩具有代表性的方法，它验证了任意的输入图像在给定图像质量的情况下都能得到比目前最优压缩比更好的重建图像质量效果，但是这一效果限制在 32×32 尺寸的图像，这说明了该方法在捕捉图像依赖关系的不足。为了解决这一问题，Toderici 等人[24]设计了一种基于残差块的剩余编码器和一个熵编码器，不仅能够捕捉图像中补丁之间的长期依赖关系来提高给定质量图像的压缩比，并且实现了全分辨率的图像压缩。该方法利用 RNN 梯度下降的训练方式，提出了一种基于全分辨率的有损图像压缩方法，如图 5.10 所示。该框架包括 3 个主要部分，分别为编码器、二值化 Binarizer、解码器。Johnston 等人[75]为了提高 RNN 图像压缩框架的压缩性能，修改了递归结构，从而改善了空间扩散，使得网络能够更加高效地捕获图像信息；引入了一种空间自适应比特分配算法，它可以根据图像的复杂性动态调整每幅图像的比特率；采用了基于 SSIM 加权像素损失训练[76,77]，从而可以更好地感知图像。

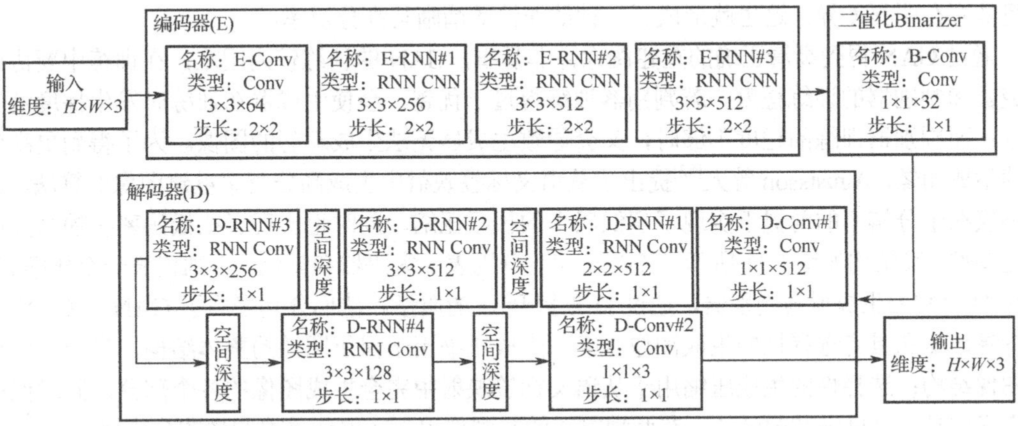

图 5.10　RNN 图像压缩框架

基于深度学习的图像压缩框架多采用端到端的方式，并且大多数图像压缩系统对空间块分别进行解码，而不考虑与周围块的空间依赖性，因此 Ororbia 等人[78]没有采用端到端的方式，而是关注了空间块的相关性，引入了一种有效利用因果信息和非因果信息的方式来改进低比特率重构结构，更专注于系统的解码器；在算法的设计上采用了非线性估计作为编码器，将空间上像素的关联和非关联的相关性引入 RNN 中，通过 RNN 的记忆对图像斑块进行逐步改善重建，将图像压缩中重建图像的行为视为一个多步重建问题，建立一个模型使其在有限数量的通道上改进其对某些目标样本的重建效果，以逐步改善图像重建质量，达到在给定编码位数的情况下提高编码精度，并且根据不同的编码器和量化方案，寻求最优的非线性解码器，从而避开如近似、量化等问题。值得一提的是，该方法可以用于任意的传统编码器中。

5.3.3 基于生成对抗网络的图像压缩方法概述

GAN 最早由 Goodfellow 等人[68]提出，目前在图像生成、图像风格迁移和视频帧生成等领域获得了很好的成绩。近期基于 GAN 的图像超分辨率[79]也有了诸多成果。GAN 的思想是对抗和博弈，在对抗中不断发展，生成器通过输入噪声样本生成数据，判别器用于接收生成器生成的数据和真实的数据样本，并且对输入的真实数据和生成数据做出正确的判断，通过对生成器和判别器的不断对抗，使网络架构得到优化。GAN 根据这一特性，通过生成器的生成图像来不断“愚弄”判别器，使得最后得到的输出图像有更加清晰的纹理和更好的视觉感官效果。

GAN 初期的发展由于其生成图像类型单一，模型训练难度大，研究人员并没有将目光投向这一算法，之后随着 GPU 运算效率的不断增加，Rippel 等人[80]提出了一种实时自适应图像压缩算法，这是首次将 GAN 引入图像压缩中，并且该算法在低码率条件下生成的文件要比传统的 JPEG 小 2.5 倍，通过 GPU 进行框架部署提高了实时性。该算法在率失真目标函数加入了一个多尺度对抗训练模型，使得重建图像与真实图像更加接近，即使在低码率的情况下也能产生更清晰的图像，可以说该算法为基于 GAN 的图像压缩奠定了基石。之前的基于深度学习图像压缩算法关注点多在重建图像分辨率或图像编/解码结构的设计上，Santurkar 等人研究的关注点与之前图像压缩算法不同，之前研究重建图像分辨率通常是对像素目标的优化，而 Santurkar 等人[81]提出了生成压缩模型，将合成变换训练成模型，替代图像重建的优化，该方法不仅能通过 GAN 生成高质量的图像，同时也与编码器进行了很好的结合，在编码器中加入 GAN，通过不断优化网络结构得到更高质量的重建图像。但是 GAN 生成图像有着极大的不稳定性，在生成图像时有可能生成的图像具有清晰的纹理、很好的视觉效果、很高的分辨率和清晰度，但与原图像对比却可能存在明显差异，这也就形成了一种欺诈性的清晰与高分辨率。

通过 GAN 得到高清正确的重建图像并非易事，GAN 的训练较为困难，在训练中要协调好生成器和判别器的训练程度。若判别器训练得过于优越，会使生成器在训练时发生梯度消失等问题；而判别器训练的程度不够时，又会导致生成器无法生成理想的图像。为了得到更高分辨率的生成图像，Agustsson 等人[82]提出了从语义标签映射中生成高分辨率重建图像的算法，该算法不仅在全分辨率的前提下实现了超低码率的极限压缩，同时也实现了在低码率时的高分辨率重建图像，其结构如图 5.11 所示，其中 E 和 q 分别表示编码器和量化，$\hat{w}$ 则代表一个压缩表示，G 和 D 分别为生成器与判别器，通过 D 来提升 G 的质量。他们分别采用了 GAN、cGAN 的生成图像压缩和具有选择性的生成图像压缩，生成压缩用于保留图像的整体结构，生成不同尺度的图像结构；选择性的生成压缩用于从语义标签映射中完全生成图像的各个部分，同时保留用户定义的具有高度细节的区域。在两种方式的共同作用下，保证重建图像的分辨率。

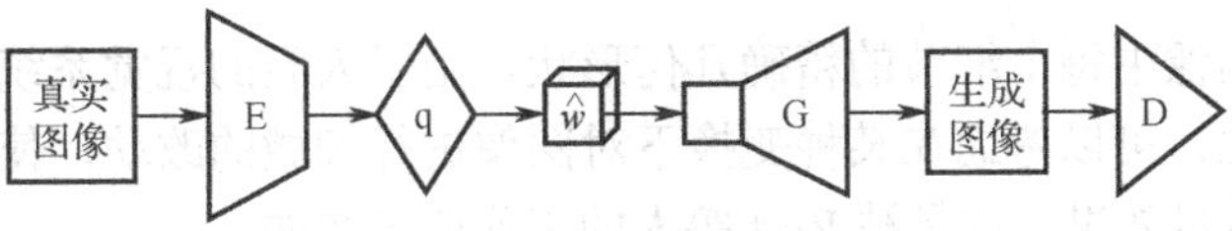

图 5.11　GAN 网络结构

基于 GAN 的图像压缩有很多优势：①GAN 可以对全分辨率图像进行压缩，体现了该方法有较好的适用性；②GAN 能够实现极限码率的图像压缩；③尽管 GAN 生成的图像可能存在问题，但是其重建图像的分辨率和清晰度这一优点是值得被人重视的，尤其是近几年 GAN 的深入研究衍生了诸多基于 GAN 的模型，如 Denton 等人[83]提出了 Lap-GAN（Laplacian Generative Adversarial Networks），将 GAN 和 cGAN[84]结合，并且通过图像金字塔的方式能够产生更高分辨率的图像；Radford 等人[85]将 CNN 与 GAN 结合到一起，提出了 DCGAN（Deep Convolutional GAN）的网络结构，DCGAN 能有效地学习物体的特征，且在训练过程中表现更加稳定；Arjovsky 等人[86]提出 WGAN（Wasserstein GAN），引入了 Earth Mover（EM）距离，缓解了 GAN 在训练时的不稳问题。近期 GAN 的发展迅猛，这些衍生模型都可以尝试性地应用于图像压缩领域。

5.3.4　结合卷积神经网络和传统方法的图像压缩

下面介绍文献[72]中给出的一种典型的基于卷积神经网络和传统方法相结合的图像压缩方法。

1. 引言

该方法主要受 Jiang 等人[87]和 Rott 等人[88]的工作所启发。Jiang 等人在 2017 年提出深度学习与传统编码相结合的压缩框架。他们使用两个神经网络模块 ComCNN 和 RecCNN，从图像的编码端和解码端同时入手，提出了基于深度学习的端到端压缩框架，如图 5.12 所示[89]。该压缩框架分别在编码器前端和解码器后端使用两个神经网络将编/解码器联合起来。在编码器前端，使用 ComCNN 去获得原图像的紧凑表示，接着使用传统编/解码器对得到的紧凑表示进行编/解码，得到解码后的图像。使用 RecCNN 对解码后的紧凑表示进行复原，最终得到复原图像[90]。

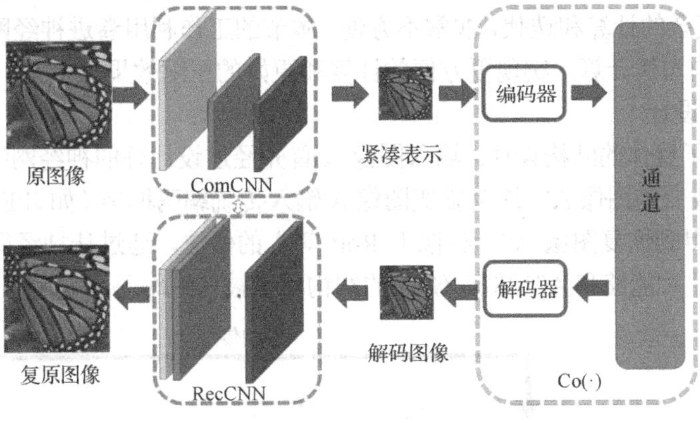

图 5.12　Jiang 等提出的图像压缩编码框架

传统的图像压缩模型，其编码端和解码端是分离的。通常情况下，编码端在运算力较强的服务器端运行，而解码端在运算力比较差的客户端运行。这就导致了 Jiang 等人提出的方法必须在用户使用的解码端加上一个神经网络模块，增加了解码端的用户计算负担。并且由于需要在客户端增加深度学习模块，需要对用户拥有的解码软件进行改进，这样很大程度上限制了这种方法的应用。因此考虑一种只对编码端进行改变的图像编码框架。

有损压缩算法旨在以使图像恢复误差最小的方式对图像进行紧凑编码。编码器不得不投入大量的精力来描述图像中每个细节的精确几何形状。由于人眼的视觉系统对于高频部分的细小变化并不敏感，因此，可以考虑在某种变换下对图像进行细微的改动，使其在通过压缩编码之后得到更好的视觉质量效果。这是被 Rott 等人的工作所证实的。

如图 5.13 所示，输入图像（见图（a））包含许多强弯曲边缘，因此其小波变换（见图（c））不太稀疏。这导致小波变化压缩的结果非常模糊（见图（e））。但是，通过对输入图像进行一定程度的改变（见图（b）），能够使图像的小波变换变得更加稀疏（见图（d））。这样，压缩算法就能够尽量保留图像中的大多数结构（见图（f））。

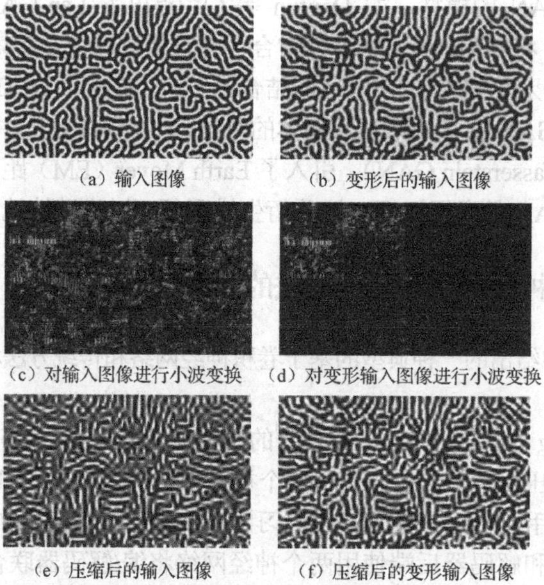

（a）输入图像　（b）变形后的输入图像

（c）对输入图像进行小波变换　（d）对变形输入图像进行小波变换

（e）压缩后的输入图像　（f）压缩后的变形输入图像

图 5.13　对小波变换的图像进行处理的结果

Rott 等人的工作并不是基于卷积神经网络的，而是在每次压缩一幅图像时对图像进行一次预处理，并进行复杂的计算和迭代，非常不方便。本节的工作利用卷进神经网络的结构代替 Rott 等人采用的复杂的迭代计算，实现更方便的计算和更好的压缩效果。

2. 整体结构设计

图 5.14 展示了整体的结构设计。输入图像 A 首先经过设计好的神经网络，改变成更适宜图像压缩的有细微改变的图像 A′，这个微变图像 A′输入传统编码框架（如 JPEG2000 等压缩模型）中，编/解码之后得到恢复图像 A″。类似于 Rott 等人的做法，通过让神经网络学习并生成最终输出的结果，使得 A′能够和 A″相似，使 A′的结构易于被传统编码框架所压缩。

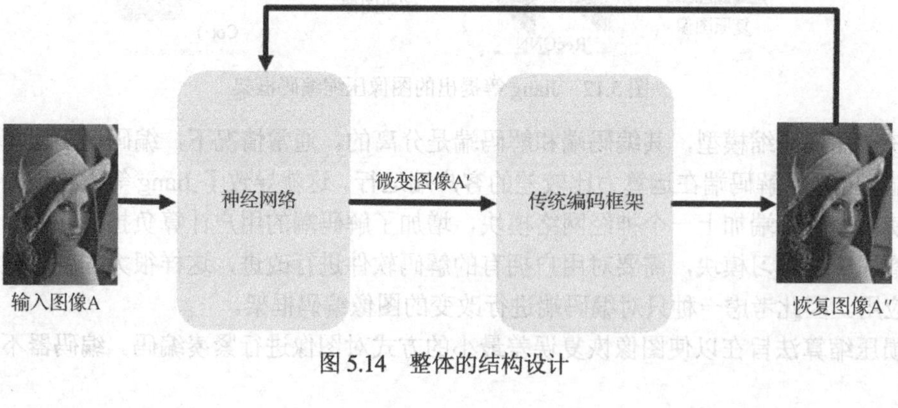

图 5.14　整体的结构设计

3. 神经网络设计

神经网络使用 GridNet 结构[91]，如图 5.15 所示。图中，残差单元不会更改输入图像的分辨率，下采样卷积单元将输入图像下采样到原图像的 1/4（长、宽各一半），同时通道数增加一倍；上采样卷积单元可将图像上采样到原图像的 4 倍（长、宽各增加一倍），同时通道数减少一半。

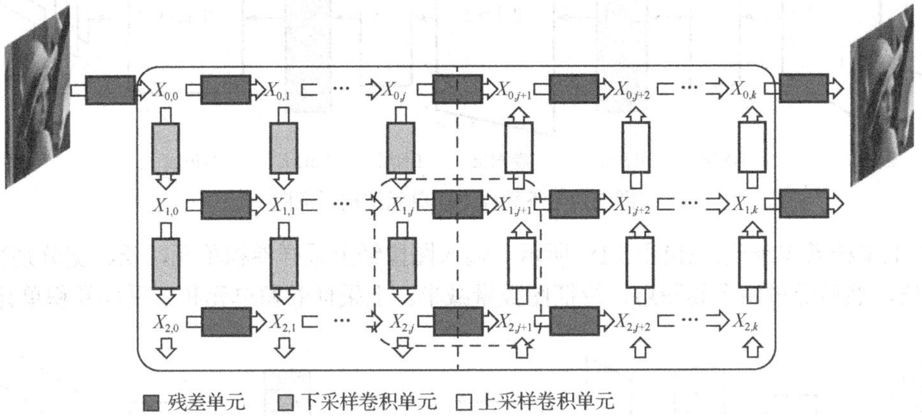

图 5.15　GridNet 结构

以右半部分为例，$X_{i,j}$ 的输入来自 $X_{i,j-1}$ 和 $X_{i+1,j}$（最下面的模块除外）。通过这种结构，网络能够充分获取不同尺度上图像的信息。为了使数据能够在整个网络中而不是单纯地在最上层流动，在训练时需要对网络采用随机剪枝的做法，迫使网络每一层都能获取信息，这样每一个分支都能够学习到对应尺度的信息用于重建图像。

下面对于网络的残差单元、下采样卷积单元、上采样反卷积单元的结构做详细说明。

① 残差单元：2015 年的 ImageNet 图像识别大赛中，何凯明等人设计的 152 层的残差网络获得了冠军，该网络大大影响了深度学习在学术界和工业界的发展方向。神经网络的基础理论认为更深层的神经网络的表达能力更强，实际工程实践中却并非如此。如果神经网络层数超过一定限度，反而会比浅层的神经网络效果更差。从理论上来说，如果存在某个 k 层的网络是当前最优的网络，那么使用 $k+n$ 的网络（n 层为恒等映射），就可以取得与 k 层的网络完全相同的结果；如果 k 还不是所谓的“最佳层数”，那么更深层的网络就可以取得更好的结果。

对于这一问题的一个解释是神经网络学习恒等映射比较困难。神经网络依靠非线性激活层来获得拟合各种函数的能力，与此同时，非线性激活层的存在使得每一层的输出与输入相比差别很大，因此对于神经网络而言，学习恒等映射反而是一件困难的事情。

因此考虑应用天然的恒等映射关系，把网络设计为 $H(x)=F(x)+x$，即直接把恒等映射作为网络的一部分，就可以把问题转化为学习一个残差函数 $F(x)=H(x)-x$，只要 $F(x)=0$，就构成了一个恒等映射 $H(x)=x$。学习残差对于神经网络而言比学习恒等映射容易得多。图 5.16 展示了何凯明等提出的残差网络结构示意图。

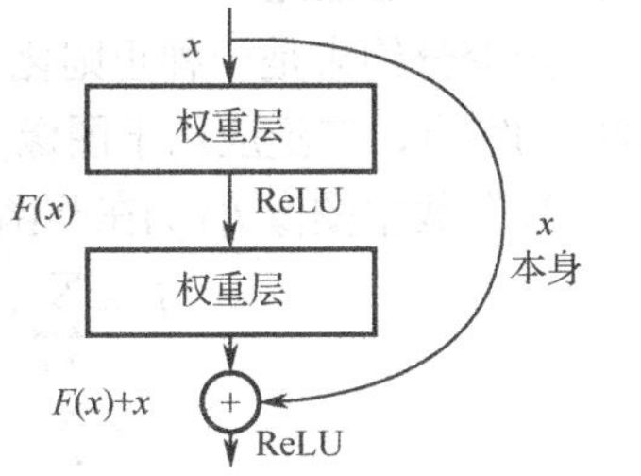

图 5.16　何凯明等提出的残差网络结构

在文献[72]的应用中，使用的残差单元结构和何凯明等提出的结构基本相似，但将其中使用的 ReLU 函数改为表达能力更强的 PReLU 函数。

② 下采样卷积单元：如图 5.17 所示，下采样卷积单元由两个卷积层、ReLU 激活函数和 BN 层组成。输入图像经过下采样卷积单元，长、宽分别变为原图像的一半，而特征图数量变为

原来的 2 倍。

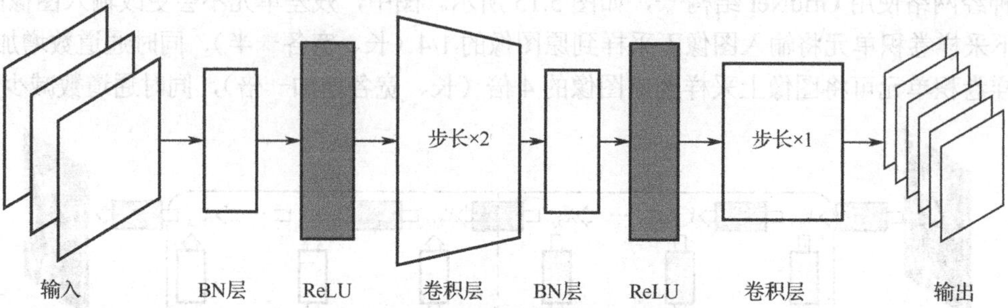

图 5.17　下采样卷积单元结构示意图

③ 上采样卷积单元：如图 5.18 所示，输入图像经上采样卷积单元，长、宽分别变为原图像的 2 倍，然后经过两个卷积层，特征图数量减半。上采样卷积单元和下采样卷积单元对称。

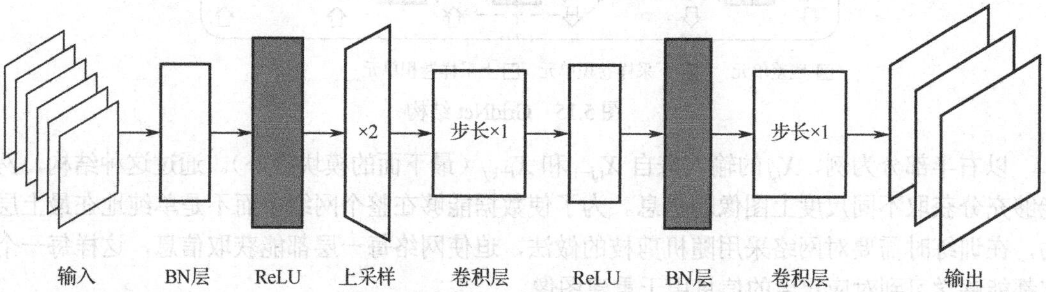

图 5.18　上采样卷积单元

4. 损失函数

设输入图像表示为 X，X 输入到神经网络 $G(\cdot)$中，$G(X)$表示神经网络的输出。将 $G(X)$输入传统编码框架 $B(\cdot)$中，输出结果为 $B(G(X))$。优化的目标是使得 $B(G(X))$接近于 X，即最小化 $Z=B(G(X))-X$。由于 $B(\cdot)$是一个不可微分的过程，无法直接反向传播优化神经网络。因此，通过将 $Y=G(X)-Z$ 近似代替 $B(G(X))$作为整个网络的输出进行优化，则基于均方误差的损失函数为

$$l_1=\| Y-X \|_2^2 \tag{5-21}$$

文献[72]的框架基于传统编码器进行编码，而传统编码器一般是针对自然图像进行设计的。而神经网络 $G(X)$的输出根据 X 进行一定程度上的改变，容易产生噪声。考虑到平滑的图像能够在传统编码器中获得更好的重建质量，采用对 $G(X)$增加全变分约束，使得 $G(X)$更容易被压缩，从而提升压缩性能。

全变分约束是一种正则化方法，能够在抑制图像中噪声的同时，较好地保留原图像中的边缘结构特点，广泛应用于图像复原领域。

离散数字图像 $I(x,y)$在凸函数形式下的全变分损失函数定义为[83]

$$\begin{aligned} l_2 &= \sum_{x,y}\sqrt{|I(x+1,y)-I(x,y)|^2}+\sqrt{|I(x,y+1)-I(x,y)|^2} \\ &= \sum_{x,y}|I(x+1,y)-I(x,y)|+|I(x,y+1)-I(x,y)| \end{aligned} \tag{5-22}$$

则实用的损失函数公式为

$$l_{\text{loss}}=l_1(X,Y)+\beta l_2(Y) \tag{5-23}$$

其中，β 为一个平衡常数，实验中设置 $\beta=2\times10^{-6}$。

5.3.5 实验结果与分析

1. 数据集和评价指标

实验训练的数据集使用 PASCAL VOC 2012 数据集[92]，该数据集中包含上万张各种场景的图片和标注数据，大部分图片的一边长为 500 像素，另一边长为 300 像素以上，也有一些尺寸较小的图片。实验中不需要其中的标注数据，只采用其中的图片，并删除尺寸过小的部分。图 5.19 展示了 PASCAL VOC 数据集里一些图片样例。验证集使用 Kodak24 数据集[93]，共有 24 张大小为 512×768 或 768×512 的 PNG 图片，包含人像、动物、帆船等各种场景和不同主色调的背景。Kodak24 数据集是图像压缩领域内最广泛使用的验证数据集之一。图 5.20 是 Kodak24 数据集里一些图片样例。

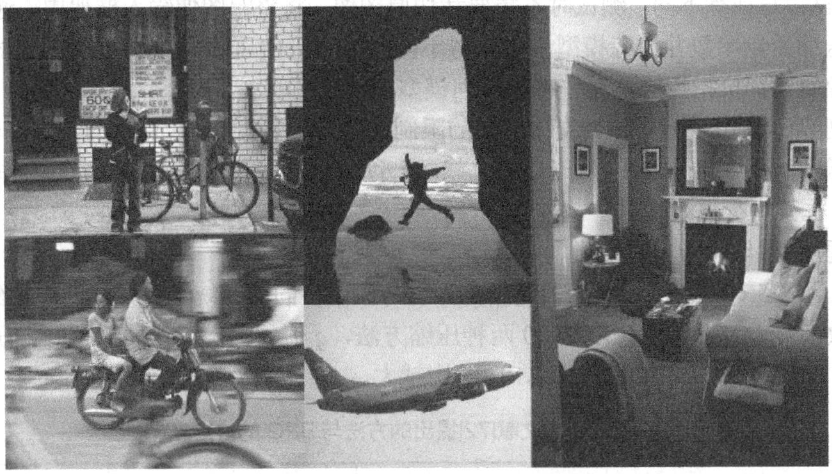

图 5.19　PASCALVOC 数据集样例

图 5.20　Kodak24 数据集样例

图像的评价指标包括峰值信噪比（PSNR）、结构相似性指标（SSIM）等，在文献[72]的实验中采用 PSNR 和 SSIM 共同作为评价指标。

2. 实验过程

① 训练过程：训练时，首先对数据进行清洗，删除原始数据中长或宽小于 80 像素的图片。对图像进行随机裁切，裁切到 80×80 大小。图像进行归一化后输入神经网络中，先将神经网络作为自编码器进行训练，当神经网络重建的图像质量足够好之后，再输入传统编码框架进行训练。

实验中，经过多次验证，设置批大小（Batch size）为 32，这是训练收敛速度最快的批大小。使用 Adam 优化方法，初始学习率根据不同的传统编码器而不同，在 1×10^{-4} 和 1×10^{-5} 之间选取。

实验中，分别对 WebP、BPG、JPEG2000 等传统编码方法进行了训练。

② 测试：与训练不同，测试时不需要裁切原图像，将整幅图像输入框架中。通过调节传统编码器的压缩质量参数并训练模型，可获得不同压缩比下的压缩模型。通过在测试集上比较压缩比和图像质量评价指标的关系，得到压缩模型的性能。

③ 实验环境：由于新冠肺炎疫情因素的限制，只能通过网络平台提供的云服务器进行实验。使用的实验平台为 Titian XP 双卡 GPU，Intel i7-8700K CPU，Ubuntu16.0 操作系统。使用 PyTorch1.3 框架进行训练。

3. 实验结果与分析

表 5.8 至表 5.10 给出了文献[72]提出的方法与应用不同的传统编码方法的对比结果。表中 q 为质量参数。对于 WebP 和 JPEG2000 两种压缩方法，q 值越大，图像质量越好，压缩比越小。对于 BPG，q 值越大，图像质量越差，压缩比越大。

表 5.8 文献[72]提出的方法与 BPG 的对比

方 法	BPP	PSNR（dB）	SSIM
BPG(q=50)	0.039	24.80	0.640
文献[72]提出的方法(q=50)	0.041	25.60	0.668
BPG(q=40)	0.2189	29.40	0.809
文献[72]提出的方法(q=40)	0.2215	29.89	0.835

表 5.9 文献[72]提出的方法与 WebP 的对比

方 法	BPP	PSNR（dB）	SSIM
WebP(q=50)	0.722	32.98	0.911
文献[72]提出的方法(q=50)	0.729	33.53	0.922
WebP(q=20)	0.405	29.99	0.852
文献[72]提出的方法(q=20)	0.401	30.74	0.870
WebP(q=5)	0.226	27.80	0.780
文献[72]提出的方法(q=5)	0.243	27.34	0.796

表 5.10 文献[72]提出的方法与 JPEG2000 的对比

方 法	BPP	PSNR（dB）	SSIM
JPEG2000(q=35)	1.01	34.70	0.924
文献[72]提出的方法(q=35)	1.19	34.95	0.928

对 BPG、WebP 和 JPEG2000 方法分别取 2 个、3 个、1 个 q 值进行训练测试。由表中可以看出，文献[72]提出的方法比 BPG 和 WebP 表现良好，PSNR 值相比未使用深度学习的方法能够提升 0.5～1.0dB，SSIM 值也有一定的提升。而相对 JPEG2000 方法，PSNR 值和 SSIM 值的提升相对较小，因此只在 JPEG2000 方法下测试了一个 q 值进行比对。

图 5.21 和图 5.22 给出了文献[72]提出的方法与 WebP、BPG 方法的对比样例。

（a）BPG　　（b）文献[72]提出的方法　　（c）残差

图 5.21　文献[72]提出的方法与 BPG 方法下的测试样例

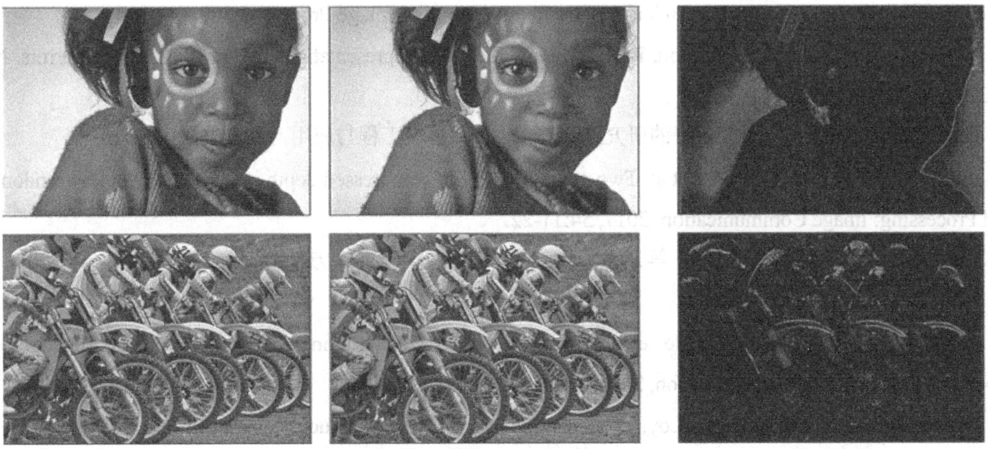

（a）WebP　　（b）文献[72]提出的方法　　（c）残差

图 5.22　文献[72]提出的方法与 WebP 方法下的测试样例

参考文献

[1] J. Capon. A probabilistic model for run-length coding of pictures. IRE Transactions on Information Theory, 1960, 5(4):157-163.

[2] S. J. Sarkar, N. K. Sarkar, A. Banerjee. A novel Huffman coding based approach to reduce the size of large

data array. International Conference on Circuit, Power and Computing Technologies, 2016:1-5.

[3] G. N. N. Martin. Range encoding: An algorithm for removing redundancy from a digitised message. Video and Data Recoding Conference, 1979.

[4] T. Murakami, Y. Suzuki. Image decoding device and method thereof using inter-coded predictive encoding code. Patent, US9414084, 2016.

[5] M. V. P. Kumar, S. Mahapatra. Pyramid coding based rate control for variable bit rate video streaming. IET Image Processing, 2016, 10(9):671-680.

[6] S. Kondo, S. Kadono, M. Hagai, et al. Motion vector coding method and motion vector decoding method. Patent, US8290046, 2016.

[7] J. Woods J, S. O'Neil. Sub-band coding of images. IEEE International Conference on Acoustics, Speech, and Signal Processing, 2003:1005-1008.

[8] L. Guo, J. Ni, Y. Q. Shi. Uniform embedding for efficient JPEG steganography. IEEE Transactions on Information Forensics & Security, 2016, 9(5):814-825.

[9] M. J. T. Reinders, P. J. L. V. Beek, B. Sankur, et al. Facial feature localization and adaptation of a generic face model for model-based coding. Signal Processing Image Communication, 1995, 7(1):57-74.

[10] 张定会，李敬红，左小五. 神经网络编码和解码. 全国青年通信学术会议，2002.

[11] L. Theis, W. Shi, A. Cunningham, et al. Lossy image compression with compressive autoencoders. International Conference on Learning Representations, 2017.

[12] C. Christopoulos, A. Skodras, T. Ebrahimi. The JPEG2000 still image coding system: An overview. IEEE Transactions on Consumer Electronics, 2000, 46(4):1103-1127.

[13] M. Viitanen, A. Koivula, J.Vanne, et al. Kvazaar HEVC still image coding on Raspberry Pi 2 for low-cost remote surveillance. IEEE Conference on Visual Communications and Image Processing, 2016:1-1.

[14] D. E. Rumelhart, G. E. Hinton, R. J. Williams. Learning representations by back-propagating errors. Nature, 1986,323(6088):533-536.

[15] 史加荣，马媛媛. 深度学习的研究进展与发展. 计算机工程与应用，2018, 54(10):1-10.

[16] L. Zhao, H. Bai, A. Wang, et al. Two-stage filtering of compressed depth images with Markov random field. Signal Processing: Image Communication, 2017, 54:11-22.

[17] 李云红，王珍，张凯兵，等. 基于学习的图像超分辨重建方法综述. 计算机工程与应用，2018, 54(15):13-21.

[18] C. Dong, C. C. Loy, K. He, et al. Learning a deep convolutional network for image super-resolution. European Conference on Computer Vision, 2014: 184-199.

[19] C. Dong, Y. Deng, C. C. Loy, et al. Compression artifacts reduction by a deep convolutional network. Proceedings of the IEEE International Conference on Computer Vision, 2015: 576-584.

[20] J. Kim, J. K. Lee, K. M. Lee. Accurate image super-resolution using very deep convolutional networks. Proceedings of the IEEE Conference on Computer Vision and Pattern Recognition, 2016: 1646-1654.

[21] K. Zhang, W. Zuo, Y. Chen, et al. Beyond a gaussian denoiser: Residual learning of deep cnn for image denoising. IEEE Transactions on Image Processing, 2017, 26(7):3142-3155.

[22] S. Ioffe, C. Szegedy. Batch normalization: Accelerating deep network training by reducing internal covariate shift. arXiv preprint arXiv:1502.03167, 2015.

[23] G. Toderici, S. M. O'Malley, S. J. Hwang, et al. Variable rate image compression with recurrent neural networks. arXiv preprint arXiv:1511.06085, 2015.

[24] G. Toderici, D. Vincent, N. Johnston, et al. Full resolution image compression with recurrent neural networks. arXiv preprint arXiv:1608.05148, 2016.

[25] J. Ballé, V. Laparra, E. P. Simoncelli. End-to-end optimized image compression. arXiv preprint arXiv:1611.01704, 2016.

[26] J. Ballé, V. Laparra, E. P. Simoncelli. End-to-end optimization of nonlinear transform codes for perceptual quality. arXiv preprint arXiv:1607.05006, 2016.

[27] L. Theis, W. Shi, A. Cunningham, et al. Lossy image compression with compressive autoencoders. International Conference on Learning Representations, 2017.

[28] K. He, X. Zhang, S. Ren, et al. Deep residual learning for image recognition. IEEE Conference on Computer Vision and Pattern Recognition, 2016:770-778.

[29] J. Portilla, V. Strela, M. J. Wainwright, et al. Image denoising using scale mixtures of Gaussians in the wavelet domain. IEEE Transactions on Image processing, 2003, 12(11): 1338-1351.

[30] M. Li, W. Zuo, S. Gu, et al. Learning convolutional networks for content-weighted image compression. arXiv preprint arXiv:1703.10553, 2017.

[31] Y. Linde, A. Buzo, R. M. Gray. An algorithm for vector quantizer design. IEEE Transactions on Communications. 1980, 28(1):84-95.

[32] W. H. Equitz. A new vector quantization clustering algorithm. IEEE Transactions on Acoustics Speech and Signal Processing, 1989, 37(10): 1568-1575.

[33] C. K. Ma, C. K. Chan. A fast method of designing better codebooks for image vector quantization. IEEE Transactions on Communications, 1994, 40(2/3/4): 237-242.

[34] C. S. T. Choy, W. C. Siu. Fast sequential implementation of neural-gas network for vector quantization. IEEE Transactions on Communications, 1998, 46(3): 301-304.

[35] S. Kirkpartrick, C. D. Galatt, M. P.Vecchi. Optimization by simulated annealing. Science, 1983, 220(4598):671-680.

[36] J. Vaisey, A. Gersho. Simulated annealing and codebook design. International Conference on Acoustics, Speech, and Signal Processing, 1988:1176-1179.

[37] K. Zeger, A. Gersho. Stochastic relaxation algorithm for improved vector quantizer design. Electronics Letters, 1989, 25(14):896-898.

[38] P. Franti. Genetic algorithm with deterministic crossover for vector quantization. Pattern Recognition Letters, 2000, 21:61-68.

[39] P. Franti, J. Kivijarvi, O. Nevalainen. Tabu search algorithm for codebook generation in vector quantization. Pattern Recognition, 1998, 31(8):1139-1148.

[40] 刘增良. 模糊技术与应用选编. 北京：北京航空航天大学出版社，1998:1-500.

[41] V. Delport, D. Liesch. Fuzzy-c-means algorithm for codebook design in vector quantization. Electronics Letters, 1994, 30(13): 1025-1026.

[42] N. B. Karayiannis, P. I. Pai. Fuzzy vector quantization algorithms and their application in image compression. IEEE Transactions on Image Processing, 1995, 4(9):1193-1201.

[43] L. Wang, Z. M. Lu, L. H. Ma. Optimal codebook design for image vector quantization based on edge-classified norm-ordered K-means algorithm. Journal of Information Hiding and Multimedia Signal Processing, 2018, 9(1): 33-39.

[44] L. Wang, Z. M. Lu, L. H. Ma, et al. VQ codebook design using modified K-means algorithm with feature

classification and grouping based initialization. Multimedia Tools and Applications. 2018, 77(7): 8485-8510.

[45] A. Gersho, R. M. Gray. Vector quantization and signal compression. Springer Science & Business Media, 2012.

[46] F. D. V. R. Oliveira, H. L. Haas, J. G. R. C. Gomes, et al. CMOS imager with focal-plane analog image compression combining DPCM and VQ. IEEE Transactions on Circuits and Systems I: Regular Papers, 2013, 60(5): 1331-1344.

[47] F. X. Yu, H. Luo, Z. M. Lu. Colour image retrieval using pattern co-occurrence matrices based on BTC and VQ. Electronics Letters, 2011, 47(2): 100-101.

[48] A. Vasuki, P. Vanathi. A review of vector quantization technique. IEEE Potentials, 2006, 25(4): 39-47.

[49] H. A. S. Leitao, W. T. A. Lopes, F. Madeiro. PSO algorithm applied to codebook design for channel-optimized vector Quantization. IEEE Latin America Transactions, 2015, 13(4): 961-967.

[50] S. Alkhalaf, O. Alfarraj, A. M. Hemeida. Fuzzy-VQ image compression based hybrid PSOGSA optimization algorithm. 2015 IEEE International Conference on Fuzzy Systems, 2015: 1-6.

[51] C. C. Chang, Y. C. Li, J. B. Yeh. Fast codebook search algorithms based on tree-structured vector quantization. Pattern Recognition Letters, 2006, 27(10): 1077-1086.

[52] J. S. Pan, F. R. McInnes, M. A. Jack. Fast clustering algorithms for vector quantization. Pattern Recognition, 1996, 29(3): 511-518.

[53] J. S. Pan, F. R.McInnes, M. A. Jack. VQ codebook design using genetic algorithms. Electronics Letters, 1995, 31(17): 1418-1419.

[54] J. Z. C. Lai, Y. C. Liaw, J. Liu. A fast VQ codebook generation algorithm using codeword displacement. Pattern Recognition, 2008, 41(1): 315-319.

[55] I. Katsavounidis, C. C. J. Kuo, Z. Zhang. A new initialization technique for generalized Lloyd iteration. IEEE Signal Processing Letters, 1994, 1(10):144-146.

[56] S. X. Chen, F. W. Li, W. L. Zhu, et al. Initial codebook algorithm of vector quantization. IEICE Transactions on Information and Systems, 2008, E91-D(8): 2189-2191.

[57] D. Lee, S. Baek, K. Sung. Modified K-means algorithm for vector quantizer design. IEEE Signal Processing Letters, 1997, 4(1): 2-4.

[58] K. K. Paliwal, V. Ramasubramanian. Comments on modified K-means algorithm for vector quantizer design. IEEE Transactions on Image Processing, 2000, 9(11): 1964-1967.

[59] G. Y. Kang, S. Z. Guo, D. C. Wang, et al. Image retrieval based on structured local binary kirsch pattern. IEICE Transactions on Information and Systems, 2013, 96(5): 1230-1232.

[60] R. M. E. Filho, J. G. R. C. Gomes, A. Petraglia. Codebook calibration method for vector quantizers implemented at the focal plane of CMOS imagers. IEEE Transactions on Circuits and Systems for Video Technology, 2016, 26(4):750-761.

[61] C. C. Chang, Y. C. Li, J. B. Yeh. Fast codebook search algorithms based on tree-structured vector quantization. Pattern Recognition Letters, 2006, 27(10): 1077-1086.

[62] H. Xiong, M.H.S. Swamy, M.O. Ahmad. Competitive splitting for codebook initialization. IEEE Signal Processing Letters, 2004, 11(5): 474-477.

[63] K. Somasundaram, S. Vimala. A novel codebook initialisation technique for generalized Lloyd algorithm using cluster density. International Journal on Computer Science and Engineering, 2010, 2(5): 1807-1809.

[64] A.K. Pal, A. Sar. An efficient codebook initialization approach for LBG algorithm. International Journal of

Computer Science Engineering and Applications, 2011, 1(4): 72-80.

[65] S. X. Chen, F. W. Li. Initial codebook method of vector quantisation in Hadamard domain. Electronics Letters, 2010, 46(9): 630-631.

[66] B. Mirzaei, N. P. Hossein, A. M. Dariush. An effective codebook initialization technique for LBG algorithm using subtractive clustering. Iranian Conference on Intelligent Systems,2014: 1-5.

[67] T. Mikolov, M. Karafiát, L. Burget, et al. Recurrent neural network based language model. Eleventh Annual Conference of the International Speech Communication Association, 2010.

[68] I. Goodfellow, J. Pouget-Abadie, M. Mirza, et al. Generative adversarial nets. Advances in Neural Information Processing Systems, 2014: 2672-2680.

[69] J. Ballé, D. Minnen, S. Singh, et al. Variational imagecompression with a scale hyperprior. arXiv: 1802.01436, 2018.

[70] F. Jiang, W. Tao, S. Liu, et al. An end-to-end compression framework based on convolutional neural networks. IEEE Transactions on Circuits and Systems for Video Technology, 2017, 28(10): 3007-3018.

[71] L. Zhao, H. Bai, A. Wang, et al. Learning a virtual codecbased on deep convolutional neural network to compress image. Journal of Visual Communication and Image Representation, 2019, 63: 102589.

[72] 董瑞. 基于深度学习优化的图像压缩框架研究. 哈尔滨工业大学硕士学位论文，2020.

[73] S. Hochreiter, J. Schmidhuber. Long short-term memory. Neural Computation, 1997, 9(8): 1735-1780.

[74] J. Chung, C. Gulcehre, K. H. Cho, et al. Empirical evaluation of gated recurrent neural networks on sequence modeling. arXiv: 1412.3555, 2014.

[75] N. Johnston, D. Vincent, D. Minnen, et al. Improved lossy image compression with priming and spatially adaptive bit rates for recurrent networks. Proceedings of the IEEE Conference on Computer Vision and Pattern Recognition, 2018: 4385-4393.

[76] Z. Wang, A. C. Bovik, H. R. Sheikh, et al. Simoncelli. Image quality assessment: from error visibility to structural similarity. IEEE Transactions on Image Processing, 2004, 13(4): 600-612.

[77] H. Zhao, O. Gallo, I. Frosio, et al. Loss functions for image restoration with neural networks. IEEE Transactions on Computational Imaging, 2016, 3(1): 47-57.

[78] A. G. Ororbia, A. Mali, J. Wu, et al. Giles. Learned neural iterative decoding for lossy image compression systems. Data Compression Conference, 2019: 3-12.

[79] 李诚，张羽，黄初华. 改进的生成对抗网络图像超分辨率重建. 计算机工程与应用，2020, 56(4):191-196.

[80] O. Rippe, L. Bourdev. Real-time adaptive image compression. Proceedings of the 34th International Conference on Machine Learning, 2017, 70:2922-2930.

[81] S. Santurkar, D. Budden, N. Shavit. Generative compression. Picture Coding Symposium, 2018:258-262.

[82] E. Agustsson, M. Tschannen, F. Mentzer, et al. Generative adversarial networks for extreme learned image compression. Proceedings of the IEEE International Conference on Computer Vision, 2019: 221-231.

[83] E. L. Denton, S. Chintala, R. Fergus. Deep generative image models using a laplacian pyramid of adversarial networks. Advances in Neural Information Processing Systems, 2015: 1486-1494.

[84] M. Mirza, S. Osindero. Conditional generative adversarial nets. arXiv: 1411.1784, 2014.

[85] A. Radford, L. Metz, S. Chintala. Unsupervised representation learning with deep convolutional generative adversarial networks. arXiv: 1511.06434, 2015.

[86] M. Arjovsky, S. Chintala, L. Bottou. Wasserstein Gan. arXiv: 1701.07875, 2017.

[87] F. Jiang, W. Tao, S. Liu, et al. An end-to-end compression framework based on convolutional neural

networks. IEEE Transactions on Circuits and Systems for Video Technology, 2018, 28(10):3007-3018.

[88] T. R. Shaham, T. Michaeli. Deformation aware image compression. Proceedings of the IEEE Conference on Computer Vision and Pattern Recognition, 2018: 2453-2462.

[89] 陶文. 基于深度学习的端到端图像视频压缩框架. 哈尔滨工业大学硕士学位论文，2018.

[90] D. Fourure, R. Emonet, E. Fromont, et al. Residual conv-deconv grid network for semantic segmentation. arXiv preprint arXiv:1707.07958, 2017.

[91] 李晨光. 面向任务的深度学习图像压缩编码技术. 哈尔滨工业大学硕士学位论文，2019.

[92] M. Everingham, L. Van Gool, C. K. I. Williams, et al. The pascal visual object classes (voc) challenge. International Journal of Computer Vision, 2010, 88(2): 303-338.

第6章　基于深度学习的图像分割

6.1　图像分割概述

6.1.1　图像分割的目的和意义

图像分割就是根据一定的相似性准则把图像分成若干个特定的、具有独特性质的区域并提出感兴趣目标的技术和过程。它是由图像处理到图像分析的关键步骤。图像分割是计算机视觉、图像处理等领域的基础性问题之一，是图像分类、场景解析、物体检测、图像3D重构等任务的预处理。其研究从20世纪60年代开始，至今仍然是研究的热点之一，并且被广泛应用于医学影像分析、交通控制、气象预测、地质勘探、人脸与指纹识别等诸多领域。从数学角度来看，图像分割是将数字图像划分成互不相交的区域的过程。图像分割的过程也是一个标记过程，即把属于同一区域的像素赋予相同的编号。

在计算机视觉的研究与应用中，图像分割往往是其中的第一步，在整个处理过程中起着非常重要的作用，后面的其他图像处理工作，如目标检测、目标识别、图像识别、场景解析等结果的好坏在很大程度上与图像分割的质量高低有关，因此对图像分割算法的研究对图像分析及图像处理等领域都有非常重要的意义。没有正确的分割就不可能有正确的识别。但是，进行分割仅有的依据是图像中像素的亮度及颜色，由计算机自动处理分割时，将会遇到各种困难。例如，光照不均匀、噪声的影响、图像中存在不清晰的部分及阴影等，常常发生分割错误。因此图像分割是需要进一步研究的技术。人们希望引入一些人为的知识导向和人工智能的方法，用于纠正某些分割中的错误，这是很有前途的方法，但这又增加了解决问题的复杂性。

在通信领域中，图像分割技术对可视电话等活动图像的传输很重要，需要把图像中活动部分与静止的背景分开，还要把活动部分中位移量不同的区域分开，对不同运动量的区域用不同的编码传输，以降低传输所需的码率。

在近几十年来的图像分割算法研究过程中，已经提出了基于各种理论的上千种各不相同的分割算法。现有的图像分割方法主要分以下几类：基于阈值的分割方法、基于区域的分割方法、基于边缘的分割方法及基于特定理论的分割方法等。然而，尽管在图像分割方面研究者们已经做了许多研究工作，但是因为图像分割任务的复杂性，依然存在很多悬而未决的难题有待解答。比如，由于没有可以广泛使用的图像分割理论，也没有一个适合所有分割场景的分割结果评价标准，因此现在已经提出的各种分割算法大部分都是针对某种具体问题的，并没有一种通用的、能够适合所有应用场景的图像分割算法。传统的图像分割方法需要人们手动设计人工特征，这就严重地依赖设计者的知识储备和设计经验，并且分割效果也难尽如人意，存在较大的偶然性，仍然有很大的提升空间。但是通过与各种不同的新理论及新技术的结合，图像分割方法不断地推陈出新，各种更快速、更精确、鲁棒性更强的图像分割方法被提出。所以，对图像分割算法这一古老领域进行进一步的研究依然具有重大的理论和实际意义。

6.1.2 传统图像分割方法分类

传统图像分割方法主要包括基于阈值的分割方法、基于区域生长的分割方法、基于小波变换的分割方法、基于神经网络的分割方法、基于能量泛函的分割方法、基于概率统计的分割方法和基于特定理论的分割方法。下面分别简要介绍。

1. 基于阈值的分割方法

阈值分割法是一种最常用的并行区域技术，它是图像分割中应用数量最多的一类方法。阈值分割法实际上是输入图像 f 到输出图像 g 的如下变换

$$g(i,j)=\begin{cases}1 & f(i,j)\geqslant T\\ 0 & f(i,j)<T\end{cases} \tag{6-1}$$

其中，T 为阈值；对于前景的图像元素，$g(i,j)=1$，对于背景的图像元素，$g(i,j)=0$。由此可见，阈值分割法的关键是确定阈值，如果能确定一个适合的阈值，就可以准确地将图像分割开来。阈值确定后，阈值与像素点的灰度值比较和像素分割可对各像素并行进行，分割的结果直接给出图像区域。

阈值分割法的优点是计算简单、运算效率较高、速度快。在重视运算效率的应用场合（如用于软件实现），它得到了广泛应用。常见的阈值分割法主要有最大类间方差法（OTSU 算法）、最大熵阈值分割法、最小误差法、共生矩阵法、概率松弛法、模糊集法及与其他方法结合的阈值分割法。

高敏等[1]以 OTSU 算法为基础，经过大量实验和分析，阐释了复杂背景下 OTSU 分割失败的本质原因，提出了对背景区域像素和灰度级别进行约束的思想，对 OTSU 算法进行了改进，并在实际应用中取得了良好的效果。龙建武等[2]为有效分割非均匀光照图像，提出一种在高斯尺度空间下估计背景的自适应阈值分割算法。首先，利用二维高斯函数对待处理图像进行卷积操作来构建一个高斯尺度空间，在此空间下进行背景估计，并采用背景差法来消除非均匀光照干扰，从而提取出目标图像。刘丁等[3]为提高对单晶硅直径检测图像高亮光环的分割精度，提出了一种基于多目标人工鱼群算法的二维直方图区域斜分多阈值分割方法。

2. 基于区域生长的分割方法

区域生长的基本思想是将具有相似性质的像素集合起来构成区域。首先对每个需要分割的区域找一个种子像素作为生长的起点，然后将种子像素周围邻域中与种子像素有相同或相似性质的像素（根据某种事先确定的生长或相似准则来判定）合并到种子像素所在的区域中。将这些新像素当作新的种子像素继续进行上面的过程，直到再没有满足条件的像素可被包括进来，这样一个区域就长成了。

李启翮等[4]通过将梯度向量流场（GVF）与种子区域生长法（SRG）相结合，提出一种新型的快速自动图像分割法。该方法首先基于梯度向量流场构建一个流向标量场，然后提出一种新型的快速种子区域生长分割法——快速扫掠法（Fast Scanning Method，FSM）对标量场进行初始分割，最后采用区域邻接图对初始分割结果进行区域合并，得到最终结果。该方法的特点是分割速度快。

3. 基于小波变换的分割方法

小波变换是近年来得到广泛应用的数学工具，它在时域和频域都具有良好的局部化性质，并且小波变换具有多尺度特性，能够在不同尺度上对信号进行分析，因此在图像处理和分析等许多方面得到应用。

基于小波变换的图像分割方法的基本思想是：首先由二进制小波变换将图像的直方图分解

为不同层次的小波系数，然后依据给定的分割准则和小波系数选择阈值门限，最后利用阈值标出图像分割的区域。整个分割过程是从粗到细，由尺度变化来控制的，即起始分割由粗略的 $L^2(R)$ 子空间上投影的直方图来实现，如果分割不理想，则利用直方图在精细的子空间上的小波系数逐步细化图像分割。该方法的计算量与图像尺寸大小呈线性变化。

孙超男等[5]通过对示温漆彩色图像进行小波变换处理，提取小波特征值，并与颜色信息一起作为特征值进行模糊聚类。与传统的单独应用小波变换或模糊聚类进行图像分割的方法相比，这种算法对于示温漆彩色图像的分割具有很好的效果。

4．基于神经网络的分割方法

近年来，人工神经网络识别技术已经引起了人们广泛的关注，并应用于图像分割。基于神经网络的分割方法的基本思想是通过训练多层感知机来得到线性决策函数，然后用决策函数对像素进行分类来达到分割的目的。这种方法需要大量的训练数据。神经网络存在巨量的连接，容易引入空间信息，能较好地解决图像中的噪声和不均匀问题。选择何种网络结构是这种方法要解决的主要问题。

为了进一步延伸脉冲耦合神经网络（Pulse Coupled Neural Network，PCNN）在图像分割中的应用，周东国等[6]对 PCNN 模型进行了简化和改进，利用阈值和脉冲输出所对应的区域均值之间的关系，提出一种优化连接系数的方法，使得模型以迭代的方式得到分割结果。唐思源等[7]为了改善传统 BP 神经网络在医学图像分割时存在的对初始权值敏感、学习速率固定、收敛速度慢和易陷入局部极小值等问题，提出了一种基于改进的粒子群优化算法的 BP 神经网络的医学图像分割方法。

5．基于能量泛函的分割方法

该类方法主要指的是活动轮廓模型（Active Contour Model）及在其基础上发展出来的算法，其基本思想是使用连续曲线来表达目标边缘，并定义一个能量泛函使得其自变量包括边缘曲线，因此分割过程就转变为求解能量泛函的最小值的过程。一般可通过求解函数对应的欧拉方程来实现，能量达到最小时的曲线位置就是目标的轮廓所在。

肖春霞等[8]分别结合了两种边缘停止函数的优点（基于高斯混合模型颜色分布的边缘停止函数和定义在多尺度图像梯度上的边缘停止函数），提出了一个边缘停止函数的混合模型，根据图像颜色、边缘特征自适应地引导 Level Set 函数演化。这种算法不仅能有效检测出纹理目标区域，同时能有效计算出纹理区域精确、光滑的边界。张迎春等[9]为了提高水平集图像分割的质量和减少水平集迭代次数，提出了新的能量公式和水平集函数。在粗糙集数据离散化基础上引入了针对该数据的离散化方法，根据图像离散区域的信息对新能量函数和核函数进行加权，将原始离散图像映射到高维空间，从而使该模型能够处理多种类型的图像甚至一定信噪比的图像。张明慧等[10]提出一种新的多图谱活动轮廓模型，有效利用了图谱的先验信息和待分割图像的灰度信息，将多图谱的形状先验项引入活动轮廓模型中，并在融合标记图像的过程中利用活动轮廓模型校正配准引起的误差，得到光滑准确的分割结果。张帆等[11]把材料学中的位错理论引入水平集方法中，运用位错动力学机制推导出驱使水平集曲线演化的位错组态力，可有效避免在局部图像梯度异常的情况下发生曲线停止演进的现象，或者避免在弱边缘处由于图像梯度较小发生局部边界泄露的现象。

6．基于概率统计的分割方法

目前，基于概率统计的图像分割方法主要可分为 3 种模型：一是标准高斯混合模型；二是使用 Gibbs 概率分布的隐式马尔科夫随机场（MRF）模型，通过像素邻域引入了空间信息从而对像素进行类别标记；三是使用马尔科夫随机场计算先验分布从而得到类别标记，同时考虑了像素的灰度信息和空间信息[12]。

为了解决 MRF 模型分割结果容易出现过平滑现象的缺陷，宋艳涛等[12]提出一种新的基于图像片权值方法的马尔科夫随机场图像分割模型。通过对图像片引入权值，采用 KL 距离引入关于熵的惩罚函数，得到的算法有较强的自适应性，能够克服噪声对于分割结果的影响，并获得较高的分割精度。

7. 基于特定理论的分割方法

图像分割至今尚无通用的自身理论。随着各学科新理论和新方法的提出，出现了与一些特定理论、方法相结合的图像分割方法，主要有基于聚类分析的图像分割方法、基于模糊集理论的分割方法等。

董卓莉等[13]提出一种基于两段多组件分割的彩色图像分割方法。该方法基于 MAP 和 ML（最大似然）估计框架，使用多组件策略代替区域重标记，每次 MAP 估计后，同一分割下不相邻的区域不再使用新的标签进行重标记，而是处理为该分割的多个组件，从而控制标签数量不再递增。陈子阳等[14]提出一种基于三维直方图和抑制式模糊 Kohonen 聚类网络（RFKCN）的图像分割方法。该方法首先对像素模糊化，通过模糊均值和模糊中值构造两幅冗余图像，然后通过冗余图像和原始图像组成一个三维特征矢量集，并利用 RFKCN 聚类网络对该特征矢量集进行聚类，从而达到图像分割的目的。Tang 等[15]提出一种综合运用最大类间方差法和基于模糊理论求阈值的图像分割方法。该方法通过预分割处理，将图像分为目标区、背景区和模糊区，然后将模糊区进一步处理划分为目标区和背景区。该方法能较大程度保留细节，对信噪比低、对比度差的情况能取得良好的分割效果，但运算时间较长。

6.1.3 典型传统图像分割方法简介

下面重点介绍 3 种典型传统图像分割方法，即阈值分割法、分水岭算法及 K-means 算法。

1. 阈值分割法

阈值分割法是一种基于区域的图像分割算法，由于其原理直观且易于实现，在众多图像分割算法中处于中心地位。阈值分割法特别适合对目标和背景在灰度级上具有很大差异的图像进行分割，使用阈值分割法可以将图像转化成由 0、1 组合的二值图像，极大地缩减图像的数据量，并且对图像简化使后续的图像处理工作更加简单明了，因此在很多图像处理的任务中都会使用阈值分割法进行图像的预处理。

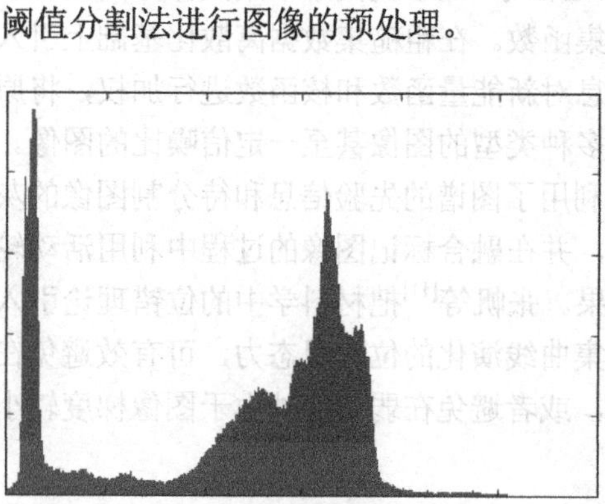

图 6.1　图像灰度直方图

假设图 6.1 所示的灰度级直方图对应于一幅图像 $f(x, y)$，从图中不难看出该图像主要由两类像素点构成，一类像素点的灰度级比较大，另一类的灰度级相对较小。可以合理地进行假设：相同种类像素点之间的灰度级的差异要小于不同种类像素点之间的差异，所以可以根据灰度级大小将图像的像素点划分成两类。划分的方法就是找到一个阈值 T，将灰度级大于 T 的像素点分为一类，小于 T 的分为另一类。T 应尽可能地将背景像素点分为一类，前景分为另一类。对于阈值 T 的选择，有多种不同的算法，其中最经典的就是可以根据图像自身特点来自适应地选择阈值的大津算法（Otsu 算法）。Otsu 算法由日本科学家大津展之于 1979 年提出，下面是该算法的介绍。

假设一幅图像的灰度级范围是[1, 2, ···, L]，记 n_i 是灰度级为 i 的像素点的个数，N 是整幅图像所有像素点的总个数，那么 $N=n_1+n_2+\cdots+n_L$。该图像的概率分布用归一化的灰度直方图表示为

$$p_i=\frac{n_i}{N},p_i\geqslant 0,\sum_{i=1}^{L}p_i=1 \tag{6-2}$$

假设存在一个阈值 k，可以把图像中所有像素点分成 C_0 和 C_1 两类，其中 C_0 的灰度级范围是[1,k]，C_1 的灰度级范围是[k+1,L]。记 ω_i 为种类 i 出现的概率，μ_i 是种类 i 的平均灰度，则有

$$\omega_0=\Pr(C_0)=\sum_{i=1}^{k}p_i=\omega(k) \tag{6-3}$$

$$\omega_1=\Pr(C_1)=\sum_{i=k+1}^{L}p_i=1-\omega(k) \tag{6-4}$$

及

$$\mu_0=\sum_{i=1}^{k}p_i\Pr(i\mid C_0)=\sum_{i=1}^{k}\frac{ip_i}{\omega_0}=\frac{\mu(k)}{\omega(k)} \tag{6-5}$$

$$\mu_1=\sum_{i=k+1}^{L}p_i\Pr(i\mid C_1)=\sum_{i=k+1}^{L}\frac{ip_i}{\omega_1}=\frac{\mu_T-\mu(k)}{1-\omega(k)} \tag{6-6}$$

其中

$$\omega(k)=\sum_{i=1}^{k}p_i \tag{6-7}$$

$$\mu(k)=\sum_{i=1}^{k}ip_i \tag{6-8}$$

分别为所有不大于 k 的灰度级的累积出现概率和平均灰度，而

$$\mu_T=\mu(L)=\sum_{i=1}^{L}ip_i \tag{6-9}$$

是整幅图像的平均灰度。可以很容易验证，对于任意选定的 k，都有

$$\omega_0\mu_0+\omega_1\mu_1=\mu_T,\omega_0+\omega_1=1 \tag{6-10}$$

两个分类的类内方差分别为

$$\sigma_0^2=\sum_{i=1}^{k}(i-\mu_0)^2\Pr(i\mid C_0)=\frac{\sum_{i=1}^{k}(i-\mu_0)^2p_i}{\omega_0} \tag{6-11}$$

$$\sigma_1^2=\sum_{i=k+1}^{L}(i-\mu_1)^2\Pr(i\mid C_1)=\frac{\sum_{i=k+1}^{L}(i-\mu_1)^2p_i}{\omega_1} \tag{6-12}$$

评价阈值 k 分割效果的好坏，使用判别式标准来衡量类的分离度，即

$$\lambda=\frac{\sigma_B^2}{\sigma_W^2},\kappa=\frac{\sigma_T^2}{\sigma_W^2},\eta=\frac{\sigma_B^2}{\sigma_T^2} \tag{6-13}$$

其中

$$\sigma_W^2=\omega_0\sigma_0^2+\omega_1\sigma_1^2 \tag{6-14}$$

$$\sigma_B^2=\omega_0(\mu_0-\mu_T)^2+\omega_1(\mu_1-\mu_T)^2=\omega_0\omega_1(\mu_1-\mu_0)^2 \tag{6-15}$$

根据式（6-10），可以得到

$$\sigma_T^2 = \sum_{i=1}^{L}(i-\mu_T)^2 p_i \tag{6-16}$$

$\sigma_W{}^2$、$\sigma_B{}^2$、$\sigma_T{}^2$ 分别是类内方差、类间方差和总方差。那么，问题就简化为寻找一个使式（6-13）中的目标函数取最大值的阈值 k。这个结论基于一个假设：一个好的阈值将会把灰度级分为两类，那么反过来说，就是如果一个阈值 T 能够尽可能地把图像分成互不交叉的两类，就可以说 T 是一个好阈值。

由于

$$\sigma_W^2 + \sigma_B^2 = \sigma_T^2 \tag{6-17}$$

其中 $\sigma_W{}^2$ 和 $\sigma_B{}^2$ 是阈值 k 的函数，$\sigma_T{}^2$ 不是 k 的函数。因此，η 是判别 k 选取好坏的最简单的测量标准。所以，选取 η 作为评价选择 k 为阈值好坏（分离性）的测量标准。使用下面的公式选择不同的 k 值顺序搜索，根据式（6-7）和式（6-8），或者间接使用式（6-5），寻找最佳阈值 k^* 使得 η 取得最大值，或者等价于使 $\sigma_B{}^2$ 达到最大。

$$\eta(k) = \frac{\sigma_B^2(k)}{\sigma_T^2} \tag{6-18}$$

$$\sigma_B^2(k) = \frac{[\mu_T\omega(k) - \mu(k)]^2}{\omega(k)[1-\omega(k)]} \tag{6-19}$$

最佳阈值就是

$$\sigma_B^2(k^*) = \max_{1\leqslant k<L} \sigma_B^2(k) \tag{6-20}$$

Otsu 算法对目标大小和噪声非常敏感，在背景和目标的面积接近时表现出良好的分割效果，如图 6.2 所示。如果背景远远大于目标，则效果较差，之所以出现这种情况，是因为该方法利用图像的空间信息；对噪声敏感是因为图像的灰度分布是该方法分割图像的主要依据。由于 Otsu 算法在各种图像分割算法中具有速度优势，因此总是与其他分割效果更好的方法结合起来使用，优势互补。

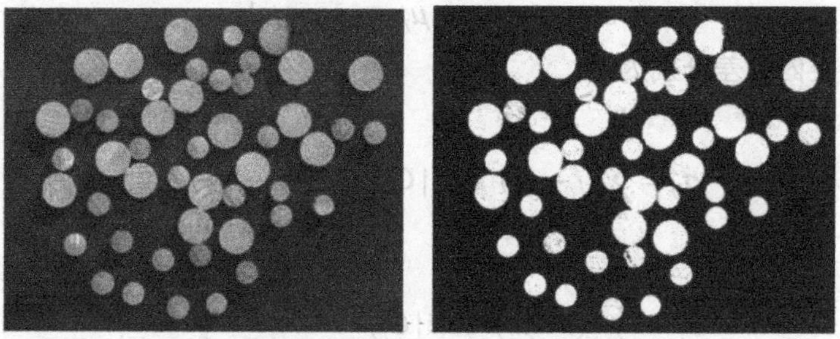

图 6.2　阈值分割 Otsu 算法示例

2．分水岭算法

分水岭算法的理论基础是拓扑学和数学形态学，并结合了间断的检测、门限处理和区域处理多种方法，其生成的分割结果通常更稳定。分水岭算法对图像进行可视化处理，转变成由两个坐标和一个灰度级构成的三维图形，可以把图像看作地形模型，像素点的灰度值表示海拔高度，灰度值小的图像块称为集水盆，两个集水盆相交的地方称为分水岭，分水岭阻挡了不同集水盆里的水相互流动[16]。寻找分水岭的过程可以用向集水盆注水来模拟：在所有集水盆的底部打穿一个小孔，通过小孔向盆内注水，当一个盆里的水要流到另一个盆时，在两个盆的交界处建造一个大坝，这个大坝就称为分水岭，如图 6.3 所示。

分水岭算法的具体流程如下：

① 计算图像中每个像素点的梯度值，将梯度取得极小值的像素点当作集水盆的种子点，以种子点为中心向四面八方搜索，扩大集水盆，直到集水盆面积无法继续扩大。将集水盆进行编号，同一集水盆中的像素点具有相同的编号，遍历集水盆记录边界。

② 从集水盆的底部开始注水，根据注水的高度判断集水盆的边界是否向外扩张。如果边界的灰度级小于注水的高度，则向外扩张，直到两个集水盆的边界相交，在交点建造水坝，即增加交点的灰度级，这个水坝就是分水岭。

③ 重复步骤②，直到每个集水盆都被分水岭包围或者注水的高度达到预定值，即可获得图像的分水岭。

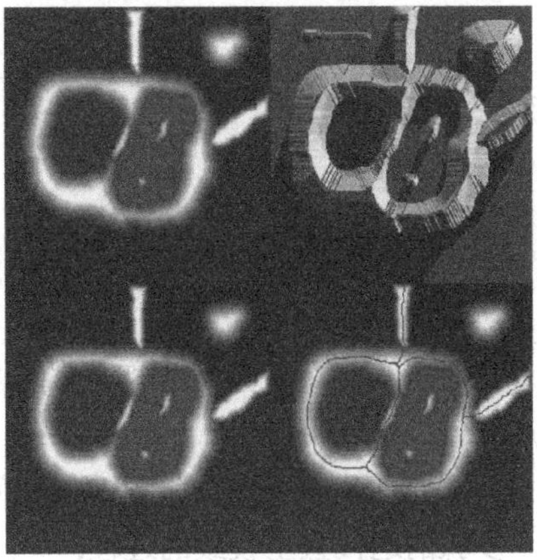

图 6.3　分水岭算法分割示例

3. K-means 算法

K-means 算法是机器学习中一种简单的无监督学习方法。对于无标签的数据，K-means 算法的目标是找到数据中隐藏的分组或簇，根据数据特征相似性（通常以数据之间的距离作为评价指标）将数据划分到其所在的组或簇，这个过程称为聚类[17]。其中组的数量由变量 K 表示。算法以迭代的方式进行，通过该算法，可以得到 K 组数据的 K 个聚类中心和给每组数据分配的标签。

假设 $\{x_1, x_2, \cdots, x_N\}$ 是 D 维欧氏空间的一组样本数据，聚类的任务就是把这组数据分成 K 类（聚类和分类的主要区别在于是否有监督，即 K 的数值是给定的，还是过程中根据规则自动产生，这里假设 K 是已知的）。在欧氏空间里，常用的聚类指标是空间距离，将距离近的点集当作一个簇。K-means 聚类就是把样本数据分别分配给 K 个聚类中心所属的簇，具体的操作就是找到 K 个聚类中心 $\mu_k(k=1, 2, \cdots, K)$，将所有数据分配给距离最近的聚类中心，使得所有样本到聚类中心的距离的平方和最小。

使用变量 $r_{nk} \in \{0,1\}$ 表示样本点 x_n 是否属于聚类中心 k（$n=1, 2, \cdots, N, k=1, 2, \cdots, K$），如果样本点 x_n 属于聚类中心 k，则 $r_{nk}=1$，反之为 0。

那么，定义损失函数为

$$J = \sum_{n=1}^{N}\sum_{k=1}^{K} r_{nk}(x_n - \mu_k)^2 \tag{6-21}$$

则将聚类问题转变为寻找使 J 取最小值的样本点的归属 $\{r_{nk}\}$ 和聚类中心 $\{\mu_k\}$。K-means 算法使用迭代求解的方法，在迭代过程中对 r_{nk} 和 μ_k 交替优化。

第一步，随机初始化聚类中心 μ_k，找到一种使 J 取值最小的样本划分方案 r_{nk}。由式（6-21）容易看出，对于给定的 x_n 和 μ_k 的值，J 是 r_{nk} 的线性函数，样本点 x_n 相互独立，所以只需要将所有样本点划分到距离最近的聚类中心，即

$$r_{nk} = \begin{cases} 1 & k = \arg\min_j (x_n - \mu_j)^2 \\ 0 & \text{其他} \end{cases} \tag{6-22}$$

第二步，确定样本点的划分方案 r_{nk}，寻找使 J 取值最小的聚类中心。r_{nk} 的值不变时，损失函数 J 与 μ_k 成二次方关系，J 对 μ_k 的导数为 0 时，J 取得最小值，则有

$$J = \sum_{n=1}^{N} r_{nk}(x_n - \mu_k) = 0 \tag{6-23}$$

那么 μ_k 的取值为

$$\mu_k = \frac{\sum_{n=1}^{N} r_{nk} x_n}{\sum_{n=1}^{N} r_{nk}} \tag{6-24}$$

对于第 k 个聚类，r_{nk} 取 1 的个数就是属于该聚类的点的个数，因此，μ_k 等于属于该聚类的点均值。

如此迭代以上两个阶段，优化问题直至收敛，因此，K-means 算法的实现过程即如下的两个步骤的迭代直至收敛的过程：

① 数据分配——根据欧氏距离，将每个样本点分配到离其最近的聚类中心（初始的 K 个中心可以随机选定）；

② 聚类中心更新——重新计算该聚类中新的所有样本点的均值来得到新的聚类中心。

K-means 算法的实现过程如图 6.4 所示，以二聚类为例，先在样本集中随机挑选两个样本点作为聚类的初始聚类中心，创建两个簇；然后计算所有其他样本点与两个中心的距离，将样本点归类为距离较近的簇（见图 6.4（2）），分别计算两个簇的中心坐标，并将该坐标作为新的聚类中心（见图 6.4（3））；依次迭代，直到聚类中心不再变化，聚类结束。可以看到此次聚类经过 4 次迭代后开始收敛，聚类的收敛速度与聚类中心的选择有很大联系。

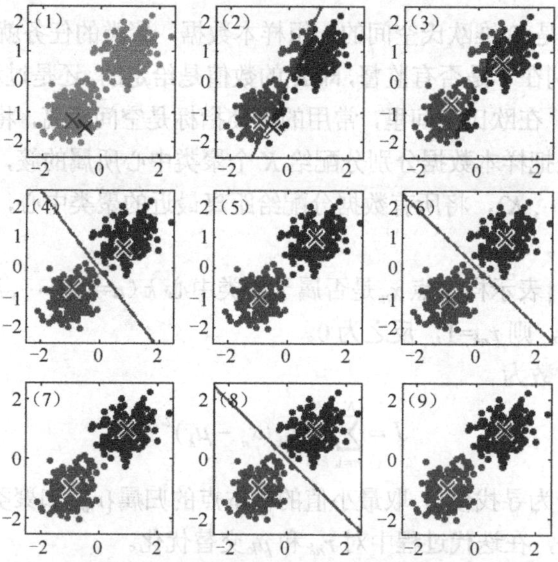

图 6.4 K-means 算法的实现过程

使用 K-means 算法对图像进行分割，可以将颜色分量映射到三维空间，蓝、绿、红 3 个颜色分量对应空间的 3 个坐标，聚类的规则就是三维空间的距离，先指定聚类的簇数，聚类停止后，属于同一个簇的所有像素点按照统一的模式进行颜色标记，重构该图像[17]。如图 6.5 所示，不同的聚类簇数呈现不同的色彩特征。

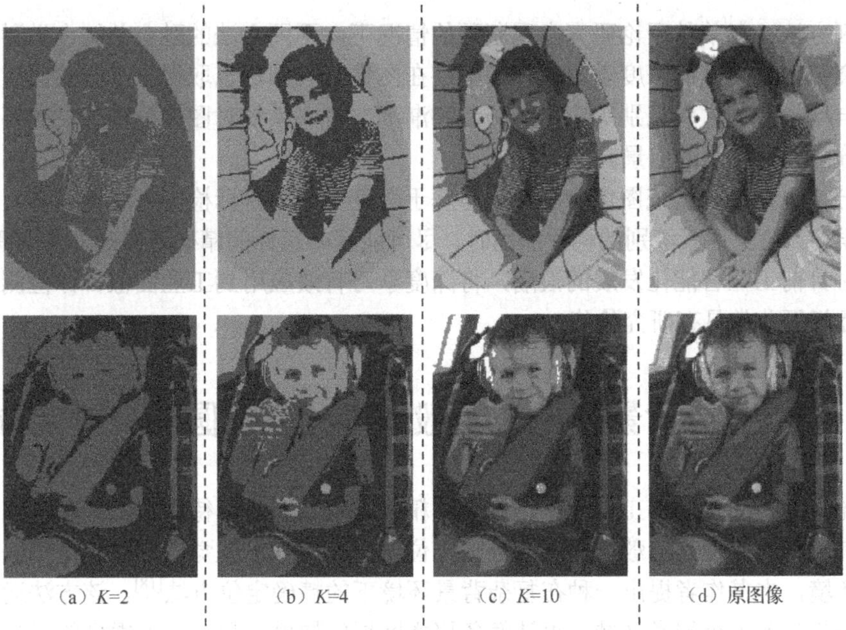

图 6.5　K-means 图像分割

6.1.4　为什么引入深度学习

随着图像处理技术的发展和广泛应用，图像处理技术已经逐步成熟，在诸多领域获得了良好的发展，尤其在工业生产中，常用于工件加工、自动化装配及实时监视和检测生产过程中的不良产品。根据工业图像处理需求不同，图像处理工作大致分为 3 种，即检测、识别和辨认。其中，探测就是根据目标与背景的差距感知目标的存在。识别是对图像的一个分类过程，工业中通过识别技术识别各类工件，实现自动化装配。辨认是指辨认目标图像的细节特征，从而验证工业生产作业是否装配成功。目前工业生产中，工业视觉系统要求“高效、成本低、操作简单、准确”，对于精度要求高的工作任务，依靠人类视觉往往费时费力，采用工业视觉代替人类视觉是智能化工厂的大势所趋。随着 AI 在机器视觉方向的应用，深度学习突破了传统图像处理技术的瓶颈，为图像处理和机器视觉的研究带来了希望。目前，ViDi Suite 作为一款基于深度学习的工业图像分析软件已经上市并在一些工厂投入使用，取得了开拓性的进展，但是还远远达不到工业生产中的智能化需求。未来，会有更多的深度学习技术应用到工业视觉领域，真正实现智慧工厂。

近几年发展迅速的深度学习在计算机视觉领域具有一定的优势，逐渐改变了传统的图像处理方式，将图像分割、特征提取和目标识别步骤合并，也就是说，图像分割和目标识别统称为目标检测。图像目标检测也可以称为图像目标提取，指的是从图像信息中检测到目标存在并识别。基于深度学习的图像目标检测技术，以手工标注的形式大致分割出目标区域并作为训练的数据集。通过在大数据下以有监督学习方式得到的特征取代人工设计的特征，这种图像目标检测方法可以直接预测图像中目标的大致位置，将目标区域分割，并对目标进行分类识别。但是并非所有应用都以识别为目的，许多应用希望尽可能获得目标的精确边缘。对于这样复杂的图像分割任务，如果需要做像素级的标注，每个 AI 应用都有自己的数据集，需要对所有数据进行像素级的标注，工程量非常大，几乎无法完成，因此目前并不提倡。

就目前的各种传统图像分割方法来看，各种方法有各自适用的特定范畴，并没有出现一种普适的分割方法。在单种理论研究出现瓶颈的情况下，不同方法的融合并结合学科理论知识成为了寻求突破的方向。而深度学习、神经网络在图像分割领域也取得了不错的成果。而随着无人驾驶、自动导航、人脸识别等应用的兴起和渐渐普及，系统对图像分割效果的要求也越来越高，图像分割具有广阔的前景。

综上分析，如果将传统图像分割方法与基于深度学习的目标检测方法相结合，发展弱监督或无监督学习，避免像素级别的标注的同时，尽可能获得目标的精确边缘是非常有探索意义的。此外，针对目前工业智能化发展的浪潮，将深度学习有效应用到工业图像目标检测和分割领域来解决实际问题非常具有研究价值。

6.2 复杂背景下毛坯轮毂图像分割及圆心精确定位

汽车轮毂在自动化精加工过程中，钻孔的精确定位是一个亟待解决的难题。传统定位是通过机械夹具进行的，但是轮毂的毛刺会导致定位偏差。而基于视觉的圆心定位算法往往受限于复杂背景环境，本书作者提出一种在复杂背景环境下的精确定位方法[18]。该方法运用超像素算法将图像分割为若干个聚类区域，再计算各聚类区域的梯度能量，从而得到轮毂显著性的边缘图像数据，并在此基础上，提取轮毂边缘的关键数据，精准拟合轮毂的圆心及半径，最后经过实验对比验证了该方法定位的有效性。

6.2.1 引言

轮毂是汽车的重要零部件，在生产制造过程中，经过多道工序，轮毂中心钻孔定位机构目前普遍采用机械夹具定位，没有自动识别定位功能。机械夹具定位由于毛坯轮毂不规则毛刺的影响，常常导致定位精度有差异，形成一定的产品不良率。本书作者采用机器视觉的定位方式，利用抓拍的轮毂正面图像，精确定位轮毂中心点，中心点识别的难点在于轮毂的毛刺同样对计算的精准度带来影响，此外复杂背景环境对轮毂图像的分割造成干扰。

关于圆心定位的方法研究方面，国内外已有大量的研究与应用。由 Paul Hough 提出 Hough 变换（HT），研究人员对其加以不断改进，广泛应用于圆的检测中[19-22]。Hough 变换在各种图像中对查找圆具有普遍适用的优点，因此至今仍被广泛采纳，但是 Hough 变换所使用的三维空间的计算量巨大，往往难以满足在线实时检测。轮毂中心点检测方面，Chen Xu[23]提出了一种基于立体视觉的车轮中心高精度检测方法，通过对 3 款车型的轮距、轮距差及车轮静立半径的测量实验，证明了所提方法对车轮中心检测的有效性；邢德奎等提出了使用同心圆快速准确获取图像中圆心真实投影点的方法，补充由于镜头畸变产生的圆心偏差或真实的投影点；文献[24]中针对啤酒瓶质量检测中瓶口图像受到大量干扰时产生的定位误差，提出了一种多次随机圆检测及圆拟合度评估的瓶口定位算法，采用阈值分割法、中心法和径向扫描法，并利用随机采样的 3 个点确定一个圆，对文献[18]所提出的方法有一定借鉴意义。

在复杂背景情况下，轮毂图像的分割及轮廓提取是一个难点。2003 年，Ren 等人[30]提出了超像素的方法，所谓超像素是指图像中局部的、具有一致性的、能保持一定图像局部结构特征的小区域。超像素方法提出后，在图像分割领域获得广泛应用[31]，已有的超像素方法大致分为两类：基于图论的算法和基于梯度上升的算法[32]。文献[33]选择 SL、Turbopixel、GCa、SLIC、ERS、SEEDS 等 6 种超像素算法进行定量分析比较，相比较而言，SLIC 和 SEEDS 在超像素紧密度和边缘贴合度两个方面有较好的性能。直接采用如上所述分割算法，并不能对复杂背景下的轮毂进行很好的分割，本书作者采用 SLIC 作为轮毂分割的重要预处理手段，计算每个超像素的能量梯度，基于此提出一种基于超像素能量谱的轮毂分割，能有效将轮毂分割出来，最后通过关键点数据进行拟合，获得了满意的分割和圆心定位。

6.2.2 基于超像素能量谱的轮毂分割

在轮毂生产车间，由于输送线的金属辊筒和轮毂颜色接近，加上外界环境光的干扰等因素，导致轮毂本色与输送线背景色的分割有一定难度，同时由于在轮毂铸造过程中，由于磨具的磨损，造成轮毂边缘的毛刺，这将导致机械夹具定位偏差。针对以上问题，同时结合毛坯轮毂本身特点，本书作者提出一种新的定位算法应用于毛坯轮毂中心定位，算法主要包括两大步骤：轮毂图像分割、轮毂精确定位。

针对复杂背景下的轮毂图像分割，本书作者采用超像素的方法，将整个图像进行聚类划分，在聚类分割的基础上计算梯度能量图，可将轮毂圆周的显著性进一步扩大。基于超像素的轮毂分割的步骤如下：

① 在图像上均匀初始化 K 个初始聚类中心 $\boldsymbol{V}_k=(\boldsymbol{C}_k;\boldsymbol{S}_k)$, k=1, 2, ⋯, K，分别位于间隔为 s 的网格节点上。其中，$\boldsymbol{C}_k=(l_k,a_k,b_k)$表示 CIE-LAB 颜色空间的三维颜色向量，$\boldsymbol{S}_k=(x_k,y_k)$为聚类中心的二维坐标。

② 选取以聚类中心 3×3 邻域内梯度最小的像素点为新的聚类中心，根据距离度量在聚类中心分配像素点，将所有像素点赋予与其距离最近的聚类中心标签。基于颜色和空间位置特征的归一化距离为

$$D(i,j)=\sqrt{\left(\frac{\|\boldsymbol{C}_i-\boldsymbol{C}_j\|}{N_c}\right)^2+\left(\frac{\|\boldsymbol{S}_i-\boldsymbol{S}_j\|}{N_s}\right)^2} \tag{6-25}$$

式中，j=1,2,⋯,K，为聚类中心标签，i 为对应聚类中心 j 的 $2s\times2s$ 大小邻域内的像素标签，$s=\sqrt{N/K}$，N 为图像像素总数量；N_c 和 N_s 分别为颜色和空间距离的归一化常数。

③ 初始聚类后，聚类中心 φ_j 依据对应聚类图像块 G_j 中所有像素颜色和空间特征的均值进行迭代更新，即

$$\varphi_j=\frac{1}{N_j}\sum_{i\in G_j}\boldsymbol{V}_i \tag{6-26}$$

式中，N_j 为图像块 G_j 的像素数量。

④ 重复步骤②、③，重新计算聚类中心并重新聚类，重复迭代，计算前后两次聚类中心的距离 E，直到 E 小于设定的阈值，聚类结束。最后采用邻近合并策略消除孤立的小尺寸超像素，保证最终结果具有较好的紧密度。

⑤ 计算基于超像素梯度能量矩阵。构造超像素的局部梯度函数为

$$G\_\varphi(k)=\frac{1}{A_k}\sum_{m=1}^{\alpha_k}\sum_{n=1}^{\beta_k}\sqrt{[((B(m,n)-B(m+1,n))^2+((B(m,n)-B(m,n+1))^2]/2} \tag{6-27}$$

式中，$B(m,n)$为中心(m,n)处的像素值，α_k 为超像素的横坐标上限，β_k 为超像素的纵坐标上限，A_k 为超像素的面积。

梯度能反映出图像的边缘信息，梯度值越大，特征越明显。轮毂边缘信息丰富，具有较高的梯度值。单纯依靠梯度值，容易造成图像信息高频分量的损失。再构造超像素的局部能量函数为

$$E\_\varphi(k)=\sum_{m=1}^{\alpha_k}\sum_{n=1}^{\beta_k}(B(m,n))^2 \tag{6-28}$$

能量函数反映图像信息的丰富程度，忽略图像信息的变化特性，包含大量的模糊区域信息。再构造一个局部方差函数

$$C\_\varphi(k)=\sum_{m=1}^{\alpha_k}\sum_{n=1}^{\beta_k}(B(m,n)-\overline{B}_k)^2 \tag{6-29}$$

式中，$\overline{B}_k$ 表示该超像素的平均灰度值。方差能体现本区域内像素的变化程度和分散程度。

最后综合上述三者，构造一个梯度能量方差综合函数

$$\mathrm{GEC}(k)=\lambda\cdot G\_\varphi(k)+\delta\cdot E\_\varphi(k)+\xi\cdot C\_\varphi(k) \tag{6-30}$$

式中，λ 为梯度系数，δ 为能量系数，ξ 为方差系数。

⑥ 根据上一步得到梯度能量矩阵，结合超像素区域空间，计算出图像的梯度能量图，轮毂边缘信息的显著性进一步增强。通过对梯度能量图进行扫描，分割成轮毂的大致轮廓。

⑦ 根据步骤⑥中的轮廓，得到轮毂的参考圆心(x', y')及半径参考值 R'，以 $r\in(R'-10, R')$为扫描范围进行 Hough 变换，计算出拟合的分割圆心(x_0', y_0')及半径 r'，并保留半径周边梯度变换较大范围内的像素点，避免支撑像素点信息的损失。

6.2.3 精确圆拟合算法

本算法主要包括半径扫描、直线拟合、半径补偿、去除毛刺干扰点、最小二乘法拟合等方面。根据轮毂分割后的图像所得边界初步计算圆心及半径，再以该圆心和半径为基准，按半径方向扫描得到 360 个边缘点，并计算各边缘点到初步圆心的距离，再利用均值法对扫描数据进行补偿，对补偿后的半径数据去除距离较长的点和较短的点，最后利用剩余数据进行最小二乘法拟合圆心及半径。

1. 径向扫描获取边缘点径向距离

以初步圆心(x_0, y_0)为基准点，设径向扫描范围为距离点(x_0, y_0) r+20～r−20 的圆环范围。共进行 M 次径向扫描，径向扫描步进角为 360°/W，实验 W 取值 360，共 360 次径向扫描。设 alf 为扫描角度，alf∈[0,360°]，扫描范围用 len 表示，len∈[r−20, r+20]，扫描边缘点的坐标为

$$x_1(i)=\mathrm{round}(\mathrm{len}(i)\times\cos(\mathrm{alf}*\pi/180)+x_0) \tag{6-31}$$

$$y_1(i)=\mathrm{round}(\mathrm{len}(i)\times\sin(\mathrm{alf}*\pi/180)+y_0) \tag{6-32}$$

由 r+20 的距离开始往圆心方向径向扫描二值化图像数据，遇到白点即认为是边缘点，记录该点坐标。对比边缘光滑和毛刺较多的两个轮毂，扫描边缘点离初步圆心(x_0, y_0)的距离。

2. 边缘点数据预处理

理想的边缘对应准确的圆心，边缘点扫描数据应在一条水平直线上。但实际数据可能受到两个方面影响：一方面，毛刺导致数据的不平滑；另一方面，如果初步圆心(x_0, y_0)有偏差，会对整体数据有影响。

本书作者采用均值法对边缘点进行自适应偏差补偿，均值平滑区间为 N 个点，偏差补偿公式为

$$\mathrm{rr}(i)=\mathrm{rr}(i)-\left[\frac{1}{P}\sum_{n=i}^{i+P}\mathrm{rr}(n)-\frac{1}{Q}\sum_{j=1}^{Q}\mathrm{rr}(j)\right]\quad i\in[1,Q] \tag{6-33}$$

式中，rr(i)为边缘点到圆心的距离，P 为平滑的点数，Q 为总的边缘点数。边缘点对应的坐标记为(x_i, y_i)，$i\in[1, M]$。

对补偿之后的数据进行排序，剔除最小的10个点，从小到大取11～N之间的N-10个点的数据，将此组数据作为最后圆拟合的输入数据。

3. 最小二乘法拟合

如果不做以上数据预处理，直接采用最小二乘法拟合圆，则拟合结果会受到毛刺影响，难以精确定位圆心。最小二乘法是一种数学优化技术，通过最小化误差的平方和找到一组数据的最佳匹配函数。现在要拟合圆曲线，令圆曲线方程为

$$r^2 = (x - x_0)^2 + (x - y_0)^2 \tag{6-34}$$

展开之后可得到圆曲线的另外一种形式，即

$$x^2 + y^2 + ax + by + c = 0 \tag{6-35}$$

最小二乘法拟合的最优圆，是求以下方差和函数

$$U(a,b,c) = \sum_{i=1}^{Q} \varepsilon_i^2 = \sum_{i=1}^{Q} (x_i^2 + y_i^2 + ax_i + by_i + c)^2 \tag{6-36}$$

方差和函数$U(a, b, c)$最小情况下所得的圆为目标圆，对该函数求a、b、c的偏导数，即

$$\frac{\partial U(a,b,c)}{\partial a} = \frac{\partial U(a,b,c)}{\partial b} = \frac{\partial U(a,b,c)}{\partial c} = 0 \tag{6-37}$$

由式（6-37）可求出系数a、b、c，进而求出圆心坐标(x_0, y_0)及半径r。

6.2.4 圆拟合结果分析

1. 现场测试环境

本书作者提出的定位系统的硬件环境包括调试箱体、工业高清CCD相机及百万像素镜头、研华工控机（中间带显示屏）、机器视觉环形光源、传输及定位机构、PLC控制系统等，图6.6（a）为本定位系统的调试箱体及工作界面，图6.6（b）所示为轮毂排队进入钻孔机的情景。

（a）　　　　（b）

图6.6　测试现场

2. 轮毂分割结果

现场抓拍的轮毂原图如图6.7（a）所示，根据算法的第一步将原图进行超像素分割，分割的聚类初始点数为400，经过SLIC超像素分割后，聚类区域网格效果如图6.7（b）所示。

经过超像素分割之后，利用梯度能量方差综合函数GEC(k)为每个超像素计算梯度方差能量综合值，并以此结合原超像素计算出梯度能量图，如图6.7（c）所示，轮廓圆周边缘信息的显著性得到大大增强，经过粗分割后，得到如图6.7（d）所示的粗分割结果。最后经过Hough变换，并结合轮毂边缘信息，可以更为精确地将轮毂分割出来，如图6.7（e）所示。

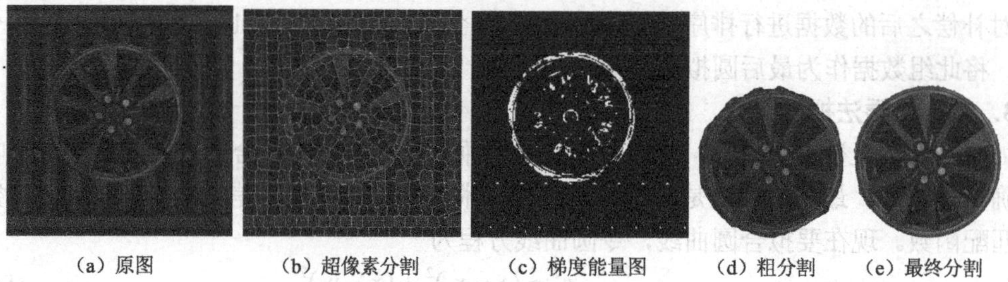

（a）原图　（b）超像素分割　（c）梯度能量图　（d）粗分割　（e）最终分割

图 6.7　预处理及图像分割

轮毂图像分割出来，下一步就执行轮毂精确圆拟合算法。根据分割的轮毂中心进行半径扫描，如图 6.8 所示，毛刺的多寡对轮毂边缘点的干扰非常明显，这将影响到轮毂圆心的准确定位和轮毂半径的测量。图 6.8（a）所示的边缘较平滑，毛刺很少，扫描所得数据平稳，而图 6.8（b）中毛刺较多，造成数据起伏波动很多，尤其当毛刺偏向某一侧时，初步圆心也会跟着偏移。

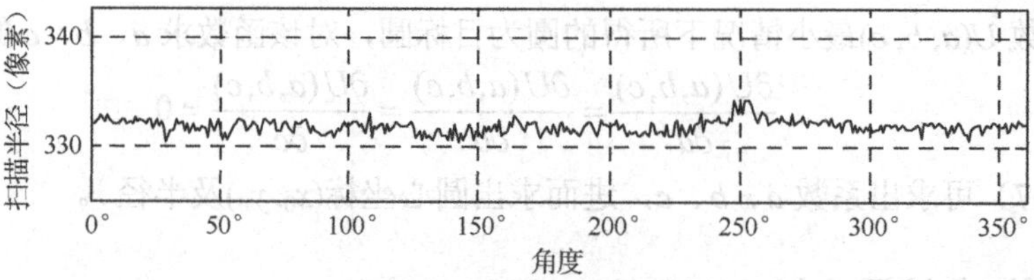

（a）边缘较平滑的扫描数据

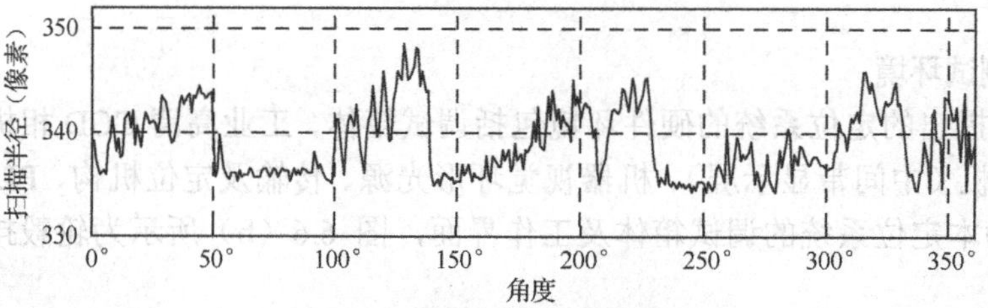

（b）毛刺较多的扫描数据

图 6.8　轮毂边缘扫描对比图

由于毛刺偏向某一侧，导致初步圆心偏移，扫描出来的边缘值也会出现波动，影响后续数据的筛选。图 6.9 分别为纵坐标（扫描半径，单位为像素）偏差 1、5、10 像素时的扫描数据波形。可见，偏差越大，起伏波动越大；经过本书作者提出的均值法进行补偿之后，不同偏差情况下基本能还原到没有偏差时的效果。

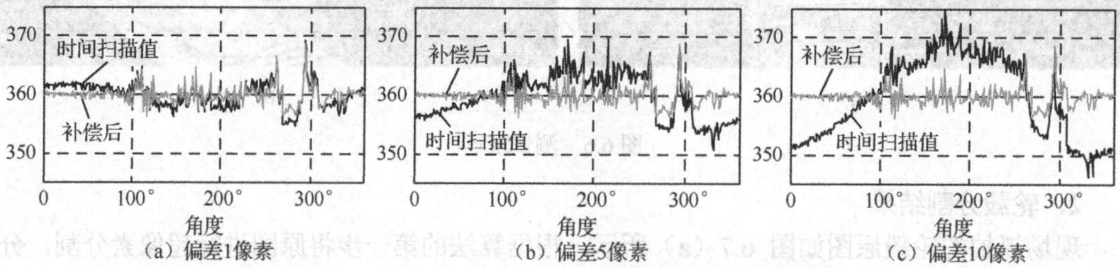

（a）偏差1像素　（b）偏差5像素　（c）偏差10像素

图 6.9　初步圆心不同偏差下自适应校正效果对比

3．定位精度测试

为验证本书作者提出方法的有效性，从轮毂定位系统中提取一个班次中约 300 张轮毂图片，选取毛刺干扰较大的 8 张图片进行圆检测实验。定位出的圆心坐标及半径和实际值比较，这里的实际值为人眼计算图片中去除毛刺后的像素点数。主要采用常用的几种圆检测算法：Hough

变换法、最小二乘法（LSM）、半径扫描平均法（Radius）、重心法（Centroid）和本书方法。其中，最小二乘法是利用未做预处理的边缘点进行拟合的。

除定位精度不同外，这几种算法的运行效率也不同，本书方法耗时与最小二乘法相当，远快于 Hough 变换法，略高于半径扫描平均法和重心法，完全能满足实时性要求。而且本书方法的识别定位精度与实测的偏差最小。具体比较效果如图 6.10 所示，ΔR 为半径偏差，Δx 为圆心横坐标偏差，Δy 为圆心纵坐标偏差。

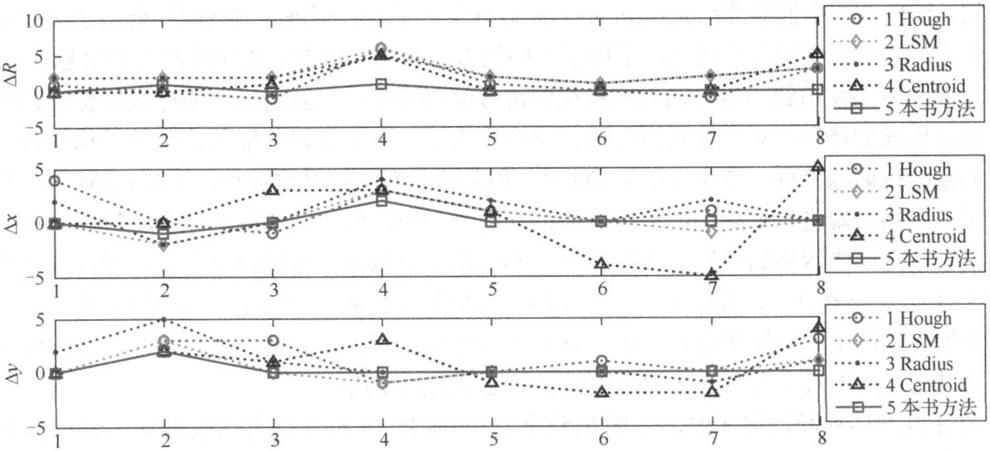

图 6.10　5 种算法的半径及圆心定位误差

6.3　基于深度学习的图像分割概述

6.3.1　研究现状

由于图像的复杂多样性，传统的目标检测算法及分割技术已经渐渐无法满足目前对数据处理的准确率、高性能、实时性和智能化等各个方面的需求。2006 年，Hinton 和 Bengio 提出卷积神经网络（Convolutional Neural Networks，CNN）方法[34]，2011 年发展迅速的深度学习逐渐成为帮助人们快速便捷地进行图像目标检测及识别的强大工具[35]。2013 年，LeCun 等[36]提出 OverFeat 深度学习模型，通过滑动窗口和图像分类实现目标的检测。2014 年，R.Girshick 和 J.Donahue 等[37]提出基于候选区域的 R-CNN 深度学习模型，通过搜索算法选取候选区域，然后通过深度网络学习特征，最后利用 SVM 线性分类进行识别。2015 年，Girshick 又提出了 Fast R-CNN[38]和 Faster R-CNN[39]，对 R-CNN 深度学习模型进行加速和优化。2016 年，Redmon 等[40-42]提出了端到端的目标检测框架 YOLO，去掉候选区域提取步骤直接从卷积运算最后的特征图中预测目标位置及所属类别，大大提高了目标检测速度。同年由 Liu.W[43,44]提出的 SSD（Single Shot multibox Detector）结合 YOLO 和 FasterR-CNN 多尺度预测目标框架，速度快且能够定位小目标。

深层卷积神经网络在物体分类上的应用取得了巨大的成功，这又启发了人们在结构化预测问题中使用卷积神经网络强大的特征学习能力[45]，尝试把本来用于分类的网络模型应用到图像分割中，特别是通过在图像块中提取最深层的特征以匹配图像尺寸。然而，这种方式只能得到块状的分类结果。还有使用循环神经网络的方法，先提取多个低分辨率的特征，然后进行合并，创建一个输入图像级别分辨率的特征进行预测。与手工设计特征相比，这些技术已经有了很大的改进，但是它们依然存在明显的缺点——划定边界的能力差。

更新的深度结构如 FCN、DeconvNet、CRFASRNN、Decoupled 等，是特别为分割而设计的网络模型，通过把低分辨率的特征描述映射到像素级的尺度对像素点进行预测，大大提升了图像分割的技术水平[46]。这几个网络模型都采用了编码、解码的结构，使用编码结构提取特征，得到低分辨率的特征描述，一般用 VGG16 网络结构，包括 13 个卷积层、5 个池化层和 3 个全连接层。编码结构中的参数都先在 ImageNet 数据集上进行预训练。这些网络模型之间的主要区别在于它们的解码结构各不相同，采用了不同的方法为每个像素生成对应的分类信息。

全卷积网络使用解码器对输入的特征图进行解码操作，一般通过上采样进行特征解析，然后将解析出来的特征与对应编码器的输出组合作为下一个解码器的输入。这种结构的编码网络存在海量的待训练参数，参数约有 134M 个，但是解码网络相对比较小，仅有 0.5M 个参数。这种体量的网络很难进行端到端的训练，所以，通常采用阶段性的训练。逐个将解码器添加到网络中进行训练，当网络的效果无法提升时，不再添加解码器，网络停止生长。通常网络的生长限制在 3 个解码器以内，导致了高分辨率特征图的丢失，从而损失了一些边缘信息。此外，解码器对编码器输出的特征图进行重用可以大大节约内存[47]。新的网络架构往往以全卷积网络作为核心基础，所以对全卷积网络的研究吸引了很多人的注意。

通过将循环神经网络（RNN）附加到全卷积网络，并对其在大的数据集上进行微调，使得全卷积网络的预测性能进一步得到改善。这种结构不仅具有 FCN 的特征表征能力，而且还使用 RNN 层来模仿条件随机场进行边界划分。与 FCN-8 相比，这种结构在性能上具有显著的提高，但是实验也显示当使用更多的样本训练 FCN-8 时，可以有效地减小性能上的差异。反卷积网络（DeconvNet）在性能上与 FCN 相比具有明显的优势，但是同时也有更复杂的训练方式和推理。

多尺度的深层架构也被广泛采用。它们有两种风格，一种是对输入图像进行多个尺度的变换，然后使用相应的网络提取特征[48]，这些网络分别具有不同的深度。另一种使用一个深层次的网络结构提取特征，然后将网络中不同层网络提取的特征进行融合。通常的做法是使用提取出的多个尺度的特征分别提供局部和全局上下文信息，并且编码器的浅层网络输出的特征图保留了高品质的细节，结合这些特征图可以使分割结果具有更加锐利的边界[49]。性能的提升往往带来了参数的增加，海量的参数使某些架构难以训练，所以对于参数多、数据量大的网络，通常使用多阶段训练的策略。此外，由于特征提取中使用了多个卷积路径，导致推论过程的复杂度也比较高。

反卷积网络及其半监督变体解耦网络提出了一种不同于 SegNet 的解码思想，即把编码器提取的特征图最大位置在解码器中执行非线性上采样操作[50]。但是它们的编码网络都以 VGG-16 网络为核心，包括全连接层，使参数的数量急剧增长，导致这种网络非常难以训练，因此需要使用其他方法进行辅助训练，比如常用的区域推荐。推荐的区域会在推理阶段使用，显著增加了推理时间。这些操作使得对该架构的评估变得更加困难，很容易受辅助操作的影响。另一种最近提出的方法 DeepLab 显著减少了参数的数量，同时性能没有降低，大大减少了对内存的需求，缩短了改进推理的时间[51]。

6.3.2 几种典型实现方案

下面介绍文献[52]和文献[53]介绍的 4 种典型实现方案，这些方案通常首先需要使用已经在

ImageNet 数据集上训练好的模型对网络进行初始化，这样可以获得比较好的初值，加速网络的收敛速度，然后在其他数据集上进行训练。

1．DeepLabV1

利用深度学习进行图像分类在整个图像领域变得越来越普遍，尤其是随着近几年硬件技术的进步及相关研究发现，越深的网络在分类领域所能获得的效果也越来越好。但是这样往往伴随着一个问题，就是随着网络深度的增加，我们不得不去增加很多池化层来减少网络的参数，同时还可以增加网络的感受野。但是在图像分割领域增加大量的池化层会降低网络中特征图的分辨率，同时会降低最终网络的预测结果的分辨率。另一方面，加入池化层后会增加网络的不变性，这种不变性在对图像进行分类时有着不错的效果，但是在对图像分割时从特征图转换到物体的位置时就比较困难，这也是为什么很多深度学习方法的预测结果中对于物体的大概位置预测得都比较准确，但是对于一些细节的分割就比较差。

为了解决如上两个问题，DeepLab 提出了使用空洞卷积来增加网络的感受野[51]，但同时不会造成网络中特征图分辨率的减少。对于普通的卷积来说，如果只是想要增加网络的感受野，可以增大卷积核的大小，但是增加卷积核的大小就会造成网络参数的增多，进一步降低网络的速度，但是空洞卷积是在不改变卷积核大小的基础上增加了网络的感受野。为了解决神经网络对于位置的预测比较差的情况，现在的方法通常是使用多个网络，获得多个网络的输出结果，最后利用多个网络的输出结果做一个整合来解决。但如果这么做，就意味着网络参数会成倍增加，网络的速度也会成倍减慢，尤其在一些对速度要求比较高的场景，如自动驾驶中，我们不仅需要获得比较好的分割结果，同时需要获得非常快的速度。因此，DeepLab 提出了使用条件随机场来使得网络更好地对物体的边缘做分割。实验证明，这是一种在速度上和进度上比较折中的方法。

DeepLabV1 的网络结果基本上是根据 VGG16 的网络结构修改而来的，由原来的一个分支设计成两个分支，其中一个分支只有两个卷积层，都有 128 个卷积核，第一个卷积核的大小为 3×3，第二个卷积核的大小为 1×1，然后另一个分支在第四个池化层之前的网络结构和原始的 VGG 基本保持一致，但是在第四个池化层后加了两个卷积层，这两个卷积层的结构和第一个分支的结构是一致的，最终对两个分支的结果进行整合。整合后的结果再接一个 Softmax，就是网络最后的输出，针对最后的输出进行简单处理，就可以获得最终的预测图。

2．DeepLabV2

如果想要获得更加好的网络输出结果，往往意味着我们需要以更加慢的速度或者更加多的参数来实现。比如，现在最常见的是训练多个平行网络，然后对多个平行网络的输出结果进行合并，并作为最后的输出结果。但是这样做就意味着网络参数是成倍增加的。另外，多个不同分辨率的输出在尺寸上是不相同的，就需要对每个网络做不同的插值才可以获得最终的结果，这样就造成了不同分辨率的特征图的合并。因此，文献[52]提出一种更加高效的方法，就是使用相同大小的卷积核做卷积操作，但是每个卷积核的速度是不同的，文献中使用 4 个不同的速度，分别是 6 倍、12 倍、18 倍、24 倍，这样在没有增加网络参数的前提下增加了网络的感受野。

文献[52]所使用的 DeepLabV2 是在 ResNet101 的基础网络上修改而来的，虽然使用多种分辨率的输入会造成网络参数的增加，但是由于文献中使用了多种不同速度的卷积核，因此所造成的网络参数的增加并不是成倍增加的。文献中还使用了 3 个不同的网络，这 3 个不同的网络是指网络的参数不同但结构是一致的，分别接受原图、0.5 倍的原图及 0.25 倍的原图。文献中使用了 33 个残差块，每个残差块由两个分支构成，一个分支由一个卷积层和一个 BN 层构成，另一个分支由 3 个卷积层构成，其中第一个和第二个卷积层后会有一个 BN 层和一个 ReLU 函数层，最后一个卷积层不经过 ReLU 层。然后把两个分支的结果进行合并，再通过一个 ReLU 层就构成了一个残差块。在第 33 个残差块的输出后接 4 个不同的卷积层，每个卷积层的速度是不同的，也就是前面介绍的 4 种速度，这里的卷积使用空洞卷积。然后对 4 个卷积层的输出进行整合，就可以获得当前网络的输出结果了。分别对接受图像的 3 个网络的输出结果进行插值，最后将 3 个网络的结果叠加到一起，就构成了 DeepLabV2 最终的输出结果。

3. PSPNet

通过观察数据我们发现数据中存在一些问题。首先，目前的很多方法没有考虑上下文的信息，在一些图像的分割结果中，有时存在着将水面上的船分割成车辆的情况。但是根据常识可以知道车辆是不能在水面上行驶的， 因此缺少上下文的信息可能会降低网络分割的准确性。其次，分割结果中可能存在一些本身就奇异的信息，比如山和小土丘，它们有着相似的外形信息，因此在进行图像分割时，两者很可能产生重叠现象，即同一个物体被分成了两个类别，或者两个不同的物体被分割成了相同的物体。另外，分割结果中可能存在着一些本身就比较小的类别，比如一些本身就不重要的物体。解决这些问题可能就意味着分割准确性的提升。

在深度神经网络中，感受野的大小是与我们所使用的上下文信息的多少相关的，也就是说，感受野越大，我们所使用的上下文信息就越多。如何在增大感受野的同时减少我们所丢失的信息就显得尤为重要。PSPNet 使用了空洞卷积来替代网络中的池化层以降低信息的丢失。

选择已经在 ImageNet 数据集上训练好的网络作为整个网络结构的基础网络。首先，网络接受一张图片作为原始的输入，使用 ResNet101 去提取特征图，选择 Conv5_3 层的输出作为特征图，然后使用一个金字塔结构的池化模块去提取不同尺度的特征，每个池化层的核的大小是不同的，所以在这一步会获得不同大小的特征图，再用一个卷积层对提取到的特征图进行加工，对所有的特征图使用双线性插值，把特征图做到一样的大小，结合没有池化过的特征图及池化过的特征图，加一些卷积层对网络做最后的处理，这样就可以获得最终的分割结果。

4. ICNet

目前基于深度学习进行图像分割的模型有两类，一类是利用比较大的模型，比如 ResNet 作为基础模型，或者类似 Inception 的结构，这样的模型通常有一个比较大的缺点，那就是在做测试时，花费的时间会比较长，远远达不到实时分割的需求。另外，在做网络结构设计时，往往会考虑不同尺度的物体的分割问题，这就意味着很多网络会使用多尺度的输入，这样花费的时间变得更长了。PSPNet 中的金字塔结构就是为了解决这个问题的。另一类的分割模型通常会满足实时性的要求，但是准确率往往比较低。

下面着重解决多尺度输入的问题。我们在实验中发现，具备不同尺度输入的网络会有不同的分割效果，通常如果输入图像的尺寸越大，网络具备比较好的细节分割效果，如果输入图像的尺寸比较小，那么网络往往能够勾勒出整幅图像的大概轮廓，但是对部分的细节把握不够清楚。当然，输入图像的尺寸越小意味着网络所需要的计算量会比较小，网络在测试时的速度就会比较快。ICNet 的核心思想就是使用小尺寸的图像获得网络的整体轮廓，然后不断使用比较大的图像的分割结果去优化小尺寸图像的细节。

基础的网络结构使用 ResNet50，然后做部分修改，同时使用迁移学习的方法，使用在百度数据集上训练过的 PSP50 来初始化网络的参数。同时在训练的过程中，使用第一个网络的参数去初始化第二个网络的参数，实验证明，这样可以获得更好的效果。

6.3.3 基于全卷积神经网络的图像分割实验结果

深度学习在图像分割领域的应用越来越多，各种新的网络模型层出不穷，分割效果也越来越好，如 FCN[55]、R-CNN[39]、Mask R-CNN[56]等。

全卷积网络（Fully Convolutional Networks，FCN）是 Jonathan Long 等[57]提出的图像分割网络模型，第一次创造性地实现了端到端的图像分割，从抽象的图像特征中还原图像语义，输出每个像素的类别。

传统的 CNN 网络主要应用于图像识别，前五层是卷积层，提取图像的抽象特征；最后三层是全连接层，输出图像的类别。FCN 以 CNN 为基础，将最后 3 个全连接层替换成卷积层，由此而得名全卷积网络。FCN 与 CNN 的对比如图 6.11 所示。

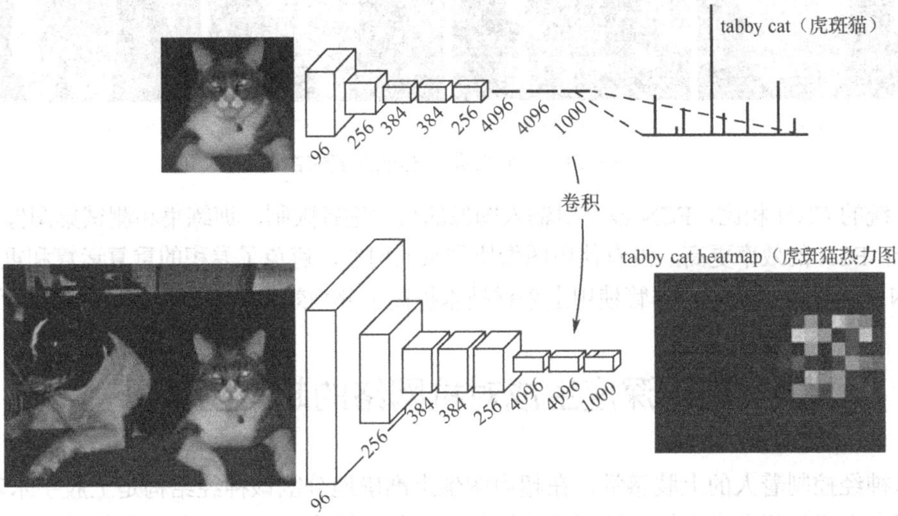

图 6.11 FCN 与 CNN 的对比

观察 FCN 的网络结构不难看出，每经过一次卷积与池化操作，输出结果的尺寸就缩小一些。为了将输出结果还原到输入图像的尺寸，对输出结果进行上采样，此处使用反卷积实现上采样效果，如图 6.12 所示。对 FCN 网络最后一层的输出进行反卷积操作，将分割结果的尺寸还原到

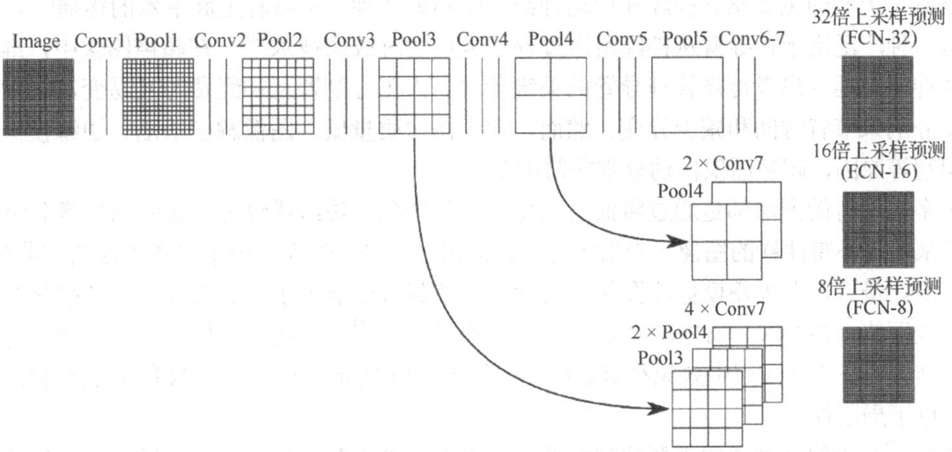

图 6.12 卷积与反卷积

输入图像的大小，但是由于精度的损失，一些图像细节无法还原，导致输出的分类结果呈块状。为了尽可能地修复细节、提高分割效果，根据输出结果缩小的倍数，分别对卷积层的输出进行相同倍数的反卷积，将不同倍数的特征图结合，获得精度相对提高的分割结果。如图 6.13 分别展示了不同倍数上采样的分割结果，可以看到上采样倍数越小，分割结果越好。

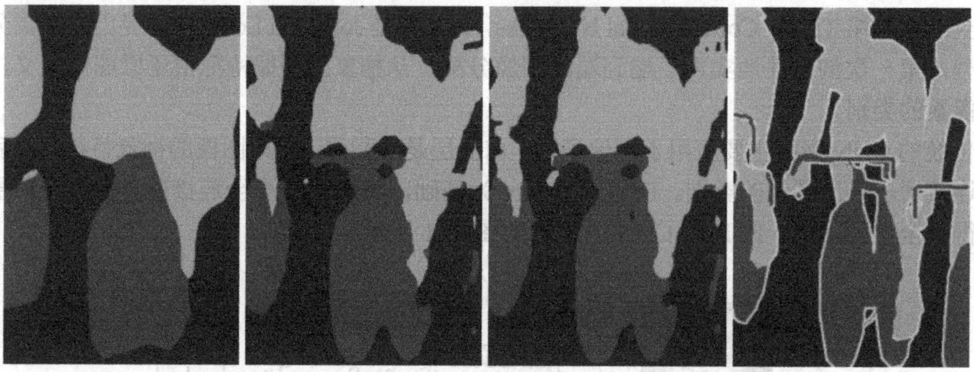

（a）FCN-32　（b）FCN-16　（c）FCN-8　（d）Ground truth

图 6.13　不同倍数上采样的分割结果

与传统的 CNN 相比，FCN 没有对输入图像的尺寸进行限制，训练集和测试集图像的尺寸不要求统一；FCN 的效率更高，没有使用图像块带来的问题，避免了卷积的重复运算和重复存储。同时 FCN 也有明显的缺点：尽管使用上采样技术提高了分割效果，但是分割的精度依然不够。

6.4　基于深度生成对抗网络的超声图像分割

臂丛神经控制着人的上肢感觉，在超声图像上准确地分割该神经结构是上肢手术麻醉的前提。然而，由于需要考虑整体的解剖依赖性和器官的弹性变化，自动分割是极其困难的。本书作者开发了一个深度生成对抗网络来克服这些困难[58]。

6.4.1　引言

臂丛是上肢的主要感觉神经和运动神经，阻断臂丛神经可减轻上肢手术的疼痛[59]。超声波成像是一种广泛用于指导臂丛神经阻滞过程的无创实时成像技术[60]。在超声图像中，准确地分割臂丛神经是插入患者疼痛管理导管的关键步骤。人工分割臂丛神经费时且易变，医生迫切需要自动分割来节省时间和减少异变。然而，由于图像质量低、图像解剖缺陷、边缘模糊和特征难以识别等原因，超声图像自动分割非常困难。

大多数现有的方法都是通过将低层次特征（如颜色、边缘或纹理）相同的像素分组到更大的区域来实现不带注释的图像（未指定方法）的自动分割。然而，由于这些方法的非监督特性，性能有限。最近，在大规模标注图像的帮助下，监督方法取得了很高的性能，特别是基于深度卷积神经网络（DCNN）的方法成功应用于分割任务[61-64]。将强大的特征学习与精细的端到端训练相结合，在实际应用中效果很好。但是，如图 6.14 所示，基于 DCNN 的方法在超声分割任务中有以下局限性。

首先，准确的分割通常需要解剖学的上下文线索来判断臂丛的位置。线索可能包括锁骨下动脉和其他解剖标志。然而，目前基于 DCNN 的方法对像素标记进行独立预测，忽略了长期的解剖依赖性。因此，本属于背景的像素可能被误标记为臂丛，如图 6.14（a）所示。

其次，由于人体是可变形的结构，臂丛区域在某些情况下可能变小。然而，目前基于 DCNN 的方法会忽略或将臂丛小区域作为背景进行分类，如图 6.14（b）所示。这种故障是由于在标准 DCNN 的每一层都发生了图像分辨率的降低。

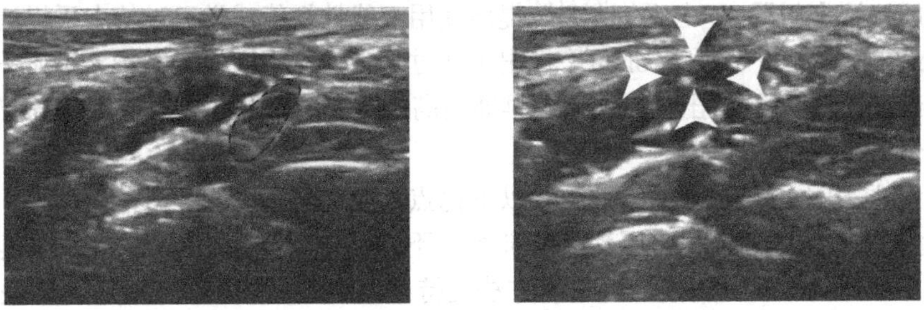

（a）缺乏高阶依赖性的多余臂丛　　（b）臂丛小（被箭头所包围）导致失位

图 6.14　两例应用 DCNN 方法进行臂丛神经切断术失败案例

为了克服第一个限制，本书作者开发了一个深层生成对抗网络。深层生成对抗网络由分割网络和鉴别器网络两部分组成。分割网络基于 DCNN 的生成方法[61]。我们的主要贡献是引入了鉴别器网络，这使深层生成对抗网络具有全局一致性。鉴别器网络将分割网络产生的标记图与真实标记图区分开来。分割网络试图产生尽可能真实的标记图来欺骗鉴别器网络。由于鉴别器网络基于整个标记图进行决策，因此通过上述对抗性的训练过程来加强全局一致性。生成对抗网络最初是由 Goodfellow 等[65]设计的，目的是生成很好的图像。但是，这里我们使用它作为正则化器来激励全局依赖关系。

我们利用 Yu 和 Koltun[66]提出的扩张卷积来解决第二个限制。扩张卷积通过感受野的周期性扩展来缓解分辨率降低的问题，而不损失分辨率和覆盖范围。利用多层稀释卷积构建分割网络，以提高小目标分割的性能。此外，使用弹性变换来扩充数据集，以加强深层生成对抗网络考虑变形结构显式。

我们的主要贡献如下：首先，在我们最熟悉的情况下，首次提出了深层生成对抗网络在臂丛超声分割中的应用；其次，该方法不需要像素分割，且目标小；最后经过测试，表明该方法在具有挑战性的臂丛分割任务上大大优于先前的先进方法。

6.4.2　相关工作

现有的超声图像分割方法可以分为两大类：无监督方法和监督方法。无监督方法可以在只有一幅图像的情况下进行分割。与此相反，监督方法用许多带标记的图像建立分割模型。以高昂的标签成本为代价，监督方法常常对某些感兴趣的对象达到最高的性能，而无监督方法往往与医生的临床判断不一致。

在所有的监督方法中，Grangier 等[68]在 2009 年和 Farabet 等[69]在 2013 年分别使用 DCNN 完成了早期工作，并采用了最先进的模型。近年来，全卷积网络（FCN）[61]在基于 DCNN 的分割上取得了突破。FCN 将全连接层转换为卷积层，这种转换允许 DCNN 在像素之间滑动并预测像素标签。但由于 FCN 对像素标签的预测是相互独立的，因此忽略了长期的依赖关系。为了保证图像标记的一致性，最近的一些研究利用了条件随机场（CRF）[70-72]。另一种方法[73]使用第二个 CNN 来学习数据相关的成对项。然而，这些方法大多是通过两两配对的潜力来确保一致性的，这种潜力鼓励相邻像素共享相同的标签，而忽略了高阶一致性或全局一致性。为了解决这个问题，Pinheiro 和 Collobert[74]使用递归网络来开发高容量的可训练模型，其中每次迭代将输入图像和当前标签映射到一个新的标签。

基于 DCNN 方法的另一个问题是经常涉及许多下采样层。下采样层的目的是增大感受野的大小，但同时降低了输出图像的分辨率，这就造成了大感受野和全分辨率输出映射之间的根本冲突。为了解决这个问题，一些研究[61,63,64]提出使用双线性插值或学习过的上采样滤波器对输出映射进行上采样。另外，Yu 和 Koltun[66]提出了通过扩大卷积来增加感受野大小而不损失分辨率的方法，Ronneberger 等[64]提出跳过连接到早期的高分辨率层，Zhou 等[75]和 Saxena 及 Verbeek[76]提出了多分辨率网络。

与以上方法相比，本书提出的方法有以下优点：①不同于以往的方法[70-72,74]，本书提出的方法有效地处理了全局一致性，因为一旦训练，不涉及任何高阶 CRF 能量项或模型本身的重现；②不同于上述方法[75,76]，本书提出的方法支持感受野的指数扩展，而不会丧失分辨率或覆盖范围。

6.4.3 基于深度生成对抗网络的臂丛分割

1．对抗的损失

我们的核心架构是修改原始分割网络的损失函数，以适应对抗训练。最先进的分割网络的原始损失函数是用于多类别分类的交叉熵函数，它鼓励网络在每个像素位置预测正确的类标签。在这种情况下，只能预测臂丛神经。因此，分割网络实际上使用二元交叉熵作为损失函数。我们将分割网络表示为 $S(\cdot)$，对于大小为 $H\times W$ 的输入臂丛图像 x，生成大小为 $H\times W$ 的预测图 $S(x)\in R^{H\times W}$，大小为 $H\times W$。

考虑到鉴别器网络 $D(\cdot)\in[0,1]$，使用对抗训练来加强全局一致性，鉴别器产生的预测图 $S(x)$ 由分割图 y 的分割网络产生。鉴别器网络决定整个或地区预测图并惩罚分割网络。通过这种方法，我们希望分割网络能够学习到高阶一致性。这样的一致性，例如臂丛的轮廓，或者某一类区域内像素的比例是否超过阈值，都不能通过标准的像素方向的二元交叉熵损失函数得到。因此，我们建议在标准损失函数中增加额外的损失项 $\ln[1-D(S(x))]$，即

$$l(\theta_S)=-\frac{1}{N}\sum_{n=1}^{N}\left[\frac{1}{M}\sum_{m=1}^{M}[y_{nm}\ln(S(x_n)_m)+(1-y_{nm})\ln(1-S(x_n)_m)]-\lambda\ln(1-D(S(x_n)))\right] \quad (6\text{-}38)$$

式中，θ_S 表示分割网络的参数，N 表示数据集中的样本数，m 表示图像或分割图中的一个像素，图中有 M 个像素。λ 拟合是平衡像素级标准损失和对敌损失的权值，使两者损失在大致相同的尺度上。分割网络的训练使二元交叉熵损失最小化，同时降低了对抗网络的性能。因此，对抗训练鼓励分割网络产生难以与对性网络的真分割图相区分的分割图。

与 GAN 一样，鉴别器网络的损失函数定义为二值交叉熵损失函数，即

$$l(\theta_D)=-\frac{1}{N}\sum_{n=1}^{N}[\ln(D(y_n))+\ln(1-D(S(x_n)))] \quad (6\text{-}39)$$

式中，θ_D 为鉴别器网络的参数。鉴别器网络的训练最大限度地提高了分割网络输出和训练数据集的映射得到正确标签的概率。

2．对抗训练

最小化式（6-39）和式（6-38)损失函数的参数，θ_S、θ_D 分别可以认为分割网络和鉴别器网络以价值函数 $V(\theta_S,\theta_D)$进行对抗训练：

$$\min_{\theta_S}\max_{\theta_D} V(\theta_S,\theta_D)$$

$$=\min_{\theta_S}\max_{\theta_D}\frac{1}{N}\sum_{n=1}^{N}\frac{1}{M}\left\{\sum_{m=1}^{M}-[y_{nm}\ln(S(x_n)_m)+(1-y_{nm})\ln(1-S(x_n)_m)]+\lambda[\ln D(y_n)+(1-D(S(x_n)))]\right\} \tag{6-40}$$

Goodfellow 等[65]指出，式（6-40）中 $\ln[1-D(S(x))]$项不能为训练分割网络提供足够的梯度，因为在训练开始时，该项会饱和，说明鉴别器网络对从真实图中判别生成的图有较高的置信度。因此，我们将最小化 $\ln[1-D(S(x_n))]$替换为最大化 $\ln[D(S(x_n))]$，这提供了相同的动态不动点，但在学习早期具有更强的梯度。对抗训练算法如图 6.15 所示。

```
Input iteration T;
minibatch N;
discriminator update K;
Result: θ_S
while θ_S has not converged do
    for t = 0 to T do
        for k = 0 to K do
            Sample minibatch of N ultrasound scans x_n and corresponding ground
            truth masks y_n from training dataset;
            Update the discriminator network by ascending its stochastic gradient:;
            ∇θ_D (1/N) Σ_{n=1}^{N} [− ln(D(y_n)) − ln D(S(x_n))]
        end
        Update the segmentation network by descending its stochastic gradient:;
        ∇θ_S (1/N) Σ_{n=1}^{N} [ (1/M) Σ_{m=1}^{M} [−y_nm ln(S(x_n)_m) − (1 − y_nm) ln(1 − S(x_n)_m)]
        +λ ln(1 − D(S(x_n)))]
    end
end
```

图 6.15　对抗训练算法

从图 6.15 可以看出，对抗训练算法由两个随机梯度下降组成。在每次迭代中，从训练数据集中采样一小批 N 幅超声图像及其对应的标签，然后开始两个梯度下降过程：一个更新 θ_D 减少鉴别器网络损失函数 $l(\theta_D)$（式（6-39））和一个更新 θ_S 迭代减少分割网络损失函数 $l(\theta_S)$（式（6-38））。基于梯度的更新可以使用任何标准的基于梯度的学习规则，我们在实验中使用动量。在实际应用中，建议在更新分割网络之前先进行 K 步的鉴别器更新，使训练过程更加稳定。

3. 网络架构

在分割网络中，我们使用扩层的卷积层来系统扩展接收域而不丢失分辨率。采用 VGG-16 网络模块[77]作为前端，去掉了最后两个池化层。前端输出 64×64 分辨率的特征图。扩张模块放在前端，它有 8 层，采用不同扩张因子的 3×3 卷积层：1、1、2、4、8、16、1，选择扩张因子将其感受野扩大到 64×64，大小应与前端的输出大小一致。分割网络架构如图 6.16 所示。

对于鉴别器网络，输入的是真实标记图或生成的标记图。鉴别器网络试图区分前者和后者。首先将映射转换为二值编码，然后将其下采样到 64×64 的分辨率，以匹配分割网络的输出大小。

对抗网络结构如图 6.17 所示，它由分割网络和鉴别器网络组成。将超声图像输入分割网络中，生成预测的标记图。鉴别器网络将分割网络产生的标记图与真实的标记图区分开来。为了更好地进行鉴别，我们让鉴别器网络对输入图像 x 进行条件设置，即 $D(x, S(x))$。由于分割网络会将输入图像的大小减小到 64×64，所以需要对输入图像进行采样来匹配这个大小。本书探讨了 3 种不同的调节结构。第一种是将输入图像的特征映射与生成的掩模连接起来。第二种是将输入图像与每个类概率映射（或标注图）直接相乘。该交互作用被设计用于编码输入图像和生成的掩模[78]之间的关系，这可以看作对非臂丛区域进行掩蔽的过程。第三种是用二进制标签上的分布代替真值掩码。

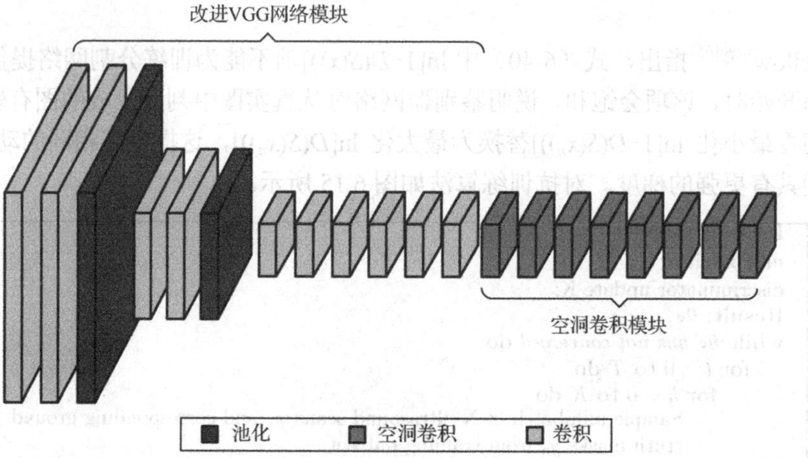

图 6.16　分割网络结构

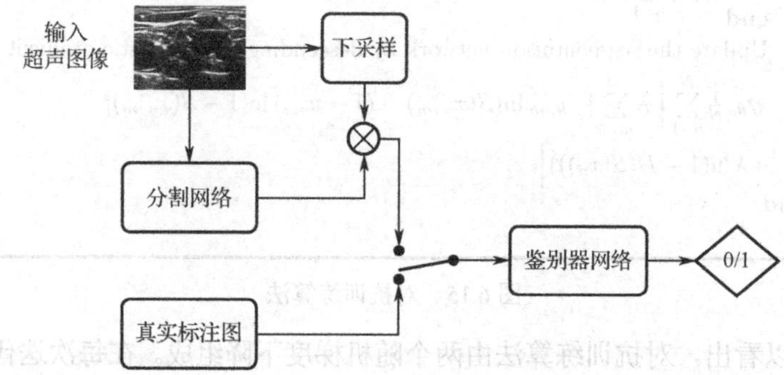

图 6.17　对抗网络结构

6.4.4　实验

1. 数据集

分割网络训练的数据集有 5271 幅高分辨率的超声扫描图像，带有医生的标注，可以对真实的临床图像进行大规模的臂丛预测。为了评估模型的性能，我们收集了另外 509 幅扫描图像，并由一位训练有素的医生进行分析。所有的超声图像首先通过减去每个像素的平均值进行预处理。如文献[79]所示，通过均匀绘制[−30°,30°]的旋转和均匀绘制[1°,3°]的仿射因子的弹性变换，以 0.5 的概率对训练图像进行增广，如图 6.18 所示。

2. 评价指标

我们使用的评价指标是文献[80]中定义的平均标准并集交（mIOU），它可以用来比较预测分割与对应的标注数据在像素上的一致性。公式为

$$\frac{S_{seg} \cap S_{gt}}{S_{seg} \cup S_{gt}} \tag{6-41}$$

其中，S_{seg} 为像素预测集，S_{gt} 为标注数据。在本书算法中，臂丛的轮廓质量对臂丛阻滞的操作有

重要影响。考虑到轮廓精度，我们还采用文献[81]引入的 BF 度量方法来测量臂丛的边界质量，该方法基于预测中轮廓点与真值分割的最接近匹配。容错系数 θ 的取值决定了边界点是否匹配。

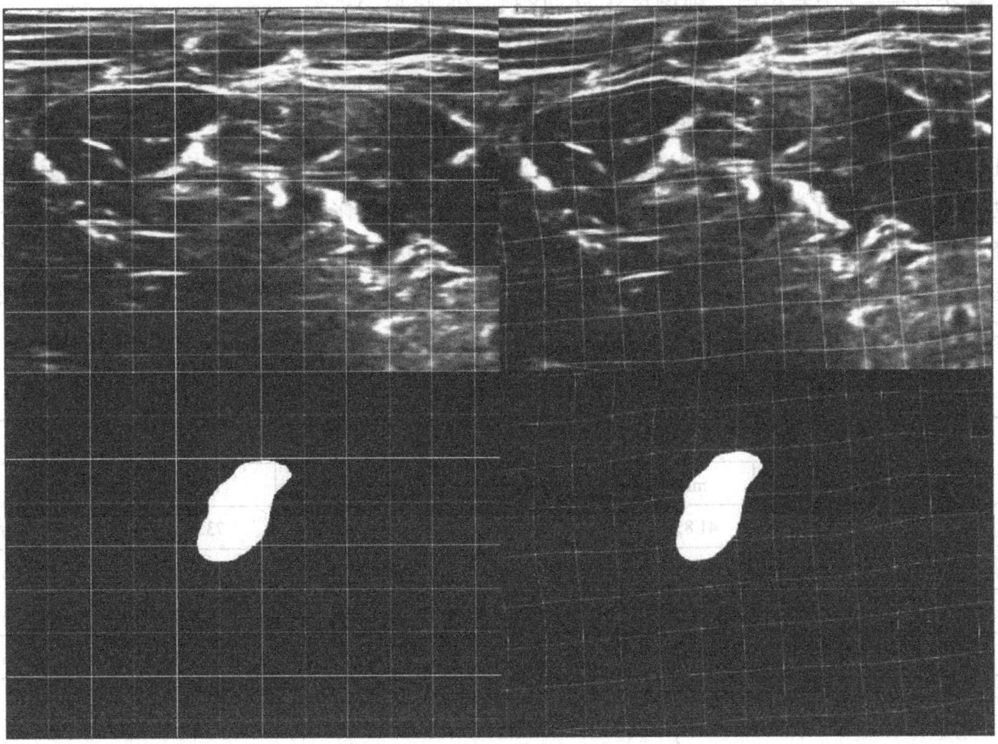

图 6.18　用于数据扩充的弹性转换

对分割网络和鉴别器网络进行从无到有的随机训练。我们也尝试预先训练鉴别器网络，然后在训练分割网络时使用这些训练过的网络来保证全局一致性。然而，实验结果表明，仅仅过了几个周期，训练就迅速变得不稳定。然后使用对抗训练算法，从头开始交替地训练网络。该对抗训练使用批量大小为 100、学习率为 10^{-3}、动量为 0.9 和对抗损失权值 $\lambda=10^{-1}$ 的随机梯度下降法进行。我们将训练集进一步划分为 10 部分，网络被训练为 60×10^3 次迭代，式（6-38）和式（6-39）中定义的两个损失函数将趋于 0，如图 6.19 所示。当鉴别器网络不能对分割图像和标注数据进行区分和赋值时，网络模型收敛。

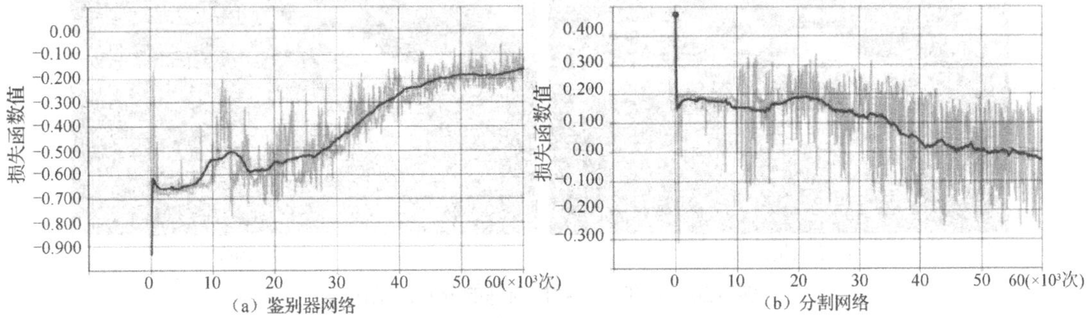

图 6.19　鉴别器网络和分割网络进行对抗训练时的损失函数曲线

3. 不同结构的比较

在本实验中，我们探讨了最佳的鉴别器网络架构。考虑的 4 种架构是：

- 类 1——7 个卷积层，视场尺寸为 34×34；
- 类 2——7 个卷积层，视场尺寸为 34×34，外加滤波通道；
- 类 3——5 个卷积层，视场大小为 18×18；
- 类 4——5 个卷积层，视场大小为 18×18，外加滤波通道。

更大的视场尺寸 34×34 有望更有效地检测较大区域上的远距离标签依赖，而更小的视场尺寸 18×18 则有望聚焦于更精细的局部细节。滤波通道变体被设计用来查看添加滤波通道是否有帮助。进一步比较了这 4 种体系结构下的串联、倍增和标准化变体，实验结果如表 6.1 所示。我们注意到，在同一视场下，简洁的模型（较少的滤波通道）的性能优于丰富的模型（较多的滤波通道），这可能表明过度拟合发生在复杂的网络中。同时注意到深度网络（大视场）比浅层网络（小视场）有更好的结果。

表 6.1　不同鉴别器结构的性能比较

	串　联		倍　增		标准化变体	
	mIOU	mBF	mIOU	mBF	mIOU	mBF
类 1	72.51%	41.85%	72.98%	43.65%	73.54%	40.91%
类 2	72.89%	39.91%	73.29%	43.82%	73.54%	43.37%
类 3	71.57%	40.72%	73.22%	41.25%	71.15%	39.34%
类 4	71.62%	40.94%	71.33%	39.59%	70.71%	40.26%

4. 对抗训练的效果

为了测试对抗训练是否能提高臂丛网络分割的质量，我们比较了有对抗训练和没有对抗训练的最佳网络结构的分割结果。我们注意到，虽然对抗训练并没有显著提高性能，但从解剖正确性的角度来看，它确实提高了产生的分割图和真实标注图之间的一致性。如图 6.20 所示，加入对抗训练使模型考虑了整个分割图的高阶上下文，从而提供了更加可信的结果。如表 6.2 所示，我们注意到对抗训练取得了一致的效果，特别是当使用考虑到轮廓质量的 mBF 度量性能时。总的来说，这个实验证实了对抗训练的好处。

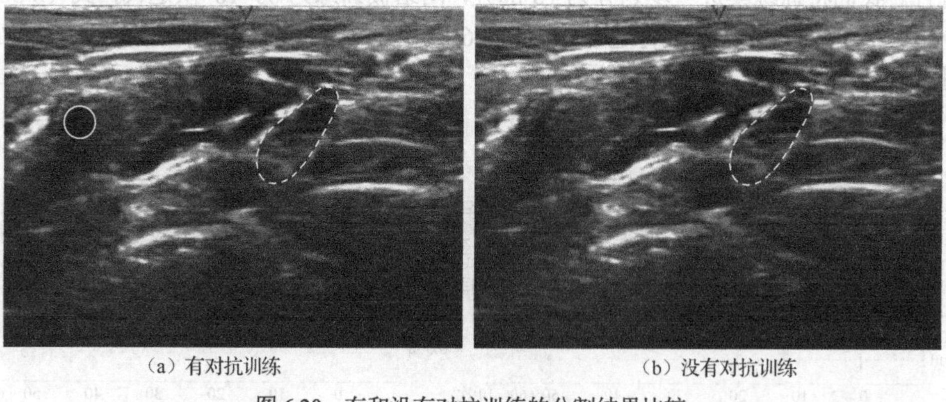

（a）有对抗训练　　（b）没有对抗训练

图 6.20　有和没有对抗训练的分割结果比较

5. 与其他先进的模型比较

为了显示深度生成对抗网络的优势，我们将其与其他先进的模型进行比较。为了做一个公平的比较，使用相同的预处理通道。本次比较的基线是目前最优的浅层模型，该模型采用条件随机场和支持向量机（SVM+CRF）将一元预测与成对依赖[82]相结合。其他 4 个模型都是基于深度神经网络的模型，包括全卷积网络（FCN）[61]、CNN+CRF 模型[70]、两种 CNN 模型[73]和 CNN + RNN 模型[74]，结果见表 6.3。

表 6.2 对抗训练的结果比较

	mIOU	mBF
没有对抗训练	72.66%	23.47%
有对抗训练	73.29%	43.82%

表 6.3 与现有模型的对比

方 法	mIOU
SVM + CRF	45.40%
深度生成对抗网络	69.28%
深度生成对抗网络（弹性变换）	73.29%
FCN	57.18%
CNN + CRF	69.30%
两种 CNN	71.57%
CNN+RNN	72.14%

参 考 文 献

[1] 高敏，李怀胜，周玉龙，等. 背景约束的红外复杂背景下坦克目标分割方法. 自动化学报，2016, 42(3):416-430.

[2] 龙建武，申铉京，臧慧，等. 高斯尺度空间下估计背景的自适应阈值分割算法. 自动化学报，2014, 40(8):1773-1782.

[3] 刘丁，张新雨，陈亚军. 基于多目标人工鱼群算法的硅单晶直径检测图像阈值分割方法. 自动化学报，2016, 42(3):431-442.

[4] 李启翮，罗予频，萧德云. 基于流向标量场与快速扫掠法的图像分割. 自动化学报，2008,34(8): 993-996.

[5] 孙超男，易芹，崔丽. 小波变换结合模糊聚类在示温漆彩色图像分割中的应用. Journal of Software, 2012, 23(Suppl.(2)):64-68.

[6] 周东国，高潮，郭永彩. 一种参数自适应的简化 PCNN 图像分割方法. 自动化学报，2014, 40(6): 1191-1197.

[7] 唐思源，邢俊凤，杨敏. 基于 BP 神经网络的医学图像分割新方法. 计算机科学，2017, 44(6A): 240-243.

[8] 肖春霞，初雨，张青. 高斯混合函数区域匹配引导的 Level Set 纹理图像分割. 计算机学报，2010,33(7): 1295-1304.

[9] 张迎春，郭禾. 基于粗糙集和新能量公式的水平集图像分割. 自动化学报，2015, 41(11): 1913-1925.

[10] 张明慧，卢振泰，张娟，等. 基于多图谱活动轮廓模型的脑部图像分割. 计算机学报，2016,39(7): 1490-1500.

[11] 张帆，张新红. 基于位错理论的距离正则化水平集图像分割算法. 自动化学报，2018, 44(5): 943-952.

[12] 宋艳涛，纪则轩，孙权森. 基于图像片马尔科夫随机场的脑 MR 图像分割算法. 自动化学报，2014, 40(8):1754-1763.

[13] 董卓莉，李磊，张德贤. 基于两段多组件图割的非监督彩色图像分割算法. 自动化学报，2014, 40(6): 1223-1232.

[14] 陈子阳，王保平. 一种基于三维直方图和 RFKCN 的图像分割方法. 计算机学报，2011,34(8): 1556-1562.

[15] Z. Tang, Y. Wu. One image segmentation method based on Otsu and fuzzy theory seeking image segment threshold. International Conference on Electronics, Communications and Control, 2011: 2170-2173.

[16] A. Bieniek, A. Moga. An efficient watershed algorithm based on connected components. Pattern Recognition, 2000, 33(6):907-916.

[17] T. Kanungo, D. M. Mount, N. S. Netanyahu, et al. An efficient k-means clustering algorithm: analysis and implementation. IEEE Transactions on Pattern Analysis & Machine Intelligence, 2002, 24(7):881-892.

[18] J. L. Cui, B. Lian, G. Y. Kang, et al. Image segmentation and center positioning method for roughcast wheel hubs under complex background, Journal of Network Intelligence, 2021, 6(1): 54-63.

[19] R. Chan. New parallel Hough trans for for circles. IEE Proceedings E-Computers and Digital Techniques, 1991,138(5):335-334.

[20] E. Cuevas, F. Wario, V. Osuna-Enciso, et al. Fast algorithm for multiple-circle detection on images using learning automata. IET Image Processing, 2012, 6(8):1124-1135.

[21] H. Maitre. Contribution to the prediction of performances of the Hough transform. IEEE Transactions on Pattern Analysis and Machine Intelligence, 1986,8(5):669-674.

[22] L. Xia, C. Cai, C. P. Zhou, et al. New fast algorithm of Hough transform detection of circles. Application Research of Computers, 2007, 24(10):197-200.

[23] X. Chen, G. Lin. Wheel center decection based on stereo vision. Journal of Southeast University(English Edition) , 2013, 29(2): 175-181.

[24] X. Zhou, Y. Wang, K. Li, et al. New bottle mouth positioning method based on multiple randomized circle detection and fitting degree evaluation. Chinese Journal of Scientific Instrument, 2015, 36(9):2021-2029.

[25] P. K. Sahoo, S. Soltani, A. K. C. Wong. A Survey of thresholding techniques. Computer Vision, Graphics, and Image Processing , 1988, 41(2):233-260.

[26] S. Pohlman, K. A. Powell, N. A. Obuchowski, et al. Quantitative classification of breast tumors in digitized mammograms. Medical Physics, 1996,23(8):1337-1345.

[27] L. Vincent, P. Soille. Watersheds in digital spaces: an efficient algorithm based on immersion simulations. IEEE Transactions on Pattern Analysis and Machine Intelligence, 1991, 13(6):584-598.

[28] Y. Z. Cheng. Mean shift, mode seeking, and clustering. Pattern Analysis and Machine Intelligence, 1995, 17(8):790-799.

[29] R. C. Gonzalez, R. E. Woods. Digital image processing. Publishing House of Electronics Industry, 2003: 463-473(in Chinese).

[30] X. Ren, J. Malik. Learning a classification model for segmentation. Proceedings of the IEEE International Conference on Computer Vision, 2003:10-17.

[31] C. Y. Wang, J. Z. Chen, W. Li. Superpixel segmentation algorithms review. Journal of Application Research of Computers, 2014, 31(1):6-12.

[32] R. Achanta, A. Shaji, K. Smith, et al. SLIC superpixels compared to state-of-the-art superpixel methods. IEEE Transactions on Pattern Analysis and Machine Intelligence, 2012, 34(11):2274-2282.

[33] X. Y. Song, L. L. Zhou, Z. G. Li, et al. Review on superpixel methods in image segmentation. Journal of Image and Graphics, 2015,20(5):599-608.

[34] 卓维，张磊. 深度神经网络的快速学习算法. 嘉应学院学报，2014, 32(5): 13-17.

[35] 万维. 基于深度学习的目标检测算法研究及应用. 电子科技大学硕士学位论文，2015: 1-65.

[36] P. Sermanet, D. Eigen, X. Zhang, et al. Overfeat: integrated recognition, localzation and detection using

convolutional networks. ArXiv 1312.6229, 2014: 1-16.

[37] R. Girshick, J. Donahue, T. Darrell, et al. Rich feature hierarchies for accurate object detection and semantic segmentation. Proceedings of the IEEE Conference on Computer Vision and Pattern Recognition, 2014: 580-587.

[38] R. Girshick. Fast r-cnn. Proceedings of the IEEE International Conference on Computer Vision, 2015: 1440-1448.

[39] S. Ren, K. He, R. Girshick, et al. Faster r-cnn: towards real-time object detection with region proposal networks. Advances in Neural Information Processing Systems, 2015: 91-99.

[40] J. Redmon, S. Divvala, R. Girshick, et al. You only look once: unified, real-time object detection. Proceedings of the IEEE Conference on Computer Vision and Pattern Recognition, 2016: 779-788.

[41] T. Asaoka, K. Nagata, I. Mizuuchi. Visual recognition of object categories and object arrangements using you only look once framework. Proceedings of JSME annual Conference on Robotics and Mechatronics, 2017: 2-10.

[42] M. A. Al-Masni, J. M. Park, G. Gi, et al. Simultaneous detection and classification of breast masses in digital mammograms via a deep learning YOLO-based CAD system. Computer Methods and Programs in Biomedicine, 2018, 157:85-94.

[43] W. Liu, D. Anguelov, D. Erhan, et al. SSD: single shot multibox detector. European Conference on Computer Vision, 2015: 21-37.

[44] F. Xia, H. Z. Li. Fast detection of airports on remote sensing images with single shot multibox detector. Journal of Physics: Conference Series, 2018, 960(1): 1-10.

[45] J. Deng. A large-scale hierarchical image database. Proceedings of IEEE Computer Vision and Pattern Recognition, 2009:248-255.

[46] 刘建伟，刘媛，罗雄麟. 深度学习研究进展. 计算机应用研究，2014, 31(7):1921-1930.

[47] D. G. Lowe. Distinctive image features from scale-invariant keypoints. International Journal of Computer Vision, 2004, 60(2):91-110.

[48] T. Ojala, M. Pietikäinen, T. Mäenpää. Multiresolution gray-scale and rotation invariant texture classification with local binary patterns. European Conference on Computer Vision, 2000:404-420.

[49] D. L. Ruderman. Statistics of natural images. Network Computation in Neural Systems, 1994, 5(4):517-548.

[50] K Fukushima. A self organizing neural network model for a mechanism of pattern recognition unaffected by shift in position. Biological Cybernetics, 1980, 36(4):193-202.

[51] L. C. Chen, G. Papandreou, I. Kokkinos, et al. DeepLab: semantic image segmentation with deep convolutional nets, atrous convolution, and fully connected CRFs. IEEE Transactions on Pattern Analysis & Machine Intelligence, 2018, 40(4):834-848.

[52] 任博涵. 利用深度学习进行图像分割. 中国设备工程，2018, (23):79-81.

[53] 蒋昀昊. 利用深度学习进行图像分割. 通讯世界，2018, (6):249-250.

[54] A. Krizhevsky, I. Sutskever, G. E. Hinton. ImageNet classification with deep convolutional neural networks. International Conference on Neural Information Processing Systems, 2012: 1097- 1105.

[55] J. Long, E. Shelhamer, T. Darrell. Fully convolutional networks for semantic segmentation. IEEE Transactions on Pattern Analysis & Machine Intelligence, 2014, 39(4):640-651.

[56] K. He, G. Gkioxari, P. Dollár, et al. Mask R-CNN. IEEE International Conference on Computer Vision, 2017.

[57] J. Long, E. Shelhamer, T. Darrell. Fully convolutional networks for semantic segmentation. IEEE Conerence on Computer Vision and Pattern Recognition, 2015:3431-3440.

[58] C. Liu, F. Liu, L. Wang, et al. Segmentation of nerve on ultrasound images using deep adversarial network. International Journal of Innovative Computing, Information and Control, 2018, 14(1):53-64.

[59] J. Van de Velde, J. Wouters, T. Vercauteren, et al. Morphometric atlas selection for automatic brachial plexus segmentation. International Journal of Radiation Oncology Biology Physics, 2015, 92(3): 691-698.

[60] J. C. Gadsden, J. J. Choi, E. Lin, et al. Opening injection pressure consistently detects needle-nerve contact during ultrasound-guided interscalene brachial plexus block. The Journal of the American Society of Anesthesiologists, 2014, 120(5): 1246-1253.

[61] E. Shelhamer, J. Long, T. Darrell. Fully convolutional networks for semantic segmentation. IEEE Transactions on Pattern Analysis and Machine Intelligence, 2017, 39(4): 640-651.

[62] A. Krizhevsky, I. Sutskever, G. E. Hinton. Imagenet classification with deep convolutional neural networks. Advances in Neural Information Processing Systems, 2012: 1097-1105.

[63] H. Noh, S. Hong, B. Han, Learning deconvolution network for semantic segmentation. IEEE International Conference on Computer Vision, 2015: 1520-1528.

[64] O. Ronneberger, P. Fischer, T. Brox. U-net: Convolutional networks for biomedical image segmentation. International Conference on Medical Image Computing and Computer-Assisted Intervention, 2015: 234-241.

[65] I. Goodfellow, J. Pouget-Abadie, M. Mirza, et al. Generative adversarial nets. Advances in Neural Information Processing Systems, 2014, 27: 2672-2680.

[66] F. Yu, V. Koltun. Multi-scale context aggregation by dilated convolutions. arXiv preprint arXiv:1511.07122, 2015.

[67] M. AwAN, B. A. DyER, J. Kalpathy-Cramer, et al. Auto-segmentation of the brachial plexus assessed with tactics-A software platform for rapid multiple-metric quantitative evaluation of contours. Acta Oncologica, 2015, 54(4): 562-566.

[68] D. Grangier, L. Bottou, R. Collobert. Deep convolutional networks for scene parsing. International Conference on Machine Learning Deep Learning Workshop, 2011.

[69] C. Farabet, C. Couprie, L. Najman, et al. Learning hierarchical features for scene labeling. IEEE Trans. Pattern Analysis and Machine Intelligence, 2013, 35(8): 1915-1929.

[70] A. Arnab, S. Jayasumana, S. Zheng, et al. Higher order conditional random fields in deep neural networks. European Conference on Computer Vision, 2016:524-540.

[71] A. G. Schwing, R. Urtasun. Fully connected deep structured networks. arXiv preprint arXiv:1503.02351, 2015.

[72] S. Zheng, S. Jayasumana, B. Romera-Paredes, et al. Conditional random fields as recurrent neural networks. IEEE International Conference on Computer Vision, 2015: 1529-1537.

[73] G. Lin, C. Shen, A. van den Hengel, et al. Efficient piecewise training of deep structured models for semantic segmentation. IEEE Conference on Computer Vision and Pattern Recognition, 2016: 3194-3203.

[74] P. H. Pinheiro, R. Collobert. Recurrent convolutional neural networks for scene labeling. International Conference on Machine Learning, 2014: 82-90.

[75] Y. Zhou, X. Hu, B. Zhang. Interlinked convolutional neural networks for face parsing. International Symposium on Neural Networks, 2015: 222-231.

[76] S. Saxena, J. Verbeek. Convolutional neural fabrics. Advances in Neural Information Processing Systems, 2016:4053-4061.

[77] K. Simonyan, A. Zisserman. Very deep convolutional networks for large-scale image recognition. arXiv

preprint arXiv:1409.1556, 2014.

[78] C. Liu, W. Xu, Q. Wu, et al. Learning motion and content-dependent features with convolutions for action recognition. Multimedia Tools and Applications, 2016, 75(21): 13023-13039.

[79] P. Y. Simard, D. Steinkraus, J. C. Platt. Best practices for convolutional neural networks applied to visual document analysis. International Conference on Document Analysis and Recognition, 2003, 3: 958-962.

[80] M. Everingham, S. A. Eslami, L. Van Gool, et al. The pascal visual object classes challenge: a retrospective. International Journal of Computer Vision, 2015, 111(1): 98-136.

[81] G. Csurka, D. Larlus, F. Perronnin, et al. What is a good evaluation measure for semantic segmentation? British Machine Vision Conference, 2013.

[82] A. Lucchi, Y. Li, K. Smith, et al. Structured image segmentation using kernelized features. European Conference on Computer Vision, 2012:400-413.

第7章　基于深度学习的人脸检测与行人检测

7.1　基于深度学习的人脸检测

7.1.1　人脸检测概述

1．目的和意义

人脸检测是计算机视觉任务中的一种，使用计算设备对图片和视频序列进行分析和处理，从中框出人脸。人脸检测算法和物体检测算法有密切的联系。一般与人脸相关的算法分为人脸检测、特征提取、特征处理3个步骤，可以使用提取到的特征检测疲劳程度并识别表情、年龄、性别、种族等，此类算法中人脸检测位于第一个环节。驾驶员疲劳检测、人脸支付、情感机器人、无人驾驶、视频监控等都需要使用人脸相关的算法，这些都使得人脸检测算法具有极高的应用价值。

人脸检测作为人脸相关算法的第一步，直接影响提取到的特征的质量，进而影响人脸相关算法的结果。人脸检测是一个具有挑战性的课题，影响检测效果的因素有：①人脸大小，由于人的位置与成像设备之间的距离不确定，导致图片和视频中的人脸大小不一；②人脸姿势和运动模糊，人会不断运动，运动过程中会出现不同姿势的人脸和运动模糊；③人脸的肤色、细节和表情，不同种族的人肤色不同，面部轮廓不同、表情不同也会影响人脸的检测；④眼睛、口罩、头发、胡须等遮挡物；⑤光照的变化，一天之内不同时间段的光照是不同的，天气变化也是引起光照变化的重要因素，有时人造光源也会影响光照（如 LED 显示屏）；⑥成像的质量，如高清摄像头得到的图片质量较好，而监控摄像头由于压缩程度较高，得到的图片质量较差。正是这些因素的存在使得人脸检测具有很强的挑战性。

人脸检测可分为两种场景：①检测图片中的人脸；②检测视频中的人脸。后者对实时性的要求很高，如监控视频，但两种场景本质上是一样的，视频人脸检测可以简化为对视频的每一帧进行人脸检测，视频人脸检测不仅要求好的检测效果，还要求推理时间足够短、检测速度足够快，这是人脸检测算法面临的又一个重要挑战。

2．国内外发展现状

每年国内外都会举办多场与人脸检测和物体检测相关的比赛，如 ImageNet Large Scale Visual Recognition Competition（ILSVRC）、MSR Image RecognitionChallenge、MS COCO Challenge 等，比赛提供了数据集和相应的任务，如物体分类、场景分类、物体检测、物体分割、人体动作检测、人脸检测等，吸引了众多公司和大学的研究人员参加，极大地推动了人脸检测算法和物体检测算法的发展。AlexNet[1]就是在 2012 年的 ILSVRC 比赛中提出的，一举击败了传统的计算机视觉方法，同时也使神经网络从边缘回到主流，开创了计算机视觉方法的新纪元。

每年国际上都会举办众多与计算机视觉相关的会议，知名的会议如 ICCV、CVPR、ECCV、ICML 等，这些会议每年都会收到大量高水平的论文，其中有很多论文与人脸检测和物体检测等相关。

随着人脸检测算法与物体检测算法取得一系列突破性进展，计算机硬件的计算能力大幅度提升，很多以前没有办法或者不能很好解决的问题现在可以借助人脸检测算法和物体检测算法进行处理。现代公共安全监控借助人脸检测算法寻找罪犯，预防险情发生，从而保障人民的生命财产安全；谷歌、苹果、Uber、特斯拉、百度等进行的无人驾驶项目，需要使用物体检测算法检测行人、道路、车辆等；支付宝、苹果、华为、小米等支持的人脸相关功能，需要人脸检测算法作为支撑。

国际比赛、国际会议及商业项目不断推动人脸检测算法与计算机视觉方法的发展。正源于此，产生了一系列卓越的成果，ILSVRC 比赛催生出了 AlexNet、ZFNet[2]、VGGNet[3]、GoogLeNet[4]、ResNet[5]等优秀的网络模型。在这样的大环境下，RCNN 系列算法[6-8]、YOLO 系列算法[9-11]、SSPNet[12]、SSD[13]、Mask RCNN[14]等物体检测或分割算法被提了出来，DDFD[15]、CascadeCNN[16]、MTCNN[17]、SSH[18]、SFD[19]、DSFD[20]等人脸检测算法被提了出来。现在深度学习是计算机视觉理论中一种很流行的方法，其效果大幅度超过了先前的算法，如 RCNN[6]将 VOC2007 数据集上的 mean Average Precision（mAP）提升至 66%，远远超过基于 HOG 的 DPM（HOG-based Deformable Part Model）算法所达到的 34.3%。现代人脸检测算法基于深度学习，需要处理大量的矩阵运算、高维度的向量运算、卷积运算等，这些都需要消耗大量的计算资源，而 CPU 是逻辑控制密集型的器件，并不能适应深度学习的需求，因而人们将大规模计算交由 GPU 处理。GPU 性能的大幅提升为深度学习的发展提供了契机。手机等硬件的计算能力进一步增强，使得深度学习算法可以部署在移动终端。

尽管人脸检测算法取得了一系列显著的成果，在 FDDB[21]、WIDER FACE[22]等数据集上取得了很好的检测效果，但是由于前面提到的原因，以及实际场景往往复杂多变和深度学习自身的限制，人脸检测算法在实际应用中的效果并不理想。

3．人脸检测算法的发展历程

人脸检测研究起源于 20 世纪六七十年代，当时使用的方法较为简单，对图片的要求较高。当时人脸检测并不是一个单独的研究方向。到了 20 世纪 90 年代，随着视频技术、电子商务等的兴起，人脸识别作为最具潜力的生物验证手段，并且具有采集简单、方便、隐秘等特点，受到广泛的重视。然而如何从采集到的图片中框出人脸，对人脸检测算法提出了很高的要求。

人们一直对人脸检测具有浓厚的兴趣，20 世纪 90 年代到 20 世纪初是人脸检测算法的一个重要发展期，期间提出了很多算法，主要分为基于先验知识、肤色、模板和统计的方法。这个时期的人脸检测算法没有统一的方案，各类算法的差异较大，面临的场景也较为简单。基于先验知识的方法利用人脸本身存在的固有特性和一系列马赛克图片及滑窗操作进行人脸检测；基于肤色的方法通过肤色模型得到二值图像，直接找到人脸候选区域；基于模板的方法省略了滑窗操作，借用了模板匹配的思想；基于统计的方法使用了图片金字塔、滑窗操作和机器学习方法相结合的方式，虽然计算量很大，但检测效果更好，可以应对较为复杂的情况。这个时期人脸检测算法面对的场景逐渐变得复杂，也逐渐从简单的规则判断向结合特征提取与机器学习方法的方式转变。

2012 年至今，人脸检测算法进入了另一个重要的发展期，人脸检测的效果和速度得到了极大的提升，更加适用复杂背景，这主要得益于深度学习的发展和 GPU 性能的快速提升。2012 年之前的人脸检测算法，将人脸检测分为多个阶段，各个阶段松散地连接在一起，如使用人工设计的提取器提取滑动窗口的特征，然后使用机器学习方法进行判别。AlexNet[1]等网络首先改进了特征提取方式，可以自适应地设计特征提取器，不需要使用 Haar-like、HOG（Histograms of Oriented Gradients）、DPM 等流程固定的描述子，并且去除了滑窗操作（得益于卷积的优良性质）。DDFD[15]等算法将特征提取阶段与分类阶段结合在一起，但是仍然需要图片金字塔操作。

CMS-RCNN[23]等算法借用了两阶段物体检测算法的思想，学习尺度不变的特征。SFD[19]、DSFD[20]等算法借用了单阶段物体检测算法的思想，在多个特征图上进行人脸检测。CascadeCNN[16]、MTCNN[17]等算法结合了 VJ 检测器[24]的思想和深度学习的思想。FacenessNet[25]等算法结合了 DPM 与深度学习的思想。2012 年之后的人脸检测算法仍然存在很多细节上的差异，但是有一个共同的特点：均借助了深度学习理论。

7.1.2 基于深度学习的人脸检测算法分类和数据集

1．算法分类

基于深度学习的人脸检测算法借助了深度学习理论，2012 年后逐渐发展起来，其中部分算法借鉴了传统人脸检测算法和传统物体检测算法的思路，部分算法由现代物体检测算法衍生而来。

基于深度学习的人脸检测算法按照是否学习尺度不变的特征表示分为尺度不变算法和尺度可变算法，按照检测过程的阶段数分为单阶段算法、两阶段算法和多阶段算法，按照是否具有多个独立的子网络可分为单子网络算法和非单子网络算法，按照将面部作为组件还是整体可分为组件算法和整体算法。各个算法的流派划分如表 7.1 所示。

表 7.1　各个人脸检测算法的流派划分

算　法	是否学习尺度不变特征表达		具有的阶段数			是否是单子网络		是否将人脸视为整体	
	尺度不变	尺度可变	单阶段	两阶段	多阶段	单子网络	非单子网络	组件算法	整体算法
Faster RCNN	√	×	×	√	×	√	×	×	√
FacenessNet	√	×	×	×	√	√	×	√	×
CascadeCNN	√	×	×	×	√	√	×	×	√
CMS-RCNN	√	×	×	√	×	√	×	×	√
MTCNN	√	×	×	×	√	√	×	×	√
Two-stage CNN	×	√	×	√	×	×	√	×	√
HR	√	×	√	×	×	√	×	×	√
ScaleFace	×	√	×	√	×	×	√	×	√
SFD	×	√	√	×	×	√	×	×	√
DSFD	×	√	√	×	×	√	×	×	√

尺度不变算法认为学习到的特征表示具有尺度不变性，可以使用一组特征表示进行人脸检测，如 Faster RCNN[26]，CMS-RCNN[23]等算法在单一特征图上或复合特征图上进行人脸检测，CascadeCNN[16]、MTCNN[17]等算法将不同尺度的原图送入网络进行人脸检测。尺度可变算法认为学习尺度不变的特征是困难的，所以需要学习多组特征表示，如 FaceBoxes[27]、SFD[19]、DSFD[20]等算法在多个特征图上进行人脸检测。

单阶段算法没有建议框提取这一步骤，直接得到候选框坐标偏置，如 FaceBoxes、SFD、DSFD 等算法，其借鉴了单阶段物体检测算法的思路。两阶段算法首先提取建议框，然后对候选框坐标偏置进行回归和对建议框进行分类，如 Faster RCNN、CMS-RCNN、Two-stage CNN[22]、ScaleFace[28]等算法，其借鉴了两阶段物体检测算法的思想。多阶段算法一般分为三个阶段，第一阶段采用简单的卷积网络得到候选框；第二阶段使用稍微复杂的卷积网络对候选框坐标偏置进行回归和对候选框进行分类，滤除大量第一阶段产生的候选框；第三阶段与第二阶段类似，不过其卷积网络结构更为复杂，定位和分类效果更佳，如 CascadeCNN、MTCNN 等算法，其借鉴了 Yang[22]和 VJ 检测器[24]的思想。

单子网络算法只具有一个单独的子网络，如 CascadeCNN、MTCNN 等算法，虽然包含多个浅层卷积网络，但这些网络是串联关系；非单子网络算法具有多个子网络，多个子网络之间是并联关系，一般每个子网络负责检测一定尺度范围的人脸，如 Two-stage CNN 具有 4 个独立的子网络，训练过程中分别使用尺度范围为[10,30]、[30,120]、[120,240]、[240,480]的人脸进行训练；ScaleFace 算法具有 3 个独立的子网络，训练过程中分别使用尺度范围为[10,30]、[30,140]、[140,1300]的人脸进行训练。

组件算法将人脸拆分为多个组件，如头发、眼睛、鼻子、嘴巴和胡子，判断建议框或者滑动窗口是否为人脸时，首先要定位组件，然后根据组件之间的关系对建议框或者滑动窗口进行分类，如 FacenessNet[25]等算法，其借鉴了 DPM 的思想。整体算法将人脸视为一个整体，与组件算法相比，极大地简化了分类过程，同时也便于与现代物体检测算法结合使用。

2. 人脸检测数据集

常见的人脸检测数据集有 AFW[29]、PASCAL FACE[30]、FDDB[21]、IJB-A[31]、MALF[32]、WIDER FACE[22]等。AFW 和 PASCAL FACE 包含的图片和标注人脸数量较少，人脸外观和背景变化有限；IJB-A 没有对遮挡和姿势进行标注；MALF 有丰富的人脸标注，但没有提供训练集；FDDB 是人脸检测算法常用的数据集；WIDER FACE 包含各种姿势、表情、尺度范围、不同遮挡、模糊程度、不同光照的人脸，并且提供了训练集。本节选择 FDDB 和 WIDER FACE 数据集进行介绍。

1）FDDB 数据集

Berg 等人从 Yahoo 新闻网站上收集了很多图片建立了数据集，不过该数据集包含很多重复的图片，Vidit 等人去除了重复的图片，并使用椭圆标注人脸，得到了 FDDB[21]数据集。FDDB 数据集被分成了 10 份，便于进行交叉验证。

FDDB 数据集于 2010 年被提出，当时的人脸检测算法还不能应对很多极端情况，如低分辨率、遮挡严重、极小尺度的人脸，所以 FDDB 将距离相机较远的人脸标记为非人脸。FDDB 使用椭圆标注人脸，椭圆长轴的极点分别与下巴和头部近似椭球的顶点匹配，短轴穿过眼睛，整个椭圆不包含耳朵，如图 7.1 所示，标注格式为

$$(r_a, r_b, \theta, c_x, c_y) \tag{7-1}$$

这些值分别表示椭圆长轴的一半、短轴的一半、水平夹角、中心坐标。提交的检测结果可以使用式（7-1）的形式，不过后边要加上分数，也可以使用式（7-2）的标注方式，即

$$(x, y, w, h, s) \tag{7-2}$$

这些值分别表示矩形框的左上角坐标、宽、高和分数。

FDDB 提供了评价人脸检测算法的标准和程序。检测结果 d_i 与标注人脸 l_j 之间的匹配程度定义为

$$S(d_i, l_j) = \frac{\text{area}(d_i) \cap \text{area}(l_j)}{\text{area}(d_i) \cup \text{area}(l_j)} \tag{7-3}$$

FDDB 将检测结果与标注人脸的匹配问题转换成为二部图最大权值匹配问题，如图 7.2 所示，n_i 表示 d_i 没有与之匹配的标注人脸。每个标注人脸最多与一个检测结果匹配。d_i 与其相应的匹配节点 v_i 连线的权值有两种定义方式，一种是连续分数，即

$$y_i = \delta(S(d_i, v_i) > 0.5) \tag{7-4}$$

一种是离散分数，即

$$y_i = S(d_i, v_i) \tag{7-5}$$

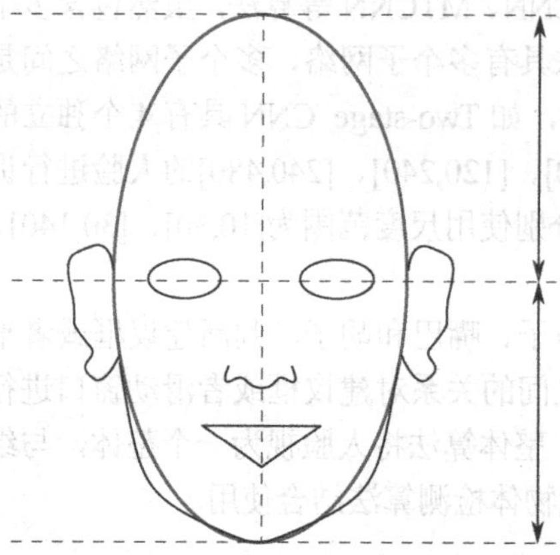

图 7.1　FDDB 标注示意图

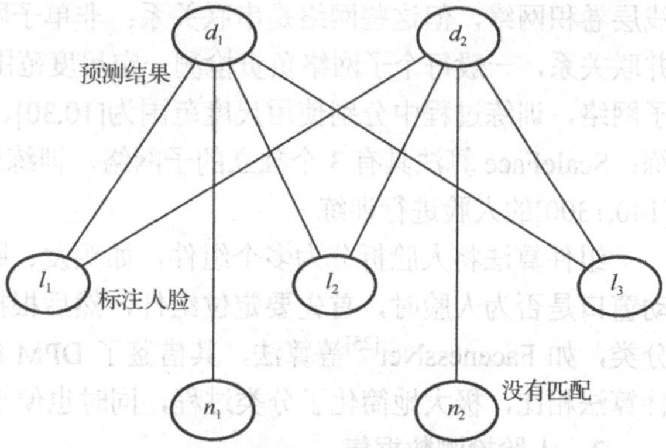

图 7.2　预测结果与标注人脸匹配二部图

得到两种方式下的匹配结果之后，使用 ROC 曲线比较各个算法的效果。ROC 曲线的横坐标为假正例（简称 FP），纵坐标为真正利率（简称 TPR）。

2）WIDER FACE 数据集

WIDER FACE[22]图片采用如下方法收集：

① 首先根据 LSCOM（Large Scale Concept Ontology for Multimedia）定义和选择事件类别，选择了 61 个类，如跳舞、会议、足球等；

② 然后使用搜索引擎检索图片，每个类别搜索 1000～3000 张图片；

③ 最后人工检查收集的图片，去除没有人脸的图片和相似图片。

WIDER FACE 采用矩形框标注人脸，矩形框紧紧包住前额、下巴和脸颊，如图 7.3 所示，标注格式为

$$(x, y, w, h, b, e, i, o, p) \tag{7-6}$$

这些值分别表示矩形框的左上角坐标、宽、高、模糊程度、表情、光照、遮挡程度和姿势。提交的检测结果使用式（7-2）的形式。

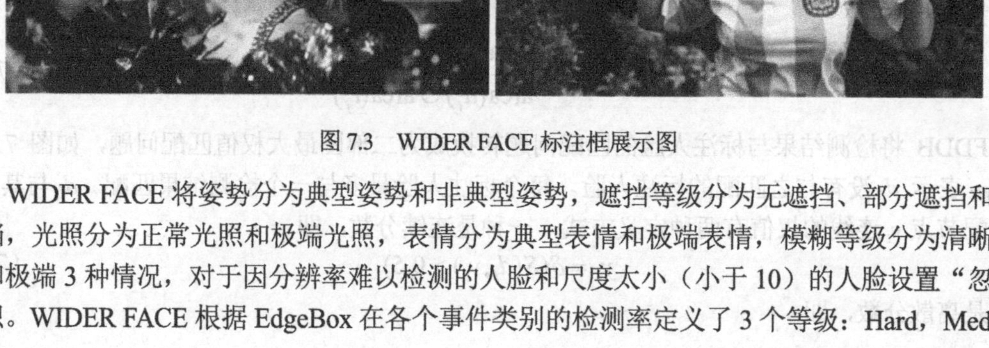

图 7.3　WIDER FACE 标注框展示图

WIDER FACE 将姿势分为典型姿势和非典型姿势，遮挡等级分为无遮挡、部分遮挡和严重遮挡，光照分为正常光照和极端光照，表情分为典型表情和极端表情，模糊等级分为清晰、正常和极端 3 种情况，对于因分辨率难以检测的人脸和尺度太小（小于 10）的人脸设置“忽略”标识。WIDER FACE 根据 EdgeBox 在各个事件类别的检测率定义了 3 个等级：Hard，Medium，

Easy。首先使用 EdgeBox 计算各个事件类别的检测率，然后按照升序排列，前 20 个为 Hard 子集，中间 20 个为 Midium 子集，最后 21 个为 Easy 子集，如图 7.4 所示。

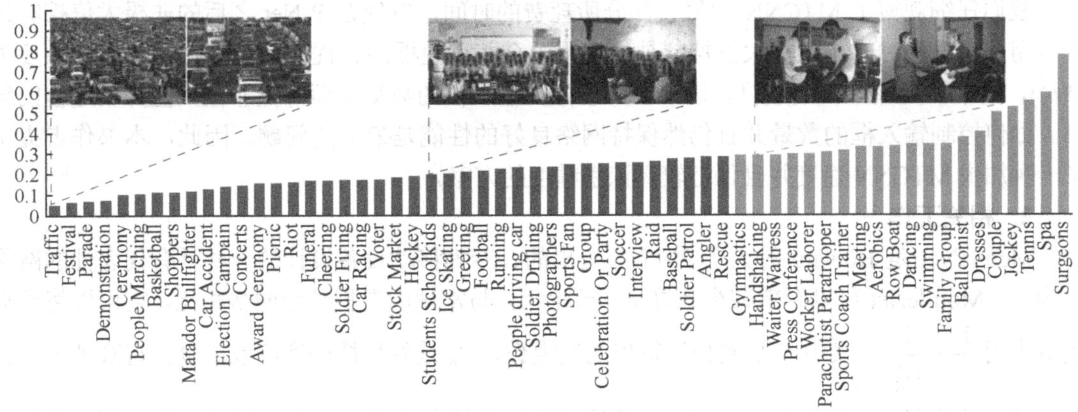

图 7.4　WIDER FACE 子集划分示意图

WIDER FACE 提供了评价人脸检测算法的标准和程序。WIDER FACE 使用 PR 曲线和 Average Precision（简称 AP）评价人脸检测算法，PR 曲线的横坐标是召回率（图中使用 *R* 表示），纵坐标为精确率（图中使用 *P* 表示）。

7.1.3　多任务级联卷积网络的加速

1. 引言

卷积神经网络（CNN）作为人工神经网络的一种特殊形式，在计算机视觉领域得到了广泛的应用。CNN 在图像分类中的应用可以追溯到 LeNet[34]，它可以对手写数字的图像进行分类，准确率达到了 99.2%。在 2012 年的 ImageNet 比赛（ILSVRC）中[35]，AlexNet 获得冠军，并且它的识别准确度远远超过了传统方法[1]。此后，深度学习风靡学术界，涌现出一大批优秀的 CNN 架构，如 VGGNet[3]、ResNet[5]、Xception[36]、DenseNet[37]。研究人员发现，许多计算机视觉问题可以通过使用具有更好性能的深度学习技术来解决。随着对深度学习不断深入的研究，基于深度学习的技术已经从实验室应用到日常生活中。

人脸检测技术在现实生活中可以被应用到许多方面。由于摄像机价格便宜，易于部署，人脸检测有着广泛的应用前景。用户可以在嵌入式系统中部署人脸检测系统，这样可以脱离网络环境，使用更加方便。人脸检测方法包括传统方法和深度学习方法。传统的方法通常使用 AdaBoost 框架中的 Haar 特征[38]。对于深度学习方法，多任务级联卷积网络被广泛应用于许多场景[39]。

多任务级联卷积网络（Multi-Task Cascaded Convolutional Network，MTCNN）是 Zhang 等人[39]于 2016 年提出的一种性能优秀的人脸检测方法，该方法在 FDDB[21]上取得了 95.3%的精度。MTCNN 采用三级级联结构（P-Net、R-Net 和 O-Net）来标记人脸的位置和面部特征点的位置。但是，该网络存在一个实时性的问题，我们在树莓派上部署了该网络，它每秒只能处理 7～9 帧 640×360 分辨率的图片。当然，这种速度是可以勉强使用的，但我们希望提高速度以获得更好的体验。

由于越来越多的网络具有更多的权值参数及更深的网络结构，因此研究人员开始关注卷积神经网络的加速问题。研究人员希望通过简化计算来节省算力并加快速度。大多数研究人员倾向于改变网络结构或量化网络权值。前者包括 MobileNet[40,41]、权值剪枝[42,43]和信道剪枝[44]，后者包含 XNOR 网络或二进制权值网络[45]等。这些技术非常具有价值和指导意义，因此我们首先想用这些技术来加速多任务级联卷积网络。然而，实验结果并不理想。

我们仔细观察了 MTCNN 中每一部分所耗费的时间，发现在 P-Net 之后的非极大值抑制过程占用了大量的时间。非极大值抑制是一个用于合并重叠框的过程[46]，该算法的时间复杂度为 $O(n^2)$，其中 n 是输入框的数目。因此，应该减少输入框的数量从而降低非极大值抑制过程的耗时。如何控制输入框的数量并且仍然保持网络良好的性能是最大的问题。因此，本书作者提出了一种加快 MTCNN 速度并且保持较高识别精度的方案。

2．相关工作

MobileNet 是 Howard 等人于 2017 年提出的、专为移动设备设计的一种具有代表性的网络结构[40]。MobileNet 可以有效减少计算量，理论上，与常规的卷积神经网络相比，它可以将计算量减少到 $\frac{1}{N}+\frac{1}{D_K^2}$，其中 N 是卷积层输出的通道数，D_K 是卷积核的宽度或高度。直观地说，计算量越少意味着计算时间越短，但实际情况不能这样简单概括。由于网络带宽和卷积运算的实现问题，MobileNet 无法达到理论速度。例如，两个 CNN 有着近似的计算量，然而浅层 CNN 的计算速度往往比深层 CNN 快得多，图 7.5 展示了这个例子的计算耗时，两个网络的架构如表 7.2 所示，其中一个批次的图像数量为 128 幅。在现有的深度学习框架中，例如 TensorFlow[47] 和 Caffe[48]，卷积层的计算过程通常转化为矩阵的乘法。矩阵计算可以使用并行计算的方式加快速度，例如，两个 10×10 矩阵的乘法比 1000 个 1×1 的乘法快得多，尽管它们的运算量相当。对于两个 CNN，即使运算量相同，但网络越深，计算时间就越长。因此，我们不能盲目追求较少的计算量。如果设计了一个低计算量的网络，但网络带宽较窄，则前向运算速度可能较慢。MobileNet 的思想是用深度卷积块代替常规卷积层，以减少计算量。但是一个深度卷积块包含 3 个串联的卷积层，如图 7.6 所示，因此，网络的总层数增加了。我们在多任务级联卷积网络上尝试使用这种方法，然而加速效果不明显，网络性能较差。

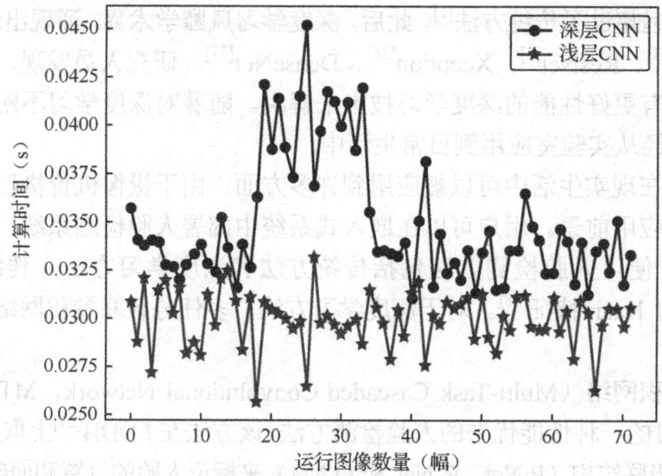

图 7.5　两个网络一批图像的计算时间比较

表 7.2　图 7.5 中两个网络的结构

深层 CNN	浅层 CNN
Input: [128,24,24,3]	Input: [128,24,24,3]
Conv: [3,3,3,64]	Conv: [3,5,5,64]

续表

深层 CNN	浅层 CNN
Max pool: [3,3], stride: [2,2]	Max pool: [3,3], stride: [2,2]
Conv: [64,3,3,64]	Conv: [64,5,5,64]
Conv: [64,3,3,64]	Max pool: [3,3], stride: [2,2]
Conv: [64,5,5,64]	Fully connected: [*,384]
Max pool: [3,3], stride: [2,2]	Fully connected: [384,192]
Fully connected: [*,384]	Fully connected: [192,10]
Fully connected: [384,192]	
Fully connected: [192,10]	

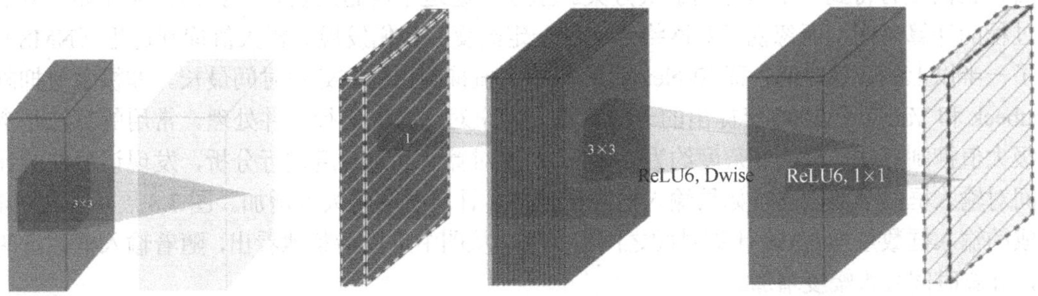

（a）常规卷积层　　（b）深度卷积块（具有扩展层的瓶颈）

图 7.6　常规卷积层与深度卷积块的比较

Han 等人[42]提出了一种权值剪枝的方法，声称可以通过去除卷积核中的小权值来达到网络加速的目标。如果剪枝后的权值不参与卷积计算，则剪枝网络的计算时间会比标准网络更短。在实际的编程实现中，剪枝后的权值被设置为 0，但不会被移除。如上所述，卷积层的计算过程是矩阵的乘法，因此，即使权值为 0，该权值仍将在矩阵乘法中参与计算。如图 7.7 所示，剪枝后的网络计算耗时与标准网络相同，网络的架构如表 7.2 所示，一个批次的图像数量为 128 幅。权值剪枝对于权值压缩非常有用，但是，权值剪枝并不能加快卷积神经网络的运算速度。

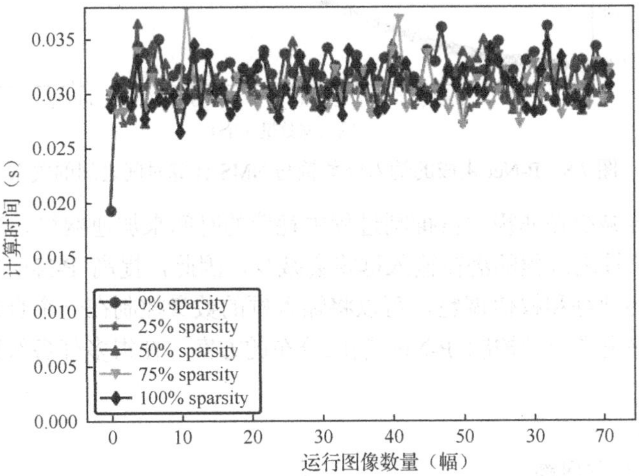

图 7.7　不同稀疏度网络一批图像的计算时间

信道剪枝可以有效地减少卷积神经网络的计算时间[44]，它能有效地加速深度较大或权值冗余的网络。然而，多任务级联卷积网络的网络结构很浅很窄，因此，信道剪枝并不适合多任务级联卷积网络，反而会导致网络性能下降。

Rastegari 等人[45]于 2016 年提出了二进制权值网络和 XNOR 网络，这些网络使用量化的权值。标准网络中的权值一般是 32 位浮点数，在二进制权值网络或 XNOR 网络中，权值变为 0 或 1。因此，在卷积运算中，乘加运算变成了简单的加法运算。在理论上和实际应用中，二进制权值网络或 XNOR 网络的工作速度非常快。一些公司已经在移动平台上部署了这些网络，并取得了良好的效果。量化权值网络可以部署在一些非特征场景中，使用这种方法会导致一定程度的性能下降，但是我们希望网络保持高精度和高速度，因此没有采用这种方法。

我们的问题是如何在保持高精度的同时加速多任务级联卷积网络。在尝试了上述的几种方法后，我们没有得到一个可行的解决方案。重新考虑这个问题后发现，我们只关注如何降低整个过程的计算时间，而忽视了对网络结构做一定改变。我们发现非极大值抑制过程（NMS）占据了一半以上的计算时间，而 P-Net 后的非极大值抑制过程的处理时间最长。非极大值抑制是 Neubeck 和 Van[46]于 2006 年提出的一种算法，用来对重叠框进行合并处理。常用的算法是贪心非极大值抑制算法，算法复杂度约为 $O(n^2)$。通过对算法的复杂度进行分析，发现该算法的计算时间对输入框的个数敏感，如果输入框数量较多，计算时间将大大增加。图 7.8 展示了由 P-Net 生成的输入框数量与 NMS 计算时间之间的关系。从图中可以清楚地看出，随着输入框数量的增加，计算时间会大幅度增加。

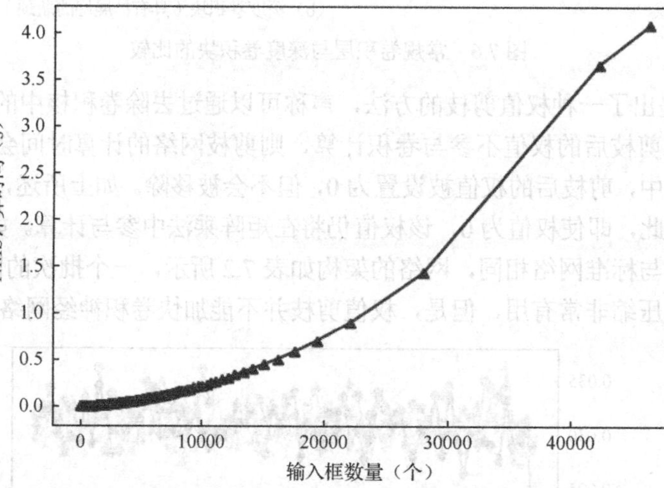

图 7.8　P-Net 生成的输入框数量与 NMS 计算时间之间的关系

因此，我们需要减少在非极大值抑制过程中耗费的时间来加速网络。当为 P-Net 选择一个高阈值时，非极大值抑制过程的潜在输入框将会减少，因此，提高 P-Net 的阈值可以减少输入框数量，通过适当的训练和权值调整，可以将输入框的数量控制在一个合理的范围内。基于上述内容，本书作者提出了一种控制 P-Net 输出分布的方案，使得多任务级联卷积网络的计算时间更容易控制。

3. 提出的方法

1）多任务级联卷积网络

多任务级联卷积网络（MTCNN）的结构如图 7.9 所示，它由 3 个子网络组成，P-Net 是一个完全卷积网络[49]，R-Net 和 O-Net 是普通卷积神经网络。MTCNN 输入图像的大小可以为任意尺寸，给定一幅图像，我们通常将其调整到不同的比例来构建一个图像金字塔，作为三级级联框架的输入。

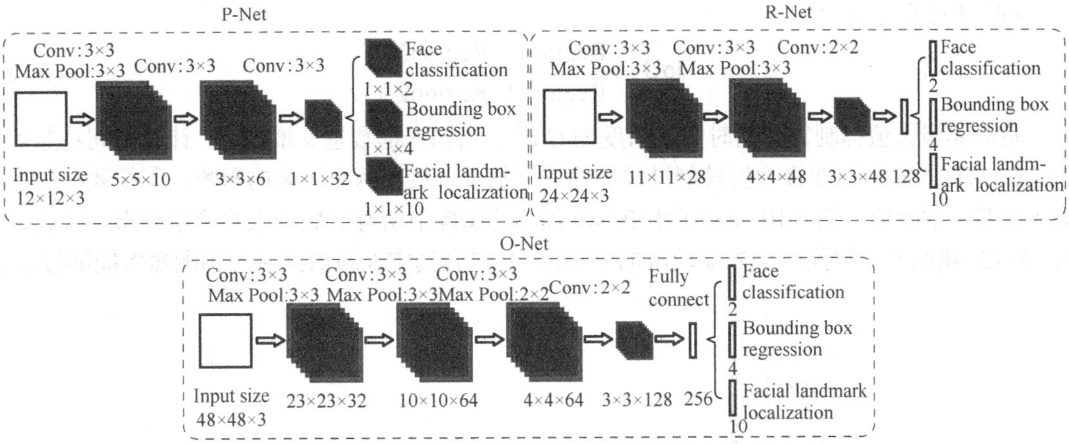

图 7.9　MTCNN 的结构

训练网络需要完成 3 个任务：人脸分类、检测框回归和人脸特征点定位。人脸分类的损失函数是交叉熵损失函数，如式（7-7）所示，其中 p_i 是网络预测的人脸样本属于类别 i 的概率，$y_i^{\text{det}} \in \{0,1\}$ 是样本的真实标签。图像中的检测框可能包含人脸，在训练过程中需要降低检测框与距离最近的真实位置坐标之间的偏移量。检测框的损失函数是欧几里德损失函数，如式（7-8）所示，其中 $\hat{y}_i^{\text{box}}$ 是网络预测的检测框结果，y_i^{box} 是距离最近的样本真实位置坐标。检测框包含左上角坐标、高度和宽度。人脸特征点回归同样使用欧几里德损失函数，如式（7-9）所示，其中 $\hat{y}_i^{\text{landmark}}$ 是网络预测的人脸特征点坐标，y_i^{landmark} 是真实的人脸特征点坐标。在训练过程中，选择使用 RMSProp 优化器，使用 ReLU 作为激活函数，用 Xavier 进行权值初始化，并为每个卷积滤波器设置 L_2 权值正则化器，以避免过拟合问题。

$$L_i^{\text{det}} = -(y_i^{\text{det}} \log(p_i) + (1 - y_i^{\text{det}})(1 - \log(p_i))) \tag{7-7}$$

$$L_i^{\text{box}} = \| \hat{y}_i^{\text{box}} - y_i^{\text{box}} \|_2^2 \tag{7-8}$$

$$L_i^{\text{landmark}} = \| \hat{y}_i^{\text{landmark}} - y_i^{\text{landmark}} \|_2^2 \tag{7-9}$$

作为一个完全卷积网络，P-Net 可以预测输入图像中任何 12×12 尺寸区域的人脸概率。之后设定一个阈值 t_1，将概率大于 t_1 的区域作为非极大值抑制过程的输入。经过非极大值抑制处理后，剩余的检测框被调整到 24×24 大小，这些检测框将作为 R-Net 的输入，R-Net 给出了这些检测框的人脸概率。之后再设置一个阈值 t_2，概率大于 t_2 的检测框经过非极大值抑制处理后，剩余的检测框被调整到 48×48 大小，这些检测框将作为 O-Net 的输入。和 R-Net 一样，O-Net 给出了这些检测框的人脸概率。之后设置阈值 t_3，概率大于 t_3 的检测框经过非极大值抑制处理后，剩下的检测框作为 MTCNN 的输出。

MTCNN 中的非极大值抑制将具有较大重叠区域的检测框进行合并处理。常用的贪心非极大值抑制算法的步骤如下。

步骤 1：设置 IoU（Intersection-over-Union）阈值 δ、输入框集合 s_0 和空集合 s_e。

步骤 2：选择概率最大的检测框 B_1。从 s_0 中移除 B_1，并将 B_1 添加到 s_e。

步骤 3：遍历 s_0 中剩余的检测框，计算每个检测框与 B_1 之间的 IoU。如果 IoU 大于 δ，则从 s_0 中移除该检测框。

步骤 4：如果 s_0 中还有剩余的检测框，则转到步骤 2；否则，非极大值抑制过程结束。s_e 中的检测框是输出。

IoU 的计算方法为

$$\text{IoU} = \frac{\text{Region1} \cap \text{Region2}}{\text{Region1} \cup \text{Region2}} \tag{7-10}$$

贪心非极大值抑制算法的时间复杂度为 $O(n^2)$。当输入框数量 n 增加时，计算时间将显著增加。在 MTCNN 中，非极大值抑制过程的输入框数量直接受两个因素的影响：①检测框的人脸概率分布；②阈值。图 7.10 显示了由 P-Net 预测的图像中所有区域的人脸概率分布，区域大小为 12×12。我们希望得到一个末端较薄的分布，并且包含真实人脸的区域的预测概率能够接近 1。

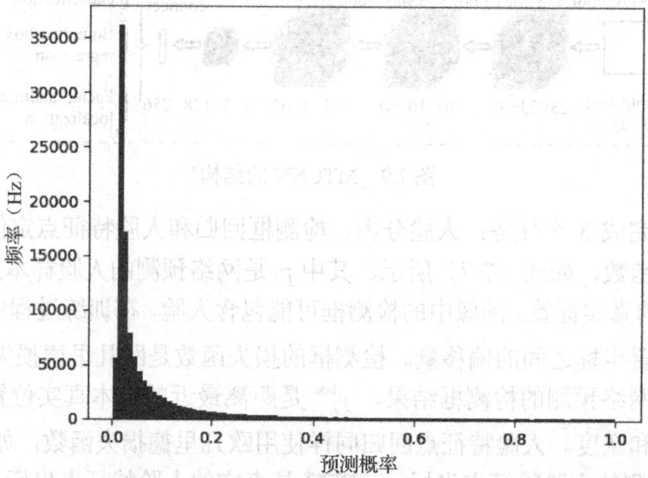

图 7.10　由 P-Net 生成的图像中所有区域的人脸概率分布（区域大小为 12×12）

2）自微调

微调是迁移学习中常用的一种技术。在迁移学习中，微调方法是首先加载预先训练好的权值，然后使用新的训练集进行训练。通过预先训练的权值，在新的训练集上网络权值可以快速收敛。微调后的权值通常在新的训练集上有很好的性能表现。

在多任务级联卷积网络的训练过程中，OHEM（Online Hard Example Mining）算法是提高网络性能的有效训练技巧[39]。OHEM 通常有两种挖掘方法：支持向量机（SVM）和级联卷积神经网络。后者被用于多任务级联卷积网络中。OHEM 算法的步骤如下。

步骤 1：用整个训练集训练 P-Net。训练完成后，用 P-Net 对整个训练集进行预测，并将预测错误的样本存储为难样本，这些样本作为 R-Net 的训练集。

步骤 2：使用 P-Net 生成的难样本训练 R-Net。训练完成后，用 P-Net-R-Net 级联网络对整个训练集进行预测，并将预测错误的样本存储为难样本，这些样本作为 O-Net 的训练集。

步骤 3：使用 P-Net-R-Net 生成的难样本训练 O-Net。

在 OHEM 过程中，只有 P-Net 使用整个训练集的数据训练，R-Net 和 O-Net 都使用难样本进行训练。为了生成更多的训练样本，在生成难样本时，P-Net 和 R-Net 的阈值设置得较低。一般情况下，P-Net 不需要使用难样本进行训练，因为难样本是完整训练集的子集，并不能显著提高网络的精度。

然而，大多数研究人员忽视了使用难样本对 P-Net 进行微调的效果，其效果可以改变 P-Net 的输出预测值的概率分布。在使用难样本进行微调后，分布的末端变薄。因此，我们提出了 P-Net

自微调方法，具体步骤如下。

步骤 1：用完整的训练数据训练 P-Net。

步骤 2：加载训练后的 P-Net 权值，并预测整个训练集中的样本，将预测错误的样本作为难样本存储。

步骤 3：加载训练后的 P-Net 权值，然后使用难样本对 P-Net 进行再训练。

步骤 4：使用 OHEM 算法生成 R-Net 和 O-Net 的训练样本。

自微调后分布的末端变薄的原因是再训练使用了难样本。自微调后，大多数不包含人脸的检测框的预测值更低。多数检测框的预测值较低，这更符合实际情况，因为在一幅图像中通常人脸部分占比较小。使用与常规方式训练的 P-Net 相同的阈值，能够减少非极大值抑制过程的输入框数量，从而大大减少了总耗时。在使用 OHEM 算法进行训练时，提高阈值可以减少非极大值抑制过程的计算时间，而末端更薄的分布能够更好地控制输入框数量。

3）特征点数据集扩充

多任务级联卷积网络采用特征点对齐训练与人脸检测训练相结合的联合训练方法。在网络的常规训练中，利用人脸特征点数据集进行人脸对齐训练。在进行检测训练时，特征点数据集被视为负样本。事实上，特征点数据集也是人脸样本，因此在人脸检测训练过程中，应将特征点数据集视为正样本，这一变化可以提高网络的性能。我们用这个技巧来训练多任务级联卷积网络，并取得了比常规训练方式更好的效果。

7.1.4 实验结果

本节通过 3 个实验来验证自微调方法和特征点数据集扩充方法与常规的多任务级联卷积网络方法的差异。在实验 1 中，我们比较了由 P-Net 生成的区域概率分布。在实验 2 中，我们给出了在 FDDB 测试集上的计算时间。在实验 3 中，我们比较了在 FDDB 测试集上的网络性能。用于检测的训练数据集是 WIDER FACE[22]。对于人脸对齐训练，使用了 5590 张 LFW 图片和 7876 张从网络上下载的其他图片[50]。网络性能测试集是 FDDB[21]。在实验中，把 R-Net 和 O-Net 的阈值固定为 0.8，并在 0.1～0.9 的区间内调整 P-Net 的阈值。

1. 实验 1

该实验用于展示图像中所有区域的人脸概率分布，这些概率是由常规 P-Net 和自微调 P-Net 预测得到的。实验结果如图 7.11 所示，可以发现，由自微调 P-Net 产生的分布末端较薄。特征点数据集的扩充也会影响人脸概率的分布，而只要使用自微调方法，分布的末端就会变薄。这是因为在引入自微调方法后，由于非极大值抑制过程的输入框数量减少，总的计算时间也会减少。

2. 实验 2

在这个实验中，我们给待测网络设置了相同的 P-Net 阈值，并测试其在 FDDB 上的网络速度。

除常规 MTCNN 和我们提出的 MTCNN 外，本实验还比较了使用深度卷积块的 MTCNN 和使用剪枝技术的 MTCNN。在使用深度卷积块的 MTCNN 中，标准卷积滤波器被深度卷积滤波器取代。在采用剪枝技术的 MTCNN 中，标准卷积滤波器被剪枝卷积滤波器取代。张量的输入和输出维数与常规的 MTCNN 相同。

为了便于比较，R-Net 和 O-Net 的阈值均设置为 0.8，实验结果如图 7.12 所示。从这些结果可以看出，采用自微调方法的 MTCNN 运算速度快很多，计算时间几乎是常规 MTCNN 的一半。在本实验中，使用深度卷积块和剪枝技术的 MTCNN 的性能较差。

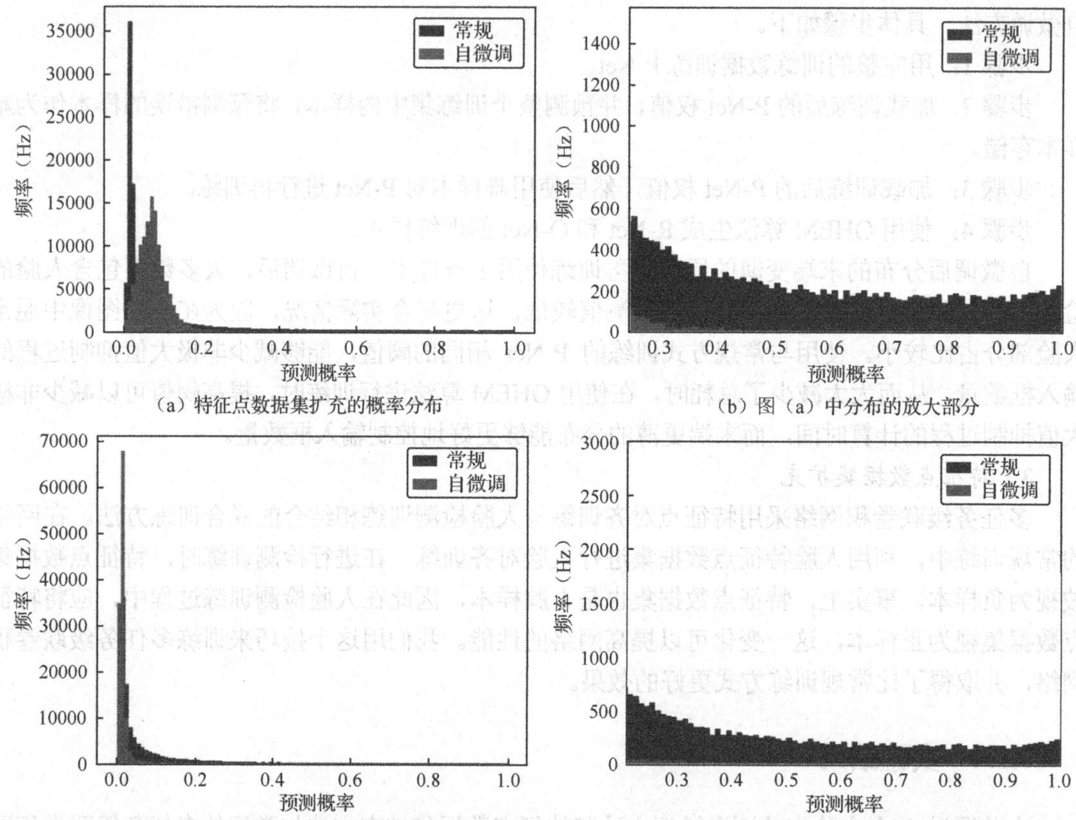

（a）特征点数据集扩充的概率分布　（b）图（a）中分布的放大部分

（c）不扩充特征点数据集的概率分布　（d）图（c）中分布的放大部分

图 7.11　由常规和自微调 P-Net 生成的概率分布的比较

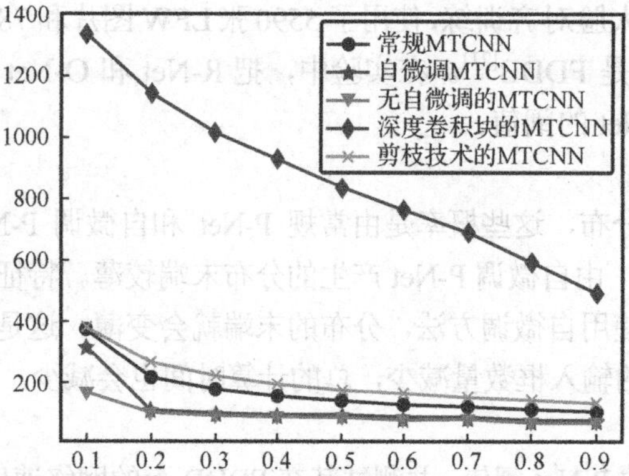

图 7.12　5 种 MTCNN 计算时间比较

由于 MTCNN 由 3 个非常浅的网络（P-Net、R-Net 和 O-Net）组成，这些网络的计算时间很短，因此使用剪枝卷积滤波器或深度卷积滤波器的模型不能减少整个计算时间。但是在 MTCNN 的整个运算过程中，非极大值抑制过程耗费的时间最多，并且非极大值抑制是在 P-Net、R-Net 和 O-Net 之后执行的。非极大值抑制过程的输入是多个潜在的人脸位置，如果潜在人脸位置的数量增加，则需要花费更多的时间。剪枝或深度卷积滤波器可以加快深层网络的速度，由于深层网络中存在大量冗余参数，使用剪枝或深度卷积滤波器可能不会降低网络的性能。而对于浅层网络而言，由于使用剪枝或深度卷积滤波器会导致网络中的卷积滤波器缺乏足够的参数来存储学习到的特征，网络的识别性能较差，而网络糟糕的性能会导致网络输出更多潜在的人脸位置。而更多的潜在人脸位置将导致非极大值抑制过程花费更多的时间，从而导致 MTCNN 的整体计算时间大大增加。

使用剪枝或深度卷积滤波器的 MTCNN 的检测性能较差。为了节省空间，本书不给出它们的检测结果。即使使用剪枝或深度卷积滤波器的 MTCNN 能达到与常规 MTCNN 一样的检测性能，但它们的计算时间更长，因此这些 MTCNN 没有太大的价值。

本书提出的方案可以减少 P-Net 生成的潜在人脸位置，从而节省大量的计算时间。

3. 实验 3

在本实验中，我们在 FDDB 上测试了网络的性能，R-Net 和 O-Net 的阈值都设置为 0.8。实验结果如图 7.13 所示，从图中可以看出，在选取合适的 P-Net 阈值（0.1～0.3）时，自微调和特

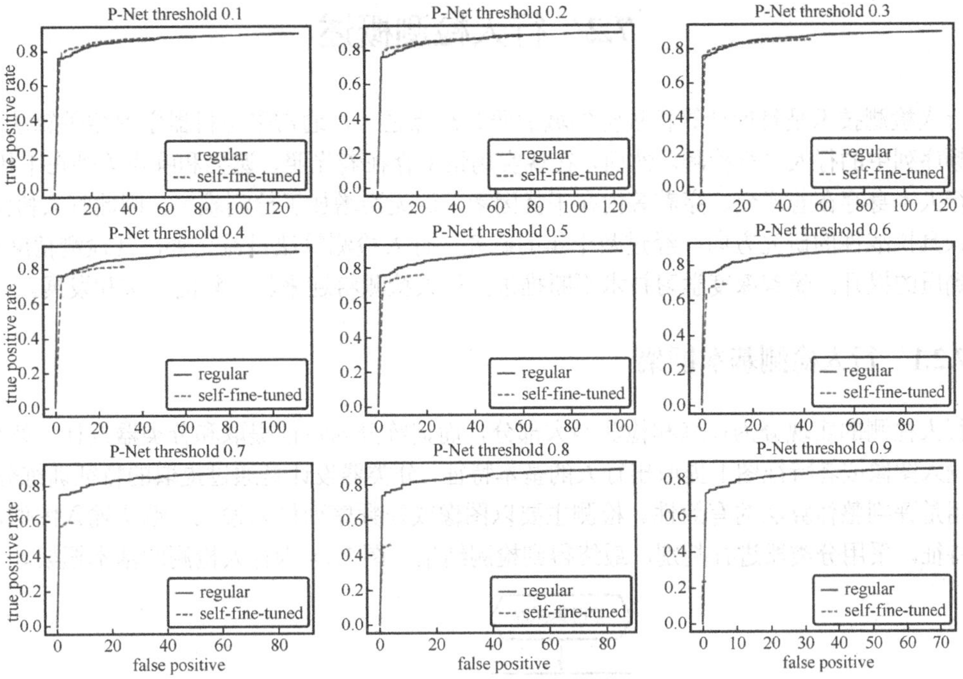

（a）使用特征点数据集扩充

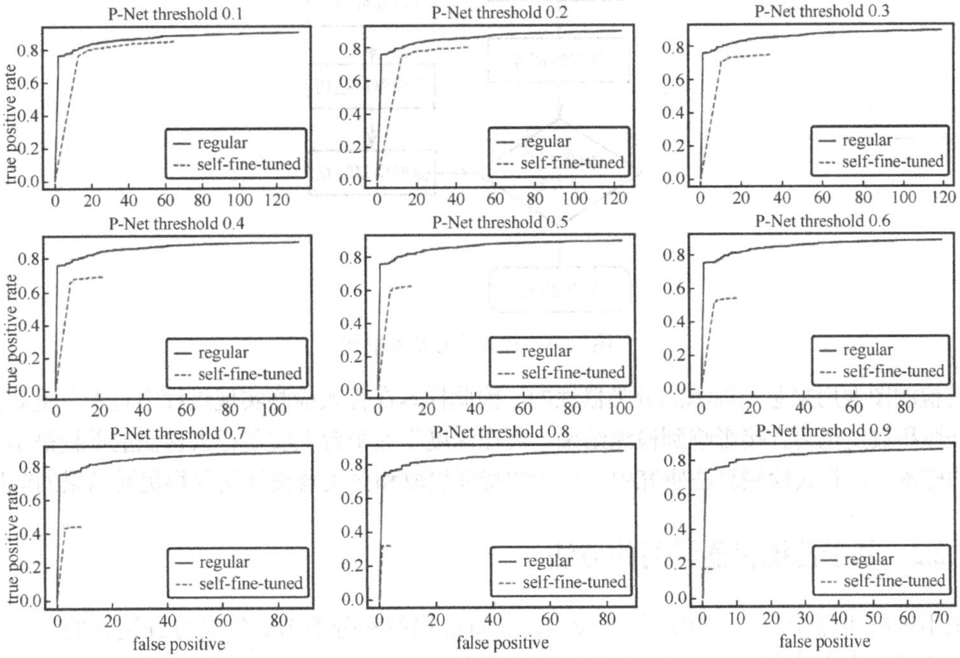

（b）不使用特征点数据集扩充

regular—常规 MTCNN；self-fine-tuned—自微调 MTCNN

图 7.13 常规 MTCNN 和本书提出的 MTCNN 的性能评估

征点数据集扩充 MTCNN 优于常规 MTCNN。由于训练数据集与原始训练集相比变少，因此仅使用自微调方法并不能提高性能。然而，如果阈值设置得太大，则输入框的数量太少，这将导致性能下降。因此，选择一个合适的 P-Net 阈值非常重要。

7.2 行人检测概述

行人检测技术是目前计算机视觉领域的研究热点之一，通常采用机器学习相关算法对图像或视频序列中的行人进行检测。然而，在现实场景中存在着光照、遮挡和噪声等外在干扰因素，同时行人本身存在着形变、穿着等内在干扰因素，这无疑增加了检测难度，因此行人检测是 21 世纪颇具挑战性的研究方向。经过数十年的研究，行人检测算法日益完善，其检测精度与速度均得到质的提升。随着深度学习技术不断推进，行人检测将迎来新一轮的突破和发展。

7.2.1 行人检测基本框架

行人检测的实现分为训练和检测两大部分，而训练分为特征提取和分类器设计，特征提取是在输入图像或者特征图上提取出行人的基本特征，分类器设计是通过提取的特征训练分类器，其作用是评判整体算法的有效性。检测主要以图像或视频序列作为输入，遍历输入图像，提取目标特征，采用分类器进行判别，最终得到检测结果。图 7.14 为行人检测的基本框架。

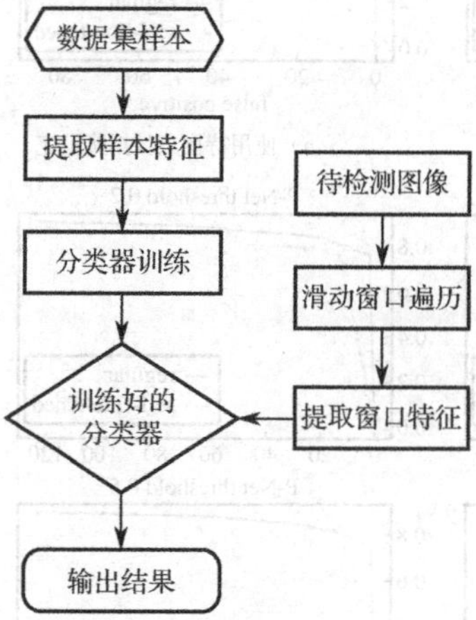

图 7.14 行人检测基本框架

待检测图像用来鉴定训练的分类器性能，因此样本在行人检测实现过程中是十分重要的，样本的好坏和数量也会直接影响到检测结果，而在深度学习平台上实现行人检测的前提是丰富且多样化的样本。在行人检测算法研究中，合适的特征提取和分类器设计是取得优秀结果的前提。

7.2.2 基于传统机器学习的方法

采用传统机器学习方法实现行人检测，其特征提取和分类器训练是分开进行的，目前常用的行人特征提取方法有 HOG 特征、Harr-like 特征及 LBP 特征，常用的分类器算法有 SVM 和 AdaBoost，本节主要介绍结合 HOG 特征与 SVM 的行人检测方法（HOG+SVM）。

HOG 特征是近几年研究人员比较常用的一种特征提取方法，该方法于 2005 年由 Dalal 等提出，随后被广泛应用于机器学习领域。针对环境比较复杂的静态行人图像，采用梯度直方图方法获取局部信息并将所有的局部信息进行统计，最终提取出有效的行人特征。HOG 特征具有对光照不敏感及对形变有一定的抗干扰能力等优点，能够很好地对特征进行描述，因此成为行人检测研究常用的特征提取算法。

SVM 最早由 Cortes 等提出，其目的是经过学习数据特征构造出超平面以完成分类任务。通过计算不同类别的样本之间的距离并寻找到类别间最小距离的样本组合，构造分类界面，使得样本组合中各个样本与分类界面的距离尽可能大，所得分类界面即为最佳超平面。

结合 HOG 特征与 SVM 的行人检测的训练基本流程为：

① 输入行人数据集图像，提取出一定比例的正负样本；

② 采用 HOG 特征从样本中提取行人特征；

③ 将提取出来的特征采用 SVM 训练行人分类器。

采用训练好的分类器对测试集中的行人进行检测，通过其是否能够成功地检测出图像中的所有行人评判分类器的性能，检测效果如图 7.15 所示。由图（a)、(b）可以看出，对没有形变的行人基本都能检测出来，但受背景的影响比较大，出现了严重的误检情况。

对于遮挡及密集度比较高的行人图片（见图（c)、(d)），无法有效地提取出行人特征，造成部分行人无法检测出来。出现较高漏检误检情况的因素有很多，比如样本质量和数量、正负样本比例等，但主要是由于 HOG 特征提取的特征鲁棒性不强，受不同背景因素影响。

(a) (b) (c) (d)

图 7.15　结合 HOG 特征与 SVM 的行人检测结果

7.2.3　基于深度学习的方法

由于在现实场景中的光照强弱、目标遮挡及复杂的背景等因素对检测产生极大的影响，采用传统方法的检测性能已无法满足应用的需求，深度学习的提出使得行人检测突破瓶颈并进入飞速发展阶段。

CNN 作为深度学习的经典模型，其特征提取与学习能力远远超越传统方法，从而大大推动了深度学习的发展。近几年，深度学习在目标检测领域提出了诸如 R-CNN、Faster R-CNN、SSD 等优秀网络，行人检测作为目标检测领域的重要研究方向之一，目标检测网络均可应用于行人检测，因此本节将主要介绍目标检测方法。

1. 数据预处理

在深度学习领域，数据集的数量及质量是非常重要的，不丰富的数据集可能导致训练的模型出现过拟合或欠拟合情况。在训练过程中，如果模型训练需要相当多的参数，同时没有足够的数据集，那训练的模型极有可能过拟合。随着 CNN 层数的加深，模型训练的参数成几何倍数增加，甚至达到上百万个参数，即便采用诸如 ImageNet 等大型的数据集来训练模型，可能也无法得到满意的结果。因此，研究人员在训练时一般采用数据增强手段对数据集进行预处理。

表 7.3 表示深度学习常用的数据集，表中“/”前后分别表示 ImageNet 总数据集和检测数据集的类别数和图像数量。由表可知，用于检测任务的数据集仅占 ImageNet 总数据集的 1/40，大约有 89 万个目标标注框，但由于部分标注框有较多的相似性信息，这对于检测任务训练的意义不大，因此对数据预处理是非常有必要的。常用的数据集预处理方法主要有翻转、随机裁剪及调整颜色对比度等，目的是增加数据集的多样性，提高样本的利用率。翻转是对图像进行水平或垂直翻转，也可以在随机裁剪后进行翻转处理。随机裁剪是对原始图像按一定比例进行缩放，根据某固定尺度进行随机截取。调整颜色对比度是通过调整 RGB 通道值改变图像颜色的。

表 7.3　深度学习常用的数据集

数据集名称	类别数（个）	图像数量（幅）
ImageNet	$2.1\times10^4/200$	$1.4197\times10^7/3.5\times10^5$
PASCAL VOC	20	2.1×10^4
COCO	80	1.2×10^5
INRIA	1	1.6×10^3
Caltech	3	2.5×10^5

2. 基础网络

对数据进行预处理后，接下来是选择目标检测网络进行模型的训练，本节选择的是 SSD 目标检测网络，其基础网络是 VGG16。VGG 网络结构如图 7.16 所示。

VGG 由牛津大学的 Simonyan 等提出，主要有 VGG16 和 VGG19，其中 VGG16 由 13 个卷积层和 3 个全连接层构成，VGG19 由 16 个卷积层和 3 个全连接层构成，卷积层是 3×3 的小卷积核，池化层是 2×2 的最大池化层。在深度学习领域，VGG 网络一般作为基础网络应用在检测与分类网络中。VGG 的成功应用验证了 CNN 的层数加深及采用小尺度卷积核对分类任务有非常大的提高。

3. 特征金字塔结构

特征金字塔结构是通过不同卷积层提取的不同大小的特征图构建的金字塔结构，主要应用于对不同大小的目标检测，如图 7.17 所示。不同层的特征图具有不同的感受野，可以检测不同尺度的目标，因此特征金字塔结构既可以提取低层的特征信息，也可以提取高层的语义信息。低层特征信息的感受野比较小，可以检测小尺度目标。高层特征信息的感受野比较大，可以检测大尺度目标。

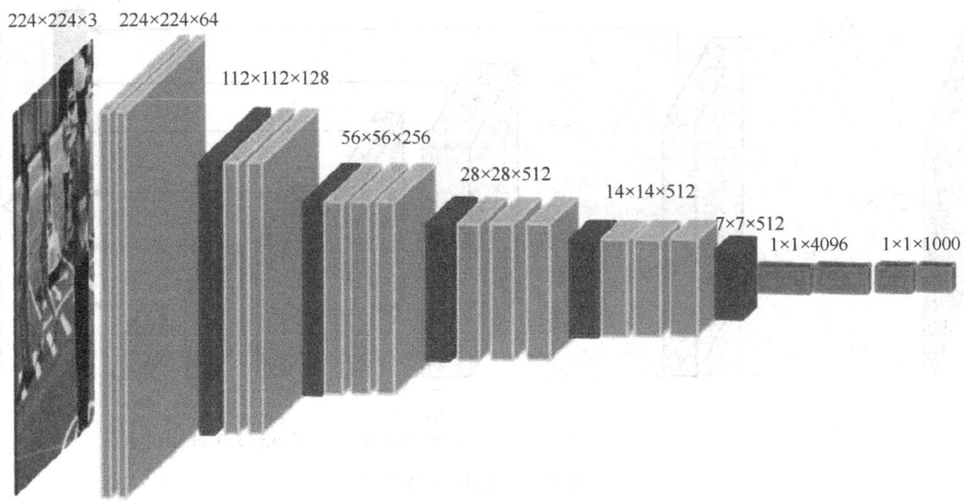

（a）VGG16网络结构

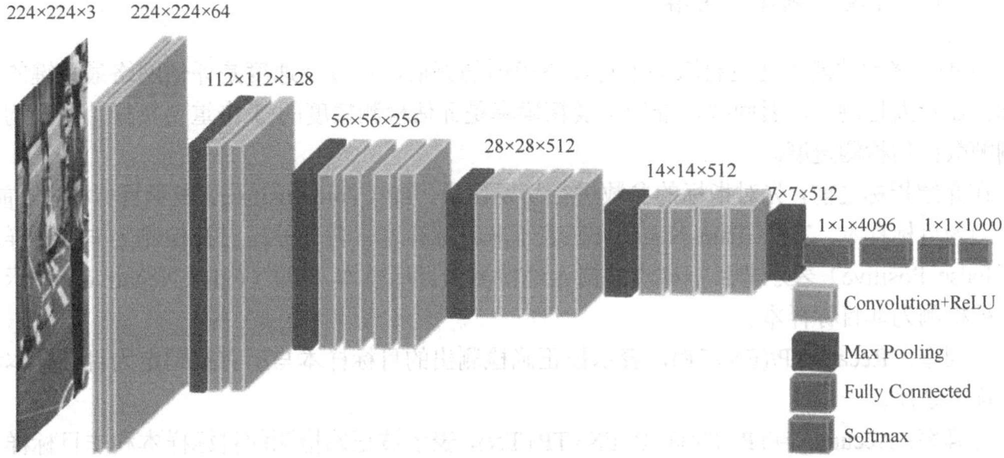

（b）VGG19网络结构

图 7.16　VGG 网络结构

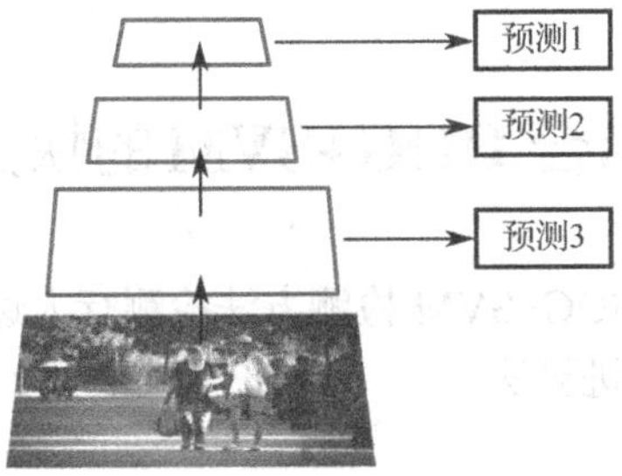

图 7.17　特征金字塔结构

SSD 网络采用特征金字塔结构，其网络结构如图 7.18 所示。以 VGG 网络作为基础网络，将前两层全连接层替换成卷积层，同时在替换层后添加了多个不同尺度的卷积层。通过提取 6 个不同尺度的特征图构建特征金字塔，实现对原始图像中不同尺度的目标检测。SSD 网络是一个端到端的回归网络，采用单一网络实现多任务的预测，利用基础网络的浅层卷积层提取特征可以检测出较小目标，其检测速度和精度得到一定的提高。

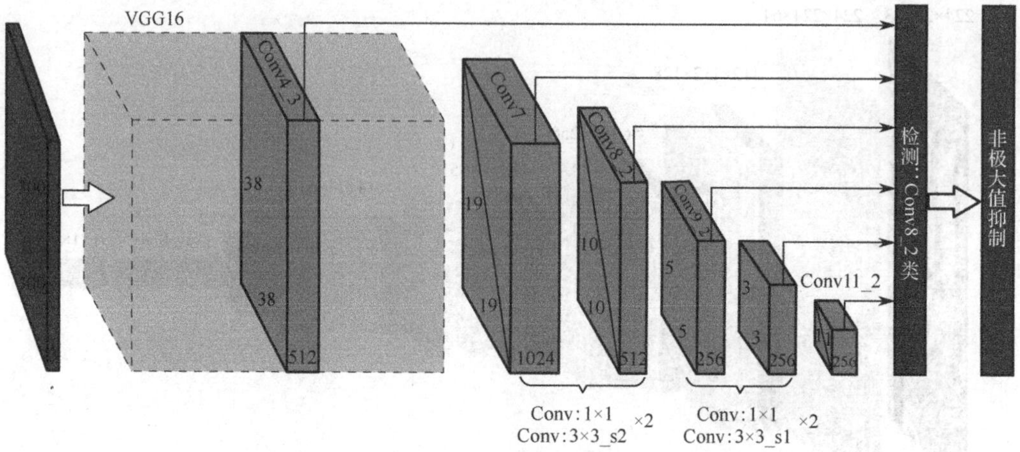

图 7.18　SSD 网络结构

7.2.4　行人检测评判标准

检测网络的性能如何主要取决于对训练模型的评估，精度及速度是评估网络最关键的两个指标。在行人检测中，召回率、准确率及精确率是评估检测精度的 3 个重要指标，用平均每秒检测帧数评估检测速度。

在介绍指标之前，先对指标的参数进行简要说明。TP（True Positive）表示目标样本（前景）被检测为目标样本，TN（True Negative）表示非目标样本（背景）没有被检测为非目标样本，FP（False Positive）表示非目标样本被错误地检测为目标样本，FN（False Negative）表示目标样本被检测为非目标样本。

召回率：Recall=TP/(FN+TP)，表示被正确检测出的目标样本与所有被判定为目标样本和非目标样本之比。

准确率：Accuracy=(TP+TN)/(FP+FN+TP+TN)，表示被正确检测的目标样本和非目标样本与所有被检测的样本之比。

精确率：Precision=TP/(FP+TP)，表示被正确检测出的目标样本与所有被判定为目标样本之比。

7.3　基于 ViBe 结合 HOG+SVM 的快速行人检测与跟踪

本书作者针对前面提到的 HOG+SVM 检测方法检测行人速度慢的问题，根据视频监控的特点，在文献[51]中提出了一种改进算法。

7.3.1　引言

行人检测的主要任务是从视频序列中发现动态行人。随着计算机视觉的发展，行人检测在智能辅助驾驶、智能监控、行人分析、智能机器人等领域得到了广泛的应用。然而，由于现实世界背景的复杂性、行人姿态的多样性和拍摄角度的多样化，如何从输入视频中快速、高效地提取出行人是一个巨大的挑战。因此，行人检测一直是计算机视觉领域的一个研究热点。目前，机器学习是当前行人检测的主流方案。它主要利用静态图像中的边缘、形状和颜色等图像特征来描述行人区域。其中，一些特征可以很好地用于行人检测，如基于 Haar 小波的特征[52]、基于 HOG 的特征、基于 Edgelet 的特征[53]、基于 Shapelet 的特征[54]和基于形状轮廓模板的特征[55]。Papageorgiou 和 Poggio[52]描述了一个基于 Haar 小波变换的对象类，通过使用大量的正负样本训练支持向量机（SVM）分类器，隐式地导出了一个对象类的模型。Wu 和 Nevatia[53]将人的个体看作自然身体部件的集合，他们使用一种新的面向轮廓的特征（称为 Edgelet 特征），通过 boosting 方法来进行身体部件的检测。Sabzmeydani 和 Mori[54]学习了基于图像局部区域的 Shapelet 特征，以区分行人和非行人，使用 AdaBoost 创建这些 Shapelet 特征并训练最终分类器。Gavrila[55]使用模板树来高效地表示和匹配各种形状样本。他采用贝叶斯模型来估计对象类在树的某个节点上经过一定匹配后的后验概率。近年来，出现了基于深度学习的行人检测方法[56]。前沿的研究任务包括图像分类[4]、人脸识别[57,58]和目标检测[59]。深度学习是机器学习的一个新领域。Lecun 等人[60]首先使用 CNN 来检测行人，并提出了一种无监督的深度学习方法。Felzenszwalb 等人[61]提出了一种结合生成的随机神经网络的可变形组件模型（DPM）。他们都证明了深度学习在行人检测中的巨大潜力[62]。

目标跟踪是对单个或多个目标进行实时定位，以得到精确的运动状态。运动目标的外观、轮廓、位置和运动状态在相邻视频帧中具有良好的稳定性和相似性，目标及其周围背景在图像的外观上存在一些差异。根据这些基本条件，跟踪算法提取描述目标外观的特征，或建立与背景不同的目标模型。目标跟踪算法主要有基于活动轮廓模型的跟踪、基于特征的跟踪、基于区域的跟踪和基于模型的跟踪等。与基于机器学习的方法相比，它们有自己的优势：通常计算量小，不需要采集大量的行人或非行人样本[63]。

本书作者在文献[51]中主要研究了 Dalal 和 Triggs[64]在 2005 年提出的面向梯度直方图（HOG）特征，并将 HOG 特征与 SVM 分类器相结合，在行人检测领域取得突破性进展。基于 HOG 特征的方法在图像窗口中密集提取有向梯度的局部直方图，可以充分提取行人的形状信息和外观信息，能够很好地辨别区分行人和其他物体。然而，计算 HOG 特征需要密集且复杂的扫描，这使得计算复杂度高，实时性差。

HOG 特征与 SVM 分类器相结合在图像识别中得到了广泛的应用，特别是在行人检测中。有很多行人检测算法不断被提出，但基本上都是基于 HOG+SVM 的思想。然而，原 HOG+SVM 方法的检测和跟踪速度较低，误检率和漏检率较高。根据视频监控的实时性要求，本书作者提出了一种利用 HOG 特征提高行人检测速度的改进算法。首先对每帧图像进行阴影去除，然后充分利用前景检测算法（ViBe）提取运动目标。去除阴影的原因是，在室内监控场景中，由于遮挡和运动人体之间光照不均匀等因素，可能会产生阴影，阴影会被误认为目标，会对后续的跟踪和行为识别产生负面影响。因此，在运动目标检测阶段，阴影部分应被移除。其次，通过边界扩展，将所有运动目标完全包含在扫描区域内，然后利用 HOG 特征和 SVM 分类器对前景进行检测。SVM 广泛应用于模式识别的各个领域[65]，包括人脸识别、文本分类、手写识别、生物信息学等。最后，利用模板匹配方法对检测到的行人进行跟踪。实验结果验证了算法的有效性和准确性。

7.3.2 ViBe算法

在本书作者提出的方案中，利用 ViBe 算法[66]来获得运动目标的初始前景区域。ViBe 算法是一种基于概率统计的、用于前景检测的快速背景建模方法，它为每个像素存储一个样本集，其中样本元素包括像素本身及其相邻像素。然后将每个新像素与样本集进行比较，确定其是否属于背景。该算法的核心包括模型初始化、前景检测、模型更新和异常处理 4 个模块[67]。

1．模型初始化

ViBe 算法主要使用视频序列的单个帧来初始化背景模型。对于每个像素，在其 8 个邻域像素中随机选择 N 个像素的灰度值，并将其存储在与 ViBe 模型相对应的 N 个样本中，即仅通过第一帧初始化该模型，第二帧开始执行前景提取。

2．前景检测

前景检测过程包括两个步骤：第一步是与模型中的 N 个样本进行比较，以查看当前像素是否与背景模型匹配；第二步是计算匹配样本的数量。

步骤 1：从第二帧开始，将每个新像素与其上一帧中相应的 N 个样本进行比较。具体来说，将灰度值差的绝对值与预设阈值 R 进行比较，如果小于阈值，则意味着找到匹配项。

步骤 2：计算匹配像素 $n_t(x,y)$ 的数量，然后将其与预设阈值# min（最小匹配数量）进行比较。如果累计匹配数小于# min，则表示该像素位于前景中；如果累计匹配数大于或等于# min，则表示像素属于背景，即

$$M_t(x,y)=\begin{cases}1 & n_t(x,y)<\#\min \\ 0 & n_t(x,y)\geqslant\#\min\end{cases} \tag{7-11}$$

其中，$M_t(x,y)=1$ 表示像素 (x,y) 在时间 t 被判断为前景像素，而 $M_t(x,y)=0$ 表示该像素被判断为背景像素。因此，最终的前景检测结果是二值化结果。

3．模型更新

对于确定为背景的像素，需要更新这一像素及其邻域像素的 ViBe 模型。ViBe 算法提出了一种模型更新方法。模型更新过程的主要思想描述如下：

① 设置更新概率 ϕ，即当确定一个像素为背景时，该像素更新相邻采样像素的概率为 $1/\phi$，而其自身更新的概率也为 $1/\phi$。然后从模型中随机选择一个样本，并将该样本替换为该像素的灰度值。

② 更新附近的 ViBe 模型。首先，随机选取 8 个相邻像素中的一个像素，用其灰度值代替该相邻像素的值。然后，更新所选相邻像素的 ViBe 模型。

4．异常处理

如果连续确定为前景的某个位置上的像素的数目超过特定阈值，则直接将该像素确定为背景。最后，应清除这个像素的计数。

上述方法由于其简单、快速的特点，越来越受到人们的重视。

7.3.3 基于 HOG+SVM 的行人检测

梯度直方图（HOG）是计算机视觉和图像处理中用于目标检测的一种特征描述子。该技术计算图像局部区域中梯度方向的出现次数。最初 HOG 用于检测静态行人，经过改进之后，可用于检测视频中的行人。然而，由于计算量的复杂性，该方法不是实时的。梯度计算是 HOG 方法的重要步骤，它通过计算图像的横坐标和纵坐标梯度来计算每个像素位置的梯度方向。主要目的是进一步减弱光的干扰，获取轮廓信息。梯度计算可采用以下公式[68]

$$G_x(x,y)=H(x+1,y)-H(x-1,y) \tag{7-12}$$

$$G_y(x,y)=H(x,y+1)-H(x,y-1) \tag{7-13}$$

其中，$G_x(x,y)$、$G_y(x,y)$ 和 $H(x,y)$ 分别表示输入图像中的水平梯度、垂直梯度和位置 (x,y) 的像素值。以下公式用于计算梯度大小和方向

$$G(x,y)=\sqrt{G_x(x,y)^2+G_y(x,y)^2} \tag{7-14}$$

$$\alpha(x,y)=\arctan\left(\frac{G_y(x,y)}{G_x(x,y)}\right) \tag{7-15}$$

然后，根据每个单元的方位和大小导出梯度直方图。在我们的方案中，每个单元大小为8×8像素，每个单元的梯度直方图有9个单元。

由于局部光照和前景背景对比度的变化，梯度强度的范围将非常大。该方法需要对梯度强度进行归一化处理，以进一步压缩光照、阴影和边缘。

使用以下公式执行归一化操作

$$\boldsymbol{v}\rightarrow\frac{\boldsymbol{v}}{\sqrt{\|\boldsymbol{v}\|_2^2+\varepsilon^2}} \tag{7-16}$$

其中，$\boldsymbol{v}$ 是在给定块中包含所有梯度直方图的非标准化向量，$\|\boldsymbol{v}\|_2$ 是描述向量 $\boldsymbol{v}$ 的2-范数，而 ε 是一个小常数，引入 ε 以避免被零除。

最后，每个块的大小为2×2单元（图像的大小为64×128），因此将产生105个块。将包含在窗口中的105个块的HOG特征连接起来，形成一个3780维的HOG特征向量，用于最终分类。

支持向量机（SVM）是一种二元类模型，它可以将原始的有限维空间映射到高维或无限维空间。如果样本在原始输入空间中是非线性的，通过支持向量机中的非线性映射，可以在更高维空间中线性分离，如图7.19所示。

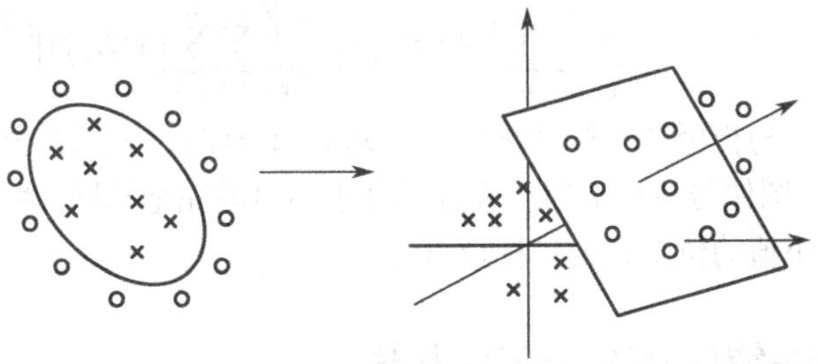

图 7.19　非线性映射

然而在实际应用中，非线性映射的维数非常大。例如，在文档分类的情况下，可能希望使用3个连续单词的序列作为特征，即三元组，因此，在词汇量只有100000个单词的情况下，特征空间的维数达到了 10^{15}，因此计算代价非常大。解决这个问题的方法是使用基于内核或内核函数的内核方法。

使用以下式子执行 K 核方法

$$K(x,x')=\langle\Phi(x),\Phi(x')\rangle \quad \forall x,x'\in X \tag{7-17}$$

基于HOG的行人检测的最后一步是将HOG特征向量作为SVM的输入信号。在一幅固定大小的实验图像中，利用训练好的线性SVM计算向量描述算子，判断是否有行人。但是，由于检测窗口的数量较多，一旦视频像素上升，检测速度会非常慢。不能实现实时检测，因此需要对HOG+SVM方法进行改进。

作为目标跟踪领域的一种重要算法，基于模板匹配的目标跟踪算法由于其准确性和实用性而受到越来越多的关注[69]。该算法的基本思想是利用视频中的目标信息和特征来建立目标模板，然后将每个帧中的图像与目标模板进行比较以寻找目标，最后一步是得到目标的运动状态估计。整个算法的基本步骤如图7.20所示。

基于模板匹配的目标跟踪算法主要包括3个步骤：模板建立、匹配跟踪和模板更新。算法的输入是视频中的一幅图像，输出是输入图像的跟踪结果。模板的建立属于初始化阶段，算法的主体是匹配跟踪，模板更新是维持整个目标跟踪过程的纽带。

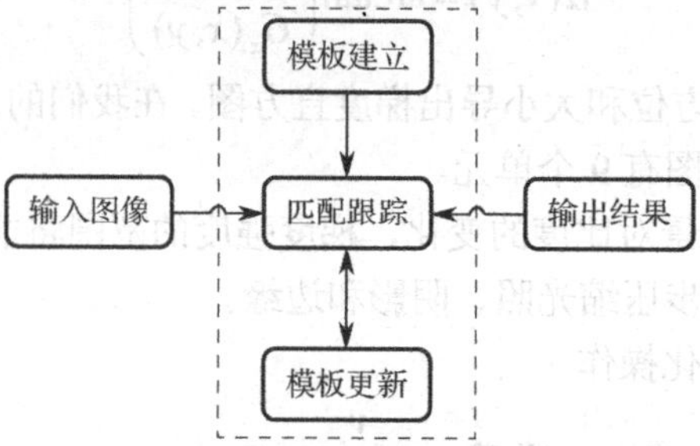

图 7.20 基于模板匹配的目标跟踪算法的基本步骤

本书作者选择了归一化平方差匹配方法，通过对模板图像与待匹配图像灰度差的平方和进行归一化来确定匹配度。设定模板 M 的大小为 $I_X \times I_Y$，待匹配图像 P 的大小为 $J_X \times J_Y$。算法实现时，将模板转换到待匹配图像上。模板下的重叠区域设置为 $S(x,y)$，(x,y)是图像 P 中右下角的坐标位置。

此匹配方法的归一化平方差定义为

$$R(x,y)=\frac{\sum_{i=1}^{I_X}\sum_{j=1}^{I_Y}\left[M(i,j)-S^{x,y}(i,j)\right]^2}{\sqrt{\left(\sum_{i=1}^{J_X}\sum_{j=1}^{J_Y}\left[S^{x,y}(i,j)\right]^2\right)}\sqrt{\left(\sum_{i=1}^{I_X}\sum_{j=1}^{I_Y}\left[M(i,j)\right]^2\right)}} \tag{7-18}$$

式中，$R(x,y)$ 值越小，与模板的相似性越大。当 $R(x,y)=0$ 时，表示在该位置找到了最佳匹配。然而，在实际系统中，图像与模板下的重叠区域几乎不可能完全相同，所以 $R(x,y)=0$ 的概率很小，因此把 $R(x,y)$ 最小值的位置作为目标位置。

7.3.4 基于 ViBe 结合 HOG+SVM 方案

针对 HOG+SVM 方法在行人检测中存在的实时性差、检测错误等问题，本书作者提出了基于 ViBe 结合 HOG+SVM 的改进方案。首先，由于阴影效应的影响，对视频帧进行去阴影处理，利用 ViBe 算法、腐蚀与膨胀法、四邻域搜索算法和边界扩展法从视频帧中提取运动区域。因此，行人检测过程仅在这些区域内执行，避免了在整幅图像中进行彻底的滑动窗口搜索。然后计算提取区域的 HOG 特征，并将其送入 SVM 分类器。一旦检测到行人，采用模板匹配方法对检测到的行人进行跟踪。

当行人以一定角度旋转身体时，HOG+SVM 方法仍然存在缺陷，因此采用模板匹配方法来解决这个问题。如果 HOG+SVM 方法失败，则模板匹配方法根据最后检测到的行人模板跟踪最可能的行人位置。模板匹配方法使得改进方案更加可靠，能够很好地跟踪行人。但是，有两件事会导致模板匹配方法失败。一是在感兴趣区域（ROI）发现了行人，另一个是在跟踪窗口丢失了行人。这里，需要引入一个计时器。当模板匹配持续时间大于 2.5s 时，认为跟踪窗口丢失行人。图 7.21 给出了本书作者提出的改进方案的流程图，具体说明如下：

步骤 0：设置 k=0。

步骤 1：从相机中获取第 k 帧图像。

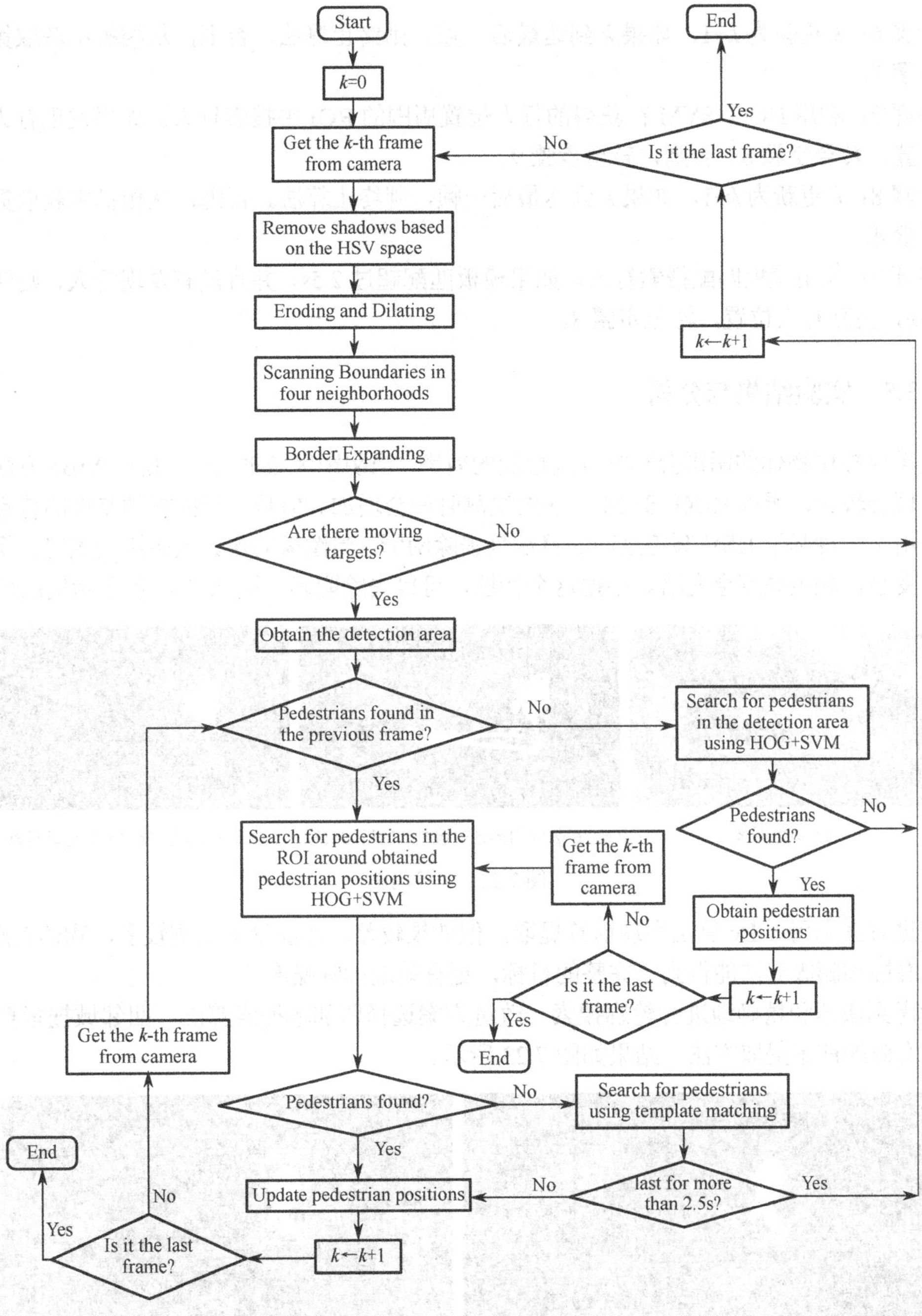

图 7.21　改进方案流程图

步骤 2：对当前帧进行预处理，包括基于 HSV 空间的阴影去除、腐蚀和膨胀、四邻域边界扫描和边界扩展。然后检查预处理帧中是否有运动目标。如果是，获取检测区域，转至步骤 4。否则，转至步骤 3。

步骤 3：k 更新为 k+1，如果 k 到达最后一帧，则终止算法。否则，转到步骤 1。

步骤 4：如果在前一帧中发现了行人，则转到步骤 7。否则，转至步骤 5。

步骤 5：利用 HOG+SVM 对检测区域内的行人进行搜索。如果发现行人，获取行人位置，转至步骤 6。否则，转至步骤 3。

步骤 6：k 更新为 $k+1$，如果 k 到达最后一帧，则终止算法。否则，从相机中获取第 k 帧。转至步骤 7。

步骤 7：利用 HOG+SVM 在获得的行人位置周围的 ROI 中搜索行人。如果发现行人，更新行人位置，转至步骤 8。否则，转至步骤 9。

步骤 8：k 更新为 $k+1$，如果 k 到达最后一帧，则终止算法。否则，从相机中获取第 k 帧。转到步骤 4。

步骤 9：使用模板匹配搜索行人。如果模板匹配超过 2.5s，并且没有发现行人，则转到步骤 3。否则，更新行人位置，转至步骤 8。

7.3.5　实验结果与分析

视频监控中物体的阴影会影响行人检测的效率。当阴影区域很大时，使用 ViBe 方法提取的运动区域会较大，所以 HOG+SVM 方法的检测时间会增加。但是，根据视频监控的特点，改进方案采用了一种基于 HSV 颜色空间的算法来去除阴影。当图像的像素被阴影覆盖时，像素的饱和度会变小，颜色亮度会变暗。根据这个特性，可以去除阴影。图 7.22 展示了示例的效果。

（a）原始图像　　（b）在去除阴影之前检测到的运动目标　　（c）去除阴影检测到的运动目标

图 7.22　去除阴影

改进方案利用 ViBe 算法实现前景提取，但效果较差，即前景中空洞较多，物体轮廓稀疏。而加入腐蚀和膨胀算法能得到更完整的目标，更有效地抑制噪声。

考虑到快速和精确地进行轮廓搜索，改进方案选择四邻域搜索算法。四邻域搜索算法是一种非常有效的前景提取方法，结果如图 7.23 所示。

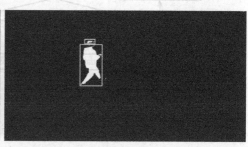

（a）前景提取　　（b）四邻域搜索结果

图 7.23　四邻域搜索算法

从图 7.23 可以看出，采用四邻域搜索算法（排除小像素的干扰）提取前景不理想，会导致头身分离，不利于目标检测。为了防止这种情况进一步恶化，改进方案结合行人正常姿势和形态的特点，制定了一套规则来合并或删除边界（规则 1：一个边界小，另一个边界大，大边界在小边界的正上方，非常接近，将被合并；规则 2：一个边界小，另一个边界大，小边界在大边界的正上方，它们非常接近，将被合并；规则 3：一个边界小，另一个边界大，大边界完全包含了小边界，小边界被删除）。这样，改进方案可以更准确地划分边界。

在运动区域，我们还应该考虑到前景提取中不包含整个人，并且会丢失一些小的运动区域，如头部、脚部。因此，HOG+SVM 方法不能有效地检测运动目标区域内的行人。因此，改进方案会适当调整边界的大小。此操作后，整个移动对象将位于边界内。如图 7.24 所示，白色边界是提取的运动区域，灰色边界是调整后的运动区域。

图 7.24　边界扩展

改进方案选择了拥有 3 个不同场景的 6 个视频进行实验测试，其中 5 个是单人视频，1 个是双人视频。同时，对本书所提方案、HOG+SVM 方法和 GMM+HOG+SVM 方法进行了比较。GMM+HOG+SVM 方法是指利用高斯混合模型从视频中提取运动区域，然后在提取区域内使用 HOG+SVM 方法检测行人。本书所提方案与 GMM+HOG+SVM 方法的不同之处在于，本书所提方案利用 ViBe 算法提取运动目标，然后利用模板匹配方法对检测到的行人进行跟踪。对于支持向量机，采用 C_SVC，参数 C 是惩罚系数，C 越大，意味着误分类惩罚越大，合适的参数 C 对分类精度至关重要，实验采用 C=0.01。实验使用线性核，终止条件基于最大迭代次数 1000 次。

图 7.25 至图 7.36 给出了本书所提方案、HOG+SVM 方法和 GMM+HOG+SVM 方法检测效果的部分实验比较。从这些结果可以看出，HOG+SVM 方法在行人检测中存在一些误判和漏检现象。例如，对于第 1 个视频，从图 7.25 所示结果可以看出，右下角的机器被错误地检测到了。从图 7.26 所示结果可以看出，在某些帧中无法检测到行人。从图 7.27 所示结果来看，所有帧中的行人都被正确地检测到。错误检测的主要原因是，非行人区域可能与视频场景中的行人区域相似的现象难以避免。而 HOG+SVM 方法的检测需要对整个图像进行扫描，因此假阳率较高。GMM+HOG+SVM 方法基本上解决了 HOG+SVM 方法的误判问题，但仍存在漏检现象。在行人检测中，本书所提方案对行人的前、后、侧面都有很好的检测效果。该算法在假阳率和假阴率上都大大低于 HOG+SVM 方法和 GMM+HOG+SVM 方法。

图 7.25　HOG+SVM 方法在第 1 个视频场景的检测结果

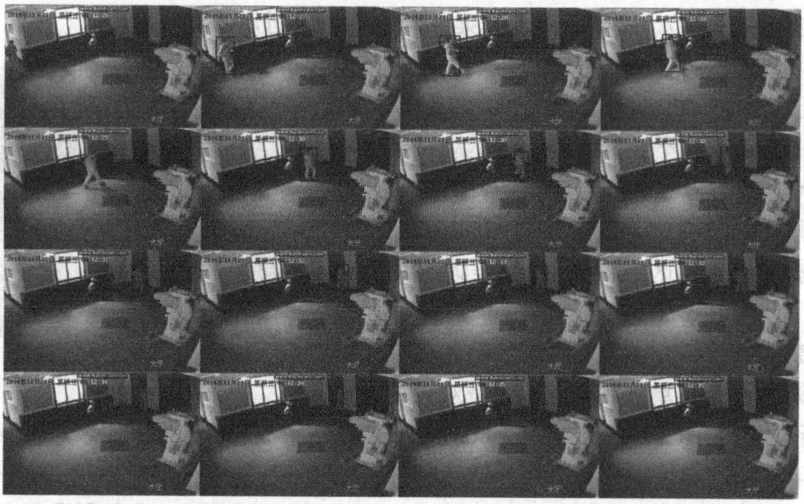

图 7.26　GMM+HOG+SVM 方法在第 1 个视频场景的检测结果

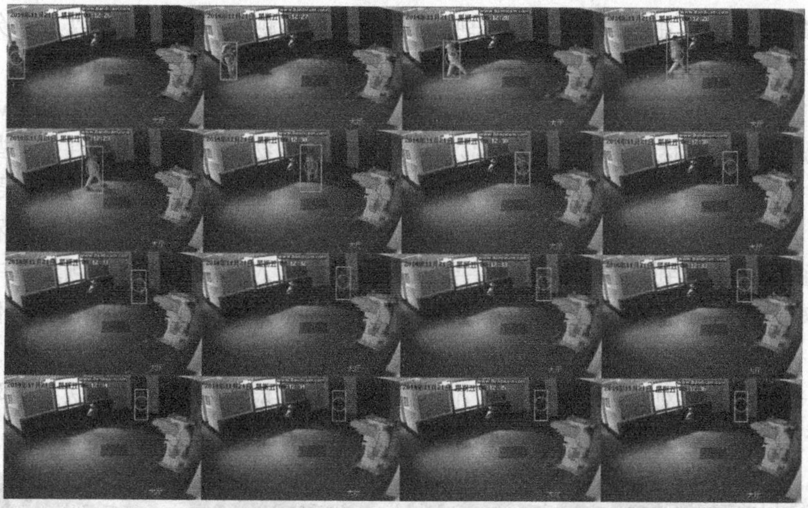

图 7.27　本书所提方案在第 1 个视频场景的检测结果

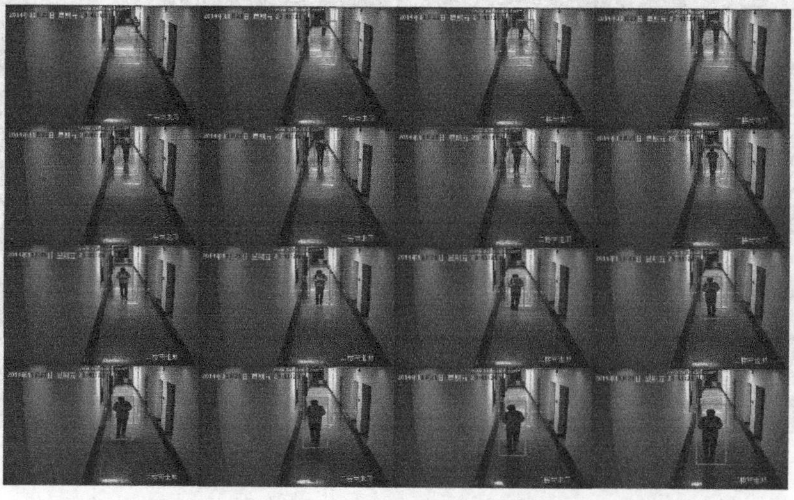

图 7.28　HOG+SVM 方法在第 2 个视频场景的检测结果

图 7.29　GMM+HOG+SVM 方法在第 2 个视频场景的检测结果

图 7.30　本书所提方案在第 2 个视频场景的检测结果

图 7.31　HOG+SVM 方法在第 3 个视频场景的检测结果

图 7.32　GMM+HOG+SVM 方法在第 3 个视频场景的检测结果

图 7.33　本书所提方案在第 3 个视频场景的检测结果

图 7.34　HOG+SVM 方法在双行人视频中的检测结果

图 7.35　GMM+HOG+SVM 方法在双行人视频中的检测结果

图 7.36　本书所提方案在双行人视频中的检测结果

3 种不同的方法在 6 个视频中进行验证，以准确率和虚警率作为系统的评价指标，如表 7.4 所示。从表 7.4 可以看出，本书所提方案的平均准确率为 90.84%，而 HOG+SVM 和 GMM+HOG+SVM 方法的平均准确率只有 80%左右。同时，在虚警率方面，本书所提方案为 0%，GMM+HOG+SVM 方法为 5.39%，HOG+SVM 方法为 48.08%。因此，与 HOG+SVM 和 GMM+HOG+SVM 方法相比，本书所提方案的稳定性和准确性有了很大的提高。

表 7.4 HOG+SVM、GMM+HOG+SVM 方法和本书所提方案之间的实验数据比较

视频数量（个）		1	2	3	4	5	6	合　计
NA（个）		186	163	107	457	58	535	1506
HOG + SVM 方法	ND（个）	145	151	102	378	24	428	1228
	ACC (%)	77.96	92.64	95.35	82.71	41.38	80.00	81.54
	NFP（次）	352	165	123	127	9	361	1137
	RFA (%)	70.82	52.22	54.67	25.15	27.27	45.75	48.08
GMM + HOG + SVM 方法	ND（个）	159	147	95	376	26	407	1210
	ACC (%)	85.48	90.18	88.79	82.28	44.83	76.07	80.35
	NFP（次）	3	3	1	53	5	4	69
	RFA (%)	1.85	2.00	1.04	12.35	16.13	0.97	5.39
本书所提方案	ND（个）	171	146	95	435	56	465	1368
	ACC (%)	91.94	89.57	88.79	95.19	96.55	86.92	90.84
	NFP（次）	0	0	0	0	0	0	0
	RFA (%)	0	0	0	0	0	0	0

注：NA—标记行人数量；ND—正确检测到的行人数量；ACC—准确率，ACC=ND/NA；NFP—虚警次数；RFA—虚警率，RFA=NFP/(NFP+ND)。

本书所提方案的另一个优点是提高了行人检测的速度，在一些简单的单人视频中可以实时检测到行人。图 7.37 显示了分别使用本书所提方案、HOG+SVM 方法和 GMM+HOG+SVM 方法处理 6 个不同视频的耗时情况。从图 7.37 可以看出，本书所提方案比 HOG+SVM 和 GMM+HOG+SVM 方法更快。但是，当行人数量增加时，例如第 4 个和第 6 个视频中有两个行人，检测速度会降低。

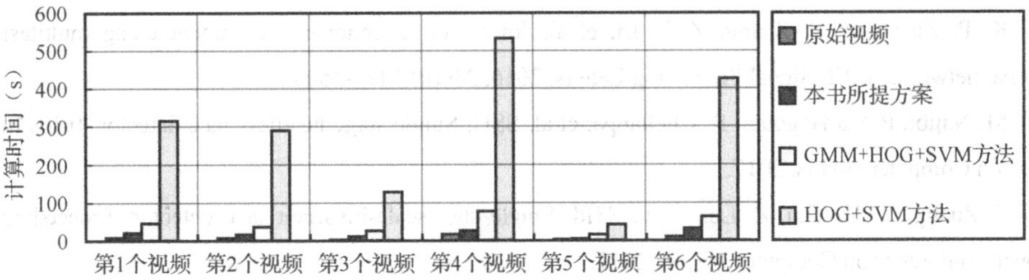

图 7.37　3 种方法的耗时比较

参考文献

[1] A. Krizhevsky, I. Sutskever, G. Hinton. ImageNet classification with deep convolutional neural networks.

International Conference on Neural Information Processing Systems, 2012: 1097- 1105.

[2] M. D. Zeiler, R. Fergus.Visualizing and understanding convolutional networks. European Conference on Computer Vision, 2014: 818-833.

[3] K. Simonyan, A. Zisserman. Very deep convolutional networks for large-scale image recognition. International Conference of Learning Representation, 2015.

[4] C. Szegedy, W. Liu, Y. Q. Jia, et al. Going deeper with convolutions. IEEE Conference on Computer Vision and Pattern Recognition, 2015.

[5] K. He, X. Zhang, S. Ren, et al. Deep residual learning for image recognition. IEEE Conference on Computer Vision and Pattern Recognition, 2016: 770-778.

[6] R. Girshick, J. Donahue, T. Darrell, et al. Rich feature hierarchies for accurate object detection and semantic segmentation. IEEE Conference on Computer Vision and Pattern Recognition, 2014.

[7] R. Girshick. Fast R-CNN. International Conference on Computer Vision, 2015:1440-1448.

[8] S. Q. Ren, K. M. He, R. Girshick, et al. Faster R-CNN: Towards real-time object detection with region proposal networks. IEEE Transactions on Pattern Analysis and Machine Intelligence, 2017, 39(6): 1137-1149.

[9] J. Redmon, S. Divvala, R. Girshick, et al. You only look once: Unified, real-time object detection. IEEE Conference on Computer Vision and Pattern Recognition, 2016: 779-778.

[10] J. Redmon, A. Farhadi. Yolo9000: Better, faster, stronger. IEEE Conference on Computer Vision and Pattern Recognition, 2017: 6517-6525.

[11] J. Redmon, A. Farhadi. YOLOv3: An incremental improvement. Technical report, 2018.

[12] K.M. He, X. Y. Zhang, S. Q. Ren, et al. Spatial pyramid pooling in deep convolutional networks for visual recognition. IEEE Transactions on Pattern Analysis and Machine Intelligence, 2015, 37(9): 1904-1916.

[13] W. Liu, D. Anguelov, D. Erhan, et al. SSD: Single shot multibox detector. European Conference on Computer Vision, 2016: 21-37.

[14] K. He, G. Gkioxari, P. Dollar, et al. Mask R-CNN. IEEE International Conference on Computer Vision, 2017.

[15] S. S. Farfade, M. J. Saberian, L. J. Li. Multi-view face detection using deep convolutional neural networks. ACM on International Conference on Multimedia Retrieval, 2015: 643-650.

[16] H. X. Li, Z. Lin, X. H. Shen, et al. A convolutional neural network cascade for face detection. IEEE Conference on Computer Vision and Pattern Recognition, 2015: 5325-5334.

[17] K. P. Zhang, Z. P. Zhang, Z. F. Li, et al. Joint face detectionand alignment using multitask cascaded convolutional networks. IEEE Signal Processing Letters, 2016, 23(10):1499-1503.

[18] M. Najibi, P. Samangouei, R. Chellappa, et al. SSH: Single stage headless face detector. IEEE International Conference on Computer Vision, 2017.

[19] S. Zhang, X. Y. Zhu, Z. Lei, et al. S3fd: Single shot scale-invariant face detector. Proceedings of IEEE International Conference on Computer Vision, 2017.

[20] J. Li, Y. B. Wangz, C. G. Wang, et al. DSFD: Dual shot face detector. arXiv:1810.10220, 2018.

[21] V. Jain, E. Learned-Miller. FDDB: A benchmark for face detection in unconstrained settings. Technical report, 2010.

[22] S. Yang, P. Luo, C. C. Loy, et al. Wider face: A face detection benchmark. Proceedings of IEEE Conference on Computer Vision and Pattern Recognition, 2016.

[23] C. C. Zhu, Y. T. Zheng, K. Luu, et al. CMS-RCNN: contextual multi-scale regionbased cnn for

unconstrained face detection. arXiv preprint arXiv:1606.05413, 2016.

[24] P. Viola, M. Jones. Robust real-time face detection. International Journal of Computer Vision, 2004, 57(2): 137-154.

[25] S. Yang, P. Luo, C. C. Loy, et al. From facial parts responses to face detection: A deep learning approach. IEEE International Conference on Computer Vision, 2015: 3676-3684.

[26] H. Z. Jiang, E. Learned-Miller. Face detection with the faster r-cnn. IEEE International Conference on Automatic Face & Gesture Recognition, 2017.

[27] S. F. Zhang, X. Y. Zhu, Z. Lei, et al. FaceBoxes: A CPU real-time face detector with high accuracy. IEEE International Joint Conference on Biometrics, 2017.

[28] S. Yang, Y. J. Xiong, C. C. Loy, et al. Face detection through scale-friendly deep convolutional networks. arXiv preprint arXiv:1706.02863, 2017.

[29] X. X. Zhu, D. Ramanan. Face detection, pose estimation, and landmark localization in the wild. IEEE Conference on Computer Vision and Pattern Recognition, 2012.

[30] J. J. Yan, X. Z. Zhang, Z. Lei, et al. Face detection by structural models. Image and Vision Computing, 2014, 32(10): 790-799.

[31] B. F. Klare, B. Klein, E. Taborsky, et al. Pushing the frontiers of unconstrained face detection and recognition: IARPA janus benchmark A. IEEE Conference on Computer Vision and Pattern Recognition, 2015.

[32] B. Yang, J. J. Yan, Z. Lei, et al. Fine-grained evaluation on face detection in the wild. IEEE International Conference and Workshops on Automatic Face and Gesture Recognition, 2015: 1-7.

[33] L. H. Ma, H. Y. Fan, Z. M. Lu, et al. Acceleration of multi-task cascaded convolutional networks. IET Image Processing. 2020, 14(11):2435-2441.

[34] Y. LeCun, L. Bottou, Y. Bengio, et al. Gradient-based learning applied to document recognition. Proceedings of the IEEE, 1998, 86(11): 2278-2324.

[35] O. Russakovsky, J. Peng, H. Su, et al. Imagenet Large Scale Visual Recognition Challenge. International Journal of Computer Vision, 2015, 115(3): 211-252.

[36] F. Chollet. Xception: Deep learning with depthwise separable convolutions. arXiv preprintarXiv: 1610.02357, 2017.

[37] G. Huang, Z. Liu, L. Van Der Maaten, et al. Densely connected convolutional networks. IEEE Conference on Computer Vision and Pattern Recognition, 2017.

[38] P. Viola, M. Jones. Rapid object detection using a boosted cascade of simple features. Proceedings of the 2001 IEEE Computer Society Conference on Computer Vision and Pattern Recognition, 2001.

[39] K. Zhang, Z. Zhang, Z. Li, et al. Joint face detection and alignment using multitask cascaded convolutional networks. IEEE Signal Processing Letters, 2016, 23(10): 1499-1503.

[40] A. G. Howard, M. Zhu, B. Chen, et al. Mobilenets: Efficient convolutional neural networks for mobile vision applications, arXiv preprint, 2017.

[41] M. Sandler, A. Howard, M. Zhu, et al. Inverted residuals and linear bottlenecks: mobile networks for classification, detection and segmentation. arXiv preprint, 2018.

[42] S. Han, H. Mao, W. J. Dally. Deep compression: compressing deep neural networks with pruning, trained quantization and huffman coding, arXiv preprint, 2015.

[43] M. Zhu, S. Gupta. To prune, or not to prune: exploring the efficacy of pruning for model compression. arXiv preprint, 2017.

[44] Y. He, X. Zhang, J. Sun. Channel pruning for accelerating very deep neural networks. IEEE International Conference on Computer Vision, 2017.

[45] M. Rastegari, V. Ordonez, J. Redmon, et al. Xnor-Net: Imagenet classification using binary convolutional neural networks. European Conference on Computer Vision, 2016.

[46] A. Neubeck, L. V. Gool. Efficient nonmaximum suppression. The 18th International Conference on Pattern Recognition, 2006.

[47] M. Abadi, P. Barham, J. Chen, et al. Tensorflow: A system for large-scale machine learning. USENIX Symposium on Operating Systems Design and Implementation, 2016.

[48] Y. Jia, E. Shelhamer, J. Donahue, et al. Caffe: Convolutional architecture for fast feature embedding. Proceedings of the 22nd ACM International Conference on Multimedia, 2014.

[49] J. Long, E. Shelhamer, T. Darrell. Fully convolutional networks for semantic segmentation. Proceedings of the IEEE Conference on Computer Vision and Pattern Recognition, 2015.

[50] Y. Sun, X. Wang, X. Tang. Deep convolutional network cascade for facial point detection. Proceedings of the IEEE Conference on Computer Vision and Pattern Recognition, 2013.

[51] L. Wang, J. Gui, Z. M. Lu, et al. Fast pedestrian detection and tracking based on Vibe combined HOG+SVM scheme. International Journal of Innovative Computing, Information and Control, 2019, 15(6):2305-2320.

[52] C. Papageorgiou, T. Poggio. A trainable system for object detection. International Journal of Computer Vision, 2000, 38(1):15-33.

[53] B. Wu, R. Nevatia. Detection of multiple, partially occluded humans in a single image by Bayesian combination of edgelet part detectors. Proc. of the 10th IEEE International Conference on Computer Vision, 2015, 1: 90-97.

[54] P. Sabzmeydani, G. Mori. Detecting pedestrians by learning shapelet features. Proc. of IEEE Conference on Computer Vision and Pattern Recognition, Minneapolis, 2007:1-8.

[55] D. M. Gavrila. A Bayesian exemplar-based approach to hierarchical shape matching. IEEE Transactions on Pattern Analysis and Machine Intelligence, 2007, 29(8): 1408-1421.

[56] W. Ouyang, X. Wang. Joint deep learning for pedestrian detection. Proc. of IEEE International Conference on Computer Vision, 2014: 2056-2063.

[57] Z. Wu, Z. Yu, J. Yuan, et al. A twice face recognition algorithm. Soft Computing, 2016, 20(3): 1007-1019.

[58] Z. Wu, J. Yuan, J. Zhang, et al. A hierarchical face recognition algorithm based on humanoid nonlinear least-squares computation. Journal of Ambient Intelligence and Humanized Computing, 2016, 7(2): 229-238.

[59] C. Szegedy, S. Reed, D. Erhan, et al. Scalable, high-quality object detection. Computer Science, arXiv: 1412.1441, 2015.

[60] P. Sermanet, K. Kavukcuoglu, S. Chintala, et al. Pedestrian detection with unsupervised multi-stage feature learning. Proc. of IEEE Conference on Computer Vision and Pattern Recognition, 2013: 3626-3633.

[61] P. F. Felzenszwalb, R. B. Girshick, D. Mcallester, et al. Object detection with discriminatively trained part-based models. IEEE Transactions on Pattern Analysis and Machine Intelligence, 2010, 32(9): 1627-1645.

[62] H. Li, Z. Wu, J. Zhang. Pedestrian detection based on deep learning model. Proc. of the 9th International Congress on Image and Signal Processing, Biomedical Engineering and Informatics, 2017: 796-800.

[63] G. Wang, Q. Liu, Y. Zheng, et al. Far-infrared pedestrians detection based on adaptive template matching and heterogeneous-feature-based classification. Proc. of IEEE International Instrumentation and Measurement Technology Conference, 2016: 1-6.

[64] N. Dalal, B. Triggs. Histograms of oriented gradients for human detection. Proc. of IEEE Conference on Computer Vision and Pattern Recognition, 2005, 1(12): 886-893.

[65] C. Li, H. Zhang, H. Zhang, et al. Short-term traffic flow prediction algorithm by support vector regression based on artificial bee colony optimization. ICIC Express Letters, 2019, 13(6): 475-482.

[66] O. Barnich, M. Droogenbroeck. ViBe: A universal background subtraction algorithm for video sequences. IEEE Transactions on Image Processing, 2011, 20(6): 1709-1724.

[67] X. Li, S. Zhu, L. Chen et al. Target detection via improved ViBe algorithm. Proc. of the 27th Chinese Control and Decision Conference, 2015: 5930-5935.

[68] B. Leng, Q. He, H. Xiao, et al. An improved pedestrians detection algorithm using HOG and ViBe. Proc. of IEEE International Conference on Robotics and Biomimetics, 2013: 240-244.

[69] J. S. Bae,T. L. Song. Image tracking algorithm using template matching and PSNF-m. International Journal of Control Automation and System, 2008,6(3):413-423.

第8章　基于深度学习的动作识别

8.1　人体动作识别技术概述

8.1.1　引言

近年来随着计算机视觉技术的迅猛发展，动作识别作为其重要的一个研究方向，吸引了越来越多科研人员的研究兴趣。动作识别技术对带有行为的数据进行分析，从而判断出人的行为类别。按输入数据形式划分，动作识别可分为骨骼序列动作识别和视频动作识别。由于时间演化的复杂性、人表达相同动作的灵活性等因素，想快速准确地判别行为仍然具有极大挑战。

目前，互联网上海量的视频对基于视频的动作识别研究提供了重要的数据保障。另一方面，随着各种传感器技术日益成熟，准确实时地采集人体关节运动参数也不再是困难的事情，对表征动作的传感器数据序列进行建模分析最终可判别动作。人体关节运动参数包括人体关节的三维空间坐标、关节移动速度、关节移动加速度等。人体关节传感器数据和视频记录了人在生活、学习、工作等各种情形下的活动，对其进行动作识别研究将极大地推动人类科技文明的发展，方便人们的社会生活。

动作识别技术经过多年的研究发展，其算法理论越来越完善，识别效果也越来越令人满意。目前，人体动作识别技术在交通、医学、娱乐、体育、教育、安防等领域都有广泛的应用。

① 安防视频监控[4]：视频监控是一种常见的监测手段。随着人们公共安全意识和防范意识的提高，一些重要公共场所布设了监控摄像头，用来记录范围内人的行为轨迹，捕捉人群聚集、打架、偷盗、火灾、车祸、摔倒等异常现象。传统的视频监控模式完全依赖人工，工作人员需要同时观看多个摄像头拍摄的视频来检测是否有异常现象发生。这样做无疑是低效的，需要消耗大量的人力，当工作人员视觉疲劳时容易出现漏检情况。而应用在安防视频监控系统的动作识别技术完全克服了上述难点，其可以自动分析场景中人的行为，一旦判断人发生了异常的动作，便会自动报警。

② 医疗监护[5]：人口老龄化是我国正在面临的严重社会问题，许多老年人独自在家无人照看。应用动作识别技术的医疗监护系统可以自动地监测识别老年人的生活起居，当老人发生摔倒、呼吸困难等异常情况时，可以及时检测并发出求助信息，从而争取最大的救援时间。另一方面，针对患者的动作识别也可以为判断其健康状况提供重要的依据。比如通过分析患者连续时间内的步态轨迹，推断出病情恢复情况，进而给出治疗建议。

③ 无人驾驶[6]：无人驾驶技术是一个智能化极高、难度极大的研究方向，需要综合运用行人检测、物体识别、场景分割等视觉技术。而动作识别技术也是其中必不可缺的一环。无人驾驶汽车通过摄像头和激光雷达捕捉前方行人的运动数据，并需要在短时间内深入分析行人动作，预测行人之后的移动方向等行为信息。这一技术的引入提高了无人驾驶汽车的安全性。

④ 虚拟现实[7]：虚拟现实技术仿真现实的世界，让人在虚拟的环境中活动。传统的游戏模式通过键盘、鼠标屏幕等输入指令，玩家的体验性不强。而虚拟现实技术给人一种身临其境的真实感，并且它通过传感器识别玩家的动作，从而将动作指令反馈到虚拟画面中，提高了人机

交互能力。伴随着5G传输、人工智能、移动高性能计算显卡技术的快速发展，带有动作识别的虚拟现实技术将会应用到传媒、教育、娱乐等诸多领域。

综上所述，动作识别技术已经渗透应用到多个生活场景中，发展动作识别技术是未来智能化的必由之路，其具有极大的研究价值和应用价值。

8.1.2 国内外研究现状

由于巨大的应用空间和良好的发展前景，动作识别技术得到国内外研究人员的广泛关注，政府、企业、高校和科研机构纷纷投入大量的资金和研究力量对动作识别技术进行研究。早在20世纪末期，为了使军事活动更加智能化，美国国防部高级研究计划局（Defense Advanced Research Projects Agency，DARPA）联合卡内基·梅隆大学、麻省理工学院等高校联合开发了一款完善的视频监控系统[8]（Visual Surveillance and Monitoring，VSAM）。该系统对战场和城市中拍摄的车辆、行人等物体进行检测，并对行人的动作进行识别分析。同一时期，英国雷丁大学开展REASON项目[9]，旨在提出一种识别公共场合下行人动作的鲁棒方法。2005年，法国和葡萄牙联合实施CAVIAR项目[10]，其算法模型可以检测行人群体的异常行为。2014年，美国佛罗里达大学[11]尝试解决在动作识别中存在的训练集和测试集场景明显不同的情况。这是算法走向实用过程中必须解决的问题。因为通常情况下，真实场景的测试数据与训练使用的开源数据存在着极大的差异。

在国外动作识别技术理论初具雏形之际，我国也加快了追赶的步伐，并取得了许多出色的成果。中国科学院自动化所模式识别国家重点实验室自主研发了监控环境下的行为理解系统[12]，打破了这一领域国外产品的垄断。国防科技大学在自动驾驶领域也取得重大突破，其自主研制的无人车完成了从长沙到武汉的高速无人驾驶实验，这标志着我国无人驾驶技术处于国际领先地位，可以在复杂的路况下做出合理的决策。此外，清华大学、北京大学、哈尔滨工业大学、上海交通大学等高校及腾讯、阿里等企业都设有专门的实验室，对视频理解、行为识别、人群分析等相关方向进行深入研究。其成果发表在CVPR、ICCV、PAMI等顶级会议与期刊上，同时在国际行为理解比赛中也开始崭露头角。下面分别从理论上介绍骨骼序列动作识别和视频动作识别的国内外研究现状。

1. 骨骼序列动作识别研究现状

骨骼序列动作识别的输入数据记录了连续时间内人体主要关节的特征信息，以三维空间位置为特征信息为例，数据每一帧的每个关节对应的特征是一个三维向量。图8.1展示了人体的主要关节。骨骼序列动作识别将上述骨骼序列输入动作识别模型中，最终得到分类结果。在动作识别中，骨骼序列作为输入数据有诸多优点。一方面，它不受光照、背景噪声、对比度等影响；另一方面，与记录太多冗余信息的RGB视频相比，它简单而完整地记录了人体关节移动的轨迹。

骨骼序列动作识别经历了从传统手工设计特征到深度学习提取高级动作特征的转变。传统方法通过人工预先设计的特征来捕捉关节的运动轨迹。Hussein等[13]在时间层次上计算关节位置轨迹的协方差矩阵，对骨骼序列进行建模。Wang等[14]通过计算各关节与其他关节的相对位置来表示骨骼序列的每一帧，并利用傅里叶时间金字塔（FTP）对时间演化进行建模。Xiong等[15]也通过关节的两两相对位置来建模骨骼序列的姿态特征、运动特征和偏移特征，然后应用主成分分析（PCA）进行特征归一化，以计算得到最终的表征特征。Xia等[16]计算三维关节位置的直方图，以此表示骨骼序列的每一帧，然后使用HMMs对时间动态进行建模。Vemulapalli等[17]计算不同身体部件之间的旋转和平移量，骨骼序列被建模为在李群中的一条曲线，并且用FTP

对时间动态进行建模。这些传统的算法分类精度低，并且由于特征是提前设计的，因此特定的算法只能针对特定的应用场景，不具有泛化能力。

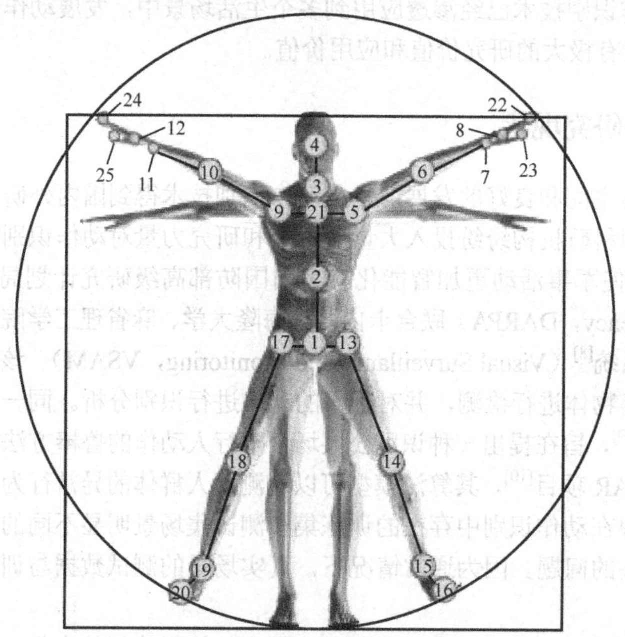

图 8.1　人体的主要关节

随着动作识别研究的深入，人们意识到建模动作时间上的联系是提升识别精度的关键。擅长建模时间依赖关系的、带有长短期记忆单元（LSTM）的循环神经网络（RNN）进入了人们的视野。Du 等[18]将人体骨骼关节分为 5 组，将它们输入 5 个 LSTM 中进行特征融合和分类。在 Liu 等[19]提出的算法中，骨骼序列的时间依赖和空间特征都是通过 LSTM 来学习的，同时还提出了一种可信赖门来消除噪声。虽然 LSTM 是为探索时间关系而设计的，但是它仍然很难记住整个动作序列的信息。此外，构建深度 LSTM 来提取高级特征也是不现实的。在卷积神经网络（CNN）方面，Li 等[20]直接将未处理的骨骼序列输入 CNN 中，其创新点在于设计了一种新型的骨骼变换模块，可以自动选择重要的骨骼关节。同时开发了一个窗口提议网络来检测动作发生的时间。Ke 等[21]首先将骨骼序列转换成 3 个片段，每个片段由若干帧组成，且由骨骼序列的圆柱坐标的一个通道生成。将 3 个片段分别输入 3 个 CNN 来提取时间信息，随后使用一个多任务学习网络并行处理所有的片段来提取空间信息。全新的骨骼序列表示方法和多任务学习网络的使用对以后的动作识别研究具有指导意义。基于 RNN 的方法通常将骨骼数据建模为坐标向量序列，基于 CNN 的方法根据人工设计的转换规则将骨骼数据建模为伪图像。两种方法的缺陷在于，它们都不能完全表示骨骼数据的结构，因为骨骼数据天然的是图形结构，而不是向量序列或二维网格。基于此，Yan 等[22]第一次将骨骼序列建模为空时图，并使用空时图卷积网络（ST-GCN）提取高级特征。同时提出了一种基于距离的采样函数来构造图卷积操作。Li 等[23]认为 ST-GCN 的局限在于每层图卷积的输入都是固定的人体拓扑图结构，这样不利于捕捉骨骼关节之间的高级相关性，提出了一种新的时空图路由（STGR）方案，该方案可以自适应地学习骨骼关节之间内在的高阶连接关系。Zhang 等[24]提出了自适应的图卷积层，以端到端学习的方式使图的拓扑结构与网络的其他参数一起得到优化。同时还引入了由骨骼长度和方向提取高级特征的分支，最终在 NTU-RGB+D 和 Kinetics 数据集上的识别精度达到世界领先水平。

2. 视频动作识别研究现状

基于视频的动作识别在过去十多年得到了广泛的探索和迅猛的发展。按照使用的基本方法划分，视频动作识别算法可以简单地分为两类：传统手工设计特征的动作识别算法和基于卷积网络的动作识别算法。早期的一些研究将图像领域的特征类比扩展成三维描述子，从而表征包含时间信息的动作视频。比如，Klaser 等[25]提出了三维 HOG 描述子，Scovanner 等[26]提出了三维 SIFT 描述子。此外，一些学者侧重于设计提取局部时空特征。其中，Wang 等[27]提出了一种先进的手工设计的特征——改进的稠密轨迹(IDT)，它提取多个描述子（HOG、HOF 和 MBH），并在稠密的光流场中跟踪它们。同时还通过估计相机运动消除了相机运动带来的影响。IDT 是传统方法中识别精度最高的，而且超越了后来的某些深度学习方法。但其特征提取步骤繁杂，计算量大，运行速度极慢。总体来说，传统方法中人们设计的特征不够有辨别力，无法对视频进行全面准确地建模。

随着深度 CNN 在图像识别方面取得的巨大进步，研究人员开始探索 CNN 在视频动作识别中的运用。Simonyan 等[28]提出了著名的双流法，其中空间流捕捉单帧 RGB 图像的空间外观特征，时间流将连续光流图输入深度 CNN 来提取时间轨迹特征。这是第一个超越 IDT 算法的深度模型。随后，大量的工作开始尝试从不同的方面对双流网络进行改进。Kar 等[29]描述了一种自适应的时间池化方法，该方法自动选择有判别力和信息丰富的视频帧，并丢弃视频中大部分冗余的视频帧。Girdhar 等[30]在双流网络中引入了一种新的视频表示方法，它在视频的整个时空范围内聚合局部卷积的特征。视频的光流需要大量的计算，所以双流法很难满足实时性的要求。为了优化动作识别的速度，寻找可以替代光流的方法成为当前动作识别领域极其重要的研究方向。Zhang 等[31]使用运动轨迹编码替代光流信息。Tang 等[32]提出了轨迹幻化网络（MoNet），它通过建模相邻帧空间外观特征的时间联系来想象推理出光流特征，最后两分支融合得到最后的分类结果。虽然上述方法都满足了实时性要求，但识别精度却有明显下降，因此真正替代光流还需要学者的大量研究。

另一方面，Tran 等[33]开始使用 3D 卷积提取视频的空时特征。如图 8.2 所示，图（a）是对一幅图像应用 2D 卷积，卷积后得到二维特征图；图（b）是对多个视频帧集合应用 2D 卷积，卷积核的通道数与帧数一致，卷积后仍得到二维特征图；图（c）对多个视频帧集合应用 3D 卷积，卷积的通道数 d 小于帧数 L，卷积后得到三维特征图，保留了时间信息。虽然 3D 卷积更适合视频数据，但由于其卷积核多了额外的深度维度，使得 3D 卷积网络比 2D 卷积网络多了很多参数，不能构建深度卷积层，并且很难训练。Carreira 等[34]基于此提出扩展的 3D 网络（I3D），

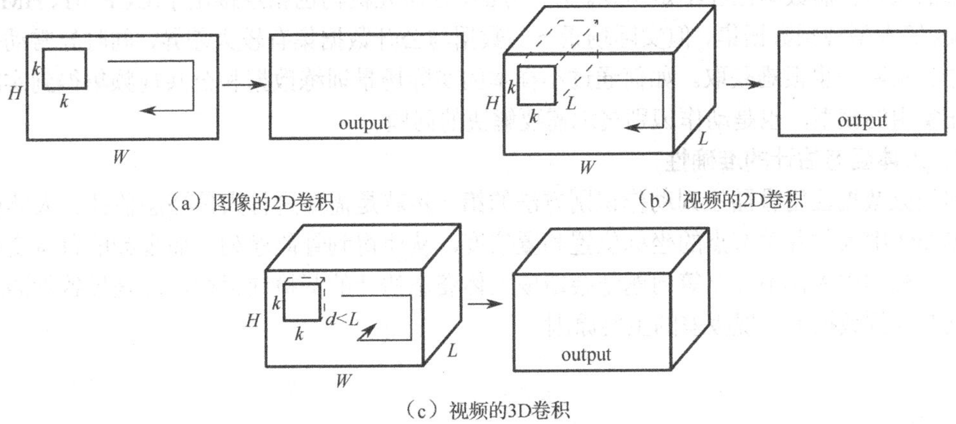

（a）图像的2D卷积

（b）视频的2D卷积

（c）视频的3D卷积

图 8.2　卷积操作示意图（L 维度是视频帧时间维度）

此网络建立在成熟的图像分类网络之上，将其卷积核扩展到3D，从而变成一个非常深层又可提取空时特征的3D网络。具体的扩展方法是：对图像分类网络中尺寸为$N\times N$的二维卷积核，在时间维度上重复N次二维卷积核的权值，并除以N进行归一化，最后得到$N\times N\times N$的三维卷积核。因此，I3D可以轻易地利用成功的ImageNet架构设计及其参数。Liu等[35]设计了一个基于3D卷积的实时动作识别架构——T-C3D，提出了一种具有聚合函数的时间编码技术来建模时间动态演化，大大提高了识别性能。其他基于3D卷积的优秀工作还有R(2+1)D[36]、P3D[37]等。

8.1.3 研究难点

动作识别技术经过国内外学者多年的研究探索，已经建立了一套较完善的理论成果。但其仍面临诸多问题和挑战，研究难点主要包括以下几个方面。

1．空间复杂性

对于视频动作识别来说，视频记录了大量丰富的外观信息，比如人的衣着、运动的背景等。如此复杂多样的信息势必会对动作识别的准确性带来影响。此外，空间复杂性还体现在光照的变化、对比度的变化、相机视角的变化、物体遮挡部分人体等。对于骨骼序列动作识别来说，不同人之间存在高矮胖瘦、运动强度、运动频率、运动标准度等方面的差异。如何克服环境复杂性和人体姿态差异，真正提取出表示动作的高级特征是学者面临的一个问题。

2．时间演化建模

时序动作相比于二维图像增加了时间维度。尽管之前双流法、3D卷积、时间编码等工作都对提取时间特征进行了探索研究，但是建模动作时间上的关系仍然是制约提升动作识别精度的关键因素。传统的图像分类只需要提取空间特征，而时间维度的引入需要网络考虑如何提取时间特征、何时融合提取的空间和时间特征、怎样融合空间和时间特征。

3．巨大的计算成本

双流法需要预先计算光流，而传统的光流计算非常耗时，且占用大量的存储空间。比如，计算拥有1万多个视频的UCF101数据集的光流图需要几天。而3D卷积核加入了时间维度，使得网络的训练参数大规模增加，从而导致网络训练时间长且难以训练。如何设计高效的模型、减少计算量是动作识别技术的一个难点。

4．训练数据方面

训练深度的CNN需要大量的训练数据。随着人体姿态估计技术和深度相机[3]等的发展，获得大量的人体骨骼数据已经不是问题。另一方面，各研究机构也相继推出了UCF101、HMDB51、Kinetics等大型视频数据集。但实际场景下的数据与公开数据集有较大差异，同时异常动作类型的数据在实际中也很难获取。如何通过小样本的实际场景训练数据和公共视频集得到实际场景中真正实用的模型，也是动作识别技术需要解决的问题。

5．人体姿态估计的准确性

对视频数据应用骨骼序列动作识别方法的第一步就是需要进行人体姿态估计。人体姿态估计检测图像中人体各关节点的坐标位置和置信度，从而得到骨骼序列。而视频的背景变化、物体遮挡、视频中人体不完全等问题都会造成人体姿态估计的漏检或误检，这是导致骨骼序列动作识别在视频数据上表现极差的主要原因。

8.2 动作识别相关技术

8.2.1 图卷积网络

近年来深度学习在诸多计算机视觉任务中取得了广泛的成功，这归功于快速增长的计算资源和大规模可获得的训练数据。同时比较重要的一点是，深度学习可以有效地提取欧氏数据的高级特征。以图片为例，图像可以表示为欧氏空间中的规则网格，而 CNN 可以轻松地学习图像数据的平移不变性和局部连通性，所以它能提取整个数据集共享的有意义的局部特征。然而除了欧氏数据，生活实践中也存在大量对非欧氏数据进行分析的应用，这些非欧氏数据都可以转化为存在复杂依赖关系的图数据。比如，文献引用网络构成了一个图模型，文献是图中的节点，而图的边代表文献之间的引用关系，对这样的图模型进行分析，可以实现文献分类。为了有效分析、处理图数据，图神经网络应运而生。对图数据应用深度学习方法的模型统称为图神经网络，文献[38]将图神经网络分为图卷积网络（GCN）、图自编码器、图生成网络等。本节只关注后面涉及的图卷积网络。

1. 图定义与图卷积网络结构

定义图 $G=(V, E, \boldsymbol{A})$，其中 V 代表图中的节点集合，E 代表图中的边集合。$\boldsymbol{A}$ 是图的邻接矩阵。具体来说，$v_i \in V$ 是图中的一个节点，$e_{ij}=(v_i, v_j) \in E$ 表示节点 v_i 和 v_j 相连接的边，邻接矩阵 $\boldsymbol{A}$ 是大小为 $N \times N$ 的矩阵，若节点 v_i 和 v_j 连通，则 $A_{ij}=w_{ij}>0$，否则 $A_{ij}=0$。N 为图的节点数。节点的度表示图中以该节点为顶点的边的个数，即 $\text{degree}(v_i)=\Sigma A_i$。节点属性 $\boldsymbol{X} \in R^{N \times D}$ 是特征矩阵，$\boldsymbol{X}_i \in R^D$ 是节点 v_i 的特征向量，D 是特征向量的维度。当图是空时图时，特征矩阵 $\boldsymbol{X} \in R^{T \times N \times D}$，$T$ 为时间长度。

图卷积网络将图像等传统数据的卷积操作推广到图数据。图卷积的关键是通过训练学习函数 f，此函数可以融合节点 v_i 的特征 $\boldsymbol{X}_i$ 和其邻域节点 $N(v_i)$ 的特征 $\boldsymbol{X}_j$，其中 $j \in N(v_i)$，最终节点 v_i 的特征 $\boldsymbol{X}_i$ 更新为融合值。图 8.3 展示了图卷积网络的典型结构，该网络首先对图（$\boldsymbol{A}$）进行 4 次图卷积操作，更新节点的高级特征，之后池化（Pooling）层将图简化为子图，继续进行 4 次图卷积操作，最后依次经过池化层、多层感知机（MLP）、Softmax 函数，得到预测概率的向量 $\boldsymbol{y}$，进而实现图分类任务。图卷积网络可以分为基于空域的图卷积网络和基于频域的图卷积网络。

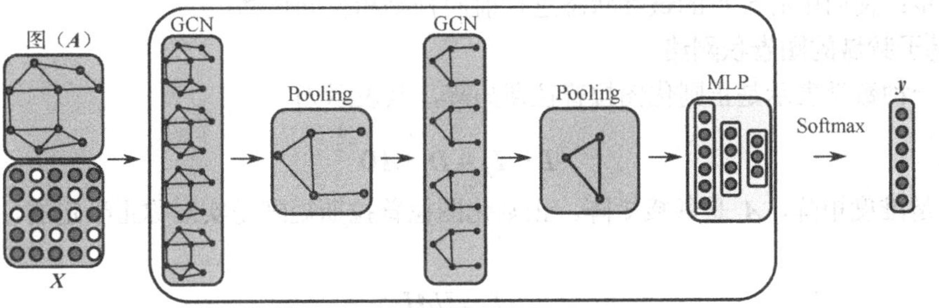

图 8.3　图卷积网络的典型结构

2. 基于空域的图卷积网络

基于空域的图卷积网络是根据空间关系定义图卷积操作的。图像可以看作是一种特殊的图，每个像素代表图的一个节点。如图 8.4（a）所示，每个像素周围都有 8 个邻域像素，并直接相连。同时这 8 个邻域像素的位置存在确定的顺序关系。对 3×3 的区域进行 3×3 卷积操作，即是将中心像素的值更新为中心像素及 8 个邻域像素的加权值。由于邻域像素的有序性，卷积核在图片上滑动的过程中权值共享。类比 CNN，图卷积也是使用滤波器融合中心节点和邻域节点的值从而更新中心节点的特征值。区别在于中心节点的邻域节点集合是无序的，而且不同中心节点的邻域节点数也不是固定的，如图 8.4（b）所示。

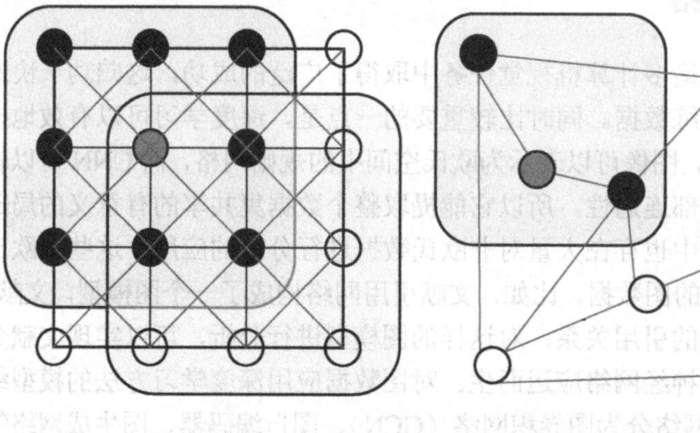

（a）2D卷积　　（b）图卷积

图 8.4　2D 卷积与图卷积示意图

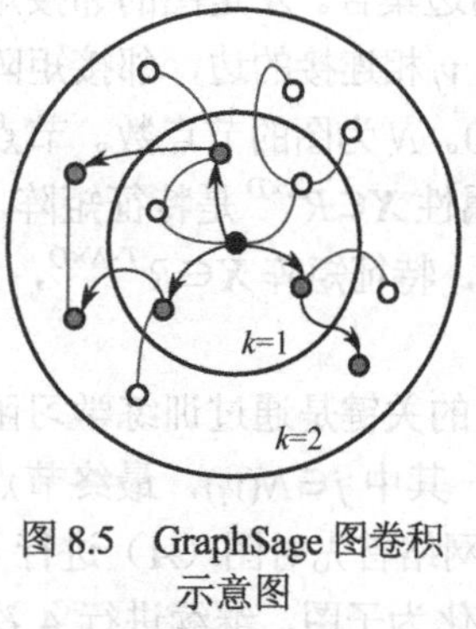

图 8.5　GraphSage 图卷积示意图

综上所述，设计图卷积的出发点是当滤波器在图上移动时，需要消除无序性和邻域尺寸不固定的影响，保证权值共享。GraphSage[39]是一个典型的基于空域的图卷积网络，它将训练图卷积网络分解为三步。

第一步：分别对中心节点的 k 邻域进行固定数量的采样，固定数量的设定解决了不同节点的度不一致的情况。如图 8.5 所示，在与中心节点相距为 1 的节点集合选择 3 个节点，在与中心节点相距为 2 的节点集合选择 3 个节点。

第二步：设定融合函数 $\text{aggregate}_t()$，其计算中心节点和上述邻域节点的平均值。值得注意的是，节点的无序性不会影响平均值操作结果。定义 h_v^t 是中心节点 v 在第 t 层图卷积的特征值，W^t 是学习参数，σ 是非线性激活函数，则图卷积数学表达式为

$$h_v^t = \sigma(W^t \cdot \text{aggregate}_t(h_v^{t-1}, \{h_u^{t-1}, \forall u \in N(v)\})) \tag{8-1}$$

第三步：使用中心节点的最终状态进行前向预测和反向传播。

3．基于频域的图卷积网络

图的一种数学表示是正则化图拉普拉斯矩阵，其表示为

$$\boldsymbol{L} = \boldsymbol{I}_n - \boldsymbol{D}^{-\frac{1}{2}} \boldsymbol{A} \boldsymbol{D}^{-\frac{1}{2}} \tag{8-2}$$

其中，$\boldsymbol{D}$ 是维度矩阵，$\boldsymbol{A}$ 是邻接矩阵。正则化图拉普拉斯矩阵是实对称正半定的，所以其可以分解为

$$\boldsymbol{L} = \boldsymbol{U} \boldsymbol{\Lambda} \boldsymbol{U}^{\mathrm{T}} \tag{8-3}$$

其中，$\boldsymbol{U}$ 是特征向量矩阵，$\boldsymbol{\Lambda}$ 是由特征值组成的对角矩阵。正则化图拉普拉斯矩阵的特征向量构成一个标准正交空间，即

$$\boldsymbol{U}\boldsymbol{U}^{\mathrm{T}} = \boldsymbol{I} \tag{8-4}$$

定义 $\boldsymbol{X}$ 是图的特征矩阵，其中 $\boldsymbol{X}_i$ 是节点 i 的值，则对 $\boldsymbol{X}$ 的图傅里叶变换为

$$F(\boldsymbol{X}) = \boldsymbol{U}^{\mathrm{T}} \boldsymbol{X} \tag{8-5}$$

图傅里叶反变换为

$$F^{-1}(\bar{X}) = U\bar{X} \tag{8-6}$$

其中 $\bar{X}$ 是图傅里叶变换后的值。对于一个滤波器 $\boldsymbol{g} \in R^N$，对信号 $\boldsymbol{X}$ 的图卷积公式为

$$\boldsymbol{X} * \boldsymbol{g} = F^{-1}(F(\boldsymbol{X}) \odot F(\boldsymbol{g})) = \boldsymbol{U}(\boldsymbol{U}^{\mathrm{T}}\boldsymbol{X} \odot \boldsymbol{U}^{\mathrm{T}}\boldsymbol{g}) \tag{8-7}$$

其中⊙是哈达玛积。特别地，当滤波器 $\boldsymbol{g}_\theta$=diag($\boldsymbol{U}^{\mathrm{T}}\boldsymbol{g}$)时，图卷积简化为

$$\boldsymbol{X} * \boldsymbol{g} = \boldsymbol{U}\boldsymbol{g}_\theta\boldsymbol{U}^{\mathrm{T}}\boldsymbol{X} \tag{8-8}$$

基于频域的图卷积都以上述的推导为基础，不同方法的差别在于 $\boldsymbol{g}_\theta$ 的选择上。

8.2.2 用于骨骼动作识别的空时图卷积网络

Yan 等[22]提出针对骨骼序列动作识别的空时图卷积网络（ST-GCN），首次将骨骼序列构造为空时图，空时图卷积网络提取高级特征从而进行动作分类。ST-GCN 的识别性能达到了世界领先水平。本书作者在其基础上进行了改进工作，进一步提升了识别性能。

对于每一帧都记录了各个人体关节点空间坐标的骨骼序列，ST-GCN 首先将其构造为空时图 $G=(V, E)$，如图 8.6 所示。其中，人体关节点是图的节点，节点集合 $V=\{v_{ti}|t=1,2,\cdots,T;\ i=1, 2, \cdots, N\}$，$T$ 是骨骼序列帧数，N 是人体主要关节点数。人体物理上骨骼连接情况 E_S 和不同时间下相同关节点轨迹 $E_F=\{v_{ti}v_{(t+1)i}\}$ 构成了空时图的边集合 E。每个节点上的特征向量 $\boldsymbol{F}(v_{ti})$是三维空间坐标向量。当骨骼序列是视频经过人体姿态估计得到的结果时，节点的特征向量是二维空间坐标向量和估计该节点的置信度。

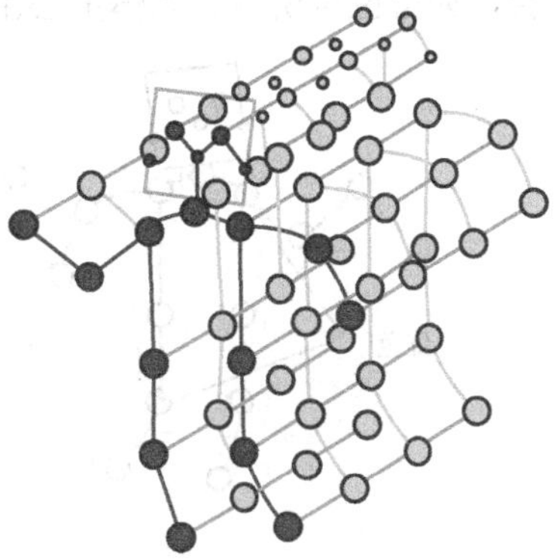

图 8.6　骨骼序列的空时图

ST-GCN 是基于空域的图卷积网络，图卷积定义为

$$f_{\text{out}}(v_{ti}) = \sum_{v_{qj} \in B(v_{ti})} f_{\text{in}}(v_{qj}) \cdot w(v_{ti}, v_{qj}) \tag{8-9}$$

为了实现图卷积，首先规范节点 v_{ti} 的邻域 $B(v_{ti})$，空域和时域上在节点 v_{ti} 一定距离内的节点集合为 $B(v_{ti})$。具体表达为

$$B(v_{ti}) = \{v_{tj} \mid d(v_{tj}, v_{ti}) \leqslant D\} \cup \left[v_{qi} \,\|\, |q-t| \,\| \leqslant \frac{\tau}{2} \right] \tag{8-10}$$

由前面介绍可知，在邻域 $B(v_{ti})$范围内进行图卷积操作时，需要保证设计的卷积操作不受邻域节点无序性和数目不固定的影响。ST-GCN 使用了图标签处理方法。具体的做法是：将邻域 $B(v_{ti})$根据设计的分割策略分成固定数目 M 个子集，每个子集内的节点标签相同，由此 $B(v_{ti})$映射成标签{0, 1,⋯, M−1}，从而使无序且数目不固定的邻域节点变得有序、数目固定。最后规定有相同标签的节点之间权值参数 $w(v_{ti}, v_{qj})$一致。结合式（8-10），ST-GCN 定义的图卷积操作为

$$f_{\text{out}}(v_{ti}) = \sum_{v_{qj} \in B(v_{ti})} f_{\text{in}}(v_{qj}) \cdot w(l(v_{tj})) \tag{8-11}$$

其中，$l(\cdot)$是由分割策略决定的标签映射函数。当 t 时刻下节点 v_{ti} 的标签映射 $l(v_{ti})$确定了，其他时间下该节点标签也随之确定，即

$$l(v_{qi}) = l(v_{tj}) + \left(q - t + \frac{\tau}{2} \right) \times K \tag{8-12}$$

其中，K 是单一时间下 v_{ti} 邻域节点的标签数。综上所述，当空间的分割策略确定了，时空中所有邻域节点的标签映射也都确定了。

ST-GCN 根据骨骼序列特点提出了 3 种空间分割策略。如图 8.7 所示，图（a）是输入的人体骨骼图，红色点是研究的中心节点 v_{ti}，虚线框是距离 D=1 的邻域范围，也代表图卷积核作用的范围。图（b）表示单一标签分割策略。邻域内所有节点的标签一致，即 K=1; $l(v_{tj})$=0, $\forall v_{tj} \in B(v_{ti})$。图卷积操作中所有核内节点共享一个权值向量，相当于求平均操作，缺点在于图的局部有差异的特征随着卷积层的叠加最终会消失。图（c）表示距离分割策略，它根据邻域节点到中心节点 v_{ti} 的距离 $d(v_{ti}, v_{tj})$直接分配标签。以邻域范围 D=1 为例，中心节点自身距离为 0，其他节点与中心节点距离为 1，则 K=2; $l(v_{tj})= d(v_{ti}, v_{tj})$，所以图卷积核内有两种学习的权值向量。图（d）表示空间配置分割策略。它将邻域分成 3 个子集：①中心节点 v_{ti}；②到中心节点距离比到人体重心距离近的邻域集合，如黄色点所示；③到中心节点距离比到人体重心距离远的邻域集合，如蓝色点所示。人体重心由所有关节点坐标求平均得到。

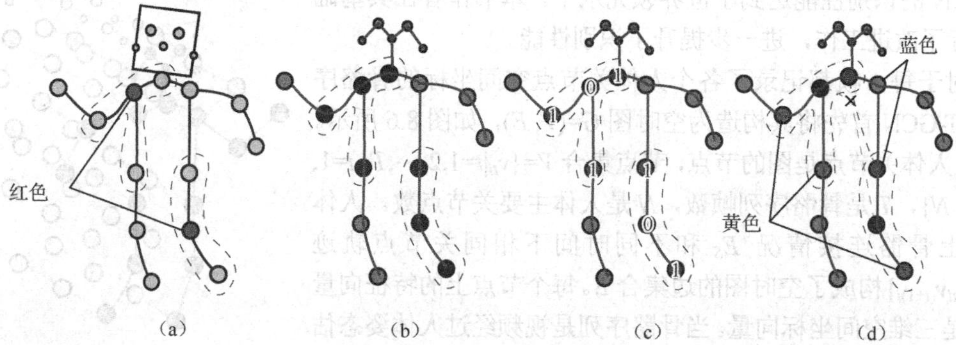

图 8.7　图卷积的 3 种分割策略

基于空域的 ST-GCN 通过图标签策略定义了图卷积操作。对于输入的人体骨骼图，使用多个图卷积层提取高级空时特征，最后通过 Softmax 函数预测动作。ST-GCN 动作分类框架如图 8.8 所示。

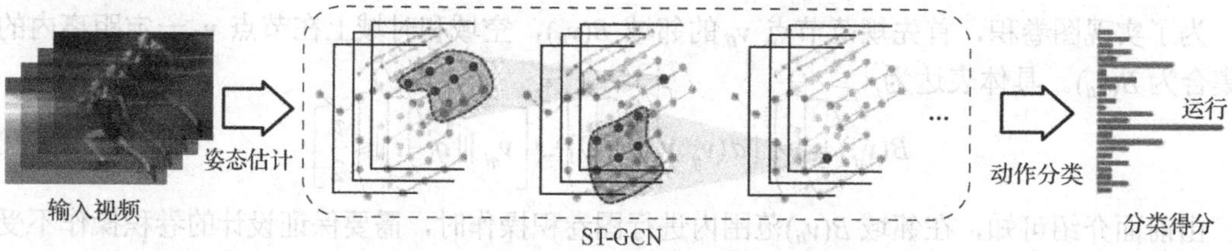

图 8.8　ST-GCN 动作分类框架

8.2.3　用于视频动作识别的双流卷积网络

识别视频中人的行为动作是一项具有挑战性的视觉任务，多年来这一研究领域引起了人们的广泛关注。其中，Simonyan 等[28]创造性地提出著名的双流卷积网络，它不仅在当时获得了精度最高的识别结果，而且当今许多领先的算法也是基于双流卷积网络的。

如图 8.9 所示为双流卷积网络的结构图。它由两个深度卷积网络组成：空间流卷积网络（Spatial Stream CNN）和时间流卷积网络（Temporal Stream CNN）。空间流卷积网络的输入是单帧静态图像，此网络主要提取空间外观特征。由于许多动作与特定的物体、背景、动作姿势有关，因此空间外观特征是一个很有用的线索。同时，用于大规模图像的分类网络已经成熟，空间流卷积网络的训练也不是困难的事情。时间流卷积网络将预先计算的堆叠的光流图片作为输入，对它提取描述帧间运动的轨迹信息。光流是所有像素点在时间 t 运动到时间 t+1 的位移向量场。定义 $\boldsymbol{d}_t(u, v)$是时间帧 t 中坐标为(u, v)的像素点的光流向量，由于它是二维向量，可以分解成垂直向量 $\boldsymbol{d}_t^y$ 和水平向量 $\boldsymbol{d}t^x$。因此，时间 t 下的光流向量场可以由两张堆叠的光流图片组成。以视频中时间连续的 L 帧宽为 w、高为 h 的图片集为例，时间流卷积网络的输入 $\boldsymbol{I}$ 的尺寸大小为 $w \times h \times 2L$。设起始帧为时间帧 τ，有

$$
\begin{aligned}
&\boldsymbol{I}(u,v,2k-1)=\boldsymbol{d}^x_{\tau+k-1}(u,v) \\
&\boldsymbol{I}(u,v,2k)=\boldsymbol{d}^y_{\tau+k-1}(u,v) \quad k\in\{1,2,\cdots,L\}
\end{aligned}
\tag{8-13}
$$

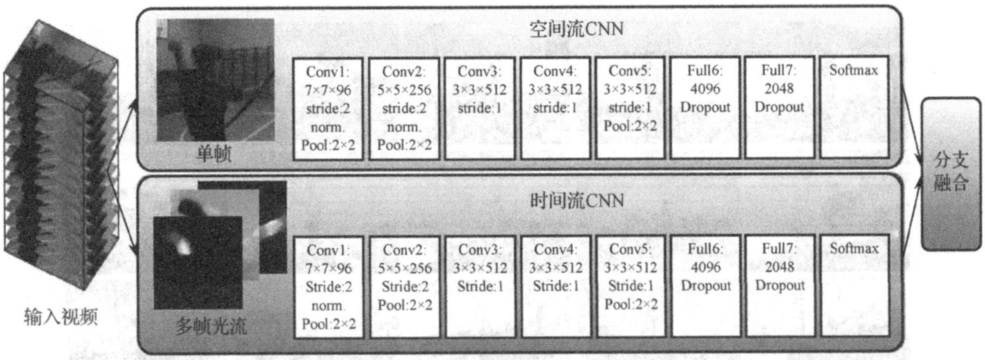

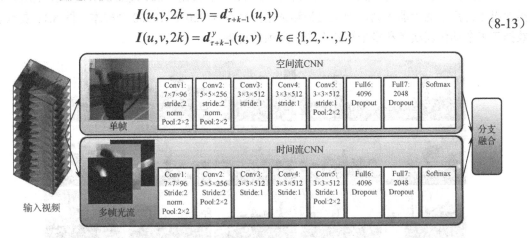

图 8.9　双流卷积网络的结构图

最终融合两个分支抽取的高级特征得到动作分类结果。双流卷积网络的优越性体现在时间流卷积网络，因为它着重探索了动作上的时间联系。然而，预先计算光流需要消耗大量的时间并且需要大量空间存储光流图像，所以许多工作都在探讨如何既能建模类似光流的时间联系又可以避免光流计算。比如，Zhu 等[40]提出了隐藏的双流卷积网络，其网络结构如图 8.10 所示。时间流卷积网络前面接入一个负责光流估计的运动网络（MotionNet），此双流卷积网络中的光流不再需要使用传统方法计算并预先存储，而是直接通过端到端的训练估计光流并提取时间轨迹特征，大大减少了动作分类的计算时间。

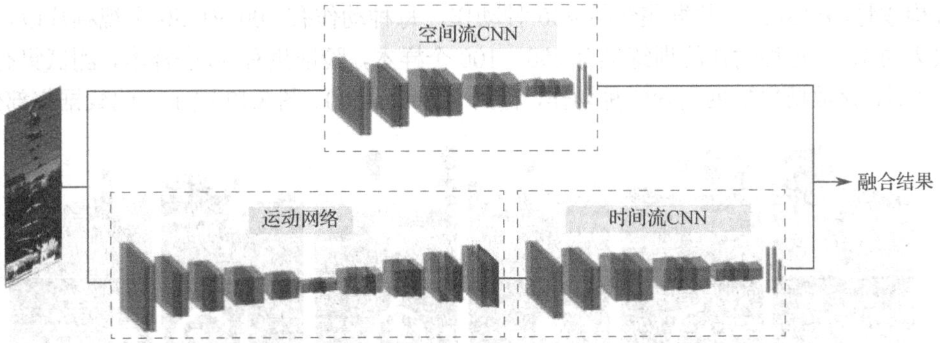

图 8.10　隐藏的双流卷积网络结构图

8.2.4　动作识别相关数据集

大规模可获得的动作识别数据集加速了动作识别技术的成熟，本节对实验部分用到的数据集进行详细描述。

1．骨骼序列数据集

1）NTU RGB+D

该数据集有 56880 个动作样本，共 60 种动作类型，其中包括 50 种单人动作类型和 10 种两人动作类型，记录了连续时间内人体 25 个关节点的三维坐标位置(X, Y, Z)。该数据集分为跨对象（X-Sub）和跨视角（X-View）两个子集。在 X-Sub 中，训练集和测试集由不同的人执行动作，其中训练集有 20 个动作表演者共 40320 个样本序列，测试集有 20 个动作表演者共 16560 个样本；在 X-View 中，训练集是所有人在摄像机 2 和 3 视角下的骨骼序列，测试集是所有人在摄像机 1 视角下的骨骼序列，训练集和测试集分别有 37920 和 18960 个样本。图 8.11 展示了此数据集多个动作表演者和多个视角下的序列帧的场景。

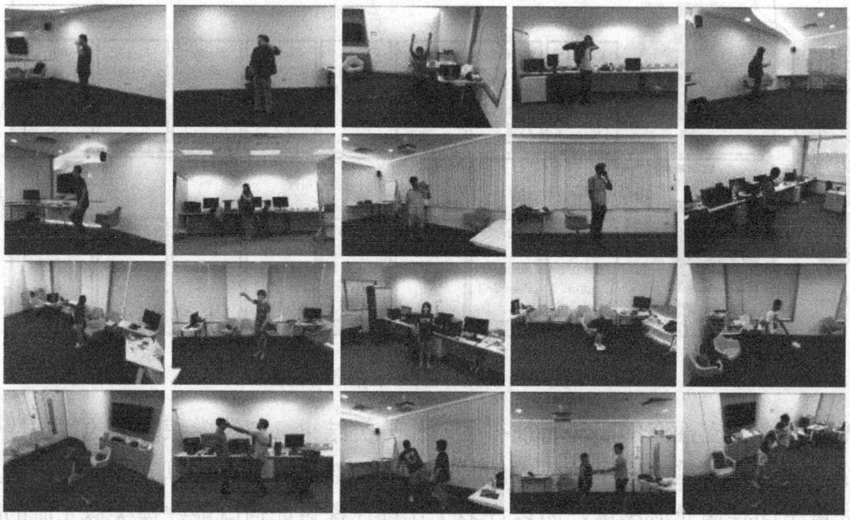

图 8.11　NTU RGB+D 数据集序列帧的场景

2）Kinetics

Kinetics 数据集的数据是 RGB 视频，但是许多基于骨骼序列的动作识别算法都在此数据集上进行评估。即先用人体姿态估计算法估计主要关节点的二维坐标和置信度，从而将其作为关节特征构成骨骼序列。该数据集包括 400 种动作，每种动作有 400～1150 个视频片段，每个视频片段大约 10s。每种动作的训练集有 250～100 个样本，验证集有 50 个样本，测试集有 100 个样本。此后，该数据集扩展到 600 种动作，称为 Kinetics-600。图 8.12 展示了此数据集部分样本。

(a) 骑独轮车

图 8.12　Kinetics 数据集部分样本

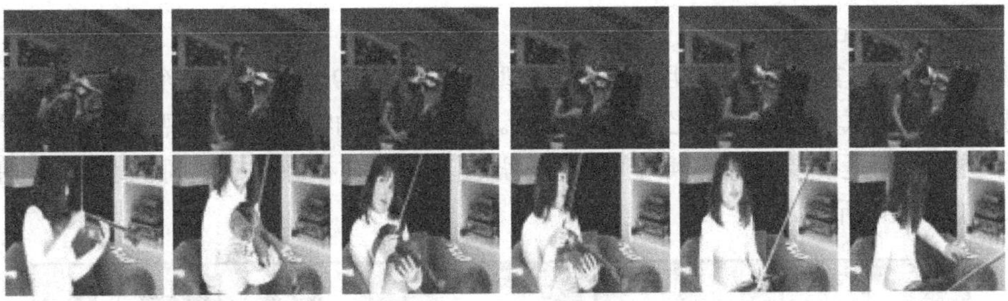

（b）拉小提琴

（c）运球

图 8.12　Kinetics 数据集部分样本（续）

2．视频数据集

1）UCF-101

UCF-101 是中等规模的视频数据集，视频在 YouTube 网站上采集得到。该数据集包括 101 种动作，共 13320 个视频样本。大多是人们生活中常见的动作，按大类可以分为乐器类、体育类、人物交互类、人人交互类等。UCF-101 动作示例如图 8.13 所示。

图 8.13　UCF-101 动作示例

2）Something-Something

该数据集包括 175 种和物体相关的动作类型，共 108499 个视频，每个视频时长 2～6s。训练集、验证集、测试集的视频数比例为 8 : 1 : 1。它最显著的特点是很多视频无法从单张图片推理出动作类型，而是需要结合连续时间内的多张图片，这对模型建立时间轨迹联系的能力提出了要求。如图 8.14 所示。

（a）将某物放到某物前

（b）拿走某物

图 8.14　Something-Something 示例

8.3　人体姿态估计

人体姿态估计是计算机视觉中一个有研究意义的课题，在诸多计算机视觉任务中发挥着重要作用，如动作识别、自动驾驶、人物跟踪、异常行为检测等。同时，人体姿态估计在智能安防、人机交互、虚拟现实等领域中都有着重要的应用价值。近些年的相关研究使得人体姿态估计有了显著的发展，研究模式从基于整体特征[41]及基于人体模型[42]等传统方法转变到了基于深度学习方法，研究内容也从单人姿态估计、二维姿态估计完善到了多人姿态估计、三维姿态估计。但受肢体遮挡、视角变化及人体灵活性等因素的影响，要快速准确地估计出人体姿态仍是一个具有挑战性的问题。值得注意的是，人体姿态估计是动作识别的重要基础。动作视频经过人体姿态估计算法得到的骨骼序列信息可以作为图卷积网络的输入，从而预测动作类别。准确人体姿态估计有助于提升动作识别的识别效果。本节将详细介绍人体姿态估计的主流算法，并进行性能对比。

8.3.1　人体姿态估计的分类

人体姿态估计的目标是定位图片中人体的骨骼关节点位置及重建肢体连接。根据图片中人数划分，人体姿态估计可以分为单人人体姿态估计和多人人体姿态估计。经典的单人人体姿态估计算法包括 DeepPose[43]、Flow Convent[44]、CPM[45]、Stack Hourglass[46]等，检测效果如图 8.15 所示。这些算法的思路可以归纳两类：第一种是回归人体骨骼关节点的坐标，训练好的网络直接输出各关节点的位置信息；第二种则把姿态估计当作检测问题，网络最后输出热力图（Heatmap），每一个骨骼关节点有一个对应的热力图，热力图给出原图片中每个像素是该骨骼关节点的概率。不管是哪种输出形式，对于单人姿态估计来讲，一旦确定了骨骼关节点的位置，肢体连接问题也就解决了。

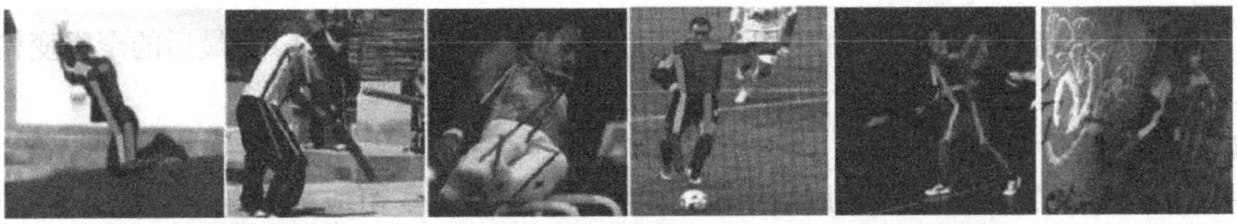

（a）DeepPose

（b）Flow Convent

（c）CPM

（d）Stack Hourglass

图 8.15　单人姿态估计算法检测效果

多人姿态估计需要估计图片中多个人的姿态，这会面临更大的挑战：①图片中的人数是未知的，每个人在图片中的位置和尺寸也是不固定的；②多人之间的交互会产生关节点遮挡、连接等情况，这会给对后期的肢体连接造成极大影响；③很多算法的时间复杂度随着图片中人数的增加而增加，很难达到实时检测。多人姿态估计算法可以分为两种：自顶向下姿态估计算法和自底向上姿态估计算法，自顶向下算法的思路是先检测出图片中的人，再分别对每个人使用单人姿态估计算法，所以其估计效果很依赖第一阶段的人体检测。如果人体检测出现误检或漏检，姿态估计就宣告失败。同时对于每一个检测，都要进行一次单人姿态估计，所以图片中的人越多，计算时间就越长。自底向上算法的思路是先检测出所有的骨骼关节点，然后进行聚类，将这些关节点分配给不同的人，从而得到肢体连接结果。如何聚类检测出所有的关节点是这类算法最值得探讨的核心问题。而当两个或多个人靠得太近时，准确聚类人体姿态是相当困难的。另一个先天的约束是，这类算法失去了从全局姿态视图识别身体部位的能力，因为它们仅仅利用了二级身体部件的依赖关系。

根据估计的维度划分，姿态估计可以分为二维姿态估计和三维姿态估计。后者还需要估计深度信息。由于在本节中姿态估计是为了后续视频的动作识别服务的，因此下面主要讨论二维多人姿态估计算法。

8.3.2　OpenPose算法

自底向上的多人姿态估计算法的流程是先检测出图片中所有的骨骼关节点，然后进行聚类，将关节点分配给不同的人，从而得到最后的肢体连接。如何快速准确地聚类关节点是这类算法的研究方向。经典的算法包括 DeepCut[47]、Part Segmentation[48]等。本节将着重介绍 OpenPose[49]

算法，其创造性地提出了表示关节点间关联度的部分亲和字段（PAF），使最后的聚类变得高效、准确。

1．网络结构

图 8.16 展示了 OpenPose 的网络结构。该网络由两个分支组成，分支 1 预测骨骼关节点的置信度图（Confidence Map），分支 2 预测人体部分亲和字段（PAF）。每个分支都是迭代级联结构，后续阶段可以不断完善预测结果，最终所有阶段的损失函数共同监督网络训练。对于一张尺寸为 $w\times h$ 的输入图片，首先经过一个卷积网络进行特征提取，生成特征图 F。之后，特征图被输入双分支网络。定义关节点置信度图为 S，$S=(S_1, S_2, \cdots, S_J)$，它由 J 个子图组成。$S_j \in R^{w\times h}$，$j\in\{1, 2, \cdots, J\}$，J 是骨骼关节点个数。定义人体部分亲和字段为 L，$L=(L_1, L_2, \cdots, L_C)$，它由 C 个向量图组成，每个向量图记录了一个骨骼连接的二维空间方向，所以 $L_c\in R^{w\times h\times 2}$，$c\in\{1, 2, \cdots, C\}$，$C$ 为骨骼连接数。在第 1 阶段中，网络预测的关节点置信度图 S^1 和人体部分亲和字段 L^1 分别表示为

$$S^1 = \rho^1(F) \tag{8-14}$$

$$L^1 = \varphi^1(F) \tag{8-15}$$

其中，ρ^1 和 φ^1 表示网络第 1 阶段的前向计算。在随后的阶段中，前一阶段两个分支的预测结果和原始特征 F 串联在一起作为输入。公式为

$$S^t = \rho^t(S^{t-1}, L^{t-1}, F), \forall t \geqslant 2 \tag{8-16}$$

$$L^t = \varphi^t(S^{t-1}, L^{t-1}, F), \forall t \geqslant 2 \tag{8-17}$$

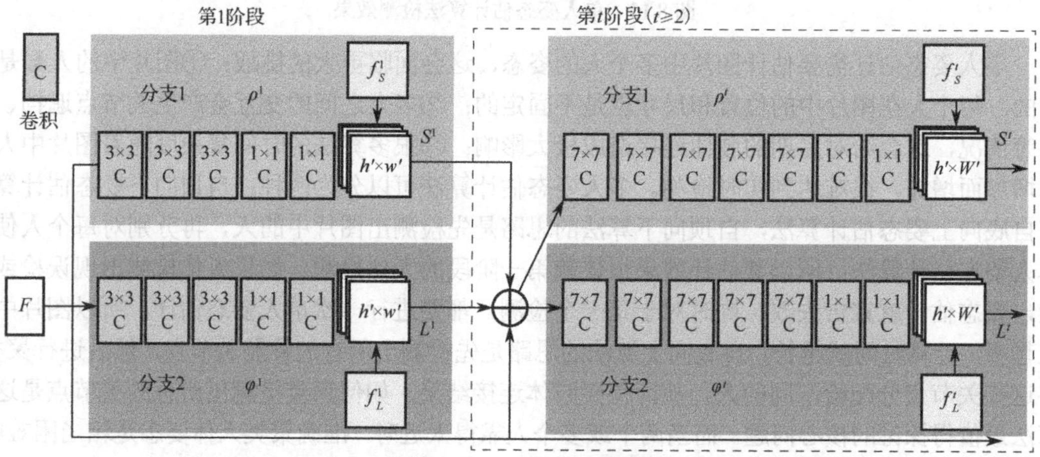

图 8.16　OpenPose 网络结构图

OpenPose 的每个阶段都使用了两个损失函数来迭代地预测关节点置信度图和人体亲和部分字段。值得注意的是，损失函数中还引入了空间像素加权机制，这对于训练集中漏标人体姿态的问题有很强的鲁棒性。第 t 阶段两个分支的损失函数为

$$f_S^t = \sum_{j=1}^{J}\sum_{p} W(p)\cdot \| S_j^t(p) - S_j^*(p) \|_2^2 \tag{8-18}$$

$$f_L^t = \sum_{c=1}^{C}\sum_{p} W(p)\cdot \| L_c^t(p) - L_c^*(p) \|_2^2 \tag{8-19}$$

其中，S_j^*是标注的关节点置信度图，L_c^*是标注的人体部分亲和字段，p 是像素点，W 是二值掩膜。当在像素点 p 没有标注时，$W(p)$=0，这样可以避免惩罚标签漏标而网络正确检测的情况。

最终各阶段的损失函数构成了网络的整体损失函数，为

$$f=\sum_{t=1}^{T}(f_S^t+f_L^t) \tag{8-20}$$

2．骨骼关节点检测

OpenPose 通过关节点置信度图来进行骨骼关节点的检测。每个关节点置信度图表示特定身体关节出现在图片每个像素位置的可能性。理想情况下，如果图片中只有一个人，则每个关节点置信度图中只有一个峰值。如果图片中有 k 个人，则研究关节点 j 的关节点置信图中存在对应的 k 个峰值。

作为标签的关节点置信度图 S^* 由标注的关节点位置产生。首先对图片中每个人 k 的每个关节 j 生成关节点置信度图 $S_{j,k}^*$，公式表示为

$$S_{j,k}^*(p)=\exp\left(-\frac{\|p-x_{j,k}\|_2^2}{\sigma^2}\right) \tag{8-21}$$

其中，$x_{j,k}\in R^2$ 标注图片中第 k 个人第 j 个关节点的像素位置，σ 是标准方差。最后，每个人的关节点置信度图通过 max 操作符聚合成多人关节点置信度图，用公式表示为

$$S_j^*(p)=\max_k S_{j,k}^*(p) \tag{8-22}$$

3．人体部分亲和字段

为了能将检测出的骨骼关节点正确地分配给每个人从而连接成肢体，OpenPose 创造性地提出了人体部分亲和字段。在此之前，判断两个骨骼关节点是否可以连接成肢体的方法是检测两个关节点的中点是否在两个关节点的连线上。然而这种方法的鲁棒性极差，很多情况尽管满足此条件，两个关节点也并不属于同一个人。如图 8.17（a）所示，红色和蓝色的点是两种人体骨骼关节点。黑线是正确的肢体连接，灰线是错误的肢体连接。但对于灰色连接来讲，也满足两个关节点的中点在连接的直线上，从而导致姿态估计结果错误。当多人聚集在一起时，这种情况极易发生。而人体部分亲和字段同时保留了肢体的位置和方向信息，如图 8.17（b）所示。当检测出红色和蓝色两个关节点后，由于检测到向下的方向连接信息，所以黑色的连线自然成为了肢体连接结果。

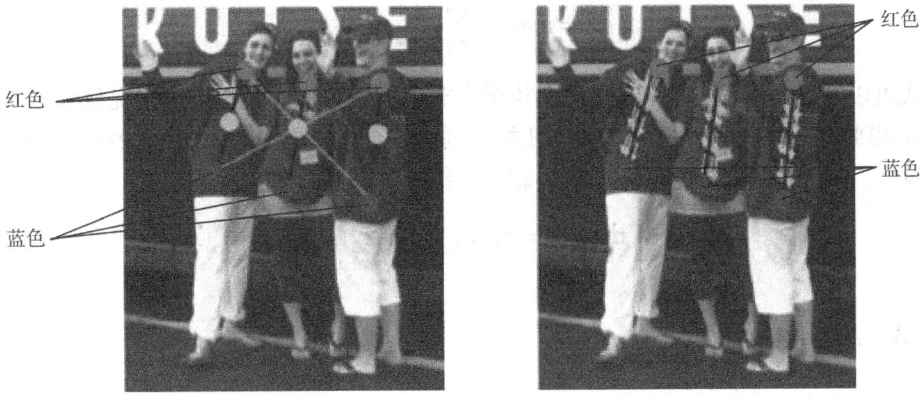

（a）检测中点法　　　（b）人体部分亲和字段

图 8.17　关节点连接策略

人体部分亲和字段是二维向量图。对于图片中肢体连接上的每个像素点，它都记录了两个骨骼关节点连接的二维方向信息。每一类特定的肢体连接都对应一个人体部分亲和字段。图 8.18 的研究对象是肢体 c, $x_{j1,k}$ 和 $x_{j2,k}$ 是第 k 个人 c 上的两个骨骼关节点坐标，p 是图片上任意一点。

当p在肢体c上时，人体部分亲和字段在p点的$L_{c,k}^*(p)$是单位向量$\boldsymbol{v}$，当p不在肢体c上时，$L_{c,k}^*(p)$的值为0。$\boldsymbol{v}$的公式表达为

$$\frac{x_{j2,k}-x_{j1,k}}{\|x_{j2,k}-x_{j1,k}\|_2} \tag{8-23}$$

若p在肢体c上，需满足

$$0 \leqslant \boldsymbol{v}\cdot(p-x_{j1,k}) \leqslant l_{c,k} \text{且} |\boldsymbol{v}_{\perp}\cdot(p-x_{j1,k})| \leqslant \sigma_l \tag{8-24}$$

其中$l_{c,k}=\|x_{j2,k}-x_{j1,k}\|_2$是肢体$c$的像素长度，$\sigma_l$是肢体$c$的像素宽度。最终图片中所有人的人体亲和字段求平均得到标注的人体亲和字段，公式表达为

$$L_c^*(p)=\frac{1}{n_c(p)}\sum_k L_{c,k}^*(p) \tag{8-25}$$

其中，$n_c(p)$是所有人体部分亲和字段在点p处非零向量的个数。

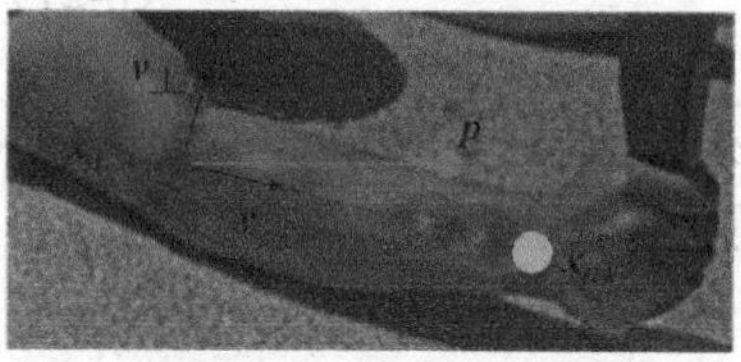

图 8.18　肢体c示意图

综上所述，OpenPose算法在实际估计姿态时，图片经过卷积网络最终得到关节点置信度图和人体部分亲和字段。为了判断关节点置信度图的两个关节点是否可以连接成肢体，可以计算这两个关节点的连线与人体部分亲和字段中对应线段的对齐程度。具体来说，定义d_{j1}和d_{j2}是关节点置信度图检测的两个骨骼关节点坐标，则它们可以连接成肢体的置信度E为

$$E=\int_{u=0}^{u=1} L_c(p(u))\cdot\frac{d_{j2}-d_{j1}}{\|d_{j2}-d_{j1}\|_2}\mathrm{d}u \tag{8-26}$$

$$p(u)=(1-u)d_{j1}+ud_{j2} \tag{8-27}$$

由于图片中存在多个人，关节点置信度图中会检测出多个关节j_1和j_2，$j\in\{1,2,\cdots,J\}$。定义检测出的关节类型是j_1的关节集合为D_{j1}，m是集合D_{j1}中的点。检测出的关节类型是j_2的关节集合为D_{j2}，n是集合D_{j2}中的点。$z_{j1j2}^{m,n}\in\{0,1\}$表示j_1的第m个点和j_2的第n个点的连接状态。寻找肢体c的最佳连接情况则转化成了一个二部图匹配问题，其数学表示为

$$\max_{Z_c} E_c=\max_{Z_c}\sum_{m\in D_{j1}}\sum_{n\in D_{j2}} E_{mn}\cdot z_{j1j2}^{m,n} \tag{8-28}$$

上式可以通过匈牙利算法求解。而寻找所有类型的关节点的最佳连接情况是多维匹配问题，OpenPose将此问题简化为一系列二部图匹配问题的集合，独立地使用式（8-28)求解子问题的最优解。最终，式（8-29）得到多人人体姿态估计结果，即

$$\max_Z E=\max_{Z_c}\sum_{c=1}^{C}\max_{Z_c} E_c \tag{8-29}$$

8.3.3　AlphaPose算法

自顶向下多人姿态估计首先进行人体检测，随后对检测到的人体框分别进行单人姿态估计，最终得到多人姿态估计结果。AlphaPose[50]是自顶向下多人姿态估计算法中检测精度最高的模型，其设计的出发点是现有的自顶向下的多人姿态估计很依赖人体检测框的检测结果。针对不精确的人体检测框会导致姿态估计错误的情况，AlphaPose提出了对称的空间变换网络，它可以进一步矫正不精确的人体检测框；针对冗余的人体检测框，AlphaPose提出了参数化姿态非极大抑制，定义了姿态距离，消去冗余的姿态估计结果；最后，AlphaPose提出了姿态指导的区域框

生成器用于数据增强。

1．对称的空间变换网络

现有的单人姿态估计算法对人体检测框的准确性要求高，人体检测框出现小幅度平移或近似剪切的情况都会致使单人姿态估计错误。图 8.19 展示了 AlphaPose 提出的对称空间变换网络算法流程。RGB 图像首先进行人体检测，框出候选人体检测框。之后，每个人体检测框的区域都进行空间变换、单人姿态估计、空间反变换，从而得到初步姿态估计结果。空间变换是二维的仿射变换，其数学表达为

$$\begin{pmatrix} x_i^s \\ y_i^s \end{pmatrix} = [\boldsymbol{\theta}_1 \quad \boldsymbol{\theta}_2 \quad \boldsymbol{\theta}_3] \begin{pmatrix} x_i^t \\ y_i^t \\ 1 \end{pmatrix} \tag{8-30}$$

其中，$\boldsymbol{\theta}_1$、$\boldsymbol{\theta}_2$ 和 $\boldsymbol{\theta}_3$ 是二维空间向量，$\{x_i^s, y_i^s\}$ 和 $\{x_i^t, y_i^t\}$ 是仿射变换前后的空间坐标。仿射变换后的区域进行单人姿态估计后还需要经过空间反变换，将姿态估计结果映射到原图片中。空间反变换的公式为

$$\begin{pmatrix} x_i^t \\ y_i^t \end{pmatrix} = [\gamma_1 \quad \gamma_2 \quad \gamma_3] \begin{pmatrix} x_i^s \\ y_i^s \\ 1 \end{pmatrix} \tag{8-31}$$

由于空间反变换是空间变换的逆运算，因此有

$$[\gamma_1 \quad \gamma_2] = [\boldsymbol{\theta}_1 \quad \boldsymbol{\theta}_2]^{-1} \tag{8-32}$$

$$\gamma_3 = -1 \times [\gamma_1 \quad \gamma_2]\boldsymbol{\theta}_3 \tag{8-33}$$

对参数 $\boldsymbol{\theta}_1$ 和 $\boldsymbol{\theta}_2$ 进行反向传播的公式为

$$\frac{\partial J(W,b)}{\partial[\boldsymbol{\theta}_1 \quad \boldsymbol{\theta}_2]} = \frac{\partial J(W,b)}{\partial[\gamma_1 \quad \gamma_2]} \times \frac{\partial[\gamma_1 \quad \gamma_2]}{\partial[\boldsymbol{\theta}_1 \quad \boldsymbol{\theta}_2]} + \frac{\partial J(W,b)}{\partial \gamma_3} \times \frac{\partial \gamma_3}{\partial[\gamma_1 \quad \gamma_2]} \times \frac{\partial[\gamma_1 \quad \gamma_2]}{\partial[\boldsymbol{\theta}_1 \quad \boldsymbol{\theta}_2]} \tag{8-34}$$

对参数 $\boldsymbol{\theta}_3$ 进行反向传播的公式为

$$\frac{\partial J(W,b)}{\partial \boldsymbol{\theta}_3} = \frac{\partial J(W,b)}{\partial \gamma_3} \times \frac{\partial \gamma_3}{\partial \boldsymbol{\theta}_3} \tag{8-35}$$

网络训练后，空间变换网络中所有参数更新至最优，空间反变换网络可以输出高质量的人体检测框。

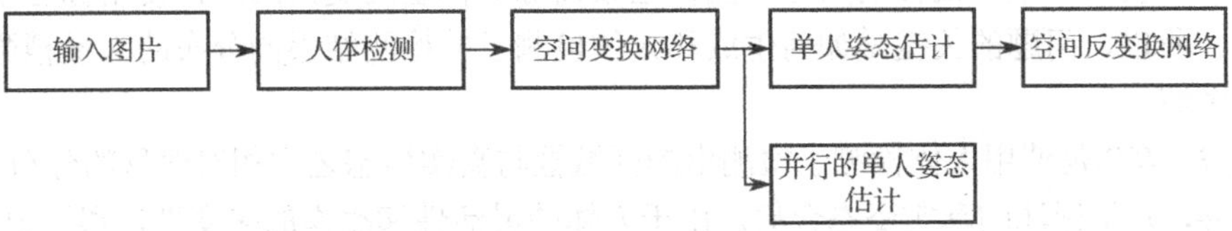

图 8.19　对称的空间变换网络算法流程

另外，空间变换网络后还有一个并行的单人姿态估计分支，此分支后没有空间反变换网络，单人姿态估计后的结果直接作为预测结果与标注的姿态计算损失函数。当空间变换网络选取的区域不是以人为中心的区域时，并行的单人姿态估计分支的损失值会很大，所以此分支可以帮助空间变换网络聚焦于正确的感兴趣区域。

2．参数化姿态非极大抑制

人体检测不可避免地会生成冗余的人体检测框，AlphaPose 提出参数化姿态非极大抑制来消除冗余的姿态，进一步提升姿态估计精度。参数化姿态非极大抑制的算法流程为：在所有候选

姿态集合中，首先选取置信度最高的预测姿态，依次和其他姿态比较，合并满足冗余消去条件的姿态，最后将其从候选姿态集合中取出并放入结果集合中。第一轮结束后，再取候选姿态集合中置信度最高的预测姿态，重复上述流程，直到候选集合为空。冗余消去条件为

$$f(P_i,P_j\mid\Lambda,\eta)=1 \qquad d(P_i,P_j\mid\Lambda)\leqslant\eta \tag{8-36}$$

其中，P_i 和 P_j 是判断是否相似的两个姿态，$d(\cdot)$是姿态距离函数，η 是设定的姿态距离阈值，Λ 是姿态距离函数的参数集合。当两个姿态的距离小于或等于阈值 η 时，函数 $f(\cdot)$的值为 1，表示两个姿态冗余，需要消去姿态 P_i。姿态距离函数由软匹配距离和空间距离两部分组成。

定义有 m 个骨骼关节点的第 i 个人的姿态 P_i 为$\{(k_i^1,c_i^1),\cdots,(k_i^m,c_i^m)\}$，其中 k_i^j 和 c_i^j 分别是预测的第 j 个关节的坐标位置和置信度。软匹配矩离表示为

$$K_{\text{sim}}(P_i,P_j\mid\sigma_1)=\begin{cases}\sum_n \tanh\dfrac{c_i^n}{\sigma_1}\tanh\dfrac{c_j^n}{\sigma_1} & k_j^n\in B(k_i^n)\\ 0 & k_j^n\notin B(k_i^n)\end{cases} \tag{8-37}$$

其中，$B(k_i^n)$是以第 i 个姿态第 n 个关节为中心的方形邻域，其各边的长度都是姿态 i 人体检测框的 1/10。当两个关节点都在这一个方形邻域且置信度都很高时，软匹配矩离的值趋近于 1，表明这两个关节点很可能是同一个关节。所以，软匹配矩离近似地统计两个姿态中匹配的关节点数目。空间距离只考虑关节点的位置坐标，其表达式为

$$H_{\text{sim}}(P_i,P_j\mid\sigma_2)=\exp\left(-\frac{(k_i^n-k_j^n)^2}{\sigma_2}\right) \tag{8-38}$$

最终，空间距离和软匹配距离加权构成了姿态距离函数，公式为

$$d(P_i,P_j\mid\Lambda)=K_{\text{sim}}(P_i,P_j\mid\sigma_1)+\lambda H_{\text{sim}}(P_i,P_j\mid\sigma_2) \tag{8-39}$$

其中，λ 控制两个函数的比重；Λ 是参数集合，包括 σ_1、σ_2、λ 等参数，这些参数可以通过数据驱动的方式得到优化。

3. 姿态指导的区域框生成器

前面提到对不精确的人体检测框区域进行单人姿态估计极易出现错误结果，AlphaPose 提出的对称空间变换网络使此情况有了明显改善。为了进一步提升对称空间变换网络对不精确人体检测框的鲁棒性，AlphaPose 在训练阶段使用姿态指导的区域框生成器进行数据增强。其设计思路是：训练时使用大量有偏移的人体检测框区域训练对称空间变换网络，使用标注精确的姿态进行监督。所以，问题的关键是如何生成和人体检测子的检测结果同分布的大量稍微偏移的人体检测框区域。

定义 $P(\delta B|P)$是使用人体检测子检测出的区域框与真实姿态之间相对偏移的分布，其中 δB 是相对偏移，P 是标注的真实姿态合集。由于人体的灵活性和动作的多变性，得到 $P(\delta B|P)$分布是不切实际的。AlphaPose 选择一种替代的方案，分别处理各原子姿态[51]，寻找 $P(\delta B|\text{atom}(P))$分布。为了将姿态合集分类成若干个原子姿态，首先要对齐所有的姿态，即所有的姿态保证躯体的长度一致。之后，应用 K-means 算法聚类所有的对齐姿态，从而分成若干簇，每个簇的中心姿态都是一个原子姿态。分别研究同属于一个原子姿态的所有姿态合集，计算使用人体检测子检测的区域框与对应的真实姿态间的偏移值，并用真实姿态框的边长归一化这些偏移值，从而统计出不同偏移的频率分布，最后拟合得到高斯混合分布。进行数据增强时，带标注的训练姿态先找到对应的原子姿态，在其 $P(\delta B|\text{atom}(P))$分布上进行密集采样，得到多个偏移量，从而使一个姿态可以生成多个稍微偏移的区域框数据。数据增强提高了对称空间变换网络的泛化能力，使其对于实际测试中不精确的人体检测区域也可以估计出正确的人体姿态。

8.3.4 实验结果比较分析

本节在两大数据集 MPII[52]和 MSCOCO[53]上进行实验，比较 OpenPose 算法和 AlphaPose 算法的多人姿态估计效果。

MPII 数据集共 25000 张多人图片，其中包含了 40000 个人的姿态标注。图片由 YouTube 的视频抽取而来。相比于之前的姿态数据集，MPII 包括了更加丰富多样的人类活动。此外，图片间的视角变化及存在部分遮挡的情况也加大了该数据集的挑战性。图 8.20 展示了部分 MPII 图片。

图 8.19 MPII 图片示例

MSCOCO 是 2016 年提出的规模极大的数据集，共包含 105698 张训练图片及 80000 张测试图片。训练集中共涵盖约 1×10^6 个标注的姿态。图片均来自真实生活，没有任何约束控制，会出现许多遮挡、人群聚集、尺度变化、视角变化的情况，进一步增加了此数据集的估计难度。图 8.21 展示了部分 MSCOCO 图片。

图 8.21 MSCOCO 图片示例

人体姿态估计的评价指标有 mAP 和 PCK 两种，本节实验中使用 mAP 指标，其计算公式为

$$\text{mAP} = \text{mean}(\text{AP}@s) \tag{8-40}$$

其中，AP@s 表示平均准确率 AP 与阈值 s 有关，mAP 即是在不同阈值 s 下对 AP 求均值。AP@s 的计算公式为

$$\text{AP}@s = \frac{\sum_p \delta(\text{OKS}_p > s)}{\sum_p 1} \tag{8-41}$$

其中，p 表示图片标签中人数变量，OKS_p 主要衡量第 p 个人预测关节点位置与标签关节点位置

的相似得分，$\delta(\cdot)$为狄拉克函数。OKS_p表示为

$$\mathrm{OKS}_p = \frac{\sum_i \exp(-d_{pi}^2 / 2s_p^2\sigma_i^2)\delta(v_{pi}=1)}{\sum_i \delta(v_{pi}=1)} \tag{8-42}$$

其中，i是关节点类型变量；d_{pi}^2为第p个人第i个关节点的预测坐标与标签坐标的欧氏距离；s_p^2是第p个人的区域面积；σ_i^2表示关节点i的重要性，即欧氏距离经尺度和关节点因子进行归一化；$v_{pi}=1$表示该关节点可见。

本节实验中，OpenPose算法选为6个阶段。AlphaPose算法使用SSD-512[54]算法进行人体区域检测，为了保证得到完整的人体区域，将SSD-512输出的区域在长、宽方向分别延伸30%，单人姿态估计算法选择性能优越的Stack Hourglass[46]。表8.1展示了OpenPose算法与AlphaPose算法在MPII数据集上的性能，包括统计各关节点的mAP和网络的运行速度。表8.2展示了两种算法在MSCOCO数据集上的性能，AP^{50}、AP^{75}分别表示OKS在阈值为50和75时的平均精度，AP^{M}、AP^{L}表示对小尺度的人估计的mAP。

表8.1　MPII数据集上姿态估计实验结果

	头	肩	肘	腕	臀	膝	踝	合计	秒/图
OpenPose算法	91.2%	87.6%	77.7%	66.8%	75.4%	68.9%	61.7%	75.6%	0.015%
AlphaPose算法	91.3%	90.5%	84.0%	76.4%	80.3%	79.9%	72.4%	82.1%	3.612%

表8.2　MSCOCO数据集姿态估计实验结果

	mAP	AP^{50}	AP^{75}	AP^{M}	AP^{L}
OpenPose算法	61.8%	84.9%	67.5%	57.1%	68.2%
AlphaPose算法	61.9%	83.7%	69.8%	58.6%	68.6%

实验表明，在MPII数据集上OpenPose算法的检测速度是AlphaPose算法的240倍。因为OpenPose算法的时间消耗由两部分组成：网络前向计算估计关节点和关节点分配。其中，前向计算估计关节点的时间规模比关节点分配大两个数量级，占主要地位，而其时间消耗是不受人的数量影响的。但AlphaPose算法对每个检测出的人都要进行空间变化、单人姿态估计、空间反变换，因此十分耗时。但在精度方面，AlphaPose算法对各个人体关节点和各个尺度的人的检测效果都高于OpenPose算法，尤其膝关节精度结果高出11%。

图8.22展示了两种算法错误检测的例子。OpenPose算法存在一定程度的误检，如图（a）中第一张图，将雕塑检测出关节点。第二张图是关节点分配错误，当多人极度拥挤时容易出现此种错误。第三张图是关节遮挡导致漏检。AlphaPose算法对人不常见的动作很难正确检测，如图（b）第一张图中做“人旗”动作的人。第二张图由于人体检测漏检导致其上所有关节点没有进行单人姿态估计。而当多人极度聚集时，AlphaPose算法也容易检测出错误的关节点，如第三张图左边两个紧挨的人所示。

由于处理速度的优势，本节最终选择OpenPose算法进行多人姿态估计，将估计出的骨骼序列输入动作识别模型中进行动作分类。

(a) OpenPose 算法错误检测示例

(b) AlphaPose 算法错误检测示例

图 8.22　两种算法错误检测的例子

8.4　基于图卷积网络的骨骼序列动作识别算法

8.4.1　引言

动态骨骼信息可以由人体关节点位置的时间序列表示，骨骼序列动作识别是通过动态骨骼信息来判断人体动作的。ST-GCN[22]第一次创造性地提出用深度图卷积网络解决骨骼动作识别问题，并且其识别精度超越了之前的大多数算法。本书作者在文献[55]中提出了一个多任务框架来进一步提升 ST-GCN 的性能，这个多任务框架引入了注意力机制及共现特征学习的想法。具体来说，通过使用一个注意力分支来对更有判别力的特征给予更高的关注度；在另一个分支中，通过共现特征学习来高效全局地聚集所有关节点的特征。除此之外，提出的多任务框架可以探索这些分支之间的内在联系，从而进一步提高识别性能并加快网络的收敛速度。在 NTURGB+D 和 Kinetics 数据集上的实验表明，此多任务框架的识别效果明显优于 ST-GCN 和其他主流的骨骼序列动作识别算法。

8.4.2　注意力机制和共现特征学习

近年来在动作识别领域中，注意力机制激发了越来越多学者的研究兴趣。现实的经验告诉我们，当一个人识别动作时，他会更加注意表演者某些时刻下具有明显意义的身体部分。这个事实反映了注意力机制的重要性。文献[56]使用学到的注意力权值在滑动窗口内融合相邻帧来提取高级特征。文献[57]为骨骼序列构建了一个具有时空关注度的端到端框架。文献[58]使用了双流法，一个分支流处理 RGB 数据，一个分支流处理骨骼序列。一方面对受限于骨骼特征的 RGB 视频应用了空间注意力机制，另一方面引入了如何自适应地在循环卷积网络中学习池化特征的时间注意力机制。虽然各种形式的注意力机制在多个文献中被提出，但是几乎所有与动作识别有关的注意力机制都建立在 LSTM 的基础上，并且至今仍然缺乏针对图卷积网络的注意力机制。本书作者使用了一个全注意力模块（FAB）来对有判别力的骨骼特征给予更高的关注度，从而实现图卷积网络下针对动作识别任务的注意力机制。

越来越多的文献表明，一部分关节特征的共同作用对识别动作发挥着至关重要的作用。共现特征学习就是同时提取和融合部分关节的特征。举例来说，对于系鞋带这一个动作，手和脚两个关节的组合是识别动作的关键。文献[59]说明了普通的卷积神经网络（CNN）大多仅用卷积核内的邻域关节来提取共现特征。尽管经过多个卷积层，感受野慢慢覆盖了所有关节点，但其很难有效地从所有关节学习共现特征。这一点也是图卷积网络存在的缺陷。图卷积层同样仅注重提取图卷积核内邻域关节的共现特征，无法高效地融合所有关节的特征。值得注意的是，CNN 中卷积层的每个输出点都是输入特征图的所有通道的全局响应，因为卷积操作包含一个通道上元素相加的过程。基于此，本书作者简单地转置了特征图，将关节点的维度转置到通道上，从而实现一次卷积过程便可以高效聚集所有关节点的共现特征。

8.4.3 基于图卷积网络的多任务框架

本节将详细介绍本书作者提出的动作识别整体方案，这是一个以图卷积网络为基础的多任务框架，图 8.23 展示了其网络结构。这个框架由注意力分支、共现特征分支和图卷积网络分支 3 部分组成。图卷积网络分支作为该框架的主干部分，由 9 层图卷积组成。在进行第 5 层、第 7 层和第 9 层图卷积前，特征图首先被输入到全注意力模块（FAB）中学习注意力掩模，学习到的注意力掩模代表对应特征图的特征权值，所以掩模与相应的输入特征图具有相同的尺寸大小。FAB 旨在对更具有判别力的特征分配更高的权值。一方面，注意力掩模与对应的特征图逐元素相乘，得到的结果又重新逐元素加到特征图上，从而作为下一层图卷积的输入特征图。另一方面，注意力掩模与输入特征图逐元素相乘的结果输入到注意力分支，参与注意力分支的损失计算。因此，注意力机制同时作用于图卷积网络分支和注意力分支。同时，第 4 层图卷积得到的特征图作为共现特征学习分支的输入，此分支可以高效地提取全部关节的共现特征。最终，注意力分支的损失值、共现特征学习分支的损失值和图卷积网络分支的损失值共同组成了这个多任务框架的全部损失。

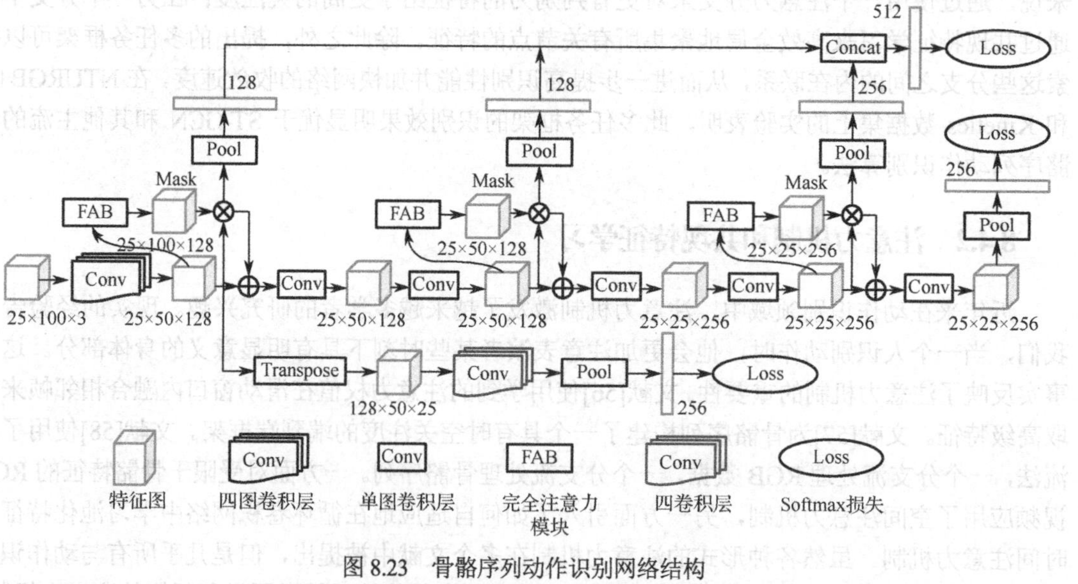

图 8.23　骨骼序列动作识别网络结构

图 8.23 中展示了具体的网络参数。首先把描述人体骨骼的数据组织成一个三维张量。具体来说，一个 T 帧，每帧 N 个骨骼关节点，每个关节点 C 个特征的骨骼序列将转换成一个尺寸为

$N \times T \times C$ 的张量。在本节实验中，原始骨骼序列的帧数 T 为 300，骨骼关节点数 N 为 25，特征数 C 为 3。前三层图卷积的输出通道数都是 64，中间三层图卷积的输出通道都是 128，最后三层图卷积的输出通道都是 256。在整个过程中，保持骨骼关节点数 N 的值不变。对于时间维度，在第 4 层图卷积和第 7 层图卷积后进行下采样，采样率是 2。在注意力分支中，3 个 FAB 模块的输出特征图分别被池化为 128、128、256 维的特征向量。在共现特征学习分支中，4 个卷积层的输出通道数分别是 32、64、128、256。最后的特征图被池化为一个 256 维的特征向量。

1. 图卷积网络分支

本节中空时图卷积网络是多任务框架的图卷积网络分支。首先，人体上相邻的关节点和不同时间下的同一关节点都被连接起来，构成一个空时图。空时图中的每个点都有表示它的特征向量。对于时间 t 下的节点 i，图卷积的公式为

$$f_{\text{out}}(v_{ti}) = \sum_{v_{sj} \in B(v_{ti})} f_{\text{in}}(v_{sj}) \cdot w(v_{ti}, v_{sj}) \tag{8-43}$$

其中，$f_{\text{in}}(v_{sj})$是节点 v_{sj} 的特征向量，$B(v_{ti})$是节点 v_{ti} 的邻域，$w(v_{ti},v_{sj})$是节点 v_{sj} 对节点 v_{ti} 的权值。如图 8.24 所示，本节使用空间配置划分方案将邻域分为 3 个子集：第一个子集是一个表示当前参考节点 v_{ti} 的根节点，第二个子集中是距离人体骨骼的质心比距离根节点近的节点（向心群），第三个子集中是距离人体骨骼的质心比距离根节点远的节点（离心群）。图卷积滤波器有节点共享权值 w。

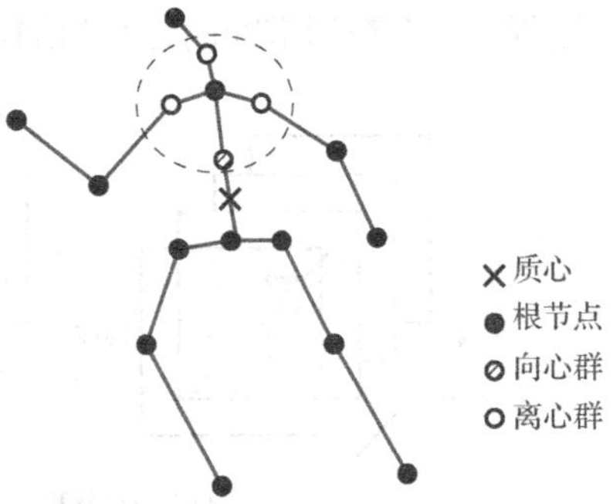

图 8.24 图卷积的空间配置划分

在本节中，将在空域上距离 v_{ti} 为 1 并且在时域不多于 9 帧的集合定义为 v_{ti} 的邻域，用公式表示为

$$B(v_{ti}) = \left\{ v_{qj} \mid d(v_{qj}, v_{ti}) = 1 \cup \| q - t \| < \frac{9}{2} \right\} \tag{8-44}$$

其中，$d(x, y)$函数表示在构造的图中 x 到 y 的最短距离。

2. 注意力分支

前面已经说明了注意力机制对于动作识别的重要性。遗憾的是，目前与动作识别相关的注意力机制都是构造在 LSTM 网络之上的。本节将注意力机制引入图卷积网络中，并提出了一个全注意力模块（FAB），它通过学习注意力掩模来对更具有判别力的特征给予更高的关注度。FAB 的公式表达为

$$M = \text{Sigmoid}(\text{Conv}(\text{ReLU}(\text{Conv}(f_{\text{in}})))) \tag{8-45}$$

其中，f_{in} 是输入特征图，两个卷积 Conv 都是 1×1 卷积。内侧的卷积将输入 $f_{\text{in}} \in R^{H \times W \times C}$ 映射成一个特征图 $F \in R^{H \times W \times C'}$ ($C'<C$)，而外侧的卷积再一次将特征图的通道数扩展成 C。

接下来分析 FAB 实现注意力机制的原理。由 SENet[60]可知，三维张量中不同通道的值在动作分类中都发挥自己独特的作用，也就是说，通道的分布状态对表达动作起着至关重要的作用。所以，本节致力于从通道的融合中学习可以解释的注意力权值。在 FAB 中，内侧的 1×1 卷积用于压缩通道信息，从而产生一个通道描述子。这个通道描述子建模了通道间的关系。而外侧的 1×1 卷积通过利用前一过程聚集的信息得到自适应的高级特征。之后使用 Sigmoid 函数来将这些特征归一化到[0,1]区间，并将这些归一化的特征视为注意力权值。通过训练过程中数据驱动的方式，这些权值将变得有效，1×1 卷积参数也会被学习到。

最终，与输入特征图尺寸一致的注意力掩模被学习到，它代表了不同特征的重要性。一方

面，注意力掩模作为权值应用到输入特征图上，式（8-46）描述了这一元素级别的操作。另一方面，它们输入到全局池化层并被池化为一维向量，来自不同尺度特征图的一维向量随后被串联起来。经过两层全连接层后，注意力掩模成为概率序列向量，真实的动作标签与概率序列向量间的交叉熵损失函数即注意力分支的损失函数，为

$$F_{\text{out}} = F_{\text{in}} \cdot M + F_{\text{in}} \tag{8-46}$$

其中，F_{in}是输入特征图，F_{out}是输出特征图，M是注意力掩模。

3. 共现特征学习分支

如何有层次且高效地融合共现特征对于描述动作起到至关重要的作用。文献[59]指出，虽然经过多层卷积后感受野覆盖了所有关节，但卷积神经网络（CNN）仅学习了卷积核内关节的共现特征而不能高效地挖掘所有关节的共现特征。如图 8.25（a）所示，卷积核只覆盖了少数关节。换句话说，关节是局部聚集的，这可能无法捕获远程关节的作用。而如图 8.25（b）所示，关节的维度被置换到通道的维度。所以，卷积后的每一点都是所有关节的全局响应。因为在卷积的过程中，存在通道间的元素相加。

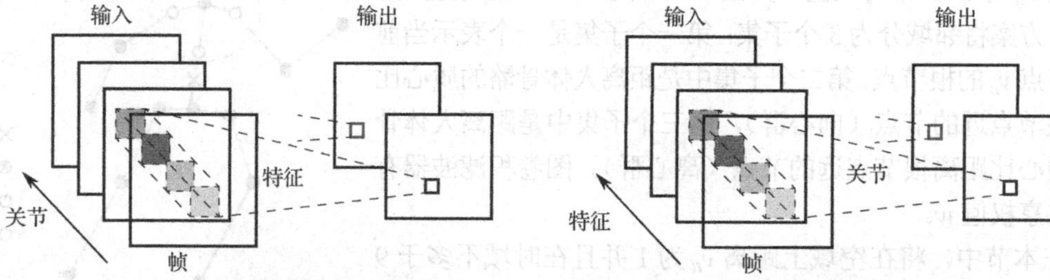

图 8.25　两种卷积对比

同理，图卷积在卷积过程中也只是优先考虑了图卷积核内关节的共现特征。相对于 CNN 来说，图卷积核内的关节是人体相邻的关节，而 CNN 卷积核内的关节是提前标号相邻的，关节间没有物理联系。这一点体现图卷积的优越性。但是，图卷积仍然缺乏高效提取所有关节，尤其是长距离关节的共现特征的能力。为了解决这个问题，将第 4 层图卷积后的特征图进行转置，将关节放置到通道的维度。共现特征学习分支将其作为输入并进行一系列 CNN 的卷积操作来高效提取所有关节的共现特征。

4. 多任务学习

根据前文所述，我们在 ST-GCN 基础上加入注意力分支和共现特征学习分支从而形成了一个多任务框架。在这个框架中，ST-GCN 作为图卷积分支用于建模时间演化和提取空间特征。注意力分支负责对有判别力的特征给予更高的关注度，共现特征学习分支致力于高效提取所有关节的共现特征。值得注意的是，这些分支共享前 4 层空时图卷积的参数。由于所有的分支共同训练，这个多任务框架可以探索分支间的内在联系从而进一步提高效果。每个分支的损失函数都是交叉熵损失函数，公式为

$$L_s = -\sum_{i=1}^{m} \log \frac{e^{y_i}}{\sum_{j=1}^{n} e^{y_j}} \tag{8-47}$$

其中，y_i是最后一层全连接层的第 i 个输出，代表第 i 类动作；m 是批大小；n 是动作的类别数。定义图卷积网络分支的损失函数为 L_{gcn}，注意力分支的损失函数为 L_{att}，共现特征分支的损失函数为 L_{tran}。则在训练过程中，此框架的损失函数可表示为

$$L = \lambda_{gcn} \cdot L_{gcn} + \lambda_{tran} \cdot L_{tran} + \lambda_{att} \cdot L_{att} \tag{8-48}$$

式（8-49）进行最终动作的预测，即

$$l_{out} = \lambda \cdot l_{gcn} + (1-\lambda) \cdot l_{tran} \tag{8-49}$$

其中，l_{gcn} 和 l_{tran} 分别表示图卷积分支和共现特征分支中 Softmax 层的输出；λ 为控制两部分间的比重。

8.4.4 实验结果及分析

本节通过在数据集 NTURGB+D 和 Kinetics 的实验来验证多任务框架的有效性。所有的实验在一台带有 4 个 NVIDIA 1080Ti GPU 的服务器上进行。在训练过程中，使用 Adam 优化器，初始学习率设置为 0.1，权值衰减设置为 1×10^{-4}。学习率在第 10 轮和第 50 轮时分别减小 10 倍。批大小的值为 64。式（8-48）中，λ_{gcn}、λ_{tran}、λ_{att} 分别为 1、0.5、0.5。在测试阶段，批大小的值为 32，式（8-49）中 λ 为 0.5。

1. 算法比较

本节主要通过实验将我们提出的多任务框架与 ST-GCN 和一些其他主流领先的算法进行比较。对于 Kinetics 数据集，给出 Top-1 和 Top-5 准确率，对比的算法有 Deep LSTM[61]和 Temporal ConvNet[62]，实验结果见表 8.3。对于 NTURGB+D 数据集，在 X-Sub 和 X-View 子数据集上报告 Top-1 准确率，除上述的比较算法外，参与对比的算法还有 Spatial Temporal LSTM with Trust Gates (ST-LSTM+TS)[63]，Clips CNN + Multi-Task Learning Network (C-CNN+MTLN)[64]，Hierarchical Co-occurrence Network (HCN)[65]，实验结果见表 8.4。

表 8.3　Kenetics 数据集上动作识别效果

	Top-1 准确率	Top-5 准确率
Deep LSTM	13.1%	34.0%
Temporal ConvNet	17.5%	39.8%
ST-GCN	28.9%	50.9%
多任务框架	32.8%	55.2%

表 8.4　NTURGB+D 数据集上动作识别效果

	X-Sub 子数据集	X-View 子数据集
Deep LSTM	60.7%	67.3%
Temporal ConvNet	74.3%	83.1%
ST-LSTM+TS	69.2%	77.7%
C-CNN+MTLN	79.6%	84.8%
ST-GCN	81.5%	88.3%
HCN	86.5%	91.1%
多任务框架	86.8%	92.1%

表 8.3 和表 8.4 说明了我们提出的方案明显优于 ST-GCN 及其他主流算法。特别地，多任务框架的识别效果在 X-Sub 子数据集上超过 ST-GCN 5.3%，在 X-View 子数据集上超过 ST-GCN

3.8%，在 Kinetcs 数据集上超过 ST-GCN 3.9%。这些提升确认了多任务框架的有效性。在有巨大区别的两种数据集上都有较高的识别效果也说明了多任务框架的泛化能力。

2．注意力分支效果分析

在 ST-GCN 中只加入注意力分支，下面来探索注意力分支带来的增益。网络结构如图 8.26 所示。

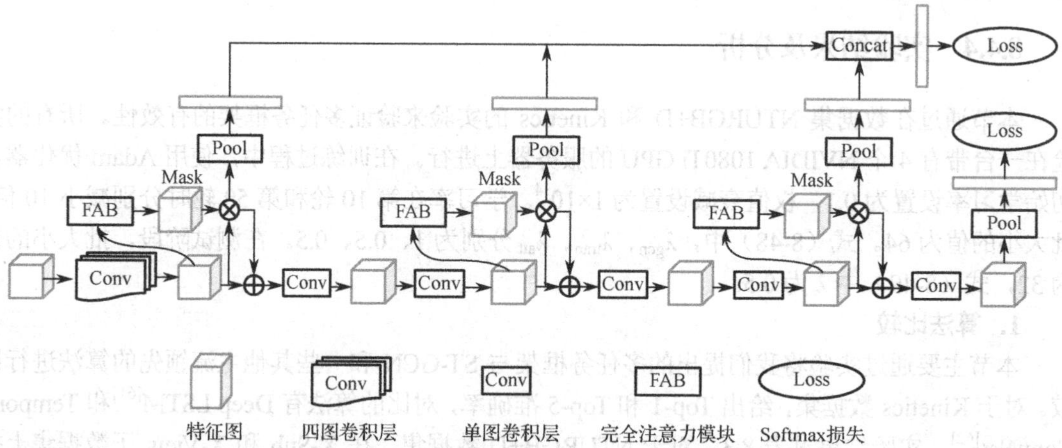

图 8.26　带有注意力分支的图卷积网络结构

训练过程中，损失函数 L 的公式描述为

$$L=\lambda_{\text{gcn}}\cdot L_{\text{gcn}}+\lambda_{\text{att}}\cdot L_{\text{att}} \tag{8-50}$$

其中，L_{gcn} 和 L_{att} 分别是图卷积网络分支和注意力分支的交叉熵损失函数。权值参数 λ_{gcn} 的值为 1，λ_{att} 的值为 0.5。在测试阶段，图卷积网络分支输出的概率向量直接作为最后预测的分类结果。由表 8.5 可以看出，在 X-Sub 子数据集上，带有注意力分支的图卷积网络的识别效果超过 ST-GCN 2.4%，在 X-View 子数据集上，其超过 ST-GCN 1.3%。

表 8.5　NTU-RGB+D 数据集上动作识别效果

	X-Sub 子数据集	X-View 子数据集
空时图卷积网络	81.5%	88.3%
带注意力分支的图卷积网络	83.9%	89.6%
带共现特征学习分支的图卷积网络	84.7%	90.2%

为了进一步分析注意力机制，在图 8.27 中可视化了第 8 层图卷积中学到的注意力权值。具体来说，将学到的注意力掩模 $M\in R^{25\times25\times256}$ 在通道的维度进行元素级别的相加，转化成一个二维张量 $M'\in R^{25\times25}$，之后将 M' 归一化到[0,1]区间。具体公式为

$$\mu(x,y)=\frac{M'(x,y)}{\max_{x',y'}M(x',y')} \tag{8-51}$$

其中，x 和 y 的维度分别是骨骼关节和时间帧。

如图 8.27（a）所示，对于“拍手”动作，网络更关心左手、右手、左手腕、右手腕、左肘和右肘。在图 8.27（b）的“梳头”动作中，网络对头、右手和右手腕有一系列重要的关注度。同时在某些时间点下，颈部和右肩关节也有很大的权值。这些可视化结果表明了注意力分支可以有效地对有判别力的关节给予更高的注意力，从而更好地分类动作。

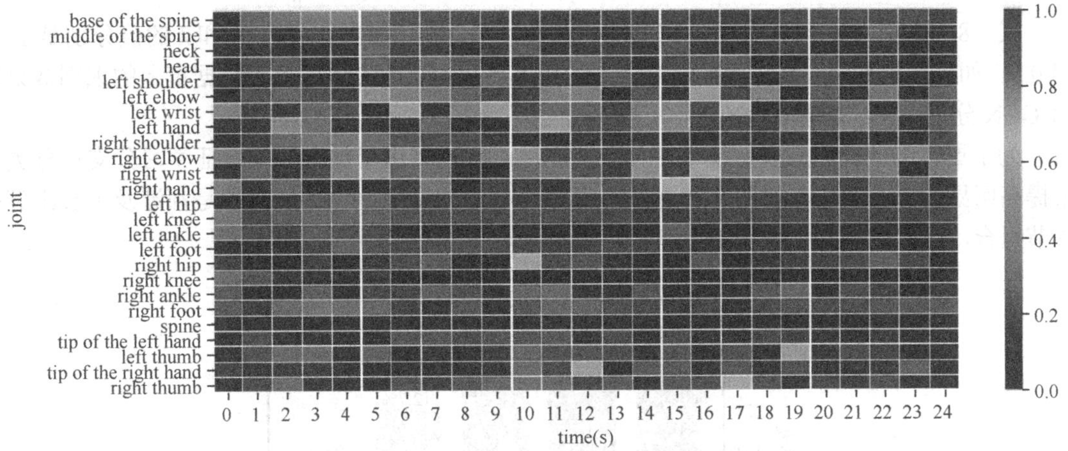

（a）“拍手”动作的注意力权重

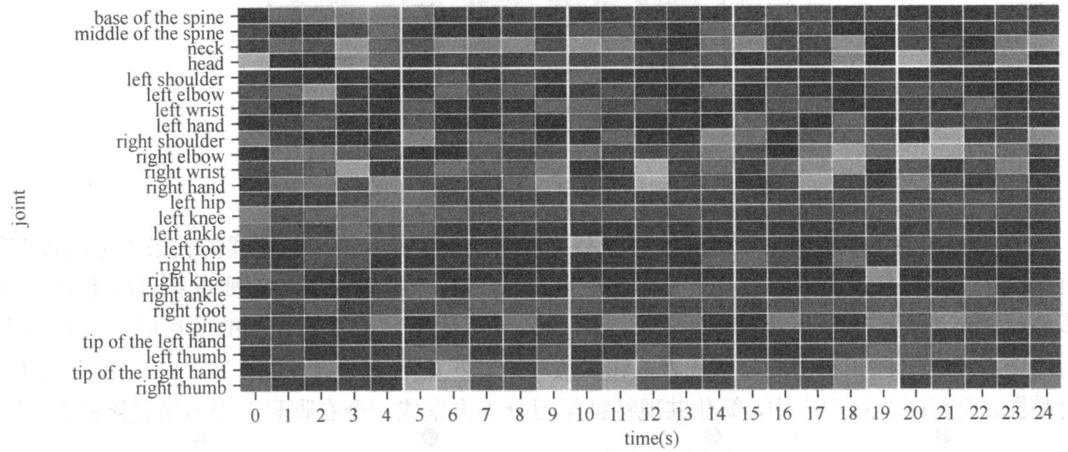

（b）“梳头”动作的注意力权重

图 8.27　第 8 层图卷积中注意力权值的可视化

3. 共现特征分支效果分析

在 ST-GCN 中只加入共现特征学习分支，下面来探索共现特征学习分支带来的增益。网络结构如图 8.28 所示。

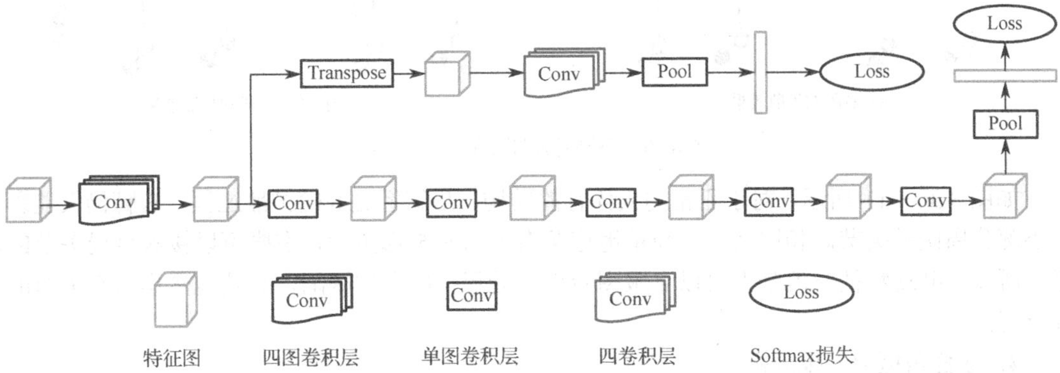

图 8.28　带共现特征学习分支的图卷积网络

训练过程中，其损失函数 L 定义为

$$L = \lambda_{\text{gcn}} \cdot L_{\text{gcn}} + \lambda_{\text{tran}} \cdot L_{\text{tran}} \tag{8-52}$$

式（8-52）用于最终的预测动作类别。在实验中，权值参数 λ_{gcn}、λ_{tran} 和 λ 的值分别是 1、1 和 0.5。如表 8.5 所示，共现特征学习分支的加入在 X-Sub 和 X-View 子数据集上的识别效果比 ST-GCN 分别高出 3.2%和 1.9%。

为了更详细地说明共现特征学习分支的作用，我们列出了加入共现特征学习分支后分类效果提高明显的 5 类动作，如图 8.29 所示。从图可以看出，这些动作的共性是都涉及了长距离的关节组合，比如“穿鞋”动作的手和脚。

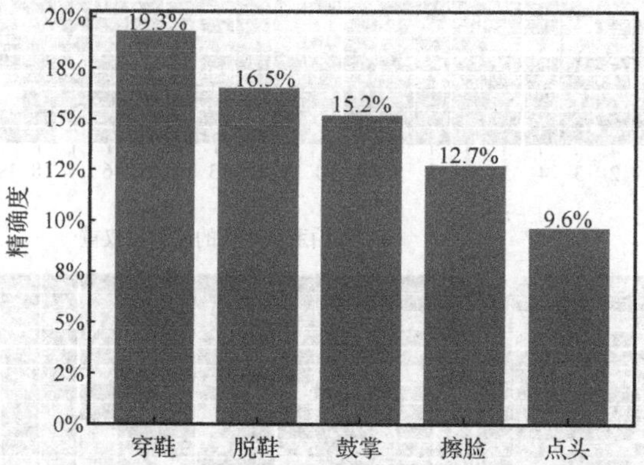

图 8.29　加入共现特征学习分支后效果提升明显的 5 类动作

原始的图卷积网络是没有提取所有关节共现特征能力的，所以长距离的关节点之间没有很强的联系。我们从感受野的角度来解释这一点。实验中，将图卷积中感受野的扩散转换为一个 k 步随机游走过程[66]，然后计算其他关节点从“起始关节点”（右脚）得到的信息量。图 8.30 中，每对图像的左子图和右子图分别代表 3 轮扩散和 8 轮扩散后的结果。图 8.30（a）是正常的人体骨骼图，而在图 8.30（b）中，简化共现特征学习分支方案成一个右脚和右脚拇指直接相连的图。

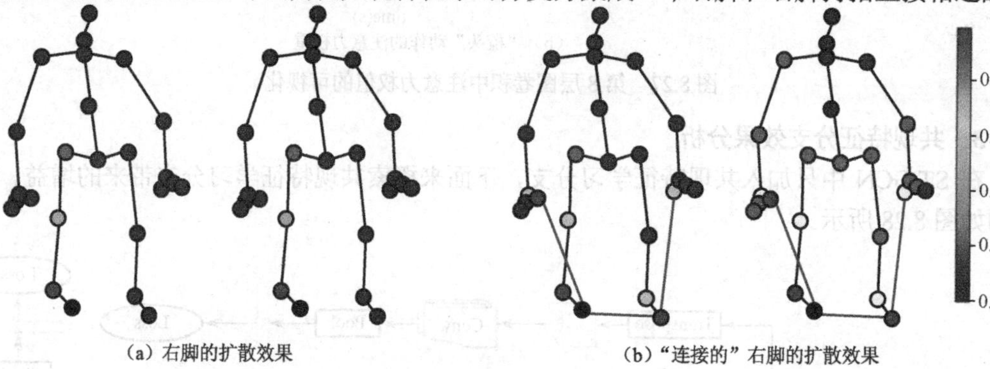

（a）右脚的扩散效果　　（b）“连接的”右脚的扩散效果

图 8.30　不同骨骼图右脚的扩散效果

如图 8.30（a）所示，对于正常的人体骨骼结构，尽管经过 8 轮扩散过程，右脚仍仅能影响一小部分周围的关节。相比之下，简单地连接右脚与右脚拇指后，右脚可以接收全局关节的信息。所以，共现特征学习分支可以克服图卷积感受野扩散慢的缺陷，高效地聚集所有关节的全局特征。

4．多任务框架效果分析

为了验证多任务框架的有效性，我们做了两个“freeze”实验。一方面，将先前训练好的图卷积网络分支和注意力分支的参数固定，只微调共现特征学习分支的参数。命名此方案为 Multi-task Network-A。另一方面，将先前训练好的图卷积网络分支和共现特征学习分支的参数固定，只微调注意力分支的参数。命名此方案为 Multi-task Network-B。如表 8.6 所示，与之前所有分支共同训练的多任务框架相比，无论是 Multi-task Network-A 还是 Multi-task Network-B，都存在识别精度损失。不同的分支任务间存在着潜在的联系，而共同训练所有的参数可以最大程度地挖掘分支间内在的联系。

表 8.6 不同多任务框架的识别精度

	X-Sub 子数据集	X-View 子数据集
Co-training Network	86.8%	92.1%
Multi-task Network-A	85.2%	90.9%
Multi-task Network-B	85.9%	91.3%

多任务框架也可以加快训练时的收敛速度，如图 8.31 所示，网络的损失在 20 轮之后就已经趋于稳定。这个收敛速度明显优于 ST-GCN。

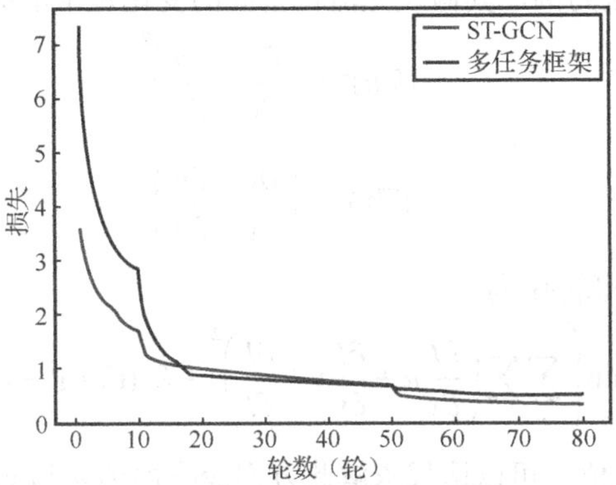

图 8.31 ST-GCN 和多任务框架的收敛曲线

8.5 一种替代光流的视频动作识别算法

近年来，针对视频的动作识别已经成为计算机视觉的核心研究领域。然而目前它还存在着诸多挑战。许多领先的算法都使用了一个双流结构，空间流输入 RGB 图像，时间流先使用传统的光流估计方法再将光流图片集作为输入。光流可以有效地表示相邻帧物体的轨迹信息，这对探索视频的时间关系有很大的帮助。然而，预先计算光流会花费大量的计算时间并且需要巨大的存储空间。在本节中，本书作者提出了一种替代光流的视频动作识别算法。

8.5.1 基于光流估计的双流卷积网络

双流卷积网络（Two-Stream CNN）的基本结构如图 8.9 所示，其由空间流网络和时间流网络组成，空间流网络输入 RGB 图像，时间流网络输入预先估计的光流图片集。每个分支都通过深度卷积网络实现，最终两个分支经过后期融合得到最终的特征向量。

双流卷积网络的最大特点是首先进行光流估计，时间流网络在光流图片集之上探索时间轨迹联系。传统的光流估计是在亮度恒定的假设下进行的，即相同的物体在相邻帧间移动时亮度不发生变化。具体推导如下：

设一个时刻 t 的像素点(x,y)，到下一帧移动了$(\mathrm{d}x,\mathrm{d}y)$的距离，花费了 $\mathrm{d}t$ 的时间。根据亮度恒定假设，可得

$$I(x,y,t)=I(x+\mathrm{d}x,y+\mathrm{d}y,t+\mathrm{d}t) \tag{8-53}$$

对上式进行泰勒级数展开且忽略高阶无穷小后得到约束方程为

$$\frac{\partial I}{\partial x}\frac{\mathrm{d}x}{\mathrm{d}t}+\frac{\partial I}{\partial y}\frac{\mathrm{d}y}{\mathrm{d}t}+\frac{\partial I}{\partial t}=0 \tag{8-54}$$

令 $u=\mathrm{d}x/\mathrm{d}t$ 为 x 方向的光流分量，$v=\mathrm{d}y/\mathrm{d}t$ 为 y 方向的光流分量，即有

$$\frac{\partial I}{\partial x}u+\frac{\partial I}{\partial y}v+\frac{\partial I}{\partial t}=0 \tag{8-55}$$

其中，$\partial I/\partial x$、$\partial I/\partial y$ 和$\partial I/\partial t$ 均可以通过图像计算得到，而一个方程有两个待求的未知量显然不能求解，需要加入约束条件才可得到 u 和 v。而根据加入约束条件的不同，又衍生出多种光流计算方法。

以 Horn&Schunck 算法为例，其假设光流在空间的变化是平滑的，即有

$$(\nabla u)^2=\left(\frac{\partial u}{\partial x}+\frac{\partial u}{\partial y}\right)^2 \tag{8-56}$$

$$(\nabla v)^2=\left(\frac{\partial v}{\partial x}+\frac{\partial v}{\partial y}\right)^2 \tag{8-57}$$

结合式（8-55），其解可转化为

$$\min\left(\sum_x\sum_y\left(\frac{\partial I}{\partial x}u+\frac{\partial I}{\partial y}v+\frac{\partial I}{\partial t}\right)^2+\lambda^2((\nabla u)^2+(\nabla v)^2)\right) \tag{8-58}$$

其中，λ 是平衡两部分的权值。可以迭代求解此方程最终得到 u 和 v，所以可知计算稠密的光流信息 u 和 v 是非常耗时的。在 UCF-101 数据集预先计算光流图需要几天的时间。另一方面，光流信息 u 和 v 表示了像素在相邻帧的移动轨迹，与 RGB 视频帧相比，在其之上提取特征更容易挖掘动作时间上的联系。这也是当下先进的动作识别算法大多基于双流结构的原因。为了替代手工提取光流，一些研究工作将类似于光流的轨迹信息作为卷积网络的输入。比如，Wang 等[67]提出使用相邻 RGB 帧差值作为时间流输入。其他一系列的工作[68]只在训练阶段将光流作为目标图像，从而训练一个可以从 RGB 图像恢复出光流信息的网络，再将估计的光流输入动作识别网络。本节提出了一种替代光流的视频动作识别算法，可以有效地在 RGB 图像帧中提取时间轨迹信息，而无须预先计算光流，从而大大地提升了收敛速度。

8.5.2 时间轨迹滤波器

最新研究[69]表明，在一般的计算机视觉任务中，使用传统方法估计的光流比不上面向任务而学习到的光流。与双流卷积网络先计算光流后训练网络的两阶段模式不同，本节设计了一个端到端的动作识别网络，从而可以通过数据驱动的方式使时间轨迹滤波器提取“类光流”特征。时间轨迹滤波器在特征图的层面上建模时间联系，其输入为两个时间连续的特征图 $F_l(t)$和 $F_l(t+\Delta t)$，其中 F_l 表示第 l 个卷积层。将这两个特征图进行如下计算

$$R_l(x,y,\Delta t)=F_l(x+\Delta x,y+\Delta y,t+\Delta t)-F_l(x,y,t) \tag{8-59}$$

如果给定Δx、Δy，残差 $R_l(x,y,\Delta t)$就很容易由这两个连续时间的特征图计算得到。由式（8-59）和之前的光流介绍可知，如果Δx、Δy 表示特征图位置点(x,y)在Δt 时间内的位移信息，则Δx、Δy

便是一种特征图层级上的光流信息。类比式（8-58），可以假设光流的平滑性从而对式（8-59）进行约束求解，即 $R_l(x, y,\Delta t)$的强度应趋于一个很小的值。所以可以在位置点(x, y)周围进行搜索找到 $R_l(x, y,\Delta t)$的最小强度，从而确定光流信息Δx、Δy。近似地，定义一个搜索空间 D: $\Delta x,\Delta y\in\{0,1\}$, $|\Delta x|+|\Delta y|\leqslant 1$。更进一步，为了提取更高级的时间特征，本节不再以求解Δx、Δy 为目标，因为对于每种Δx、Δy 情形，$R_l(x, y,\Delta t)$都可以捕捉一些时间轨迹信息。时间轨迹滤波器对每种情形计算 $R_l(x, y,\Delta t)$后，联合这些残差并通过卷积提取特征，再作为 t 时刻第 l+1 层的特征图 $F_{l+1}(x,y,t)$，从而可以层次地提取时间轨迹特征。

时间轨迹滤波器如图 8.32 所示。将 $t+\Delta t$ 时刻的特征图 F_l 按搜索空间不同情况 $\delta=(\Delta x,\Delta y)\in D$ 分别进行相应的平移操作，得到 $t+\Delta t$ 时刻的 F_l^{δ}，然后与 t 时刻的 F_l 逐元素相减，得到 $R_l^{\delta}\in R^{H\times W\times C}$。所有 R_l^{δ}，$\delta\in D$ 残差图在通道维度上进行串联，形成维度为 $H\times W\times M$ 的 R_l，其中 $M=C\times N$，N 是搜索空间中定义方向的个数。因为 R_l 是在不同搜索空间下进行时间维度元素相减得到的，所以 R_l 包含了重要的时空特征。最后为了层次地提取高级时间特征，R_l 与 t 时刻的特征图 F_l 进行通道串联，再使用 1×1 卷积压缩通道，得到 t 时刻第 l+1 层特征图 $F_{l+1}\in R^{H\times W\times C}$，继续叠加时间轨迹滤波器和卷积操作构成深度卷积网络。本节中，把基于时间轨迹滤波器的卷积网络命名为 TMNet（Temporal Motion Network），其网络结构如图 8.33 所示。TMNet 由 ResNet[70]作为基础网络，对每帧提取空间特征。随后，多阶段重复叠加时间轨迹滤波器和 1×1 卷积操作来提取高级空时特征。最终经过池化操作，使每帧对应一个特征向量。

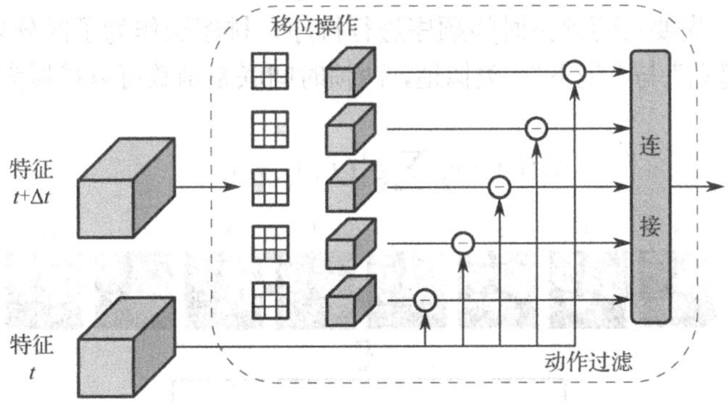

图 8.32　时间轨迹滤波器

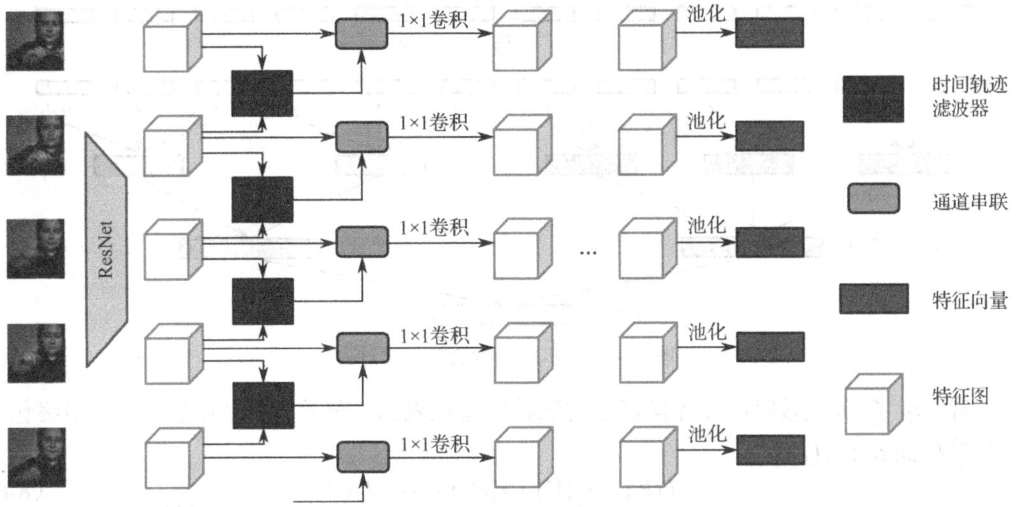

图 8.33　TMNet 网络结构

8.5.3 随机跨帧融合

虽然时间轨迹滤波器可以像光流一样提取短期的时间特征，但是对于识别 Something-Something 这样严重关注顺序活动的数据集来说，仍需进一步建模时间联系。许多研究工作致力于建模动作的时间联系。Gaido 等[71]在每个视频中都注释了原子动作，并提出了用于动作检测的行为序列模型（ASM）。Wang 等[72]设计了顺序骨骼模型（SSM）来捕获动态体之间的关系，并进行时空动作检测。Fernand 等[73]设计了一个可以基于外观对视频按时间顺序进行排序的函数，从而利用函数建模时间演化。本小节不再像之前的工作设计额外的时间结构，而是跟随 Zhou 等[74]的想法，在端到端训练中使用更通用的结构来学习时间关系，即在融合不同帧的特征时建模时间联系。

图 8.34 展示了随机跨帧融合（RCF）的具体过程。首先在融合的过程中定义两帧时间联系函数为

$$T_2(V) = h_\phi(\sum g_\theta(f_i, f_j)) \tag{8-60}$$

其中，f_i是经带有时间轨迹滤波器的卷积网络提取的、表示视频第 i 帧的高级特征；V是有序的多个特征帧集合，即 $V=\{f_1, f_2, \cdots, f_n\}$；$g_\theta$是用于融合两个视频帧特征的函数，多组成对的视频帧特征共享 g_θ 的参数；h_ϕ 函数进一步融合各 g_θ 的结果，得到两帧时间联系的最终表示。g_θ 和 h_ϕ 是学习参数分别为 θ 和 ϕ 的多层感知机（MLP）。各 g_θ 的输入都是随机抽取的两个视频帧，在 g_θ 进行两帧融合之前，先要对两帧按时间顺序进行排序，排序操作为了区分只是时间顺序不同的两个动作，比如“起立”与“坐下”。类似地，两帧时间联系函数可以扩展为多帧时间联系函数，以三帧为例，有

$$T_3(V) = h_\phi^3(\sum g_\theta^3(f_i, f_j, f_k)) \tag{8-61}$$

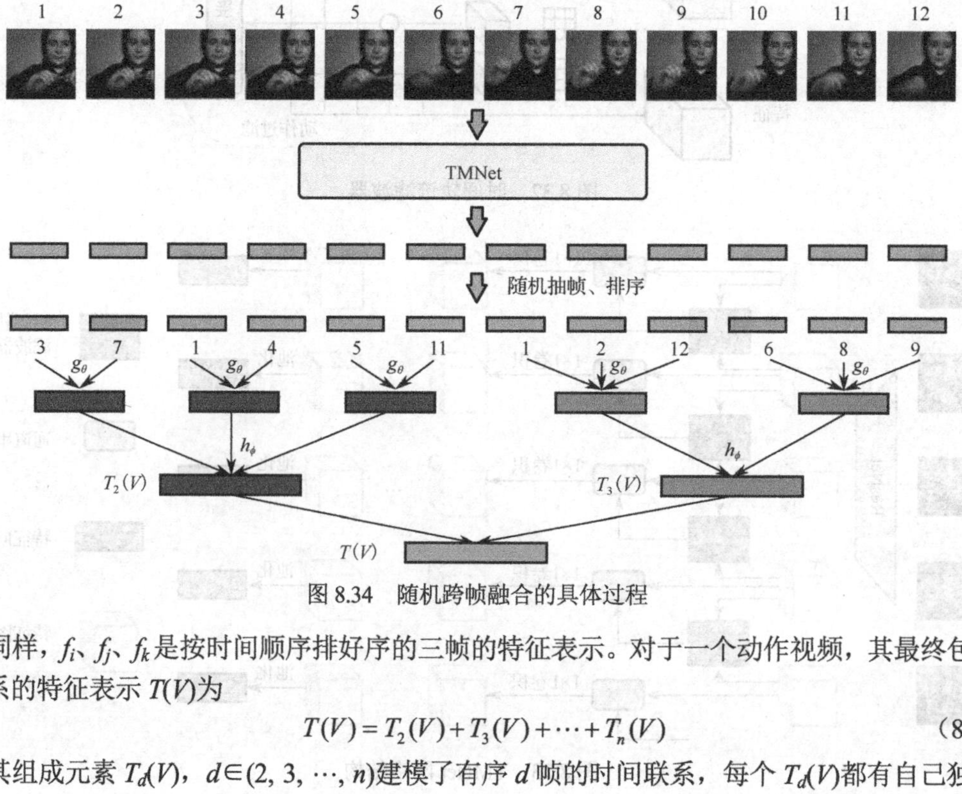

图 8.34　随机跨帧融合的具体过程

同样，f_i、f_j、f_k是按时间顺序排好序的三帧的特征表示。对于一个动作视频，其最终包含时间联系的特征表示 $T(V)$为

$$T(V) = T_2(V) + T_3(V) + \cdots + T_n(V) \tag{8-62}$$

其组成元素 $T_d(V)$，$d\in(2, 3, \cdots, n)$建模了有序 d 帧的时间联系，每个 $T_d(V)$都有自己独特的

融合函数 $h_\phi{}^d$ 和 $g_\theta{}^d$。使用式（8-47）计算 $T(V)$ 与动作标签的交叉熵损失函数来学习参数 θ 和 ϕ，最终，$T(V)$ 可以在多个时间尺度下捕捉动作的时间联系，成为动作视频的有效表示。

8.5.4 实验结果及分析

本节提出的方案以前面描述的双流卷积网络作为基础框架，其时间流网络由 TMNet 替代，融合多帧特征向量时采用随机跨帧融合。TMNet 中重复叠加时间轨迹滤波器的阶段数选择 6 个。在随机跨帧融合中，g_θ 设定为两层的 MLP，每层有 256 个神经元。h_ϕ 为一层的 MLP，神经元数目与数据集动作总数相等。训练时，使用随机梯度下降法学习网络参数。批尺寸设为 128，动量值和权值衰减分别设为 0.9 和 0.0005。学习率的初始值为 0.01，每过 50 轮学习率减小为原来的 1/10。训练总轮数为 200 轮。实验在数据集 UCF101 和 Something-Something 上进行。

首先，在 UCF101 数据集上评估本节提出的方案（TMNet+RCF），动作识别的精度和识别速度，如表 8.7 所示。表 8.8 展示了各种算法在 Something-Something 数据集上 Top-1 和 Top-5 识别率。

表 8.7 UCF101 数据集上的识别精度与识别速度

	准 确 率	时间（s）
Two-Stream CNNs	88.0%	11.5
FlowNet	54.6%	50.1
FlowNet2	79.5%	20.8
Enhanced Motion Vectors	79.2%	358.2
ActionFlowNet	81.3%	196.7
TMNet+RCF	81.8%	118.5

表 8.8 Something-Something 数据集上的识别结果

	Top-1 识别率	Top-5 识别率
Two-Stream CNNs	22.5%	50.6%
FlowNet	12.9%	38.2%
FlowNet2	18.7%	43.4%
Enhanced Motion Vectors	19.2%	45.3%
ActionFlowNet	20.8%	49.8%
TMNet+RCF	24.1%	54.9%

上述两表中，除了双流卷积网络和本书提出的方案，还包括了一系列替代传统光流计算的算法。其中，FlowNet[75]和 FlowNet2[76]利用人工合成的数据通过监督学习的方式，训练一个卷积网络进行光流估计，从而替代传统的光流计算。Enhanced Motion Vectors[77]将光流估计问题转化为图片重建问题，通过无监督学习的方式训练网络进行光流估计。以上的算法都是两阶段的，即先进行光流估计，再进行动作分类。ActionFlowNet[68]是一个端到端的网络，其不用在中间过程中存储光流图片，而是在一个网络中同时进行光流估计和动作分类。表 8.7 表明本书方案的识别速度是双流卷积网络的 10 倍，RGB 视频帧输入到端到端的网络中直接可以得到动作分类结果，大大减少了算法的运行时间。识别精度方面，本书方案在 UCF101 数据集上较 FlowNet 提升了 27.2%，较 Enhanced Motion Vectors 提升了 2.6%，与主流替代传统光流的算法相比具有很

强竞争力。而在 Something-Something 数据集上，本书方案更是超过了双流卷积网络，这表明 TMNet+RCF 擅长建模动作时间联系，更适合于时间关系复杂的动作数据集。

为了进一步探索 TMNet+RCF 的优越性，在随机跨帧融合中仅使用两帧时间联系函数进行实验，即随机组合有序的两帧进行特征融合。随后，根据响应结果排序这些两帧联系组。图 8.35 展示了不同动作视频中得分最高的两帧联系组。实验表明，本书方案具有建模动作时间联系的能力体现在可以选择最具判别力的联系组。这些联系组可以更轻松地根据前后时间对比和联系来识别动作。

图 8.35　得分最高的两帧联系组

参考文献

[1] 于朝晖. CNNIC 发布第 44 次《中国互联网络发展状况统计报告》. 网信军民融合，2019: 30-31.

[2] Z. Wang, J. Wang, H. Zhao, et al. Using wearable sensors to capture posture of the human lumbar spine in competitive swimming. IEEE Transactions on Human-Machine Systems, 2019, 49(2): 194-205.

[3] 郭连朋，陈向宁，刘彬. Kinect 传感器的彩色和深度相机标定. 中国图象图形学报，2018, 19(11): 1584-1590.

[4] 王晶晶. 复杂拥挤环境下协同视频监控中目标跟踪算法研究. 中国科学技术大学博士学位论文，2016.

[5] A. Elgammal, C. S. Lee. Inferring 3D body pose from silhouettes using activity manifold learning. IEEE Computer Society Conference on Computer Vision and Pattern Recognition, 2004: 29-36.

[6] P. Zhang, W. Ouyang, P. Zhang, et al. SR-LSTM: State refinement for LSTM towards pedestrian trajectory prediction. IEEE Conference on Computer Vision and Pattern Recognition, 2019.

[7] 董珂. 基于 Kinect 的人体行为识别研究. 武汉科技大学硕士学位论文，2015.

[8] P. Remagnin, T. Tan, K. Baker. Multi-agent visual surveillance of dynamic scenes. Image and Vision Computing, 1998, 16(8): 529-532.

[9] R. T. Collins, A. J. Lipton, T. Kanade, et al. A system for video surveillance and monitoring. VSAM final report, Carnegie Mellon University, 2000.

[10] D. Tweed, W. Feng, R. Fisher, et al. Exploring techniques for behavior recognition via the CAVIAR modular vision framework. In Proc. of Workshop on Human Activity Recognition and Modeling, 2005: 97-136.

[11] W. Sultani, I. Saleemi. Human action recognition across datasets by foreground-weighted histogram decomposition. Physics Letters B, 2014, 690(2): 764-771.

[12] 王亮，胡卫明，谭铁牛. 人运动的视觉分析综述. 计算机学报，2002, 25(3):225-237.

[13] M. E. Hussein, M. Torki, M. A. Gowayyed, et al. Human action recognition using a temporal hierarchy of covariance descriptors on 3d joint locations, International Joint Conference on Artificial Intelligence, 2013: 2466-2472.

[14] J. Wang, Z. Liu, Y. Wu, et al. Mining actionlet ensemble for action recognition with depth cameras. IEEE Conference on Computer Vision and Pattern Recognition, 2012: 1290-1297.

[15] Y. Xiong, K. Zhu, D. Lin, et al. Recognize complex events from static images by fusing deep channels. In Proceedings of the IEEE Conference on Computer Vision and Pattern Recognition, 2015: 1600-1609.

[16] L. Xia, C. C. Chen, J. K. Aggarwal. View invariant human action recognition using histograms of 3D joints. Computer Vision and Pattern Recognition Workshops, 2012: 20-27.

[17] R. Vemulapalli, F. Arrate, R. Chellappa. Human action recognition by representing 3D human skeletons as points in a Lie group. In Proceedings of the IEEE Conference on Computer Vision and Pattern Recognition, 2014: 588-595.

[18] Y. Du, W. Wang, L. Wang. Hierarchical recurrent neural network for skeleton based action recognition. In Proceedings of the IEEE Conference on Computer Vision and Pattern Recognition, 2015: 1110-1118.

[19] J. Liu, A. Shahroudy, D. Xu, et al. Spatio-temporal LSTM with trust gates for 3D human action recognition. In European Conference on Computer Vision, 2016: 816-833.

[20] C. Li, Q. Zhong, D. Xie, et al. Skeleton-based action recognition with convolutional neural networks. IEEE International Conference on Multimedia & Expo Workshops, 2017.

[21] Q. Ke, M. Bennamoun, S. An, et al. A new representation of skeleton sequences for 3D action recognition. In Proceedings of the IEEE Conference on Computer Vision and Pattern Recognition, 2017.

[22] S. Yan, Y. Xiong, D. Lin. Spatial temporal graph convolutional networks for skeleton-based action recognition. The Thirty-Second AAAI Conference on Artificial Intelligence, 2018.

[23] B. Li, X. Li, Z. Zhang, et al. Spatio-temporal graph routing for skeleton-based action recognition. The Thirty-Third AAAI Conference on Artificial Intelligence, 2019.

[24] L. Shi, Y. Zhang, J. Cheng, et al. Two-stream adaptive graph convolutional networks for skeleton-based action recognition. IEEE Conference on Computer Vision and Pattern Recognition, 2019.

[25] A. Klaser, M. Marszałek, C. Schmid. A spatiotemporal descriptor based on 3d-gradients. In British Machine Vision Conference, 2008.

[26] P. Scovanner, S. Ali, M. Shah. A 3-dimensional sift descriptor and its application to action recognition. In Proceedings of the 15th ACM International Conference on Multimedia, 2007: 357-360.

[27] H. Wang, C. Schmid. Action recognition with improved trajectories. In Proceedings of the IEEE Conference on Computer Vision and Pattern Recognition, 2013:3551-3558.

[28] K. Simonyan, A. Zisserman. Two-stream convolutional networks for action recognition in videos. In Advances in Neural Information Processing Systems, 2014: 568-576.

[29] A. Kar, N. Rai, K. Sikka, et al. Adascan: Adaptive scan pooling in deep convolutional neural networks for human action recognition in videos. In Proceedings of the IEEE Conference on Computer Vision and Pattern Recognition, 2017.

[30] R. Girdhar, D. Ramanan, A. Gupta, et al. Actionvlad: Learning spatio-temporal aggregation for action classification. In Proceedings of the IEEE Conference on Computer Vision and Pattern Recognition, 2018.

[31] B. Zhang, L. Wang, Z. Wang, et al. Real-time action recognition with enhanced motion vector cnns. In Proceedings of the IEEE Conference on Computer Vision and Pattern Recognition, 2016: 2718-2726.

[32] Y. Tang, L. Ma, L. Zhou. Hallucinating optical flow features for video classification. The Thirty-Third AAAI Conference on Artificial Intelligence, 2019.

[33] D. Tran, L. Bourdev, R. Fergus, et al. Learning spatiotemporal features with 3D convolutional networks. IEEE International Conference on Computer Vision, 2014.

[34] J. Carreira, A. Zisserman. Quo vadis, action recognition? a new model and the kinetics dataset. IEEE Conference on Computer Vision and Pattern Recognition, 2017.

[35] K. Liu, W. Liu, C. Gan, et al. T-C3D: Temporal convolutional 3D network for real-time action recognition. AAAI, 2018: 7138-7145.

[36] D. Tran, H. Wang, L. Torresani, et al. A closer look at spatiotemporal convolutions for action recognition. In Proceedings of the IEEE Conference on Computer Vision and Pattern Recognition, 2018.

[37] Z. Qiu, T. Yao, T. Mei. Learning spatio-temporal representation with pseudo-3D residual networks. IEEE International Conference on Computer Vision, 2017.

[38] M. M. Bronstein, J. Bruna, Y. LeCun, et al. Geometric deep learning: going beyond euclidean data. IEEE Signal Processing Magazine, 2018: 18-42.

[39] W. Hamilton, Z. Ying, J. Leskovec. Inductive representation learning on large graphs. In Advances in Neural Information Processing Systems, 2017: 1024-1034.

[40] Y. Zhu, Z. Lan, S. Newsam, et al. Hidden two-stream convolutional networks for action recognition. arXiv preprint arXiv:1704.00389, 2018.

[41] A. Bissacco, M. H. Yang, S. Soatto. Fast human pose estimation using appearance and motion via multi-dimensional boosting regression. IEEE Conference on Computer Vision and Pattern Recognition, 2007: 1-8.

[42] P. F. Felzenszwalb, D. P. Huttenlocher. Pictorial structures for object recognition. International Journal of Computer Vision, 2005, 61(1): 55-79.

[43] A. Toshev, C. Szegedy. Deeppose: Human pose estimation via deep neural networks. In Proceedings of the IEEE Conference on Computer Vision and Pattern Recognition, 2014: 1653-1660.

[44] T. Pfister, J. Charles, A. Zisserman. Flowing convnets for human pose estimation in videos. In Proceedings of the IEEE International Conference on Computer Vision, 2015: 1913-1921.

[45] S. E. Wei, V. Ramakrishna, T. Kanade, et al. Convolutional pose machines. IEEE Conference on Computer Vision and Pattern Recognition, 2016: 4724-4732.

[46] A. Newell, K. Yang, J. Deng. Stacked hourglass networks for human pose estimation. European Conference on Computer Vision, 2016: 483-499.

[47] E. Insafutdinov, L. Pishchulin, B. Andres, et al. Deepercut: A deeper, stronger, and faster multi-person pose estimation model. European Conference on Computer Vision, 2016: 34-50.

[48] F. Xia, W. Peng, X. Chen, et al. Joint multi-person pose estimation and semantic part segmentation. In Proceedings of the IEEE Conference on Computer Vision and Pattern Recognition, 2017: 6080-6089.

[49] Z. Cao, G. Hidalgo, T. Simon, et al. OpenPose: realtime multi-person 2D pose estimation using part affinity fields. IEEE Transactions on Pattern Analysis and Machine Intelligence, 2021,43(1): 172-186.

[50] H. S. Fang, S. Xie, Y. W. Tai, et al. RMPE: regional multi-person pose estimation. In Proceedings of The IEEE International Conference on Computer Vision, 2017.

[51] B. Yao, F. F. Li. Recognizing human-object interactions in still images by modeling the mutual context of objects and human poses. IEEE Transactions on Pattern Analysis and Machine Intelligence, 2012, 34(9): 1691-1703.

[52] M. Andriluka, L. Pishchulin, P. Gehler, et al. 2d human pose estimation: New benchmark and state of the art analysis. In IEEE Conference on Computer Vision and Pattern Recognition, 2014.

[53] MSCOCO keypoint challenge 2016. http://mscoco.org/dataset/keypoints-challenge.

[54] W. Liu, D. Anguelov, D. Erhan, et al. SSD: Single shot multiBox detector. In European Conference on Computer Vision, 2016.

[55] D. Tian, Z. M. Lu, X. Chen, et al. An attentional spatial temporal graph convolutional network with co-occurrence feature learning for action recognition. Multimedia Tools and Applications, 2020, 79(17): 12679-12697.

[56] S. Yeung, O. Russakovsky, N. Jin, et al. Every moment counts: dense detailed labeling of actions in complex videos. International Journal of Computer Vision, 2015, 126(2-4): 375-389.

[57] S. Song, C. Lan, J. Xing, et al. An end-to-end spatio-temporal attention model for human action recognition from skeleton data. Proceedings of the Thirty-First AAAI Conference on Artificial Intelligence, 2017: 4263-4270.

[58] F. Baradel, C. Wolf, J. Mille. Pose-conditioned spatiotemporal attention for human action recognition. CoRR, abs/1703.10106, 2017.

[59] C. Li, Q. Zhong, D. Xie. Co-occurrence feature learning from skeleton data for action recognition and detection with hierarchical aggregation. arXiv:1804.06055, 2018.

[60] J. Hu, L. Shen, S. Albanie, et al. Squeeze-and-excitation networks. IEEE Transactions on Pattern Analysis and Machine Intelligence, 2020, 42(8):2011-2023.

[61] A. Shahroudy, J. Liu, T. T. Ng, et al. NTURGB+D: A large scale data set for 3d human activity analysis. IEEE Conference on Computer Vision and Pattern Recognition, 2016: 1010-1019.

[62] T. S. Kim, A. Reiter. Interpretable 3d human action analysis with temporal convolutional networks. IEEE Conference on Computer Vision and Pattern Recognition Workshops, 2017.

[63] J. Liu, A. Shahroudy, D. Xu, et al. Spatio-temporal LSTM with trust gates for 3D human action recognition European Conference on Computer Vision, 2016: 816-833.

[64] Q. Ke, M. Bennamoun, S. An, et al. A New Representation of Skeleton Sequences for 3D Action Recognition. IEEE Conference on Computer Vision and Pattern Recognition Workshops, 2017.

[65] W. Zhu, C. Lan, J. Xing, et al. Co-occurrence feature learning for skeleton based action recognition using regularized deep lstm networks. AAAI Conference on Artificial Intelligence, 2017.

[66] K. Xu, C. Li, Y. Tian, et al. Representation learning on graphs with jumping knowledge networks. arXiv:1806.03536, 2018.

[67] L. Wang, Y. Xiong, Z. Wang, et al. Temporal segment networks: Towards good practices for deep action recognition. European Conference on Computer Vision, 2016: 20-36.

[68] J. Y. H. Ng, J. Choi, J. Neumann, et al. ActionFlowNet: Learning motion representation for action recognition. IEEE Winter Conference on Applications of Computer Vision, 2016.

[69] T. Xue, B. Chen, J. Wu, et al. Video enhancement with task-oriented flow. International Journal of Computer Vision, 2019, 127:1106-1125.

[70] K. He, X. Zhang, S. Ren, et al. Deep residual learning for image recognition. IEEE Conference on Computer Vision and Pattern Recognition, 2016: 770-778.

[71] A. Gaidon, Z. Harchaoui, C. Schmid. Temporal localization of actions with actoms. IEEE Transactions on Pattern Analysis & Machine Intelligence, 2013, 35(11):2782-2795.

[72] L. Wang, Y. Qiao, X. Tang. Video action detection with relational dynamicposelets. In European Conference on Computer Vision, 2014: 565-580.

[73] B. Fernando, E. Gavves, M. J. Oramas, et al. Modeling video evolution for action recognition. IEEE Conference on Computer Vision and Pattern Recognition, 2015: 5378-5387.

[74] B. Zhou, A. Andonian, A. Oliva, et al. Temporal relational reasoning in videos. IEEE Conference on Computer Vision and Pattern Recognition, 2017.

[75] P. Fischer, A. Dosovitskiy, E. Ilg, et al. FlowNet: Learning optical flow with convolutional networks. IEEE International Conference on Computer Vision, 2015.

[76] E. Ilg, N. Mayer, T. Saikia, et al. FlowNet 2.0: Evolution of optical flow estimation with deep networks. IEEE Conference on Computer Vision and Pattern Recognition, 2017.

[77] Y. Zhu, Z. Lan, S. Newsam, et al. Guided optical flow learning. arXiv:1702.02295, 2017.

第9章　基于深度学习的医学图像配准

9.1　医学图像配准概述

9.1.1　基本概念

医学图像分析（Medical Image Analysis）是综合医学成像、数学建模、数字图像处理、人工智能和数值算法等学科的交叉领域。传统上，医生依赖个人知识和实践经验，解读医学图像所反映的解剖结构和病理信息。但是，这种人工解读方式，往往带有医生的个人偏好，且效率较低。随着计算机的发展和数字化成像设备的出现，研究者开始尝试把医学模拟图像转化为数字图像，开展计算机辅助图像分析，辅助医生判读医学图像，排除人为主观因素，提高诊断的准确性和效率。

从20世纪90年代中期到现在，医学图像分析在理论方法和应用上都取得了长足的进步。医学图像数量、种类的爆炸式增长推动了医学图像分析的发展。多排螺旋CT能够在极短的时间内采集到各向同性的体素数据并重建为三维数据，MR心脏图像是一种四维数据，一次完整的心脏检查结果包括心动周期各时刻数百张三维图像。数据量的增长，导致传统人工判读很难理解如此海量的信息，更无法有效率地分析。此外，医学图像分析的研究对象也日益广泛，不再局限于过去的病灶，开始扩展到多种不同器官、解剖形态和功能过程。自动精确定量的医学图像分析，可帮助临床医生高效准确地处理海量医学图像。

在做医学图像分析时，经常要将同一患者的几幅图像放在一起分析，从而得到该患者的多方面的综合信息，提高诊断和治疗的有效性。要定量分析几幅不同的图像，首先要解决这几幅图像之间的对齐问题，也就是图像配准（Image Registration）。医学图像配准通过寻找一幅图像的空间变换，使它与另一幅图像上的对应点在空间位置上达到一致。这种一致是指人体上的同一解剖点在两幅配准图像上有相同的空间位置。配准的结果应使两幅图像上所有解剖点或有诊断意义的点都能互相匹配。

医学图像配准技术是20世纪90年代才发展起来的一项重要医学图像分析技术。当前，国际上关于医学图像配准的研究集中在断层扫描图像及时序图像上。其中，断层扫描图像（Tomographic Images）包括CT（Computed Tomography）、MRI（Magnetic Resonance Imaging）、SPECT（Single Photon Emission Computer Tomography）、PET（Positron Emission Tomography）等；时序图像（Time Series Images）包括fMRI（functional MRI）及4D心动图像等。

9.1.2　基本变换

对于在不同时间或不同条件下获取的两幅图像配准，就是寻找一个映射关系 P，使图像 1 上的每一个点在图像 2 上都有唯一的点与之相对应，并且这两点应对应同一解剖位置。映射关系 P 表现为一组连续的空间几何变换。常用的空间几何变换有刚体变换（Rigid Body Transformation）、仿射变换（Affine Transformation）、投影变换（Projective Transformation）和非线性变换（Nonlinear Transformation）。

1. 刚体变换

所谓刚体是指物体内部任意两点间的距离保持不变。例如，可将人脑看作一个刚体。处理人脑图像，对不同方向成像的图像配准常使用刚体变换。刚体变换可以分解为平移变换、旋转变换和反转（镜像）变换。

令 $g(\boldsymbol{u})$是三维向量空间到三维空间的一个映射函数。如果该函数满足下列性质，则被称为刚体变换，即

$$\begin{aligned}&\|g(\boldsymbol{u})-g(\boldsymbol{v})\|=\|\boldsymbol{u}-\boldsymbol{v}\|\\&g((\boldsymbol{u}-\boldsymbol{w})\times(\boldsymbol{v}-\boldsymbol{w}))=(g(\boldsymbol{u})-g(\boldsymbol{w}))\times(g(\boldsymbol{v})-g(\boldsymbol{w}))\end{aligned} \tag{9-1}$$

刚体变换可表示为

$$g(\boldsymbol{v})=\boldsymbol{R}*\boldsymbol{v}+\boldsymbol{t} \qquad \boldsymbol{R}\in R^{3\times 3},\boldsymbol{t}\in R^3 \tag{9-2}$$

式中，矩阵 $\boldsymbol{R}$ 被称为旋转矩阵（Rotation Matrix），并且满足下列特殊性质

$$\begin{aligned}&\boldsymbol{R}=(\boldsymbol{a},\boldsymbol{b},\boldsymbol{c}) \qquad \boldsymbol{a},\boldsymbol{b},\boldsymbol{c}\in R^3\\&\|\boldsymbol{a}\|=\|\boldsymbol{b}\|=\|\boldsymbol{c}\|=1,\ \boldsymbol{a}\cdot\boldsymbol{b}=\boldsymbol{b}\cdot\boldsymbol{c}=\boldsymbol{c}\cdot\boldsymbol{a}=0\\&(\boldsymbol{a}\times\boldsymbol{b})\cdot\boldsymbol{c}=(\boldsymbol{b}\times\boldsymbol{c})\cdot\boldsymbol{a}=(\boldsymbol{c}\times\boldsymbol{a})\cdot\boldsymbol{b}=1\end{aligned} \tag{9-3}$$

2. 仿射变换

仿射变换将直线映射为直线，并保持平行性。仿射变换在图形中的变换包括平移、缩放、旋转、斜切及它们的组合形式。这些变换的特点是：平行关系和线段的长度比例保持不变。仿射变换可用于校正由 CT 台架倾斜引起的剪切或 MR 梯度线圈不完善产生的畸变。

仿射变换可以用下面公式表示为

$$\begin{bmatrix}x'\\y'\\1\end{bmatrix}=\begin{bmatrix}a_1 & a_2 & t_x\\a_3 & a_4 & t_y\\0 & 0 & 1\end{bmatrix}\begin{bmatrix}x\\y\\1\end{bmatrix} \tag{9-4}$$

其中，(t_x, t_y)表示平移量，而参数 $a_i(i=1\sim4)$则反映了图像旋转、缩放等变化。计算出参数 t_x、t_y、a_i，即可得到两幅图像的坐标变换关系。

3. 投影变换

与仿射变换相似，投影变换将直线映射为直线，但不再保持平行性质。投影变换主要用于二维投影图像与三维体积图像的配准。

投影是在空间 R^2 上的可逆映射 h，在这个映射中，三个点 x_1、x_2、x_3 位于同一条直线，当且仅当 $h(x_1)$、$h(x_2)$、$h(x_3)$也位于同一条直线。投影变换也叫共射（Collineation）变换，或单应性（Homography）变换。仿射变换是投影变换的子集，投影变换是通过单应矩阵 $\boldsymbol{H}$ 实现的。从数学的角度，$\boldsymbol{H}$ 矩阵是一个秩为 3 的可逆矩阵，即

$$\begin{bmatrix}h_{11} & h_{12} & h_{13}\\h_{21} & h_{22} & h_{23}\\h_{31} & h_{32} & 1\end{bmatrix} \tag{9-5}$$

对比式（9-4）中的仿射矩阵，可知仿射矩阵第三行没有未知数。计算 $\boldsymbol{H}$ 矩阵需要 4 对不共线点，计算仿射矩阵只需要 3 对不共线点。

4. 非线性变换

非线性变换也称作弯曲变换（Curved Transformation），它把直线变换为曲线。使用较多的是多项式函数，如二次、三次函数及薄板样条函数，有时也使用指数函数。非线性变换多用于使解剖图谱变形来拟合图像数据或对有全局性形变的胸、腹部脏器图像的配准。

9.1.3 方法分类

根据成像模式的不同及配准对象间的关系等，医学图像配准有多种不同的分类方法。

1. 按成像模式分类

由于成像的原理和设备不同，存在多种成像模式。从大的方面来说，可以分为描述生理形态的解剖成像模式和描述人体功能或代谢的功能成像模式，因此可分为单模医学图像配准（指待配准的两幅图像是用同一种成像设备获取的）和多模医学图像配准（指待配准的两幅图像来源于不同的成像设备）。

2. 按受试对象分类

如果待配准的图像是同一个人的，则属于自身配准。对同一患者在不同时间获取同一器官或解剖部位的图像，可以用于对比，从而监视疾病的发展及治疗过程。如果没有局部的组织切除，这种配准一般用刚体变换就可以了。除此之外，有时要将受试对象的图像与典型正常人相同部位的图像对比，以确定受试对象是否正常；如果异常，也许还要与一些疾病的典型图像对比，确定受试对象是否属于同类。这些都属于不同人之间的图像配准。由于个体解剖的差异，不同人之间的图像配准显然要难于患者自身的图像配准。

如果待配准图像是不同人的，则属于图谱配准。由于不同人在生理上存在差异，同一解剖结构的形状、大小、位置都会很不相同，这就使不同人的图像配准问题成为当今医学图像分析中的最大难题。在对比和分析不同的医学图像时，很难精确找出对应的解剖信息，这要求有一个详细标记人体各个解剖位置的计算机化的标准图谱。常见的方法大致有两类：一是借助一个共同的标准来比较，例如要对两个患者的 PET 或 MR 图像进行比较，首先要把二者的图像都映射到一个共同的参考空间，然后在此空间中对二者进行比较；二是非线性形变法，模仿弹性力学方法，将一个人的 3D 图像逐步变换，使它最终能较好地与另一个人的 3D 图像最佳匹配。

9.1.4 典型配准方法

医学图像的配准过程本质上是求解图像间几何变换的参数，这可以看作一个参数最优化问题。通过最小化两个图像像素差的平方和，就可以得到最优变换参数。典型配准方法如下：

1. 点法

点分为内部点（Intrinsic Points）及外部点（Extrinsic Points）。内部点是从与患者相关的图像性质中得到的，如解剖标志点（Anatomical Landmark Points）。解剖标志点必须是在三维空间定义的，并在两种扫描模式的图像中可见。

外部点法包含皮肤标记点和利用外置固定框等方法。原则上，外部点法可用于配准任何模式的图像，而且外部点在医学图像中要比内部点容易识别得多，通过比较图像中记号的位置，易于视觉检测配准结果；缺点是在使用这些记号时，受试对象要在扫描装置内严格保持不动。

2. 曲线法

Batler 等人[1]对首先用人工的方法在两幅二维投影放射图像中寻找对应的开曲线（Open Curve），再在两条曲线局部曲率最佳拟合的线段用相同的采样率找出一组对应点，以后继续用点法匹配两幅图像。

3. 表面法

基于表面的配准技术典型的例子是 Pelizzari 和 Chen 研究的“头帽法”[2]。从一幅图像轮廓提取的点集称作帽子（Hat），从另一幅图像轮廓提取的表面模型称作头（Head）。一般用体积较大的患者图像，或在图像体积大小差不多时用分辨率较高的图像来产生头表面模型。

4. 矩和主轴法

矩和主轴法（Moment and Principal Axes Method）借用经典力学中物体质量分布的概念[3]，计算两幅图像像素点的质心和主轴，再通过平移和旋转，使两幅图像的质心和主轴对齐，从而达到配准的目的。

5. 相关法

相关法（Correlation Method）[4]，对于同一物体由于图像获取条件的差异或物体自身发生的小的改变而产生的图像序列，采用使图像间相似性最大化的原理实现图像间的配准。

6. 最大互信息配准法

互信息是信息论的一个基本概念，是两个随机变量统计相关性的测度。Woods 将互信息定义为在给定参考图像 1 后图像 2 的熵的减少量。他据此提出 AIR 配准法，这是一种广泛应用于 PET 到 MR 图像配准的算法[5]。

7. 图谱法

图谱法利用人类解剖结构的一致性来配准两幅图像。虽然每个人的形体都有很大的差异，但如果将人体图像进行恰当的尺度变换，就会发现不同人的解剖结构具有一定的共性。这就使我们有可能构造一个解剖结构的标准图谱。可利用此图谱对不同患者的解剖结构进行识别，从而完成配准过程。

9.1.5 评估方法

医学图像配准特别是多模医学图像配准结果的评估一直是件很困难的事情。由于待配准的多幅图像基本上都是在不同时间条件下获取的，因此没有绝对的配准问题，即只有相对的最优（某种准则下的）配准。在此意义上，最优配准与配准的目的有关。常用的评估方法有以下几种。

1. 体模（Phantom）法

体模又有硬件体模和软件体模之分，后者是计算机图像合成的结果。体模法用已知的图像信息验证新配准算法的精度。由于体模都比较简单，与实际临床图像差异较大，因此只能对配准方法进行初步评估。例如，用添充氧化铁颗粒的琼脂胶做成的简单几何形状的硬件体模经 MR 成像后可用于对分类算法的测试。著名的 Hoffman 硬件人脑体模较为复杂，能够用其产生更接近真实解剖结构的 MR 图像。许多学者还用 Hoffman 体模生成 PET 图像，用于对 PET 图像重建算法的准确度评估，以及测试 SPECT 和 PET 图像的配准等。体模法的好处是可以在各种实际成像环境广泛使用，性能已知，而且稳定；缺点是由于太稳定，很难对其形状和材料做些变动。

2. 准标（Fiducial Marks）法

立体定向框架系统（Stereotactic Frame Systems）包括立体定向参考框架、立体定向图像获取、探针或手术器械导向等部分。其优点是定位准确，不易产生图像畸变。使用立体定向框架系统获取的体积图像数据可以用来评估其他配准方法的精度。

使用人工记号做准标的方法有很多。一种准标是使用 9 根棍棒组成的 3 个方向的 N 字型结构。在做 CT 测试时，棒内充以硫酸铜溶液；做 PET 测试时，则填充氟 18。这样，在两组图像中都可见此 N 字型准标，从而可对图像进行准确空间定位。

3. 图谱（Atlas）法

UCLA 的 Thompson 用随机向量场变换构造一个可变形的概率图谱，包括血管等组织结构。Visible Human CD 的 CT 骨窗图像、MR 图像及彩绘的冷冻切片由于具有清晰的解剖结构和高度的分辨（1毫米/层片），近来也被用来做新配准方法精度的评估。

4. 目测验证（Visual Inspection）法

对医学图像配准的结果请领域专家用目测方法进行验证，虽然听起来有些主观，但也是一种相当可信的方法。医学专家用肉眼对CT/MR配准结果的评估准确度可达2mm。

9.2 基于分形沙漏网络由MV-DR合成kV-DRR

9.2.1 引言

图像合成可以作为密集像素预测任务的一个实例，它对于图像分割[6,7]、边界检测[8]和图像恢复[9]等都具有重要意义。最近在深度定位方面的进展为大幅度提高合成图像的质量提供了机会[10]。本节讨论一种模态中的图像与另一种模态中的相应图像进行合成的问题。这里考虑的图像对是平面数字X射线图片（DR）和数字重建X射线图片（DRR），分别在兆伏（MV）和千伏（kV）X射线设备下进行扫描，这些图片都是在放射治疗期间拍摄以指导治疗，分别记作kV-DRR和MV-DR，不同的能级使它们的外观差异很大。由于图像属于不同的形式，这给将两幅图像配准到同一坐标系以指导精确的放射治疗[11]带来了巨大的挑战。为了应对这一挑战并降低难度，本书作者[12]建议从MV-DR合成kV-DRR，并开发了一种分形沙漏网络以将MV-DR映射到kV-DRR的模态中。关键思想是将沙漏状的形网络以缩小的比例分为多个相似的网络，从而产生在多个比例上自相似的分形拓扑。通过这种划分，可以在低图形处理单元（GPU）内存使用率的情况下预测出高分辨率的图像。实验表明，该方法在感知上的合理性和数值上的精确性超过了现有的方法。

9.2.2 分形沙漏网络

用于图像合成的深度神经网络通常由在学习全局表示的同时逐渐降低空间分辨率的编码器和在逐步恢复分辨率以恢复细节的解码器组成。编码器和解码器共同构成一个沙漏形状的网络。U-Net是第一个用于预测分割的单沙漏网络的例子[7]。Newell等人[13]堆叠多个沙漏网络来进一步完善预测，从而达到了最新的精确度。然而，当需要进行高分辨率预测时，堆叠的沙漏网络就不再有效了，因为它消耗了太多的图形处理单元（GPU）内存来容纳这些高分辨率信号。本书作者开发了一个新颖的分形沙漏网络，该网络在多个尺度上都表现出相似的沙漏模式，如图9.1所示。

将训练数据集表示为D，其中包含图像对(X_n, Y_n)，$n=1, 2, \cdots, N$，其中N表示数据集中的样本数。第n个MV-DR图像X_n由J个像素组成，$X_n=x_j^{(n)}$，$j=1, 2, \cdots, J$。X_n的第n个对应的真实kV-DRR图像表示为$Y_n=y_j^{(n)}$，$j=1, 2, \cdots, J$。目标是设计和训练将X_n映射到$\hat{Y}_n$的神经网络F_θ：$\hat{Y}_n=F_\theta(X_n)$，其中$\hat{Y}_n$表示真实Y_n的近似值，θ表示所有网络层参数的集合。优化这些参数，以使如下损失函数针对训练集D中的所有图像最小化

$$L(Y,\hat{Y})=\arg\min_{\theta}\sum_{n=1}^{N}L(Y_n,\hat{Y}_n) \tag{9-6}$$

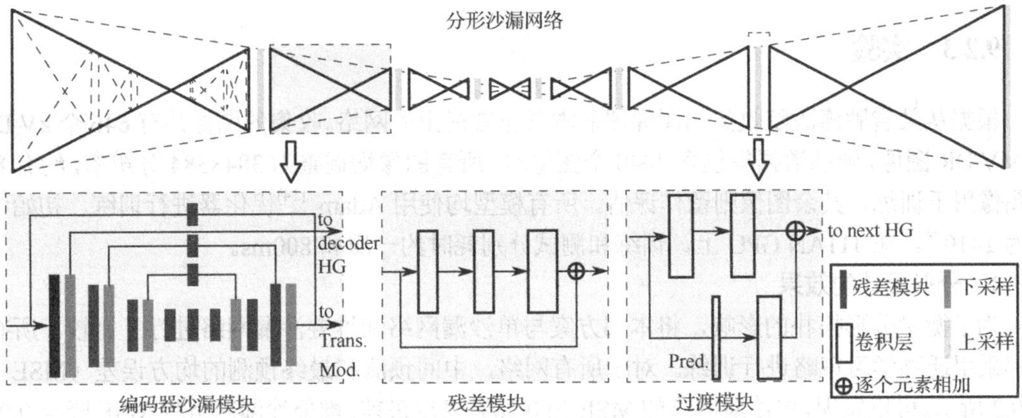

图 9.1 分形沙漏网络的结构

如图 9.1 所示，通过分形，可以将单个大尺寸的深沙漏网络分成多部分，各部分大约是整体的缩小比例（浅）副本。浅沙漏网络有两种：下采样沙漏网络和上采样沙漏网络。前者降低分辨率，并用于替换深沙漏网络的编码部分；后者与前者恰好相反。将下采样沙漏网络和上采样沙漏网络分别表示为 f 和 F，F_θ 的映射可以重写为尺度为 s 的多个浅沙漏网络的组合，即

$$F_\theta(X_n) = F_1^s \circ F_2^s \circ \cdots \circ F_{M_s}^s[f_1^s \circ f_2^s \circ \cdots \circ f_{M_s}^s(X_n)] \tag{9-7}$$

其中 ∘ 表示组合运算，M_s 是尺度为 s 的沙漏网络数的一半。理论上，第 m 个 $F_m{}^s$ 和 $f_m{}^s$ 可以进一步分解为无限小尺度的沙漏，即

$$\begin{cases} f_m^s(X_n) = f_1^s \circ f_2^s \circ \cdots \circ f_{M_s}^s(X_n) \\ F_m^s(f_m^s(X_n)) = F_1^{s+1} \circ F_2^{s+1} \circ \cdots \circ F_{M_s}^{s+1}[f_m^s(X_n)] \end{cases} \tag{9-8}$$

这里 s=1, 2, …, S，式（9-7）和式（9-8）共同递归地定义了形状相似但规模不同的连续分形。这种自顶向下、自底向上的重复拓扑结构，可以对骨组织等重要信息进行依次保留和细化，而对软组织、背景等冗余信息进行逐步去除。值得注意的是，只在最后的沙漏网络中恢复完全分辨率的激活，从而大大降低了显存的使用量。这种分形设计减少了内存的使用，从而使高分辨率图像能够在有限显存的 GPU 上得到处理。

在每对连续的沙漏网络之间，建立一个转换模块 $T_k(F_m{}^s)$，该模块预测中间结果 y_k，其中 k 是模块在尺度 s 上的指数。中间预测允许对每对连续的沙漏网络施加额外的损失函数 L_k^s，从而提供一种分层监督来指导早期的合成结果。设 λ_k 是可学习的融合权值，对于 s=1, 2, …, S，定义以下加权融合损失函数：

$$\Gamma_m^s(Y_n) = \sum_{k=1}^{K} \lambda_k \Gamma_k^s(Y_n) = \sum_{k=1}^{K} \lambda_k \sum_{j=1}^{J} \| x_j^{(n)} - y_j^{(n)} \|^2 \tag{9-9}$$

使用沙漏网络间和沙漏网络内的连接来融合不同尺度的信息。这种跳过连接可以以不同的分辨率保存空间信息，使跨多尺度聚合上下文信息成为可能，同时促进高效的反向梯度传播。此外，跳过连接可以加深网络，同时抑制梯度消失效应带来的影响。

众所周知，由于深度神经网络的高模型容量，成功的深度神经网络训练需要数千个有标记的样本。为了解决这个问题，本书作者提出了一个由软组织 DRR 和骨组织 DRR 图像对组成的辅助数据集来模拟原始数据集的数据分布，然后通过迁移学习的原理在辅助数据集上对网络进行预训练。

9.2.3 实验

根据从某省肿瘤医院收集的图像评估本书作者提出的网络。收集的图像共有 646 个 kV-DRR 和 MV-DR 图像，辅助数据集包含 3040 个图像对。所有图像均调整为 384×384 分辨率，约有 80% 的图像用于训练，其余图像则留作评估。所有模型均使用 Adam [14]优化器进行训练，初始学习率为 1×10^{-4}。在 TITAN GPU 上，训练和测试分别耗时约一周和 800ms。

1. 分形设计的效果

为了衡量分形拓扑的影响，将本书方案与单沙漏网络和堆叠沙漏网络进行了比较。所有模型都采用迁移学习策略进行训练。对于所有网络，中间预测和最终预测的均方误差（MSE）如图 9.2 所示。可以发现，单沙漏网络的 MSE 为 0.383，表现最差；堆叠沙漏网络将 MSE 降至 0.023；本书提出的网络将其进一步降低到 0.0043，获得最佳性能。还可以观察到，在堆叠和分形沙漏网络中，性能都随着沙漏模块的增长而不断提高，但在所有预测中，本书提出的网络的误差偏差较小。由于参数数量大致相同，因此这些改进不能归因于网络越深容量增加，而在于分形在中间沙漏网络时提供了更高的压缩率，从而可以捕获更多上下文信息。

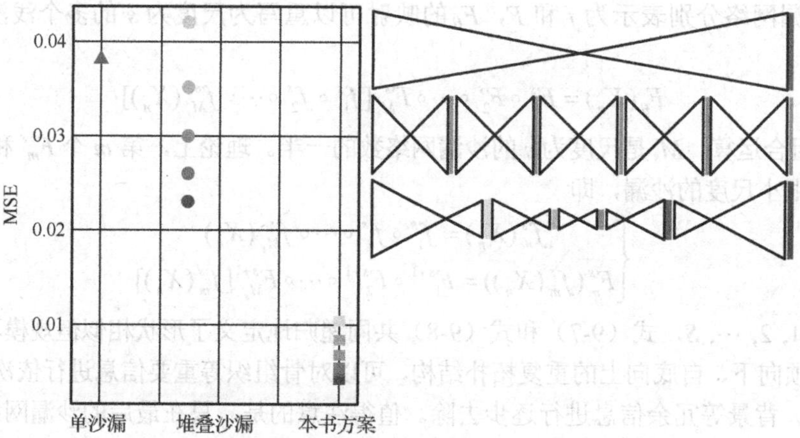

图 9.2 3 种不同沙漏网络结构结果对比

2. 有迁移学习或没有迁移学习的比较

为评估迁移学习的影响，首先在辅助数据集上从头开始用 5 个沙漏模块训练一个分形网络。然后，使用较小的学习率 1×10^{-5} 在 kV-DRR 和 MV-DR 数据集上对其进行重新训练。如图 9.3 所示，当仅在 kV-DRR 和 MV-DR 数据集上训练网络时，会丢失精细的解剖细节，例如鼻中隔和眼眶轮廓。当仅在辅助数据集上训练网络时，迁移学习可以帮助模型检测这些轮廓，但是无法很好地预测另一个区域。当采用迁移学习时，从图中可以观察到快速收敛和显著的性能改进。

3. 与目前最先进的方法进行比较

据我们所知，目前尚无用于该任务的方法。因此，我们重新实现了 6 个替代的竞争网络：U-Net[6]、HED[8]、FastImgProc[15]、Deep En-Decoder[9]、Pixel2Pixel[16]网络和 EBGAN[17]。使用由 5 个沙漏模块组成的分形网络进行迁移学习。所有网络都按照相同的方案进行训练。定量和定性结果分别记录在表 9.1 和图 9.4 中。可以看出，本书提出的网络在所有指标上均胜过竞争网络。

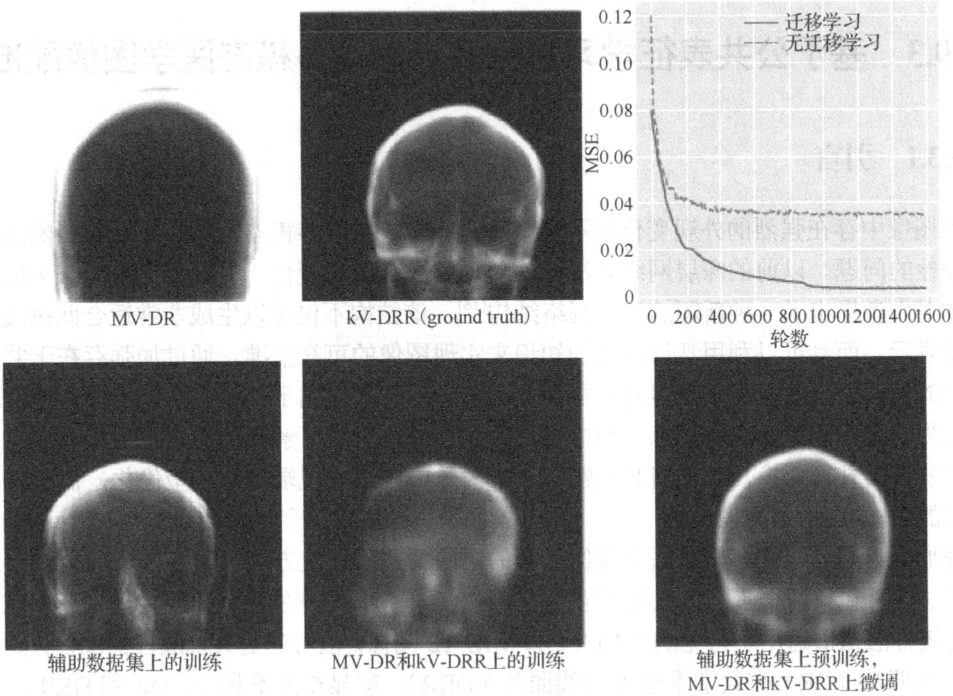

图 9.3　迁移学习效果图

表 9.1　本书提出的网络与其他 6 种竞争网络对比

方　法	MSE	PSNR	SSIM
HED	0.0904	14.27dB	0.6227
Deep En-Decoder	0.0383	14.70dB	0.7674
FastImgProc	0.0281	16.89dB	0.6453
U-Net	0.0129	15.45dB	0.7284
Pixel2Pixel	0.0091	21.62dB	0.8078
EBGAN	0.0068	19.75dB	0.8554
本书提出的网络	0.0043	23.83dB	0.8674

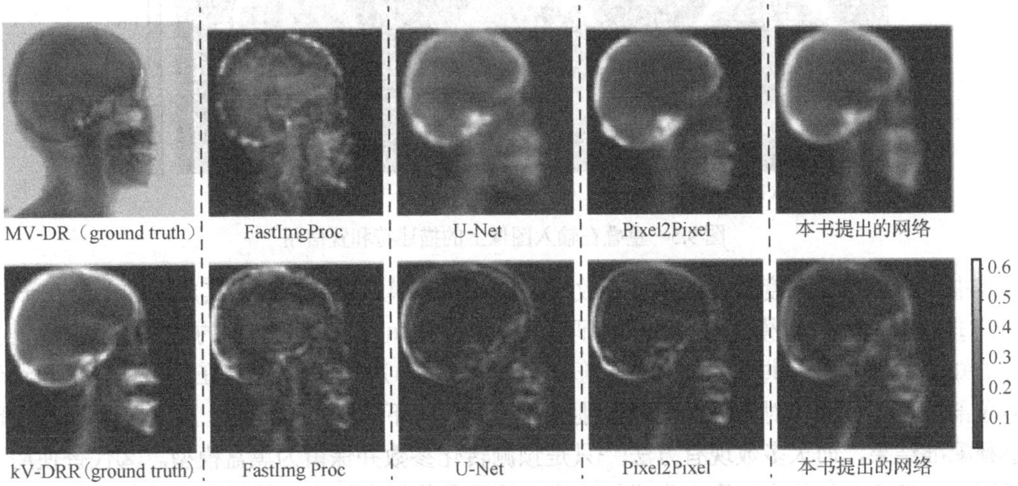

图 9.4　4 种网络合成 kV-DRR 的比较

9.3 基于公共表征学习和几何约束的多模态医学图像配准

9.3.1 引言

当图像中存在强烈的外观变化和不精确的对齐方式时，多模态医学图像配准仍然是一个具有挑战性的问题。以前的深层网络方法无法处理如此高的可变性，并且无法使用强大的几何约束。本书作者提出了一种新颖的深度网络结构[18]，该结构不仅可以生成非常适合此挑战性任务的图像表示，而且可以利用几何约束的知识来实现图像的可靠配准。通过加强存在于共同语义空间中的不同模态的表示来获得卷积特征，这些卷积特征倾向于在模态之间一致地响应对象部分。这为所有对象片段提供了唯一的描述，并允许最终用户了解模型的决策过程。通过使用微分空间变换器补偿变换，将几何共识融入成本函数中，以实现端到端模型优化，而这是以前尚未开发的。

我们的目标是建立多模态医学图像之间的对应关系，传统方法在这一领域应用十分广泛。传统方法通常包括两个步骤：低级特征匹配（SIFT 等）和可选的几何正则化（RANSAC 等）。虽然传统方法依旧适用于常见的 MRI-T1 和 MRI-T2 图像，但对于更具挑战性的图像，如平面数字 X 射线照片（DR）和数字重建 X 射线照片（DRR），就显得力不从心。DR 和 DRR 之间存在的较大外观变化和不精确对齐（见图 9.5（a）），要依赖高级语义表示来解决，而不是传统的脆性视觉描述符。尽管如今在深度学习领域取得了若干重大突破，但令人遗憾的是，这一要求超出了目前最先进的卷积神经网络（CNN）的能力范围[19-22]。

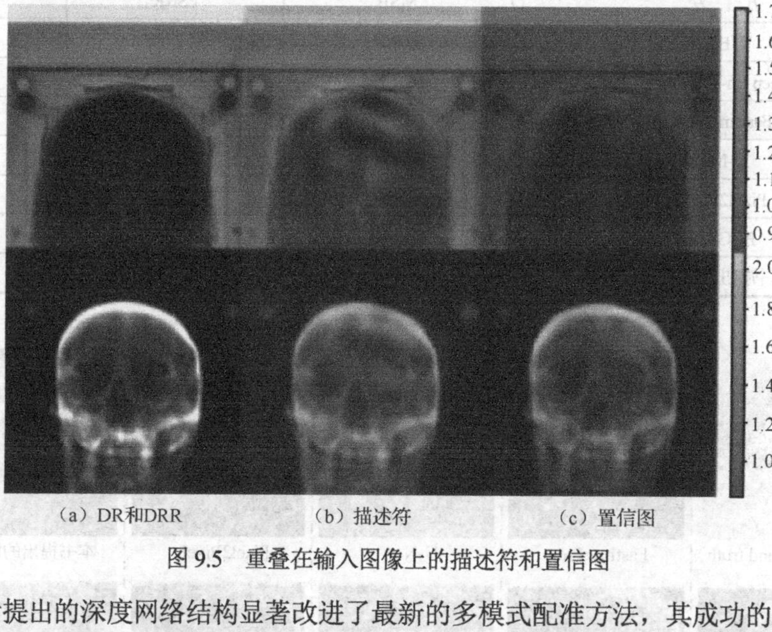

（a）DR和DRR　（b）描述符　（c）置信图

图 9.5　重叠在输入图像上的描述符和置信图

本书作者提出的深度网络结构显著改进了最新的多模式配准方法，其成功的关键在于 3 个方面：①CNN 将不同的模态图像显式编码到公共语义空间中，由此产生的特征图从全局语义上下文的知识中受益，提供了密集的描述符（见图 9.5（b））。这些描述符在整个模态中一致地响应对象部分，还可以在对齐不精确或非刚性配准的情况下实现本地对应，并允许临床医生比较和解释配准结果，而大多数现有方法[21]只是预测转化参数并保留为黑盒模型。②代替使用一元特征图，在特征图的每个元素上生成指示描述符质量的概率输出，然后利用估计的置信图（见

图 9.5（c））来获得可靠的稀疏描述符。③为了施加几何约束，通过可微分的空间变换器[23]将其集成到深度网络结构中，该变换器可以使学习的特征图扭曲以彼此对齐，然后以全局一致的方式测量固定特征图和变形特征图之间的相似性。与手工设计的参数函数的传统几何正则化方法相比，可微几何约束使网络具有端到端优化的能力。

9.3.2 方法

给定一对图像 x 和 x'，目标是估计它们之间的空间变换 T：$R^{H\times W}\rightarrow R^{H\times W}$。如图 9.6 所示，首先在公共语义空间中提取图像表示，然后通过附加的几何约束在这些表示上预测 T 来实现此目标。

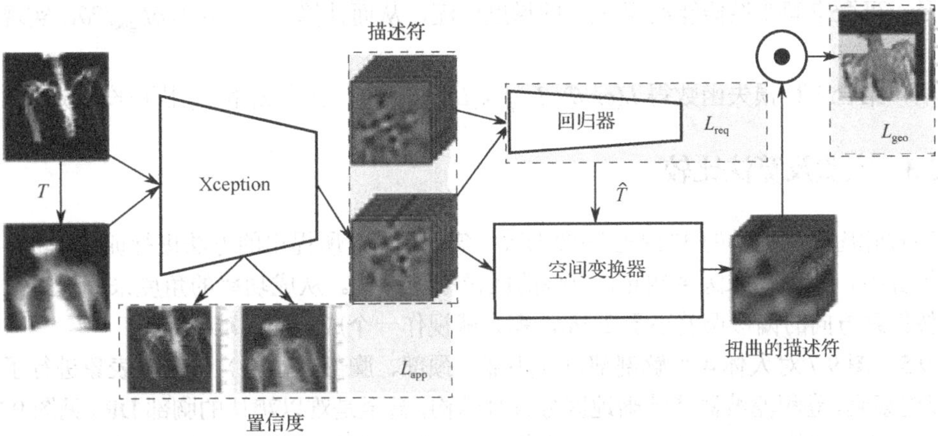

图 9.6　本书提出的深度网络结构

为了获得表示，首先通过名为 Xception[24]的神经网络体系结构传递输入图像。考虑到不同的模式，Xception 的输入流是分开的（具有独立的参数），再将生成的特征图的空间分辨率提高到 $h=H/S$，$w=H/S$，以满足像素级精度，其中 S=8 是步长。最后，附加一个 1×1 卷积层以生成所需的特征图 $\varphi(\cdot)\in R^{h\times w\times C}$，其中 C 是卷积滤波器的数量。特征图上的每个 $\varphi(\cdot)\in R^{C}$ 都可以看作高级外观描述符，其感受野以输入图像的位置(S_i,S_j)为中心。此外，将 $\phi(\cdot)$的通道轴分为均值和方差 $\phi(\cdot)=[\varphi(\cdot)\in R^{h\times w\times (C-1)}, \sigma(\cdot)\in R^{h\times w\times 1}]$，并将描述符之间的不确定性度量定义为 $\sigma(x,x')_{i,j}=0.5(\sigma(x)_{i,j}+\sigma(x')_{i',j'})$，并约束$\|\varphi(\cdot)_{ij}\|_2=1$，以获得更鲁棒性的表示。

在给定图像表示和不确定度估计的前提下实施相似性/差异性监督，以产生跨模态的共同表示。在公共表示空间中，位置(i,j)在特征图 $\varphi(x)\in R^{h\times w\times (C-1)}$上的描述符 $\varphi(x)_{ij}\in R^{C-1}$ 应与对应位置(i',j')在特征图 $\varphi(x)\in R^{h\times w\times (C-1)}$上的描述符 $\varphi(x')_{i'j'}\in R^{C-1}$ 相似，但与所有其他描述符 $\varphi(x')_{i'j'}$对任何$(i,j)\neq(i',j')$不同。这样就可以推出一个相似/不同的标签：当$\|(i,j)-(i',j')\|_2\leqslant\tau$ 时，$y_{ij}=0$；反之，$y_{ij}=1$。相似性/差异性匹配损失函数 $L_{\text{match}}=\|d(\cdot,\cdot)_{ij}-y_{ij}\|^2$，其中 $d(\cdot,\cdot)=1-<[\varphi(x)_{ij}]_+,[\varphi(y)_{ij}]_+>$代表描述符之间的距离/相似性，归一化描述符的内积$<\cdot,\cdot>$计算余弦相似性，$\tau$ 是相似性阈值。此外，选择一个高斯似然函数表示模型的不确定性，引入一个概率损失函数，记为 L_{app}，表示为

$$L_{\text{app}}(\omega)=\frac{1}{hw}\sum_{hw}\frac{\|d(\cdot,\cdot)_{ij}-y_{ij}\|^2}{2\sigma(\cdot,\cdot)_{ij}^2}+\log 2\sigma(\cdot,\cdot)_{ij}^2 \tag{9-10}$$

其中，ω 是学习网络的参数。网络在式（9-10）限制下训练完成后，学习到的 $\varphi(x)$和 $\varphi(x')$可直接用于任意几何约束的图像匹配中。

下一步，通过预测转换矩阵 $\hat{T}$，并运用空间变换器补偿 $\hat{T}$，最后累积关于 $\hat{T}$ 的几何一致性，可以将几何约束整合到架构中。$\hat{T}$ 通过一个回归网络 $\phi(\cdot)$来预测。该网络首先将 $\varphi(x)$和 $\varphi(x')$组

合成一个单一的张量 $\boldsymbol{u}\in R^{h\times w\times(h\times w)}$，其中 u_{ijk}=<$\varphi(x)_{ij}$,$\varphi(x')_{i\_k,j\_k}$>。然后，$\boldsymbol{u}$ 通过一个 5×5 的卷积层，再经过批量归一化和 ReLU 处理后，最后经一个密集层输出，用来预测 $\hat{\boldsymbol{T}}=\psi(\boldsymbol{u})$。为了用参数 θ 训练 $\psi(\boldsymbol{u})$，建立如下的回归模型：$L_{\text{reg}}(\theta)=\dfrac{1}{t}\sum_{t}\|\hat{\boldsymbol{T}}-\psi(\boldsymbol{u})\|_2^2$，其中 t 是 $\hat{\boldsymbol{T}}$ 中的参数个数。

对 $\hat{\boldsymbol{T}}$ 的预测完成后，用一个可微空间变换器对 $\varphi(x')$ 与 $\hat{\boldsymbol{T}}$ 进行卷积，从而得到在 $\hat{\boldsymbol{T}}$ 足够精确时与 $\varphi(x)$ 一致的扭曲特征映射 $\hat{\boldsymbol{T}}\circ\varphi(x')$。一致性的程度可以通过所有描述符对 $\sum_{h,w}\left\langle\varphi(x)_{ij},(\hat{\boldsymbol{T}}\circ\varphi(x'))_{ij}\right\rangle$ 之间的匹配分数来衡量。定义几何约束损失函数为：$L_{\text{geo}}=-\sum_{h,w}\left\langle\varphi(x)_{ij},(\hat{\boldsymbol{T}}\circ\varphi(x'))_{ij}\right\rangle$。与传统方法不同的是，可微空间变换器能实现 L_{geo} 的梯度回流，从而计算 $\partial L_{\text{geo}}/\partial\omega$ 和 $\partial L_{\text{geo}}/\partial\theta$，实现端到端优化。

最后，结合 3 种损失函数得 $L(\omega,\theta)=L_{\text{app}}+\lambda_1 L_{\text{reg}}+\lambda_2 L_{\text{geo}}$，其中 λ_1 和 λ_2 用于平衡损失贡献。

9.3.3 实验及算法比较

以某省肿瘤医院提供的 3318 幅图像为数据集，我们对所提出的方法进行训练。转换的结果表现在图像中，并由临床医生纠正。20%的图像用作评估。从成功率的角度来评价配准质量，如果图像任意方向的偏移误差小于 2mm，那么就视作一个成功的配准。

图 9.5、图 9.7 对人体 4 个解剖部位（头部、颈部、胸部、盆腔）的倾斜表象进行了定性分析。可以观察到，卷积滤波器能清晰地区分各种结构，甚至是难以辨认的胸部 DR（见图 9.7（b））。同时注意到描述符的主要编码对象为骨骼结构，而软组织和杂乱背景基本上被忽略，这与我们所期望的效果一致。

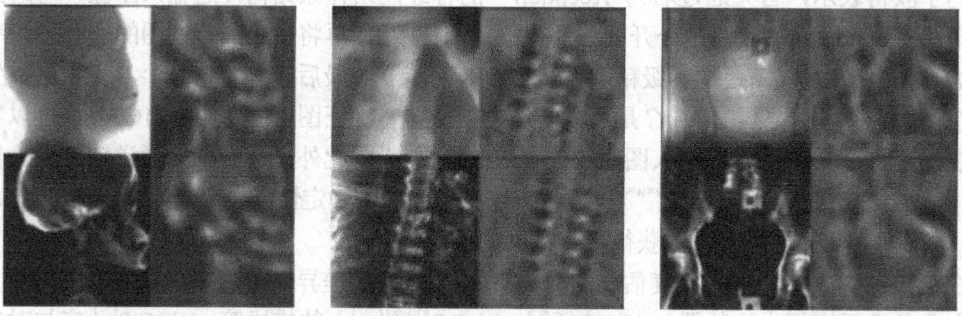

（a）头、颈部　　（b）胸部　　（c）盆腔

图 9.7　在公共空间中学习到的密集描述符

如图 9.8 所示，通过不确定性估计，可以获得对输入图像响应稀疏的置信图。我们注意到高置信度的区域倾向于颅骨边缘、眼窝、鼻中隔和颈棘突等独特的解剖部位，这与临床医生的经验一致。此外，根据 qth 百分位阈值法去除低置信度描述符，并对其余高置信度描述符执行 RANSAC 匹配算法。从图 9.8 中可以清楚地看出，稀疏描述符有利于 RANSAC 关注突出点，而不是无纹理区域、杂乱背景及不重要的细节。这减轻了 RANSAC 舍弃异常值时的负担，并实现了鲁棒性的图像匹配。

利用不同的几何约束，对端到端网络与各种方法进行了比较，结果如表 9.2 所示。采用的两种基本方法是互信息（MI，稠密特征）法和 SIFT（稀疏特征）法。可以看到，本书作者提出的 4 种方法大大提高了配准成功率。其中，具有几何约束的稠密描符得到的结果最好，这主要是因为它具有端到端优化的能力。

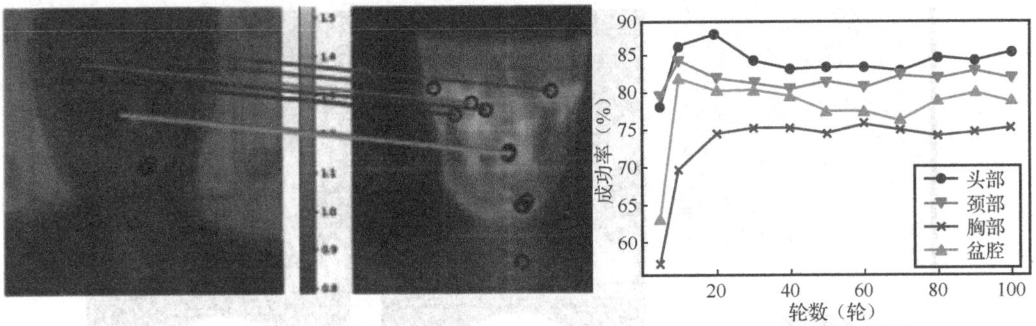

（a）置信域间的对应关系　　（b）匹配成功率

图 9.8　学习到的稀疏描述符的 RANSAC 匹配

表 9.2　各种方法的比较

方　法	配准成功率
互信息法	20.8%
SIFT 法	9.4%
回归 CNN 法	42.9%
基于图片补丁的连体 CNN 法	3.8%
Q 学习法	27.2%
Img2Img+互信息法	79.1%
本书提出的稠密描述符+RANSAC 匹配法	79.7%
本书提出的稀疏描述符+RANSAC 匹配法	81.4%
本书提出的稠密描述符+回归法	84.7%
本书提出的稠密描述符+回归+几何约束法	86.4%

9.4　基于信息瓶颈条件生成对抗网络的 MV-DR和 kV-DRR配准

电子平板成像设备（EPID）作为一种经济实惠的设备，广泛应用于放射治疗科，用于确定患者病灶的位置，以便进行精确的放射治疗。然而，在兆伏 X 射线下，这些设备往往生成视觉模糊和低对比度的平面数字 X 射线照片（MV-DR），这给临床医生在 MV-DR 和千伏数字重建 X 射线照片（kV-DRR）之间进行多模式配准带来了巨大的挑战。此外，强烈外观变化的存在也使得现有的自动算法无法实现精确配准。

9.4.1　引言

虽然 kV-DRR 是高质量的图像，具有清晰的骨骼解剖结构，但 MV-DR 不足以提供足够的骨骼对比度，以实现骨骼匹配[11]。此外，图像中还出现了遮挡、光照变化等明显不同的现象，如图 9.9 所示。

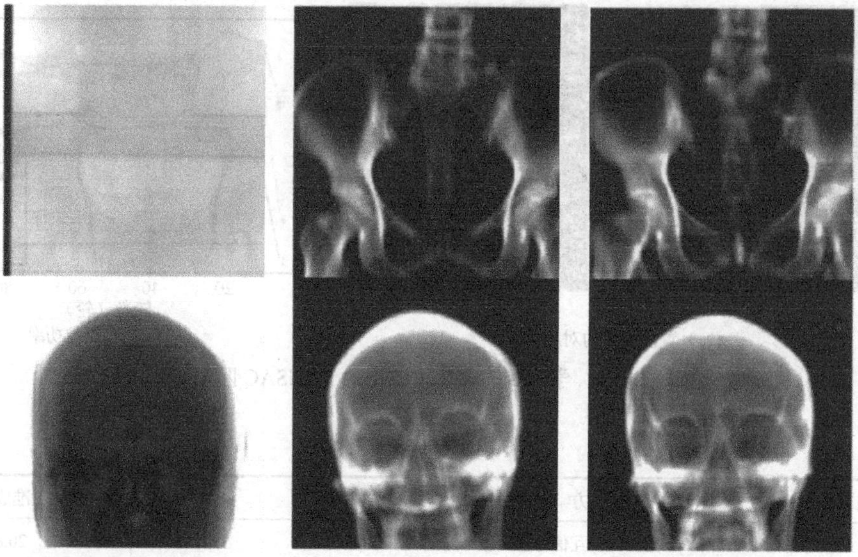

（a）MV-DR（b）kV-DRR（c）合成kV图像

图 9.9 MV-DR、kV-DRR 和利用信息瓶颈条件生成对抗网络（IB-cGAN）合成的 kV 图像

多模态图像配准通常通过迭代优化图像相似性度量作为损失函数来执行。虽然互信息（MI）等经典的成对相似性指标在 CT 和 MRI 等图像[26]中工作良好，但它们在 MV-DR 图像中失败了，因为 MV-DR 的显著外观变化非常复杂，无法用简单的统计度量加以概括。这对传统的像素级度量提出了实质性的挑战，因此需要语义级的相似性度量。CNN[27,28]的最新进展给人们提供了一个学习这些指标的机会，最近有许多研究使用 CNN 来学习相似性度量[20,29,30]、平移位移的回归[31]、引导对齐运动[22]和提高图像质量[12]。所有这些都是监督技术，因为它们是由图像对之间近乎完美的像素级对应训练的。然而，数据集中不可避免地存在的校准不良的对准和噪声将误导监督训练，使精确的 MV-DR 和 kV-DRR 配准超出了当前基于深度学习方法的能力。

本书作者提出了一种新的模态转换方法来解决这一任务。其核心思想是首先从 MV-DR 中生成合成 kV 图像，然后将合成的 kV-DRR 与真实的 kV-DRR 进行配准。在模态转换后，使用基于 MI 的迭代优化方法进行简单的 2D 刚性配准来对齐图像。为了生成反映 MV-DR 解剖结构的合成 kV 图像，我们开发了一个利用 MV-DR 和非对齐 kV-DRR 的生成网络。为了解决不完全对应的问题，在训练生成网络时引入对抗性损失[32]，使真实分布和近似分布之间的差异最小化，从而在语义层而不是不完美的像素层提供训练监督。此外，为了确保合成的 kV 图像真实地反映 MV-DR 的细节而不是未对齐的 kV-DRR，对来自未对齐 kV-DRR 的信息流施加了信息瓶颈（IB）[33]约束。IB 强制生成网络丢弃未对齐的 kV-DRR 中与合成无关的所有可变性，从而减少来自非对齐 kV-DRR 的不相关信息。该模型可以看作条件生成对抗网络的信息瓶颈扩展，因此称为 IB-cGAN。

9.4.2 材料和方法

1. 数据

在介绍模型之前，首先介绍训练和测试数据集。训练数据集包含 2698 个患者扫描图，扫描范围包括 4 个身体部位：头部、颈部、胸部和骨盆，按性别分组的身体部位的分布如图 9.10（a）所示。每个患者扫描图包括两个图像对：0 度（正视图）对和 90 度（侧视图）对。

测试数据集包含 208 个患者扫描图，数据清洗横向（LAT）、纵向（LNG）和垂直方向（VRT）

的平移位移分布如图 9.10（b）所示。

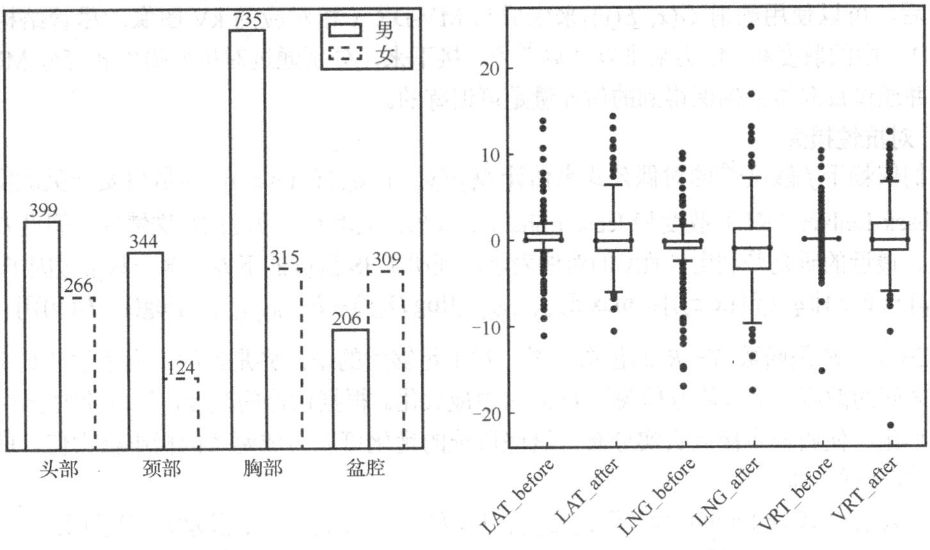

（a）　　　　　　　　　　　　　　（b）

图 9.10　训练数据分布和测试数据的平移位移分布

2. IB-cGAN结构

本书作者所提出的 IB-cGAN 框架如图 9.11 所示。编码器 E 将非对齐 kV-DRR y 编码为潜在表示 z，以从 y 获取必要的信息。生成器 G 利用输入的 MV-DR x 和潜在表示 z 合成与 x 的骨骼解剖结构相对应的 kV 图像 $\hat{y}$。在训练过程中，使用了 3 种损失。形式上，设 x 是 MV-DR，y 是非对齐的 kV-DRR，$\tilde{y}$ 是对齐的 kV-DRR，$\hat{y}$ 是合成图像。目标是通过学习发生器 $G(x,z)\rightarrow\hat{y}$ 来简化 MV-DR x 和非对齐 kV-DRR y 之间的多模式配准。通过以下方法来实现这一目标：①最小化真实条件分布与估计的散度 $\min_G D[p(\tilde{y}\,|\,x)\,\|\,q_G(\hat{y}\,|\,(x,z))]$ 之间的差异，使得从估计分布 $q_G(\hat{y}\,|\,(x,z))$ 提取的样本与从真实分布 $p(\tilde{y}\,|\,x)$ 提取的样本是不可区分的；②通过强制一个 IB 来调节 y 和 z 之间的信息流，使它们之间的 MI 最小化，$I_E(z;y)$ 即 z 对 y 的最大压缩。把这两个目标写在一起，得出

$$\min_{G,E} L(G,E)=D[p(\tilde{y}\,|\,x)\,\|\,q_G(\hat{y}\,|\,(x,z))]+\lambda_I I_E(z;y) \tag{9-11}$$

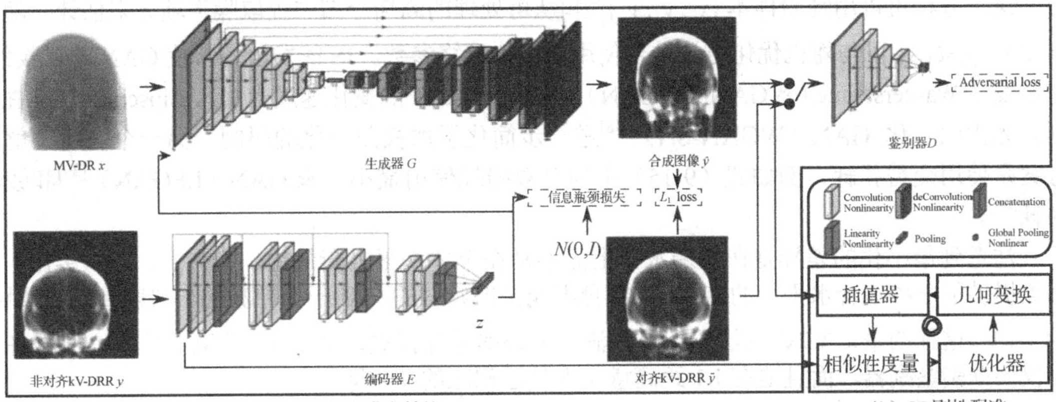

（a）模态转换　　　　　　　　　　　　（b）2D刚性配准

图 9.11　IB-CGAN 框架

其中，统计散度 D 表示两个给定概率分布之间的差异，I 表示从随机变量 z 的知识中学习到的关

于另一个随机变量 y 的信息量，$\lambda_I \geqslant 0$ 控制 IB 的强度。在实现最小化发生器 G 和编码器 E 参数的目标后，可以使用映射 $G(x, E(y))$ 来生成与 MV-DR x 相对应的 kV 图像。尽管结构简单，式（9-11）中的散度和 MI 历来难以计算[34,35]。接下来，分别通过对抗性损失和变分 MI 来估计它们，并通过反向传播确保得到的估计量是可训练的。

3．对抗性损失

我们依赖于 f-散度[34]的对偶公式来估计 $D[p(\tilde{y}\,|\,x)\,\|\,q_G(\hat{y}\,|\,(x,z))]$。$f$-散度是一类散度，著名的 Kullback-Leibler（KL）散度和 Jensen-Shannon（JS）散度是 f-散度的特殊情况。假设 D 现在是 JS 散度，最近的研究[34]利用 f-散度的对偶表示，证明了 JS 散度的下界（含一些常数因子）为

$$D_{\mathrm{JS}}[p(\tilde{y}\,|\,x)\,\|\,q_G(\hat{y}\,|\,(x,z))] \geqslant \max_D E_{x,y,\tilde{y}\sim p(x,y,\tilde{y})}[\log D(\tilde{y}) + E_{\hat{y}\sim G(x,z),z\sim E(y)}[\log(1-D(\tilde{y}))]] \quad (9\text{-}12)$$

其中，$D\in F$，F 是函数 $X\rightarrow R$ 的任意一类。对于足够大的 F，界是紧的。为了估计真实分布和假分布之间的散度，可以使方程关于 D 的右边最大化。根据估计的散度，可以使关于 G 和 E 的散度最小化，使假分布接近真实分布。这些可选的优化可以写成两者的极小极大值，就像普通的 GAN[32]一样，即

$$L_{\mathrm{GAN}}(D,G,E) = \min_{G,E}\max_D E_{x,y,\tilde{y}\sim p(x,y,\tilde{y})}[\log D(\tilde{y}) + E_{\hat{y}\sim G(x,z),z\sim E(y)}[\log(1-D(\tilde{y}))]] \quad (9\text{-}13)$$

如果把 D 作为鉴别器，这就相当于 GAN 的目标，即训练鉴别器 D 将样本进行真假分类，而生成器 G 学习产生真实的样本来欺骗鉴别器。通常，可以用深度神经网络参数化生成器 G、编码器 E 和鉴别器 D，但这使它们具有确定性，需要一种随机编码器来提取样本 z。为了解决这个问题，我们转向使 z 不仅随机且可微的重参数化技巧[36]。遵循重参数化技巧中的标准实践，假设参数化后验分布 $q_E(z|y)$ 遵循近似对角协方差的近似高斯形式，$q_E(z|y)=N(\mu_E, \sigma_E^2)$，其中，均值 μ_E 和方差 σ_E^2 将由网络 $E(y)$ 从 y 进行预测。然后，使用下述方法[36]从包含噪声项 ε 的 $q_E(z|y)$ 对 z 进行采样

$$z = r(E(y),\varepsilon) = \mu_E + \varepsilon\odot\sigma_E \sim N(0,I) \quad (9\text{-}14)$$

其中，r 表示重参数化技巧，$\odot$ 表示元素积。该公式的一个重要优点是噪声项 ε 与编码器 E 分离，并且可以利用链式法则从 $\partial L/\partial z\neq 0$ 很容易地计算出关于 E 的参数的梯度。利用这个技巧，可以将式（9-13）改写为

$$L_{\mathrm{GAN}}(D,G,E) = \min_{G,E}\max_D E_{x,y,\tilde{y}\sim p(x,y,\tilde{y})}[\log D(\tilde{y}) + E_{\substack{\hat{y}\sim G(x,z)\\ z\sim r(E(y),\varepsilon)\\ \varepsilon\sim N(0,I)}}[\log(1-D(\tilde{y}))]] \quad (9\text{-}15)$$

这个方程可以用经验样本 $\{x_n, y_n, \tilde{y}_n\}_1^N$ 和从可处理的高斯分布中提取噪声项 ε 来估计。随机梯度 $\nabla_{G,E,D}L_{\mathrm{GAN}}$ 可与随机优化方法结合使用来优化网络参数。JS 的发散通常使 GAN 难以收敛，这激发了 Wasserstein 距离 GAN（WGAN）[37]在鉴别器 D 的变化速度上引入 Lipschitz 连续性限制。光谱归一化 GAN（WGAN-SN）[38]进一步简化了加权归一化的限制。另一个有趣的解决方案是使用交替损耗，例如式（9-15）中的对数损耗使用最小二乘 GAN（LSGAN）[39]和铰链损耗[40]。

注意到最小化的差异是在普遍水平上而不是在个体水平上衡量的。换言之，式（9-15）实际上提供了一种集合水平上的监督，它本身不能保证倾斜的 G 将一个单独的 x 映射到 $\tilde{y}$ 的邻域。为了加强这种约束，要求生成器 G 和 E 满足额外的重建损失，例如 L1 距离。这样，合成图像不仅要欺骗鉴别器，而且要在 L1 距离意义上接近相应的 $\tilde{y}$，即

$$L_{\mathrm{L1}}(G,E) = E_{x,y,\tilde{y}\sim p(x,y,\tilde{y})}E_{\substack{\hat{y}\sim G(x,z)\\ z\sim r(E(y),\varepsilon)\\ \varepsilon\sim N(0,I)}}[\|\tilde{y}-\hat{y}\|_1] \quad (9\text{-}16)$$

在实践中，我们也进行了 L2 矩离和余弦距离的实验，但发现 L1 矩离支持尖锐的真实样本。

4. 信息瓶颈

如前所述，要求编码器 E 产生潜在表示 z，它可以捕获与对齐 kV-DRR $\tilde{y}$ 相关的信息，同时减少对 $\tilde{y}$ 没有贡献的无关信息。这种策略被称为信息瓶颈（IB），可以通过以下目标正式引入

$$I_E(\tilde{z};y)=\int_y\int_z p(y)q_E(z\mid y)\log\frac{q_E(z\mid y)}{p(z)}\mathrm{d}z\mathrm{d}y \tag{9-17}$$

由于潜在表示的边际分布 $p(z)=\int_y q_E(z\mid y)p(y)\mathrm{d}y$ 一般是难以处理的，我们将使用 $q(z)$作为边际分布 $p(x)$的变分近似，并寻求一个上界来最小化式（9-17）。利用 KL 散度从不为负 $D_{\mathrm{KL}}[p(z)\|q(z)]\geqslant 0$ 这一事实来获得以下上界

$$I_E(\tilde{z};y)\leqslant\int_y\int_z p(y)q_E(z\mid y)\log\frac{q_E(z\mid y)}{q(z)}\mathrm{d}z\mathrm{d}y \tag{9-18}$$

由于积分 $\int_z q_E(z\mid y)\log\frac{q_E(z\mid y)}{q(z)}\mathrm{d}z$ 实际上是 KL 散度 $D_{\mathrm{KL}}[p(z|y)\|q(z)]$，可以将期望的界和KL 散度重新表示为

$$I_E(\tilde{z};y)\leqslant E_{y\sim p(y)}[D_{\mathrm{KL}}[q_E(z\mid y)\|q(z)]] \tag{9-19}$$

为了计算 KL 散度，利用前面提到的假设 $q_E(z|y)$是近似的高斯形式 $N(\mu_E,\sigma_E^2)$，让 $q(z)$遵循一个中心各向同性的多变量高斯形式 $N(0,I)$。在这种情况下，KL 散度可以分析计算如下[36]

$$D_{\mathrm{KL}}[q_E(z\mid y)\|q(z)]=\frac{1}{2}\sum_{j=1}^{J}(\mu_E^{(j)^2}+\sigma_E^{(j)^2}+\log\sigma_E^{(j)^2}-1) \tag{9-20}$$

其中，j=1, 2, …, J 表示潜在表示 z 的分量。注意，式（9-20）相对于 E 的参数是可微的，这使得可以用梯度来优化网络参数。用式（9-20）代替式（9-19）中的散度，得到 IB 的以下目标为

$$\min_E L_{\mathrm{IB}}(E)=E_{y\sim p(y)}\left[\frac{1}{2}\sum_{j=1}^{J}(\mu_E^{(j)^2}+\sigma_E^{(j)^2}+\log\sigma_E^{(j)^2}-1)\right] \tag{9-21}$$

最后，可以得到下面的目标函数

$$L_{\mathrm{GAN,L1,IB}}(G,E,D)=\min_{G,E}\max_D L_{\mathrm{GAN}}(G,E,D)+\lambda_{\mathrm{L1}}L_{\mathrm{L1}}(G,E)+\lambda_I L_{\mathrm{IB}}(E) \tag{9-22}$$

其中，λ_{L1} 和 λ_I 是平衡损失的权值。该公式通过从训练数据中采样来估计，并且与网络参数有关。为了评估这一目标，可以使用经验数据分布来近似期望值。具体来说，首先将目标相对于 D 最大化，以获得散度，然后更新 G 和 E 使目标最小化。这些替代优化被重复，直到达到收敛。由于选择了可微估计量，对于从训练集中随机抽取的小批量样本，可以直接通过网络反向传播梯度来更新其参数。

5. 网络结构

我们基于 U-Net[6]参数化生成器 G。将下采样层和上采样层的数量设置为 8，下采样层和上采样层分别实现为卷积层（滤波器尺寸为 3×3，步长为 2）和转置卷积层（滤波器尺寸为 3×3，步长为 2）。对于转置卷积层，卷积层的滤波器编号分别为 64、128、256、512、512、512、512。所有的卷积层之后是批处理归一化和一个 ReLU（斜率为 0.01）。我们使用维数为 8 的潜在表示 z。它首先在空间上复制到 256×256×8 大小，然后在通道轴上与 256×256×1 的输入图像连接。

鉴别器 D 采用 PatchGAN 架构[37]，该架构将注意力机制限制在局部补丁细节上，以抵消模糊效应，增强细节。PatchGAN 网络由 4 个卷积层组成，滤波器大小为 3×3，步长为 2。滤波器编号分别为 64、128、256 和 512。每个卷积层后面都是批处理归一化和一个 ReLU（斜率为 0.02）。最后一个输出层使用全局池化将空间大小减小到 1，然后对普通 GAN 进行 Sigmoid 激活，对其他层使用线性激活。

基于 ResNet[41]设计了编码器 E。编码器从一个卷积层开始，有 64 个大小为 4×4 和步长为 2 的滤波器，然后是 4 个残差块。每个块体由层模式组成：卷积（3×3，步长 1）-瞬间漏失（0.1）-卷积（3×3，步长 2）-瞬间漏失（0.1）。块中的滤波器编号为 64×128、128×192、192×256、256×256。编码器以一个 8×8 平均池化层和一个 8 路完全连接层结束。编码器预测由均值和方差组成的概率输出，可通过分割预测轴得到均值和方差。

6．训练和评估详情

1）训练

为了准备用于训练的输入图像，将 480×480 像素的对齐 MV-DR 和 kV-DRR 图像对随机裁剪为 384×384 像素，然后重采样到 256×256 像素，如图 9.12 所示。在训练过程中，图像被标准化为单位方差强度的零均值，并通过随机水平翻转进行增强。所有的网络都是用 Xavier 初始化器[42]初始化的，用 Adam 优化器训练，学习率为 2×10^{-4}，批量大小为 4，采用 200 次遍历。在单个 NVIDIA Titan X（Pascal）GPU 上训练大约需要 2 天。在所有实验中，使用超参数 $\lambda_{L1}=10$ 来平衡 L_{L1} 和 L_{GAN}，$\lambda_I=1$。

2）评估

480×480 像素的非对齐 MV-DR 和 kV-DRR 图像时在图像的中心区域首先被裁剪为 384×384 像素。然后，将 384×384 像素 MV-DR 重采样到 256×256 像素，并输入 IB-cGAN 以产生 256×256 像素的合成图像。为了评估配准的性能，将合成图像重采样为 384×384 像素。然后，将 384×384 像素的真实和合成的 kV 图像输入下游配准算法中，以预测平移位移。最后，将预测的偏移量与真实偏移量进行比较，计算出配准成功率。该训练和评估流程如图 9.12 所示。如果在任意方向上的公差小于 2mm，就认为配准是成功的。2mm 公差是学术界和工业界科学家对这一具体任务的共识。AAPM TG-142 报告[43]建议定位公差在 2mm 的精度范围内。方差[44]也使用 2mm 作为截止阈值。

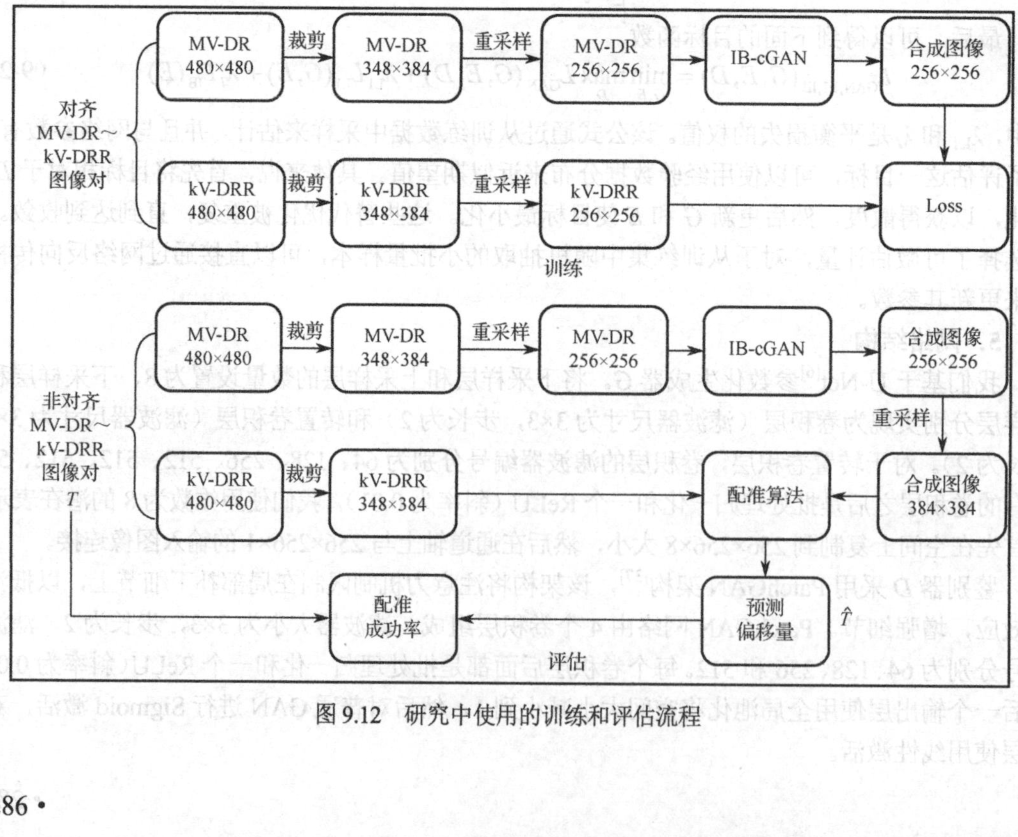

图 9.12　研究中使用的训练和评估流程

3）下游配准算法

IB-cGAN 可以与任何现成的配准算法一起使用。然而，大多数配准方法都需要仔细调整超参数以优化其性能。为了避免次优化的影响，我们使用了一个简单的基于强度的配准，它应用了相似性度量（MI）、双线性插值器和穷举优化器。

9.4.3 结果

首先进行消融（Ablation）实验来评价不同损失函数对性能的影响，再测试不同网络结构和不同训练方法对性能的影响，然后通过探索隐表征来研究 IB 的效用，最后比较 IB-cGAN 与现有配准方法。

1. 损失函数的消融实验

图 9.13 比较了不同损失函数训练得到的生成器输出的 kV-DRR。由图可见，L1 矩离会造成图像模糊。GAN+L1 可以获得边缘锐利的图像，但灰度值高于真值。GAN+L1+IB 可以让灰度值与真值一致。

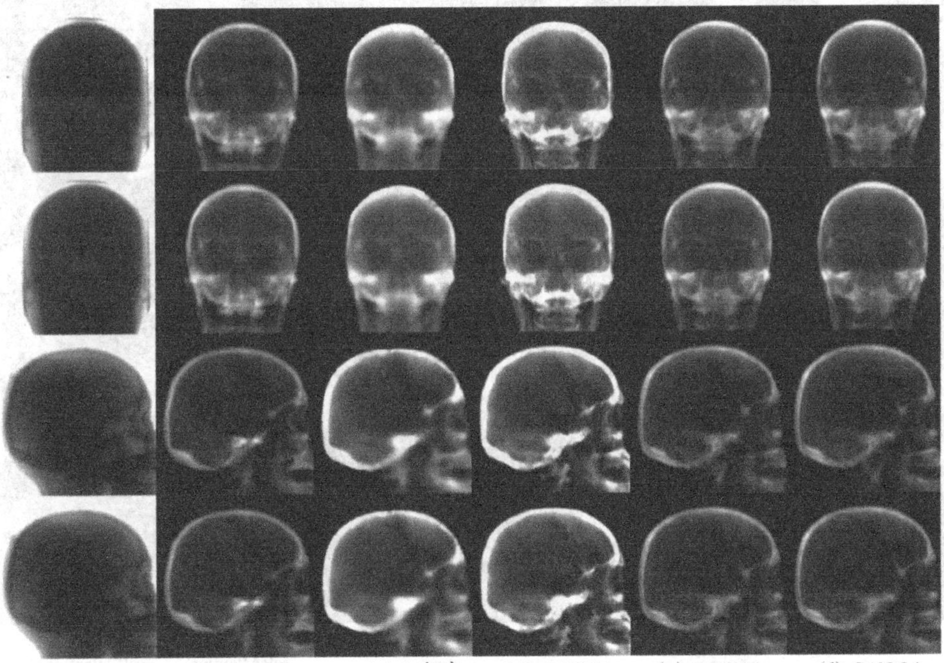

（a）MV-DR （b）kV-DRR （c）L1矩离 （d）GAN+L1 （e）GAN+L1+IB（对齐） （f）GAN+L1+IB（非对齐）

图 9.13 不同网络损失组合合成图像的视觉比较

表 9.3 给出了以上实验的定量结果。由表可见，L1 矩离的相似性指数（SSIM）和均方误差（MSE）优于 GAN+L1。这是因为这两种指标只能度量像素相似性，无法度量语义相似性。GAN+L1+IB 在配准成功率上取得了最好的结果。

表 9.3 IB-cGAN 不同组成部分的定量比较

方　法	SSIM	MSE	配准成功率
L1 矩离	0.565	1681	77.5%
GAN+L1	0.495	1920	79.0%

续表

方　法	SSIM	MSE	配准成功率
GAN+L1 + IB（对齐）	0.600	1294	**83.4%**
GAN+L1 + IB（非对齐）	0.600	1349	82.7%

2. 训练方法的比较实验

图 9.14 比较了 LSGAN[39]、WGAN-SN[38]、WGAN-SN-selfAttention[38]和 WGAN-SN-selfAttention-Hinge[40]这 4 种训练方法的结果。由图可见，虽然 4 种方法都能产生较高质量的图像，但 WGAN-SN-selfAttention-Hinge 方法在重建清晰的骨骼边缘和精细的解剖细节（如第一行的棘突和第三行的耻骨下肢）方面比其他方法更好。此外，对于 0° 骨盆图像，WGAN-SN-selfAttention-Hinge 锐化了尾骨的边界边缘，同时忽略了骨盆中的低密度（明亮）异物。这表明模型在一定程度上了解解剖学语义。

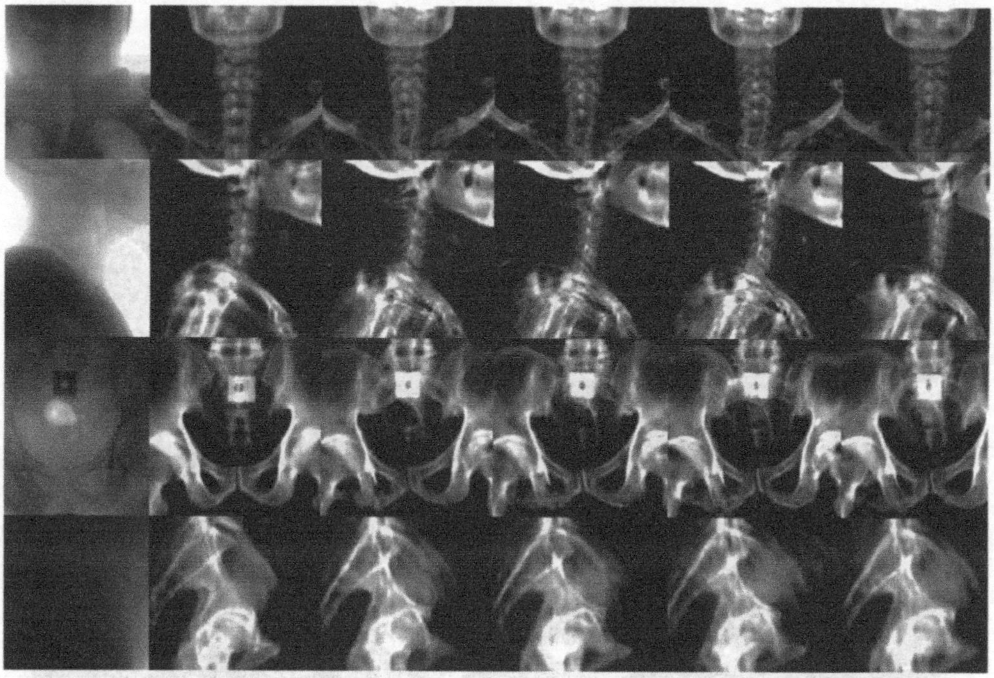

（a）MV-DR　（b）kV-DRR　（c）LSGAN　（d）WGAN-SN　（e）WGAN-SN +selfAttention　（f）WGAN-SN +selfAttention+Hinge

图 9.14　IB-cGAN 采用不同训练方法和网络结构合成图像的视觉比较

表 9.4 给出了以上 4 种方法的定量结果，由表可见，WGAN-SN-selfAttention-Hinge 方法比其他方法能提高配准精度。

表 9.4　IB-cGAN 采用不同训练方法和网络结构的定量比较

方　法	SSIM	MSE	配准成功率
LSGAN	0.598	1364	80.2%
WGAN-SN	0.600	1349	82.7%
WGAN-SN+ selfAttention	0.594	1408	83.0%
WGAN-SN+ selfAttention + Hinge	0.600	1395	**85.3%**

3. 潜在表示的探索实验

图 9.15 的下排显示了潜在表示 z 从−1 变换到+1 会带来合成图像 kV-DRR 灰度值的逐渐变化，图 9.15 的上排显示了潜在表示 z 可以诱导合成图像铺捉到 kV-DRR 的灰度值。这可能是由于训练集中的 kV-DRR 的 CT 值不一致造成的，因为不同的医院可能会有不同的从衰减系数到 CT 值的转换标准。

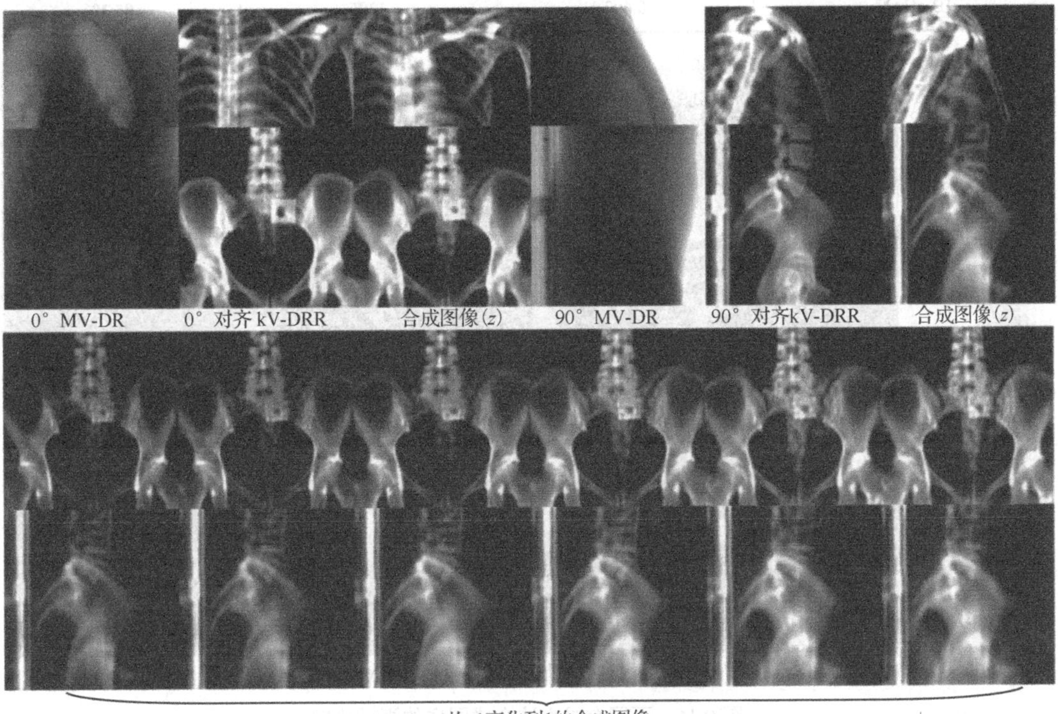

图 9.15　患者的潜在空间插值

4. 与其他配准方法的比较实验

第一组实验比较 IB-cGAN 与其他 4 种模态转换方法的性能。为了消除配准方法的影响，统一使用 MI 配准法。4 种模态转换方法分别为：fHourglass L1 或 fHourglass L2[12]、Pixel2Pixel[16] 和 CycleGAN。为了进行公平比较，IB-cGAN、CycleGAN 和 Pixel2Pixel 使用相同的生成器架构；fHourglass 模型使用它的官方生成器架构。

定量和定性结果分别见表 9.5 和图 9.16。从表 9.5 和图 9.16 可见，IB-cGAN 有最高的配准精度，并且生成了具有正确灰度值的高质量 kV 图像。虽然 fHourglass 模型在 SSIM 和 MSE 方面表现最好，但配准成功率较差，合成图像模糊。在对抗损失的帮助下，Pixel2Pixel 达到了较好的配准成功率，合成图像的质量也较好，但灰度值与真值相差较大。CycleGAN 合成的图像较差，配准成功率最低。

表 9.5　不同模态转换方法的定量比较

方　法	SSIM	MSE	配准成功率
fHourglass L1	0.615	1329	76.5%
fHourglass L2	0.490	1126	73.5%

方　法	SSIM	MSE	配准成功率
CycleGAN	0.325	5727	12.0%
Pixel2Pixel	0.541	1810	81.7%
IB-cGAN	0.600	1395	**85.3%**

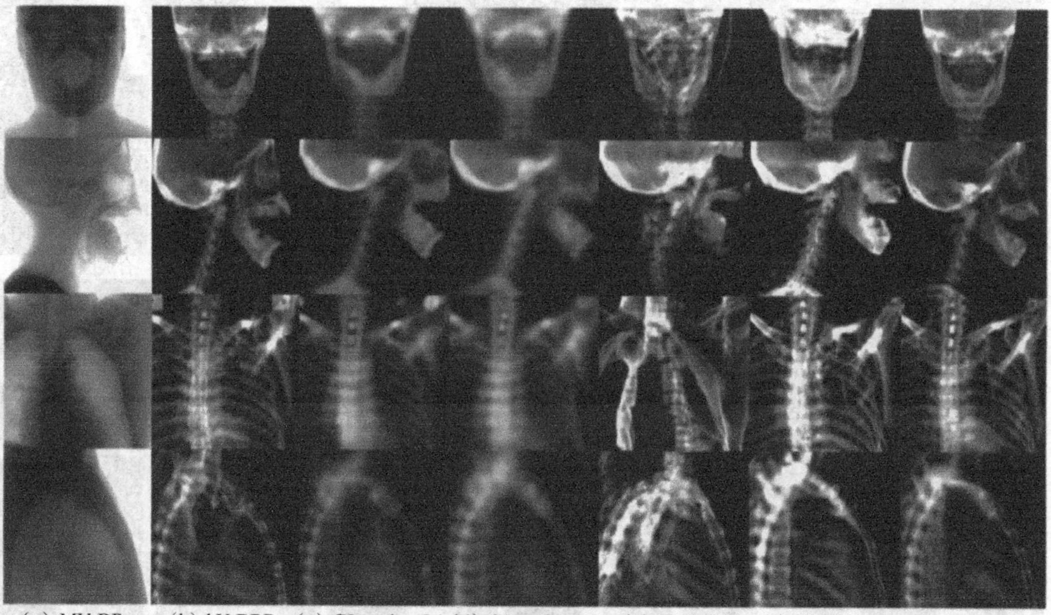

（a）MV-DR　（b）kV-DRR　（c）fHourglass L1（d）fHourglass L2　（e）EycleGAN （f）Pixel2Pixel　（g）IB-cGAN

图 9.16　不同合成方法合成图像的视觉比较

第二组实验利用 IB-cGAN 转换后的图像，比较了 6 种配准方法的配准成功率。6 种配准方法分别为互信息配准法（MI）、特征匹配法（SIFT）、回归 CNN[31]、MatchNet[46]、SiameseCNN[20]和 QLearn[22]。

表 9.6 给出了比较结果。由表可见，经过模态转换后，6 种配准方法的配准成功率都提高了，这表示模态转换对提高配准成功率有着重要作用。

表 9.6　非模态合成配准与模态合成配准之比较

方　法	MI	SIFT	回归 CNN	MatchNet	SiameseCNN	QLearn
非模态合成配准	26.0%	9.4%	42.9%	51.6%	68.0%	27.2%
模态合成配准	85.3%	34.9%	49.0%	56.9%	83.4%	49.8%

参考文献

[1] J. M. Balter, C. A. Pelizzari, G. T. Y. Chen. Correlation of projection radiographs in radiation therapy using open curve segments and points. Medical Physics, 1992, 19(2): 329-334.

[2] C. A. Pelizzari, G. T. Y. Chen, D. R. Speibring, et al. Accurate three-dimensional registration of CT, PET, and/or MR images of the brain. Journal of Computer Assisted Tomography, 1989, 13(1): 20-26.

[3] H. Bülow, L. Dooley, D. Wermser. Application of principal axes for registration of NMR image sequences.

Pattern Recognition Letters, 2000,21:329 - 336.

[4] S. Kaneko, Y. Satoh, S. Igarashi. Using selective correlation coefficient for robust image registration. Pattern Reconition, 2003, 36(5): 1165-1174.

[5] R. P. Woods, S. T. Grafton, C. J. Holmes, et al. Automated image registration: I. general methods and intrasubject, intramodality validation. Journal of Computer Assisted Tomography, 1998, 22(1): 139-152.

[6] O. Ronneberger, P. Fischer, T. Brox. U-net: convolutional networks for biomedical image segmentation. International Conference on Medical Image Computing and Computer-Assisted Intervention, Munich, Germany, October 2015, 234-241.

[7] J. Fu, J. Liu, Y. Wang, et al. Stacked deconvolutional network for semantic segmentation. IEEE Transactions on Image Processing, early access, 10.1109/TIP.2019,2895460.

[8] S. Xie, Z. Tu. Holistically-nested edge detection. Proceedings of the IEEE International Conference on Computer Vision, Santiago, Chile, December 2015, 1395-1403.

[9] X. Mao, C. Shen, Y. B. Yang. Image restoration using very deep convolutional encoder- decoder networks with symmetric skip connections. Advances in Neural Information Processing Systems, Barcelona, Spain, December 2016, 2802-2810.

[10] Y. LeCun, Y. Bengio, G. Hinton. Deep learning. Nature, 2015, 521(7553): 436-444.

[11] M. Baumann, M. Krause, J. Overgaard, et al. Radiation oncology in the era of precision medicine. Nature Reviews Cancer, 2016, 16 (4): 234-249.

[12] C. Liu, M. Huang, L. Ma, et al. Synthesising kV-DRRs from MV-DRs with fractal hourglass convolutional network. Electronics Letters, 2018, 54(12): 762-764.

[13] A. Newell, K. Yang, J. Deng. Stacked hourglass networks for human pose estimation. European Conference on Computer Vision, Amsterdam, The Netherlands, October 2016, 483-499.

[14] D. Kingma, J. Ba. Adam: A method for stochastic optimization. International Conference on Learning Representations, San Diego, CA, USA,May 2015.

[15] Q. Chen, J. Xu, V. Koltun. Fast image processing with fully-convolutional networks. IEEE International Conference on Computer Vision, 2017.

[16] P. Isola, J. Y. Zhu, T. Zhou, et al. Image-to-image translation with conditional adversarial networks. arXiv:1611.07004, 2016.

[17] J. Zhao, M. Mathieu, Y. Lecun. Energy-based generative adversarial network. arXiv preprint arXiv: 1609.03126, 2016.

[18] C. Liu, L. Ma, Z. Lu, et al. Multimodal medical image registration via common representations learning and differentiable geometric constraints. Electronics Letters, 2019, 55(6): 316-318.

[19] L. Liang, G. Wang, W. Zuo, et al. Cross-domain visual matching via generalized similarity measure and feature learning. IEEE Transactions on Pattern Analysis and Machine Intelligence, 2017, 39(6): 1089-1102.

[20] M. Simonovsky, B. Gutiérrez-Becker, D. Mateus, et al. A deep metric for multimodal registration. Medical Image Computing and Computer-Assisted Intervention (MICCAI), Athens, Greece, 2016, 10-18.

[21] S. Miao, Z. J. Wang, R. Liao. A CNN regression approach for realtime 2d/3d registration. IEEE Transactions on Medical Imaging, 2016, 35(5): 1352-1363.

[22] R. Liao, S. Miao, P. D. Tournemire, et al. An artificial agent for robust image registration. Association for the Advancement of Artificial Intelligence (AAAI), San Francisco, USA, 2017, 4168-4175.

[23] M. Jaderberg, K. Simonyan, A. Zisserman. Spatial transformer networks. Neural Information Processing

Systems (NIPS), Montréal, Canada, 2015, 2017-2025.

[24] F. Chollet. Xception: deep learning with depthwise separable convolutions. IEEE Conference on Computer Vision and Pattern Recognition, 2017.

[25] C. Liu, Z. M. Lu, L. H. Ma, A modality conversion approach to MV-DRs and kV-DRRs registration using information bottlenecked conditional generative adversarial network. Medical Physics, 2019, 46(10): 4575-4587.

[26] F. P. Oliveira, J. M. R. Tavares. Medical image registration: a review. Computer Methods in Biomechanics and Biomedical Engineering, 2014, 17(2): 73-93.

[27] B. Sahiner, A. Pezeshk, L. M. Hadjiiski, et al. Deep learning in medical imaging and radiation therapy. Medical Physics, 2019, 46(1):1-36.

[28] G. Wu, M. Kim, Q. Wang, et al. Scalable high-performance image registration framework by unsupervised deep feature representations learning. IEEE Transactions on Biomedical Engineering, 2016, 63(7):1505-1516.

[29] L. Daewon, M. Hofmann, F. Steinke, et al. Learning similarity measure for multi-modal 3D image registration. In Proceedings of IEEE Computer Society Conference on Computer Vision and Pattern Recognition, 2009:186-193.

[30] F. Michel, M. Bronstein, A. Bronstein, et al. Boosted metric learning for 3D multi-modal deformable registration. Proceedings of the 8th IEEE International Symposium on Biomedical Imaging: From Nano to Macro, Chicago, Illinois, USA, 2011:1209-1214.

[31] S. Miao, Z. J. Wang, R. Liao. A CNN regression approach for real-time 2D/3D registration. IEEE Transactions on Medical Imaging, 2016, 35(5):1352-1363.

[32] I. Goodfellow, J. Pouget-Abadie, M. Mirza, et al. Generative adversarial networks. Advances in Neural Information Processing Systems, 2014, 3(11):2672-2680.

[33] A. A. Alemi, I. Fischer, J. V. Dillon, et al. Deep variational information bottleneck. In Proc. of International Conference on Learning Representations, 2017.

[34] S. Nowozin, B. Cseke, R. R. Tomioka. F-GAN: training generative neural samplers using variational divergence minimization. Advances in Neural Information Processing Systems, 2016: 271-279.

[35] L. Paninski. Estimation of entropy and mutual information. Neural Computation, 2014, 15(6):1191-1253.

[36] D. P. Kingma, M. Welling. Auto-encoding variational Bayes. In Proc. of International Conference on Learning Representations, 2014.

[37] M. Arjovsky, S. Chintala, L. Bottou. Wasserstein generative adversarial networks. In: Proceedings of the 34th International Conference on Machine Learning, Sydney, Australia, 2017: 214-223.

[38] T. Miyato, T. Kataoka, M. Koyama, et al. Spectral normalization for generative adversarial networks. In Proc. of International Conference on Learning Representations, 2018.

[39] X. Mao, Q. Li, H. Xie, et al. Least squares generative adversarial networks. IEEE International Conference on Computer Vision, 2017:2794-2802.

[40] H. Zhang, I. Goodfellow, D. Metaxas, et al. Self-attention generative adversarial networks. In: Proceedings of the 36th International Conference on Machine Learning, Long Beach, California, US, 2019:7354-7363.

[41] K. He, X. Zhang, S. Ren, et al. Deep residual learning for image recognition. IEEE Conference on Computer Vision and Pattern Recognition, 2016:770-778.

[42] X. Glorot, Y. Bengio. Understanding the difficulty of training deep feedforward neural networks. Journal of Machine Learning Research, 2010, 9: 249-256.

[43] E. E. Klein, J. Hanley, J. Bayouth, et al. Task Group 142 report: Quality assurance of medical accelerators.

Medical Physics, 2009,36: 4197-4212.

[44] H. N. Pinheiro T. I. Ren, S. Scheib, et al. 2D/3D Megavoltage image registration using convolutional neural networks, arXiv preprint arXiv:1811.11816, 2018.

[45] J. Y. Zhu, T. Park, P. Isola, et al. Unpaired image-to-image translation using cycle-consistent adversarial networks. Advances in Neural Information Processing Systems, 2017:2223- 2232.

[46] I. Rocco, R. Arandjelovic, J. Sivic. Convolutional neural network architecture for geometric matching. IEEE Conference on Computer Vision and Pattern Recognition, 2017: 6148-6157.